HISTOIRE DU CHÊNE

DANS L'ANTIQUITÉ ET DANS LA NATURE

BREST. — IMPRIMERIE J.-P. GADREAU, RAMPE, 55.

HISTOIRE

DU CHÊNE

DANS

L'ANTIQUITÉ & DANS LA NATURE

Ses applications à l'Industrie, aux Constructions navales
aux Sciences et aux Arts, etc.

PAR

A. COUTANCE

PHARMACIEN-PROFESSEUR DE LA MARINE

PROFESSEUR D'HISTOIRE NATURELLE A L'ÉCOLE DE MÉDECINE NAVALE

DE BREST.

———

PARIS

LIBRAIRIE J.-B. BAILLIÈRE ET FILS
19, rue Hautefeuille, près du Boulevard Saint-Germain.

—

1873

Les êtres du monde végétal ont une histoire comme les hommes ont la leur. Il y a cependant une différence : dans le premier cas, l'individu disparaît devant l'espèce ; dans le second, c'est au contraire l'espèce qui, le plus souvent, s'efface devant l'individu.

Les historiens de Titus et de Néron n'ont étudié que des exceptions glorieuses ou humiliantes pour notre espèce ; la vie des héros ou des monstres n'est pas celle de l'humanité.

Raconter l'histoire du froment ou du dattier, c'est au contraire célébrer l'espèce à laquelle ces êtres utiles appartiennent. Ce n'est plus la déification d'une individualité, ni la peinture d'une courte époque, c'est le tableau de l'existence, à travers les âges, d'un être à la fois un et multiple, le récit de ses migrations et de ses vicissitudes morphologiques, l'exposé de ses rapports avec l'homme et des influences de l'un sur l'autre.

Une page de l'histoire de l'olivier nous en apprendra peut-être plus sur celle de l'humanité que cent pages de la vie d'un conquérant. Comment comparer les services rendus par la plus humble de nos céréales avec ceux d'un Alexandre ou d'un César ? La plante sert l'homme de tous les temps, je dirais presque de tous les lieux. L'homme fameux ne le sert qu'un jour, en un seul lieu, et son utilité locale a souvent pour contre-partie d'être dommageable au plus grand nombre.

Nul conquérant n'a fait disparaître plus d'hommes que le quinquina n'en a fait vivre. Nul bourreau n'en a plus tenaillés que le pavot n'en a soulagés. Quel poëte a jeté plus de joies dans ce monde, chassé plus de mélancolies et de misanthropies que la vigne ?

1

L'histoire de certaines espèces végétales a donc un grand intérêt, et rien n'est plus facile de prouver que s'il n'y a pas d'homme indispensable, il y a des végétaux nécessaires.

C'est dans ces idées que nous avons abordé l'histoire d'une de ces plantes célèbres dont notre civilisation saurait difficilement se passer.

Ce travail offre, en un sens, moins de difficultés que la biographie des grandes renommées humaines. Il est plus facile d'être juste envers les illustrations du monde végétal, parce qu'il y a plus de bien que de mal à en dire. Il n'est pas d'ailleurs de mauvaises plantes, toutes ont leurs fonctions dans le concert des êtres : l'homme seul sait mal, ou ne sait pas s'en servir.

Pour faire l'histoire complète d'une plante, il ne suffit pas d'être botaniste ; il en est dont on ne peut parler sans être conduit vers des questions très-diverses et très-complexes. Telle plante pourra m'entraîner sur le terrain de l'économie sociale, du commerce, de la politique, des sciences techniques, de la statistique, de la littérature, et même de la philosophie.

Un botaniste peut avoir de la philosophie, et n'être pas pour cela économiste ou statisticien ; il peut avoir de la littérature, et ne rien entendre à l'art des constructions.

Pour parler des plantes, il faudrait donc, comme pour parler des hommes, être au courant, pardon de l'expression, de tout ce qui concerne leur état. C'est difficile, et pour notre part nous l'avons senti plus d'une fois dans le cours de ce travail.

Si nous avons fait entrevoir les difficultés de notre tâche, c'est par le sentiment très-réel d'être resté loin du but que nous nous étions proposé d'atteindre au départ.

Que cet aveu nous obtienne un peu d'indulgence, et nous n'aurons pas placé notre franchise à fonds perdus.

Brest, 28 Février 1873.

PRÉFACE

Kanomb holl ann dero, roué ar c'hoajou braz
Kanomb holl, tûd iaouank, ha kanomb ar gwé glaz !
Kriz éo ann hini, a drouc'h, ann dervenned :
Allas ! kément a wé e Breiz zô diskarret !

De feuilles et de glands les branches sont couvertes,
Amis, chantons le chêne, honneur des forêts vertes ;
Malheur à qui détruit ce géant des grands bois,
Bretagne ! tu n'étais qu'ombrages autrefois !
     BRIZEUX, *le Chant du Chêne.*

Dans cette période d'incubation, pendant laquelle l'historien en quête d'un sujet, pèse les renommées, dissèque les gloires, fait résonner les creux, essuie la poussière du temps, une circonstance fortuite fixa ma pensée sur un point du monde végétal, où, ma lanterne à la main, je cherchais..... une plante.

Il y a quelques années, vers la fin de décembre, j'assistais à une réunion dans un manoir de Bretagne. Le maître du lieu, vieux marin, s'était arrangé là, loin de la ville, mais en vue de la mer, une confortable demeure dans laquelle il espérait finir en paix une existence consacrée au service du pays. Mille objets, souvenirs de ses longues campagnes, donnaient à cette habitation une élégance originale.

Le souper allait finir, et d'autant plus gaiement que notre hôte venait de recevoir une lettre d'une fille chérie et le premier portrait de son petit-fils. La bise gémissait dans les grands arbres dépouillés du parc, et l'on entendait le bruit sourd des vagues déferlant sur la falaise voisine.

Le contraste entre la tempête hurlant au dehors sur la côte sauvage de l'Armorique, et cet intérieur joyeux et brillant, m'avait jeté dans une douce rêverie. Le passé et le présent passaient tour-à-tour devant mes yeux : Le passé sombre et poétique de cette vieille terre druidique, avec ses épaisses forêts, son gui sacré, et ses prêtresses échevelées : le présent, avec ses grâces artistiques, son habileté à ployer toutes les créations à nos besoins ou à nos plaisirs, son entente des mollesses de la vie. J'analysais toutes les choses utiles ou élégantes réunies autour de nous par le goût le plus exquis ; j'énumérais et je classais les jouissances et les sensations de cette soirée, pour remonter à leurs sources, quand une interpellation de mon hôte, tombant au milieu de toutes les pensées fugitives que poursuivait mon esprit, y fit soudain jaillir une idée. C'est ainsi que souvent un grain de sable, tombant en un liquide troublé, devient le centre d'un limpide et brillant cristal.

— Avouez, me disait notre hôte, qu'il fait meilleur ici que dans les grands bois de chênes où, sur ce rivage, habitaient nos pères ?

— Assurément, répondis-je avec l'aplomb d'un homme préparé à la riposte, assurément nul de nous ne regrettera le temps où nos aïeux, à cette place même, vivaient sous le couvert du chêne : cela prouve seulement qu'ils n'avaient pas su tirer de ce dernier un aussi bon parti que nous ; que serait, en effet, tout ce confort moderne que vous nous avez fait si gracieusement partager ce soir, sans l'arbre sacré légué par nos ancêtres : ici tout parle de lui.

Le cristal grossissait, vous le voyez. Je continuai :

— C'est le chêne qui, pétillant dans l'âtre, nous envoie cette douce chaleur, grâce à laquelle nous pouvons, non sans charme, entendre l'hiver se lamenter dans les futaies. D'où sortent ce parquet brillant, ces boiseries sculptées, ces poutres vénérables, ces bahuts élégants, et cette table opulente, si ce n'est du cœur de quelques-uns des vieux chênes plantés par vos pères ? Ces stores en soie du Japon n'ont-ils pas été tissés avec les fils brillants du *yama maï* qui vit sur les chênes et se nourrit de leurs feuilles ? Ces tentures en cuir gaufré de Cordoue ne doivent-elles pas encore leur durée, leur inaltérabilité aux sucs astringents de l'écorce des chênes ? Le fumet de ce chevreuil m'a fait songer à l'abondante glandée de l'an passé. En dégustant ce jambon de Bayonne, je pensais que l'être auquel il appartient était un utile intermédiaire entre nous et le gland tombé dans les forêts de l'Adour. En retrouvant partout le parfum de la truffe, je me suis souvenu qu'elle préfère l'ombre des chênes. Et ces vins exquis, retour de vos longues campagnes, n'ont-ils pas acquis leurs qualités dans les fûts de chêne qui les ont bercés sur toutes les mers ?

Et vous-même, mon ami, le chêne n'est-il pour rien dans votre existence ? De quel bois était donc cette fière frégate que vous embossiez si résolûment devant les batteries russes ? N'avez-vous pas passé trente années de votre vie entre des murailles 'de chêne, et, comme vos vins, ne devez-vous pas à ce contact une part de vos qualités généreuses ?

Je vais plus loin, et je vois le chêne associé à vos jouissances les plus délicates. Cette lettre qui vient de faire couler vos larmes, cette photographie d'un enfant qui portera votre nom, mais c'est de la sève des chênes que Dieu forma la substance à l'aide de laquelle ces caractères sont tracés, et cette image fixée.

Allons, que le Champagne fasse encore une fois sauter ce fin morceau d'une écorce de chêne qui le retient captif :

> Amis, chantons le chêne, honneur des forêts vertes,
> Malheur à qui détruit ce géant des grands bois !

Mais laissons le chêne couronné par le printemps, souvenons-nous plutôt des chênes des anciens jours, qui croissaient à cette place, et derrière lesquels nos pères résistèrent à l'invasion romaine : souvenons-nous du chêne celtique, symbole des vertus de notre race. Nous avons des devoirs à remplir ; si la France compte sur les régions de l'Ouest, c'est qu'elle sait que nous pouvons répéter encore avec notre poëte breton :

> Le vieux sang de tes fils coule encor dans nos veines,
> O terre de granit ! recouverte de chênes !

Toute la nuit je ne rêvai que grands bois, eubages, vaisseaux, âge d'or, etc. J'avais trouvé un héros, et sur une page blanche j'écrivis :

HISTOIRE DU CHÊNE !

Ce n'était pas d'ailleurs un étranger pour moi : les Bretons aiment cet arbre qui, dans leur austère province, peuple les fossés et les bois. Le chêne symbolise la Bretagne, comme l'olivier la Provence, le colza les départements du Nord, une mer d'épis la Bauce, la vigne la Bourgogne, un palmier l'oasis.

Souvent j'avais associé dans ma pensée le chêne, le granit et le Breton, et leur avais trouvé les analogies et les conformités qui justifient le proverbe :

Qui se ressemble s'assemble !

Tel sol, telle plante, dit-on encore : rien n'est plus vrai en Bretagne. Voici la pierre qui résiste au temps, le granit, associée à l'arbre qui résiste aux siècles, le chêne.

Tel sol, tel homme, peut-on dire aussi : le Breton a les qualités du chêne et du granit, résistance, incorruptibilité, sont ses traits dominants.

En vain, les houles de l'Atlantique, soulevées par le vent de sud-ouest, déferlent avec furie sur les falaises de Penmarc'h et d'Ouessant ; le granit est là depuis les temps primitifs du globe, opposant un rempart inébranlable à des assauts qui auraient emporté toute autre roche.

Les printemps et les hivers se succèdent, et le vieux
chêne indomptable soutient depuis des siècles le poids
des frimas ou l'effort des raffales d'équinoxe.

Et le Breton ! Les hommes et les choses changent
autour de lui, rien ne l'entame ou ne le courbe : ni les
remous de l'opinion, ni les courants qui charrient vers
des mers inconnues les épaves des sociétés.

> Un chêne de cent ans, avec son grand feuillage,
> Un Breton chevelu dans la force de l'âge,
> Sont deux frères jumeaux au corps dur et noueux,
> Deux frères pleins de sève et de vigueur tous deux.
>
> (Brizeux).

Parler du chêne, c'était donc aussi parler de la
Bretagne : c'est à cette œuvre filiale que nous nous
sommes dévoué de cœur et d'esprit.

LIVRE I

LE CHÊNE DANS L'ANTIQUITÉ, DANS LA LITTÉRATURE, ETC.

CHAPITRE I

Noms du chêne et leurs étymologies.

Les noms du chêne dans les diverses langues se rattachent à six vocables primitifs. Nous allons pouvoir les
répartir en autant de groupes dans lesquels chaque nom
présentera une parenté bien évidente avec ceux de la
même série.

I

Anglo-Saxon.................. ac.

DÉRIVÉS.

Suédois...................... ek.
Anglais..................... oak.
Langue d'Ossian.............. erse.
Allemand.................... eiche.
Hollandais.................. eiken.
Danois...................... ege-tree.

II

Celtique.................... quer.

DÉRIVÉS.

Latin	quercus. (1)
Bas-Latin	quernus et casnus.
Vieux Français (2)	chesne et chaine.
Français	chêne.
Turc	chascha.
Italien	quercia
Berbère	kerou.
Espagnol	encina.
Arménien	gazni.
Portugais	carvalho.
Japonnais	caciuo-qui.

III

Sanscrit . . . . dâru, dru.

DÉRIVÉS.

Grec	Δρυσ (3)
Kimro-Breton	deru, dero.
Kimro-Gallois	derw, dervennic (jeune chêne).
Gaël-Irlandais	daire.
Gaélique-Ecossais	dair, dear.
Russe	dub, дубъ.

(1) Vossius et l'abbé Dulac donnent au latin *quercus* l'étymologie un peu forcée de τραχυσ, mot grec qui signifie rude. Lemery faisait venir *quercus* de κερκω, qui emporte aussi l'idée de rudesse.

D'après dom Lepelletier, ce ne serait pas de *quer* qu'il faut faire sortir *quercus*, mais du vocable *cuez* qui est celtique aussi. Le nom d'une de nos grandes forêts de chêne, la forêt de Cuise, dérive de *cuez*, ou de *gwez*, arbre, en breton.

M. Eugène Fournier a proposé une nouvelle étymologie du mot *quercus*. Il serait, d'après lui, formé du mot sanscrit *arka* dont l'une

IV

Celtique	rove.

DÉRIVÉS.

Espagnol......................	roble.
Latin........................	robur.

V

Danois.......................	ballut.
Arabe........................	beluth.

VI

Sanscrit	bhug (manger)

DÉRIVÉS.

Persan.......................	buk.

Quelques langues, on le voit, ont plusieurs noms pour le chêne : le latin, *quercus* et *robur*; le celtique, *quer* et *rove*; le sanscrit, *daru* et *bhug*. Rien d'étonnant à cela : lorsqu'un objet est principal ou seulement essentiel pour un peuple, dit Theiss, il est exprimé de différentes manières. Le lion, en langue arabe, et le cheval, en tartare, ont plusieurs noms.

des acceptions serait *nourriture*. D'après les Védas, *ku arka* signifierait *quelle (mauvaise) nourriture* : allusion aux glands.

(2) Pendant longtemps on a écrit *chaine*; exemples : le dernier coup abat le chaine.

Petit homme abat grand chaine. (Proverbes du XIIIe siècle).

Au premier coup ne choit mie le chaine. (Proverbes du Vilain. XIIIe siècle).

(3) D'après M. Gay, les bûcherons de Provence nomment *Drouis* une espèce de chêne, le Quercus pseudo-suber.

C'est à l'anglo-saxon *ac* et au sanscrit *daru* que se rapportent la plupart des noms du chêne dans les diverses langues.

Les noms celtiques, kimriques, gaëliques, bretons, du chêne, se rattachent au sanscrit *daru*, et il est probable que *quer* et *rove* ont eux-mêmes une semblable origine, un mot sanscrit perdu.

Personne n'ignore que les Celtes sont issus de cette grande migration des descendants de Japhet, sortie comme un torrent des steppes situés à l'est de la mer Caspienne. Pendant qu'une partie de ce grand courant humain envahissait l'Inde, y fixait ses mœurs et sa langue (le sanscrit) dans sa pureté native, l'autre branche se dirigea vers l'ouest. Chaque tribu laissée sur ses berges par le grand fleuve humain conserva dans son idiome les traits caractéristiques du langage commun ; mais nulle part les ressemblances ne sont aussi frappantes que dans les dialectes parlés sur les points les plus avancés du continent européen, là où les flots de l'Atlantique arrêtèrent ces marcheurs infatigables. Vannes touche à Bénares, suivant la remarque de X.-B. Saintine. Les noms du chêne, *deru* ou *daru*, sont les mêmes aux deux extrémités de cette ligne immense.

Aussi les étymologistes, après avoir successivement fait dériver les noms du chêne du latin, puis du grec, ont fini par les rattacher tous au celtique : et les noms celtiques à leur tour, *deru*, *dair*, *quer*, *rove*, doivent être rapportés soit au sanscrit *daru*, soit à d'autres types perdus de la même langue.

Le nom sanscrit du chêne, *daru*, avait une acception plus générale, il signifiait arbre. En Persan aussi, le mot *diracht* (corruption de *daru*) veut dire arbre. Précédé d'un adjectif, il désigne d'autres arbres que le chêne. Ainsi le cyprès, arbre sacré des Perses, porte le nom de *deva-daru* ou par contraction *devdar* (que nous avons traduit *déodora*). L'abricotier s'appelle *jul-daru*, une autre espèce *aze-diracht* (*azederach* (1).

Chez les Grecs, le mot δρυσ s'appliquait aussi à d'autres espèces arborescentes que le chêne. « Il faut noter, dit Mathiole dans ses commentaires sur Dioscorides, que par le mot δρυσ, il comprend en général tous les arbres portant gland. » Le mot φελλοδρυσ, employé pour désigner une espèce de gland, est d'une composition analogue aux mots persans *dev-dar*, *aze-diracht*.

Le nom danois du chêne *ege-tree*, paraît aussi construit de la même façon. *Trée*, ne vient-il pas aussi de δρυσ ou plutôt du mot sanscrit *dru*, comme *treust*, en breton poutre de chêne en dérive ; et dès-lors, *ege-trée* n'est-il pas composé comme *deva-daru*, φελλοδρυσ.

En annamite, d'après M. l'ingénieur Korn, le nom du chêne est *cay-dé*, *cay*, c'est l'arbre, *cay-dé*, c'est le chêne !

En résumé, et c'est là où nous voulions conduire cette discussion, en résumé, dans l'Inde, comme à Quimper, le chêne est nommé *daru* ou *deru*, c'est-à-dire l'arbre. C'est que le chêne était et est pour ces peuples si éloignés aujourd'hui, mais d'origine commune, l'arbre par excellence. C'était *l'arbre*, comme Rome était *la ville* (2).

(1) C'est M. Lajard qui a révélé cette étymologie du nom persan du cyprès *deva-daru*, qu'on peut traduire *arbre sacré*, *daru* arbre, *deva*, génie malfaisant. Une tradition persane, tirée de l'Avesta, raconte que Zoroaste avait enchaîné sous un cyprès les génies malfaisants. De même que le gallois *deru* se lie au sanscrit *daru*, de même *dew*, *div*, *diu*, vieux mots bretons et celtiques, *diu* gaëlique, *diou* kimrique, signifient comme le persan *deva*, génie, Dieu, divinité. Ceci est une preuve de plus de la parenté des langues celtiques et sanscrites.

(2) A quelle source rapporter un autre nom du chêne, un nom breton *tann*, s. m., un seul chêne ; — *tannen*, f. plur., plusieurs chênes

CHAPITRE II

Culte du Chêne chez les Juifs et chez les Grecs.

Les peuples ont toujours divinisé plus ou moins grossièrement les êtres bons ou terribles, utiles ou nuisibles, qui frappent leur imagination : le chêne ne devait pas échapper à cet honneur, au temps où tout était Dieu, excepté Dieu lui-même.

Dès la plus haute antiquité, il a été tenu en grande vénération, de même que l'idolâtrie panthéiste ne fut qu'une altération du culte du vrai Dieu ; de même, le culte du chêne ne fut que la corruption d'un respect et d'une estime fondés sur les raisons les plus légitimes et qui prit son origine chez les Juifs.

Depuis le choix qu'Abraham fit des chênes pour y adorer le Seigneur, ils furent consacrés. C'est sous un de ces arbres, célèbre sous le nom de chêne de Mambré, que le patriarche, selon les Écritures, donna l'hospitalité à trois anges. C'est sous un chêne que Jacob enfouit l'idole de ses enfants, sachant bien que nul n'irait la chercher dans un lieu si redoutable. C'est aussi sous un chêne, qu'Abimelech, fils de Gédéon, fut sacré roi par les Sichémites.

On lit, livre de Josué, 24 et 26, que ce grand capitaine faisait reposer l'arche sous un chêne, et qu'il érigea sous

(Legonidec). *Tân*, feu de bois, est breton encore. *Taouzen*, nom celtique du chêne vert, d'où est venu *tauzin*, d'une des espèces méridionales de nos chênes.

ce même arbre une pierre, en souvenir de l'alliance qu'il avait jurée au nom de Dieu avec Israël.

Les Juifs abusèrent de ces exemples, car il est dit dans Isaïe, chap. 56, et dans Osée, chap. 4, et dans plusieurs autres endroits de l'Ecriture, que ce peuple, à l'imitation des idolâtres, quittait ses maisons, et s'en allait passer la nuit sous les chênes en l'honneur de fausses divinités. C'est ainsi, dit don Calmet, que le chêne devint un objet d'idolâtrie ; Beyer soutient que le premier culte reçu par cet arbre fut adressé aux chênes de Mambré, origine des bois sacrés.

Le chêne de Mambré existait encore du temps d'Eusèbe de Césarée et du grand Constantin ; saint Bazile en parle aussi. De tout temps il y eut grand concours de peuples à ce vénérable doyen de la gent ligneuse. Plus tard ce concours se changea en foires, auxquelles, sous Adrien, on vendait les Juifs révoltés contre la domination romaine.

Vers le milieu du XVIe siècle, sir John Mandeville, visitant la Palestine, vit sur le mont Mambré, à peu de distance d'Hébron, un chêne nommé *Dirpé* par les Sarrasins, et qui passait pour avoir existé du temps d'Abraham. Cet arbre, complètement sec, serait mort, disait-on, à l'époque où le Sauveur expira sur la croix ; mais il reverdira, disait la légende, quand un prince chrétien règnera sur la Judée.

Juste Lipse et Greister, s'appuyant sur les caractères de sainteté des chênes de Mambré, soutiennent que la croix du Christ avait été faite en chêne. Les fragments de la vraie croix, dit le premier de ces écrivains, ont offert à l'examen le plus consciencieux tous les caractères du bois de chêne. Cet arbre était, d'ailleurs, autrefois comme aujourd'hui, très-commun en Judée.

Le chêne a joué un rôle important dans la mythologie des Grecs. Il était consacré à Jupiter, *quercus jovi placuit,* parce qu'à l'exemple de Saturne, il. avait enseigné aux hommes à se nourrir de glands. Jupiter était adoré sous le nom de Dodonéen au milieu des chênes fatidiques de la forêt de Dodone, en Epire.

Il était interdit aux simples mortels de toucher à ces arbres : un brigand de l'Illyrie, qui s'était avisé d'en couper un, fut réprimandé vertement par un oiseau qui lui reprocha son sacrilége (1).

Cependant une partie du navire *Argo* fut construite avec l'un d'eux, et cette portion de la nef célèbre avait le don des oracles.

Le chêne était le séjour de divinités aimables : les Dryades trouvaient sous son écorce un abri contre la poursuite des Faunes. Les Hamadryades vivaient et mourraient avec lui. C'était encore le temps :

> Où le Sylvain moqueur, dans l'écorce des chênes
> Avec les rameaux verts se balançait au vent,
> Et sifflait dans l'écho la chanson du passant.

Dryope, nymphe d'Arcadie, était aimée de Mercure, un jour elle brisa une tige du lotus consacré à Bacchus pour amuser son enfant, et le dieu furieux la transforma en chêne.

Enfin, le gracieux tableau où Baucis devient tilleul, Philémon devient chêne, est, grâce à Lafontaine, dans toutes les mémoires (2).

Les Querquetulanes étaient des déesses préposées à la conservation du chêne.

---

(1) *Mémoires de l'Académie des Inscriptions*, t. xxxv, p. 101.

(2) F. Rabelais a pris je ne sais où, une généalogie du chêne, qui serait un des huit enfants d'Oxylus et d'Hamadrias. — La fille aînée eut nom Vigne, le fils puiné, eut nom Figuier, l'autre Noyer, l'autre Chêne, l'autre Cormier, l'autre Fenabrègue, l'autre Peuplier, le dernier eut nom Ulmeau.

CHAPITRE III

Culte du chêne chez les Gaulois et chez les Germains.

Le culte du chêne dans les Gaules, en Angleterre et en Germanie, est trop connu pour que nous en fassions une longue description.

Teutatès ou Esus étaient représentés par quelque vieux chêne perdu dans la partie la plus profonde de la forêt, c'est là que les Druides dont le nom vient de $\Delta \rho \upsilon \sigma$ ou plutôt du celtique *deru* initiaient le peuple aux mystères sacrés (1).

Tout ce qui appartenait au chêne était consacré, tout jusqu'au gui, ce parasite enflé de la sève des chênes.

Le grand écrivain breton qui dort sur les falaises de Saint-Malo, Châteaubriant, nous a montré dans une de ses plus belles pages, la Druidesse Velléda s'avançant vers le chêne pour y couper le gui :

Sa taille était haute, une tunique noire courte et sans manche servait à peine de voile à sa nudité ; elle portait une faucille d'or pendue à une ceinture d'airain, et elle était couronnée d'une branche de chêne.

La nuit était descendue, la jeune fille s'arrêta non loin de la pierre sacrée, frappa trois fois des mains, en prononçant à haute voix ce mot mystérieux :

Au gui l'an neuf !

(1) D'après le père Pezron, le mot *Druide* vient de *deru* chêne et de *hud* incantation.

A l'instant on vit briller dans la profondeur des bois mille lumières, chaque chêne enfanta pour ainsi dire un Gaulois, les barbares sortirent en foule de leurs retraites ; les uns étaient complètement armés, les autres portaient une branche de chêne dans la main droite.

On s'avança vers le chêne de trente ans, où l'on avait découvert le gui sacré ; un eubage, vêtu de blanc, monta sur l'arbre, et coupa le gui avec la faucille d'or de la Druidesse : une saye blanche étendue sous l'arbre reçut la plante bénite.

Un autre poëte breton a reproduit ce même épisode de l'histoire du chêne, avec les couleurs vives de sa riche palette :

Son front était orné d'une branche de chêne
Artistement posée en couronne de reine :
L'art semblait imprimer lui-même à sa beauté
Un cachet d'élégance et de simplicité.
Une faucille d'or brillait à sa ceinture,
Sa tunique était noire, et l'heure était obscure.
. . . .

Tout-à-coup s'appuyant sur l'antique dolmen
La prêtresse frappa par trois fois dans sa main.
La forêt se remplit aussitôt de lumières,
Et s'éclaira partout. Ses enceintes de pierres,
Ses antres, ses buissons, ses détours s'éclairaient.
A travers ses sentiers mille lueurs erraient,
Et dans le demi jour de ces vagues pénombres,
Le chrétien vit enfin surgir des pâles ombres,
Qui, courant au hasard, se joignaient dans les bois :
Chaque chêne semblait enfanter un gaulois.
. . . .

Au gui l'an neuf, dit-elle, et ce cri d'espérance !
Ce cri de ralliement, de paix, de délivrance,

Répété par l'écho des ravins dans la nuit,
Jusqu'au bord des déserts retentit avec bruit.

. . . .

La foule renouant les anneaux de sa chaîne,
Se pressa toute entière, alors autour du chêne.
Là le gui consacré, béni par un devin,
Allait être coupé sur le chêne divin.
Un prêtre, déjà vieux, à la marche tremblante,
Tendait pour recueillir et protéger la plante,
Un grand voile de lin n'ayant jamais servi. (1)

Ainsi, le chêne était Dieu et le chêne était temple : la divinité et le sanctuaire se trouvaient associés dans le même arbre, image des bois sacrés qui, chez les Grecs et les Romains, entouraient leurs autels. Les Galates, originaires des Gaules, unissant deux mots celtiques, désignaient leurs sanctuaires sous le nom de *Dry-nemet ;* du mot celtique *nemet* vient *numen* divinité, *nemus* bois, *nemée* forêt consacrée à Hercule, *nemesis* divinité terrible des vieilles forêts.

Le temple de nos pères était vaste, car avant la conquête romaine, le sol de la Gaule était en partie couvert de forêts de chênes ; nos ancêtres y trouvaient tout ce qui était nécessaire à leur existence, le bois pour leurs constructions, le combustible pour leurs foyers, et le gibier abondant qui les nourrissait. Les forêts de chênes étaient en outre un asile impénétrable, un rempart contre l'ennemi.

C'est grâce à elles que la Gaule put opposer une résistance aussi longue à l'invasion romaine : nulle citadelle ne valait l'inextricable dédale des grands bois. Aussi César dut-il porter la hache sur les dieux de la Gaule.

(1) *Velleda,* poëme par Mme A^te Penquer.

Lucain décrit l'horreur des Gaulois enrôlés pour accomplir cet acté de profanation :

> Tremuere manus moti que verenda
> Majestate loci si robora sacra ferirent
> In sua credebant redituras membra secures.

Et ailleurs :

> Gemuere videntes
> Gallorum populi, muris sed clausa juventus
> Exultat : quis enim lœsos impune putare
> Esse deos.

La vénération pour le chêne n'était pas spéciale aux Celtes. Cet arbre, en Germanie, était consacré à Thor. Saint Boniface, né dans le Devonshire, connaissait bien les superstitions païennes dont le christianisme n'avait pu effacer les traces ; pendant ses voyages en Allemagne il leur fit la guerre.

Dans le pays des Hessois existait un vieux chêne vénéré par le peuple. Saint Boniface, informé de ce fait, résolut de l'abattre. Muni d'une hache il se mit à l'œuvre sans retard, s'escrimant de son mieux contre le géant ; tandis que la foule, n'osant intervenir activement, lui lançait des malédictions. « L'arbre n'était pas coupé à moitié, dit Willibrod, biographe du saint et témoin de cette scène, qu'il survint un vent surnaturel qui ébranla les hautes branches, et le chêne tomba avec un fracas terrible. »

Les païens, ajoute-t-il, connurent ce miracle et se convertirent. Du bois de l'arbre tombé, Boniface construisit une chapelle dédiée à saint Pierre.

Non-seulement on adorait les chênes vivants, mais lorsqu'ils mouraient de vieillesse, dit Pelloutier, on les écorçait, on les taillait en pyramides ou en colonnes pour les honorer longtemps encore sous le nom d'Irminsul.

Le culte des chênes était tellement enraciné chez les populations germaines et bretonnes, que jusqu'au xiie et au xiiie siècles de nombreux décrets et canons, mentionnés dans les rituels de cette époque, furent adoptés par divers conciles contre les personnes qui pratiquaient la sorcellerie sous ces arbres, symboles vivants d'une antique croyance.

Les saints apôtres de l'Armorique et de la Grande-Bretagne usèrent de ménagements à l'égard des populations adonnées au culte du chêne. Saint Colman, en Irlande, présidait à un chêne fameux dont un fragment tenu dans la bouche préservait de la mort par pendaison.

Saint Colomban, à Kenmare, avait aussi uni son prestige à celui d'un chêne, et lorsque ce dernier fut renversé par un orage, personne n'osa y toucher. Seul un tanneur fut assez hardi pour tanner son cuir avec l'écorce ; mais la première fois qu'il mit les souliers faits de ce cuir, il fut frappé d'une horrible lèpre.

C'est sous un chêne, en Belgique, qu'a pris naissance le pélerinage de Notre-Dame de Montaigu, célèbre non seulement dans les Flandres, mais dans les provinces rhénanes, en Hollande, et jusqu'en Ecosse. Sur le tronc d'un vieux chêne on avait attaché une image de la Vierge : un pâtre ayant voulu se l'approprier, demeura miraculeusement fixé au sol sans pouvoir retourner chez son maître. Il ne recouvra la liberté de ses mouvements que lorsque la sainte image fut remise à sa place. Depuis 1602 elle est conservée dans une chapelle construite sur le lieu même où croissait le vieux chêne, mort de vieillesse.

Pour désensorceler les chênes et les arracher au pouvoir de Thor ou d'Odin, on avait l'habitude, au-delà du Rhin et en Angleterre, de les marquer d'une croix. Un arbre ainsi gravé pouvait servir de refuge contre les puissances mystérieuses des bois.

Rien cependant n'a pu enlever au chêne quelque chose de mystérieux et de fatidique. Le chêne Tauzin, qui croît depuis l'embouchure de la Garonne jusqu'aux Pyrénées, y est nommé *l'arbre de la malédiction* : on est persuadé que quiconque met la serpe ou la hache à son bois, ou vient à dormir dans une maison dont la charpente en contient quelque pièce, mourra dans le cours de l'année.

Le chroniqueur Aubrey parle du bruit extraordinaire et étrange que produit un chêne en tombant, comme si son génie se lamentait.

Il y avait à Norwod, en Angleterre, un chêne vénéré sur lequel poussait du gui ; l'arbre fut abattu en 1657, et les profanateurs osèrent même couper ce gui pour le vendre. Ce sacrilége ne leur porta pas bonheur : l'un d'eux fut écrasé par l'arbre, l'autre eut la jambe brisée, le troisième y perdit un œil.

On raconte encore que le comte de Wincheslea ayant voulu porter lui-même le premier coup de hache aux chênes d'une vénérable futaie, condamnée à tomber, mal lui en prit. Peu de temps après, la comtesse mourait, et à la même heure, lord Maidstone, son fils, était emporté par un boulet dans une bataille navale.

Ces récits prouvent seulement que jusqu'à nos jours il est resté assez de traces de la vénération de nos pères pour le chêne, pour que ces coïncidences aient pu être remarquées.

Laissons ce sombre côté de l'histoire du chêne. et cher-chons-le dans les poésies des peuples chez lesquels il joua un si grand rôle.

CHAPITRE IV

Le Chêne et les Poëtes.

Nous possédons quelques poëmes des bardes bretons du
VIe siècle : le chêne revient souvent dans ces œuvres
légères d'une forme particulière. Ce sont des tercets, désignés dans le pays de Galles sous le nom de *Tribanneau*.
Ils se composent de trois vers liés seulement par l'unité de
la rime, mais non par celle de la pensée.

Voici quelques exemples de ces tercets, que nous empruntons aux recueils de l'un des hommes les plus érudits
de la Bretagne, M. de la Villemarqué :

Er Gwiael.

Marc' hgwial deru meun 'ouen
A tenn men troed och kadouen
Nag a zav i mor wen.

Marc' hgwial deru deilian
A tenn men troed och kac'har
Nag a zav rin in lavar.

Chant des Rameaux.

Le rameau vigoureux du chêne,
Dans le bois, tire mon pied de la chaîne.
Ne confie pas un secret à la jeune fille.

Le rameau vigoureux du chêne
Tire mon pied de prison ;
Ne confie pas un secret au bavard.

Même facture dans le poëme intitulé :

Les Splendeurs.

Gar wênn blaen derv, c'houerv brigon
Rag houided gwesgered ton ;
Peber touec ; pell oval em kalor.

Bien éblouissante la cime du chêne,
Amer le bourgeon du frêne ;
Devant les canards s'ouvrent les vagues :
Puissante est la tromperie, depuis long-
temps les soucis habitent mon cœur.

<table>
<tr><td>

Gor wenn blaen derv c'houerv brigon,
C'houek evour ; c'hoer ziniad ton :
Ni kel graz kestaz kalon.

</td><td>

Elle est bien éblouissante la cime du chêne
Amer le bourgeon du frêne,
Doux le panais, rieur le flot :
La joue ne cache pas le trouble du cœur.

</td></tr>
<tr><td>

———

</td><td>

———

</td></tr>
<tr><td>

Gor wenn blaen derv ver, berv douver
Kerc'hed flon blaen bedoueru
Gouelit aez, suez i siberu !

</td><td>

Bien éblouissante la cime du chêne,
Froides et bouillonnantes sont les eaux.
Que la vache cherche la tige du bouleau ;
Que la flèche fasse une blessure au superbe.

</td></tr>
</table>

M. Alfred Erny a recueilli, dans son voyage au pays de Galles, un beau poëme de la même forme, quoique postérieur aux précédents. Ce poëme est le chant d'un prisonnier, Robert de Normandie, frère de Guillaume Le Roux. L'infortuné, captif depuis vingt-six années dans l'une des tours du château de Cardif, adressait cette plainte touchante à un chêne qu'il apercevait à la pointe de Penmarth :

O chêne, toi qui crois sur le mur de guerre, là où la terre s'est abreuvée de rouges torrents : malheur aux folles querelles quand le vin pétillant circule.

O chêne, toi qui crois dans la plaine verte, où a débordé le sang des guerriers immolés : le malheureux qui est au pouvoir de la haine peut bien se plaindre de ses misères.

O chêne, toi qui crois dans toute la gloire de ta force ; le sang répandu suit une horrible injustice : malheur à celui qui se trouve au milieu des combats.

O chêne, toi qui crois près du ruisseau de la pelouse, la tempête a brisé tes branches autrefois si belles : celui que poursuit l'envie de la haine vivra dans une triste angoisse.

O chêne, toi qui crois sur un rocher escarpé, là où les vagues de la Severn répondent aux vents : malheur à celui auquel les années n'enseignent pas que la mort est proche.

O chêne, toi qui crois au milieu des années de malheur parmi les terribles émotions des batailles, n'est-il pas écouté celui qui prie la mort de terminer ses jours !

Il existe en Europe un étrange petit peuple qui a gardé sa langue comme les Bretons, ainsi que ses mœurs primitives. C'est la nation basque. Là, comme chez les Bretons, le chêne est en honneur et célébré par les poëtes.

Au nord de Bilbao, près de Guernica, existe un chêne antique, objet de la vénération de ces populations énergiques et loyales. Englobées par la monarchie espagnole, elles ont su garder certains priviléges et libertés auxquels elles tiennent avec passion et qui constituent leurs *Fueros*. Pour les Basques ces libertés semblent liées à l'existence du vieux chêne de Guernica, sous lequel se réunit le Guisononac ou corps des prud'hommes du pays. Lorsqu'en 1872 Don Carlos pénétra en Espagne, la junte de Biscaye se rassembla, et c'est sous le chêne que le prétendant jura solennellement de maintenir les *Fueros*.

Voici le chant populaire de l'arbre de Guernica :

I

L'arbre de Guernica
Est béni
Parmi les Basques,
Aimé de tous.
Propagez et étendez
Votre fruit dans le monde
Nous vous adorons
Arbre saint.

II

Environ mille ans
Il y a

Que Dieu avait planté
L'arbre de Guernica,
Restez donc debout
C'est à présent le moment ;
Si vous tombez nous sommes
Complètement perdus.

III

Vous ne tomberez pas
Arbre aimé,
Si se comporte bien
La junte de Biscaye,
Nous prendrons un appui
Avec vous,
Pour que le peuple basque
Vive en pays.

IV

Qu'il vive à jamais :
Pour le demander à Dieu,
Mettons-nous
Vite à genoux
Et quand nous l'aurons demandé,
De tout notre cœur,
L'arbre vivra,
A présent et dans l'avenir.

Le chêne a généralement bien inspiré les poëtes. La fontaine l'a mis en scène dans un petit poëme que l'on considère comme un chef-d'œuvre. Je me range à cette opinion, mais en faisant mes réserves. Dans la fable du chêne et du roseau, le poëte a prêté au héros de cette histoire un langage et des façons que nous n'acceptons pas. Son chêne a les travers et les ridicules de quelques-uns des grands seigneurs d'autrefois, c'est un chêne en perruque et à manchettes, ce n'est pas, non ce n'est pas le chêne austère et grave du pays celtique.

Et d'abord c'est un arbre d'une vanité puérile, alliant au plus sot orgueil une bonhomie d'autant plus facile qu'elle lui coûte peu :

> — .... Mon front, un Caucase pareil,
> Non content d'arrêter les rayons du soleil,
> Brave l'effort de la tempête.
> .... Tout me semble zéphir.

Que cette pompeuse présentation de lui-même contraste avec l'intérêt du grand seigneur pour le chétif voisin !

> — Vous avez bien raison d'accuser la nature,
> Un roitelet pour vous est un pesant fardeau.

Et encore :

> — La nature envers vous me semble bien injuste.

Après cette fausse pitié, regrettera-t-il que sa grandeur l'enchaîne au rivage ? Nullement, qu'allait-il faire après tout ce roseau

> — Sur les humides bords du royaume du vent ?

C'est sa faute ; et le faux-bonhomme de chêne, se rengorgeant encore, achève de se désintéresser dans l'affaire par ces mots dédaigneux :

> — Encor si vous naissiez à l'abri du feuillage
> Dont je couvre le voisinage,
> Vous n'auriez pas tant à souffrir,
> Je vous défendrais de l'orage.

L'arbuste, en sa réponse, est inimitable de simplicité, de politesse et de fine ironie :

> — Votre comparaison................
> Part d'un bon naturel, mais quittez ce souci,
> Les vents me sont moins qu'à vous redoutables,
> .... Je plie et ne romps pas.

C'est pour avoir méconnu ce que j'appellerai le caractère moral du chêne, que Lafontaine termine cette charmante fable par la contradiction et l'exagération.

Après ces paroles du roseau :

> Je plie et ne romps pas, .

on s'attend à voir le chêne brisé par un orage. Le poëte, au contraire, nous le montre déraciné par la tempête. Jamais ouragan n'a déraciné les vieux chênes, il les mutile, il jonche le sol de leurs débris, mais ne les couche pas les racines en l'air, surtout lorsque celles-ci sont assez puissantes pour toucher à l'empire des morts.

Jamais Lafontaine n'a fait parler le lion comme le lièvre, pourquoi donc fait-il de notre chêne un faquin !

Virgile, au livre II des Géorgiques, a célébré le chêne (Æsculus) en beaux vers, que Lafontaine n'a pas imités jusqu'au bout :

> Æsculus in primis, quæ quantum vertice ad auras
> Æthereas, tantum radice in Tartara tendit.
> Ergo non hyemes illam, non flabra neque imbres
> Convellunt : immota manet, multos que per annos
> Multa virum volvens, durando secula vincit.
> Tum fortes late ramos et brachia tendens
> Huc, illuc, media ipsa in gentem sustinet umbram.

Le véritable chêne, le voici encore dans cette traduction d'un admirable chant d'outre-Rhin :

Élève toi jeune chêne, élève toi au milieu des tempêtes, tu es le chêne.

Étends tes rameaux touffus, les oiseaux du ciel les rempliront de leurs nids et de leurs chansons.

Les enfants du village danseront à ton ombre sous les regards de leurs aïeux et échangeront de doux serments.

Les jeunes guerriers respireront le courage à tes pénétrantes émanations, et tes feuilles tresseront autour de leurs tempes la couronne des vainqueurs.

Plus tard, car tout finit ici-bas, tu tomberas sous la cognée, mais tu tomberas pour revivre plus utile encore.

Tu seras la lance qui donne la liberté, qui défend le foyer sacré contre les envahisseurs de la patrie.

Tu seras la table ou s'asseoit la famille, la poutre soutien du toit qui l'abrite, le lit des fortes générations.

Tu seras le tonneau rempli du vin généreux qui nous fait oublier nos peines et ne nous laisse que le souvenir de nos joies.

Tu seras aussi le lit où l'homme dort son dernier sommeil et au dessus de lui tu seras la croix.

Tu seras la croix, splendide trait-d'union qui unit la terre au ciel, dont tu es le présent, noble chêne !

Ce n'est plus le mystérieux séjour de Thor ou d'Esus, le temple où Merlin rendait ses oracles : la crainte qu'il inspirait à nos pères est remplacée par des sentiments meilleurs. Le chêne a cependant été la source d'une ins-

piration poëtique plus suave et plus élevée peut-être, et
nous terminerons ce chapitre en empruntant au chantre
immortel des harmonies poëtiques et religieuses la belle
page qu'il intitula :

Le Chêne.

Voilà ce chêne solitaire
Dont le rocher s'est couronné ;
Parlez à ce tronc séculaire,
Demandez comment il est né.

Un gland tombe de l'arbre et roule sur la terre ;
L'aigle a la serre vide en quittant les vallons,
S'en saisit en jouant et l'emporte à son aire
Pour aiguiser le bec de ses jeunes aiglons ;
Bientôt du nid désert qu'emporte la tempête
Il roule confondu dans les débris mouvants,
Et sur la roche nue un grain de sable arrête
Celui qui doit un jour rompre l'aile des vents.

L'été vient : l'aquilon soulève
La poudre des sillons qui pour lui n'est qu'un jeu
Et sur le germe éteint où couve encore la sève
En laisse retomber un peu.
Le printemps, de sa tiède ondée,
L'arrose comme avec la main ;
Cette poussière est fécondée,
Et la vie y circule enfin.

La vie ! A ce seul mot tout œil, toute pensée
S'inclinent confondus et n'osent pénétrer ;
Au seuil de l'infini, c'est la borne placée,
Où la sage ignorance et l'audace insensée
Se rencontrent pour adorer !

Il vit ce géant des collines ;
Mais avant de paraître au jour,
Il se creuse avec ses racines
Des fondements comme une tour.
Il sait quelle lutte s'apprête
Et qu'il doit contre la tempête
Chercher sous la terre un appui
Il sait que l'ouragan sonore
L'attend un jour.... ou s'il l'ignore,
Quelqu'un du moins le sait pour lui !

Il vit ! le colosse superbe
Qui couvre un arpent tout entier,
Dépasse à peine le brin d'herbe
Que le moucheron fait plier.
Mais sa feuille boit la rosée,
Sa racine fertilisée
Grossit comme une eau dans son cours,
Et dans son cœur qu'il fortifie,
Circule un sang ivre de vie,
Pour qui les siècles sont des jours.

Les sillons où les blés jaunissent
Sous les pas changeants des saisons,
Se dépouillent et se vêtissent
Comme un troupeau de ses toisons ;
Le fleuve naît, gronde et s'écoule ;
La tour monte, vieillit, s'écroule
L'hiver effeuille le granit ;
Des générations sans nombre
Vivent et meurent sous son ombre :
Et lui ? voyez, il rajeunit !

Son tronc que l'écorce protége,
Fortifié par mille nœuds,
Pour porter sa feuille ou sa neige,
S'élargit sur ses pieds noueux ;
Ses bras que le temps multiplie,
Comme un lutteur qui se replie
Pour mieux s'élancer en avant,
Jetant leurs coudes en arrière,
Se recourbent dans la carrière
Pour mieux porter le poids du vent.

Et son vaste et pesant feuillage
Répandant la nuit alentour,
S'étend, comme un large nuage,
Entre la montagne et le jour ;
Comme de nocturnes fantômes
Les vents résonnent dans ses dômes ;
Les oiseaux y viennent dormir,
Et pour saluer la lumière,
S'élèvent comme une poussière,
Si la feuille vient à frémir.

Et pendant qu'au vent des collines
Il berce ses toits habités,
Des empires dans ses racines,
Sous son écorce des cités ;
Là, près des ruches des abeilles
Arachné tisse ses merveilles,
Le serpent siffle, et la fourmi
Guide à des conquêtes de sable
Ses multitudes innombrables
Qu'écrase un lézard endormi.

Et ces torrents d'âme et de vie,
Et ce mystérieux sommeil,
Et cette sève rajeunie
Qui remonte avec le soleil ;
Cette intelligence divine
Qui presse, calcule, devine,
Et s'organise pour sa fin ;
Et cette force qui renferme
Dans un gland le germe du germe
D'êtres sans nombres et sans fin ;

Et ces mondes de créatures
Qui naissent et vivent de lui,
Y puisent être et nourriture
Dans les siècles comme aujourd'hui ;
Tout cela n'est qu'un gland fragile
Qui tombe sur le roc stérile.
Du bec de l'aile ou du vautour ;
Ce n'est qu'une aride poussière
Que le vent sème en sa carrière
Et qu'échauffe un rayon du jour !

Et moi je dis : « Seigneur, c'est toi seul, c'est ta force,
Ta sagesse et ta volonté,
Ta vie et ta fécondité,
Ta prévoyance et ta bonté !
Le ver trouve ton nom gravé sous son écorce
Et mon œil dans sa masse et son éternité ! »

CHAPITRE V

***

**Le Chêne dans les emblêmes de chevalerie,
et les armoiries.**

***

Le chêne a toujours été considéré comme symbole de la force, de la résistance et du courage ; aussi voyons-nous son feuillage ou ses fruits faire partie des emblêmes de chevalerie, des blasons, etc.

Le feuillage du chêne orne la croix de la Légion d'honneur, le seul ordre qui ait subsisté en France.

Il entrait encore dans la constitution des décorations suivantes :

Croix de fer.
Ordre de Léopold (1832).
Ordre de Maximilien, pour la science et l'art (1853).
Mérite civil de la couronne de Bavière (1808).
Mérite militaire de Charles-Frédéric.
Ordre américain de Saint-Juan (1854).

ORDRE DU CHÉNE.

Dans une bataille livrée aux Maures par Gratius Ximénès, ce dernier crut voir, au-dessus d'un chêne, une croix lumineuse adorée par les anges. A ce signe il sentit un nouveau courage enflammer son ardeur, et comme il remporta la victoire, il eut la persuasion qu'il le devait à cette vision ; il fonda dans le royaume de Navarre, en

1722, l'ordre du chêne, afin de témoigner publiquement sa reconnaissance à Dieu, pour le secours inespéré qu'il avait reçu de lui. Cette institution tomba bientôt en désuétude, et finit par disparaître complétement.

ORDRE DE LA COURONNE DE CHÊNE.

Guillaume II, roi des Pays-Bays, créa cet ordre en décembre 1841, et le destina à récompenser les services civils et militaires spécialement rendus par des sujets luxembourgeois, ainsi que les succès d'artistes distingués, quelle que soit leur nationalité. Le roi est le grand maître et cette dignité est afférente à la couronne grand'ducale de Luxembourg. Les membres de l'ordre sont divisés en quatre classes : chevaliers de premiere classe, ayant titre de grand'croix ; chevaliers de deuxième classe, ayant titre de chevaliers de l'étoile de l'ordre ; chevaliers de troisième classe, ayant titre de commandeurs ; simples chevaliers.

L'importance du chêne chez nos péres, s'accuse encore par la multitude de noms patronymiques qui en découlent, en Bretagne, en Vendée, en Anjou particulièrement. Exemples (1) :

Chênac.	Chênevelles.	Chenisy.
Du Chêne.	Chênevières.	Chenigy.
Du Quesne	Chênevoux.	Chênoise
De Chênelé.	Chênides.	Chenouillet.
Chênelette.	Chenilly.	De la Chesnaie.
Chênetaille.	Cheny.	Du Chesnoy.

(1) Des noms bretons du chêne viennent encore *Bot-deru* (buisson de chênes). *Dervec, dervennec,* (lieu abondant en chênes). Du Rouvre, du Rouvry, du Rouvray, (de Robur).

Chenu.	Des Chênes.	Du Quesnoy
Chesnel.	Chenillac. '	Lachêsnaye.
Chênery.	Les Chênises.	De Caine.

Les blasons de l'ancienne noblesse de Bretagne admettent fréquemment le chêne dans leurs attributs :

DE GESRIL................ D'argent au chêne arraché de sinople.

LE FORESTIER.............. De gueules à 3 feuilles de chêne d'argent en pal, le pied en bas.

MADELINEAU .... D'argent à 9 glands de sinople.

DE KERVÉRÉGUEN............ D'argent au chêne de sinople, englanté d'or, le fut chargé d'un sanglier de sable allumé et défendu d'argent.

GUILLORÉ.................. D'argent à un guy de chêne de sinople, etc.

DU PLESSIS, en breton QUENQUIS. D'argent au chêne de sinople, englanté d'or.

DE MÉSANVEN .... D'azur au gland versé d'or, accompagné de 3 feuilles de chêne d'argent.

DE LA CHESNAYE............ D'argent à 3 roses de gueules une feuille de chêne de sinople en abyme.

APURIL Sr DE LA VILLEMOISAN... D'argent au chêne de sinople, englanté d'or, accosté de deux colombes affrontées de gueules tenant un rameau de sinople.

Voici, d'ailleurs, d'après M. de Courcy, les noms d'autres familles du blason desquelles le chêne et ses parties sont l'élément principal :

<table>
<tr><td>Du Bouays de Langotière.</td><td>Palys.</td></tr>
<tr><td>Merer.</td><td>Quelenec.</td></tr>
<tr><td>Saint-Genis.</td><td>Rousselet.</td></tr>
<tr><td>Millé.</td><td>Sohier.</td></tr>
<tr><td>Benerven.</td><td>Martin.</td></tr>
<tr><td>Bretineau.</td><td>Cheminant.</td></tr>
<tr><td>Cardé.</td><td>Chauf.</td></tr>
<tr><td>David.</td><td>Esdrieuc.</td></tr>
<tr><td>Gratz.</td><td>Regneault.</td></tr>
<tr><td>Guéguen.</td><td>Sanguin</td></tr>
<tr><td>Kerangomar.</td><td>Scanf.</td></tr>
<tr><td>Kerpaen.</td><td>Bochetel.</td></tr>
<tr><td>Laurens.</td><td>Forest.</td></tr>
<tr><td>De Lezeleuc.</td><td>Plouguiziau.</td></tr>
<tr><td>O. Riordan.</td><td></td></tr>
</table>

Le chêne dans ces armoiries était symbole d'honneur et de vaillance ; il l'est encore, puisque nous avons vu son feuillage s'entrelaçant aux branches de la croix d'honneur ! Il l'est encore, lorsque cet élégant feuillage apparaît dans les broderies et les insignes des états-majors de la marine et de la guerre.

Honneur et Patrie ! le chêne était digne de couronner ces choses sacrées, lui qui couvre ce sol généreux dont la devise, *potius mori quam fœdari,* n'a pas encore reçu de démenti.

En 1749, on fondit à la Monnaie un jeton de marine, ainsi qu'on le faisait tous les ans depuis 1643. Ce jeton représentait des vents furieux soufflant sur un chêne dont les glands tombaient ; autour étaient gravés ces mots :

Concussu silva resurget.

cet emblême et cette devise empruntés au chêne, ne s'appliquent-ils pas aujourd'hui à la France qui se relève vaillamment de terribles secousses, et ne peut-on dire d'elle comme de l'arbre glorieux dont nous faisons l'histoire :

Concussu Gallia resurget.

LIVRE II

LE CHÊNE DANS LA NATURE.

Première Partie.

CHAPITRE VI

Place du Chêne dans les classifications.

Linné avait réuni presque toutes les formes de chênes connues de son temps dans un genre, le genre *Quercus*. Les *Suber*, les *Ilex* de Tournefort, et les nombreuses espèces découvertes depuis le commencement du siècle y ont été réunies et forment ainsi un des grands genres du règne végétal.

La place du genre chêne n'a pas beaucoup varié dans les classifications. Les groupes desquels il a fait partie ont pris d'autres noms, leur élévation dans la série a changé, ils se sont appelés familles, ordres ou classes : Le nombre des plantes qui se sont trouvées associées aux chênes a été plus ou moins considérable sous ces titres divers, mais le faisceau des espèces est demeuré presque intact ; nul doute, nulle incertitude à leur égard, ni séparation, ni démembrement parmi elles ; toutes ont subi les mêmes fortunes, et les dernières viennent sans difficulté se placer près des anciennes. Admirable unité dans la variété la plus étendue.

La gracieuse disposition de leurs fleurs en chatons, la coupe élégante qui porte leurs fruits sont les caractères essentiels qui ont réglé la place des chênes dans les classifications et constitué leurs parentés les plus prochaines.

Linné le premier réunit sous le nom d'*amentacées*, qui veut dire plantes à fleurs en chatons, les chênes et les autres arbres, offrant une inflorescence semblable.

Adanson fit, sous le nom de *Castaneæ*, une grande famille de nos arbres forestiers. La première section de cette famille comprenait le châtaignier, le chêne, le bouleau, le charme, le coudrier.

Antoine Laurent de Jussieu, dans son *genera plantarum* p. 409, comprit que les chênes ne pouvaient demeurer rangés sous la bannière des châtaigniers, et pour éviter toute compétition entre les hauts barons de la forêt, il reprit, comme titre de famille, le nom d'*amentacées*, employé par Linné. Il mit à la porte de la famille les orties qu'Adanson y avait introduites, et indignes d'y figurer quelle que soit leur analogie d'inflorescence avec les véritables *amentacées*.

A la suite de ses travaux sur les fruits, et comme pour couper court aux réclamations des orties, et de tous les autres porte-chatons, Claude Richard donna le nom charmant de *cupulifères* aux *amentacées* de Jussieu dont l'ovaire est infère, et dont les ovules sont suspendus (Rich. anal. fr. p. 33, 92).

Les chênes portèrent ce nom avec d'autant plus de droit et d'autorité, que nul dans leur parenté nouvelle ne pouvait montrer une cupule mieux caractérisée et plus élégante que celle où leur gland repose.

Cependant Mirbel (*Elém. phys.* 2, p. 906), et longtemps après Lindley (*Vég.* Kingd. p. 290), délaissèrent cette appellation de *cupulifères* pour celle des *corylacées*. Voyez-vous le fier *quercus robur*, qu'Adanson avait soumis au châtaignier tombé plus bas encore et n'étant plus qu'un coudrier ! quel classificateur eût jamais l'idée de dire du cheval qu'il était de la famille des ânes (1) !

Ce fut encore un Jussieu qui remit les chênes en leur place, en donnant le nom de *quercinæ* à la famille dont ils font partie, et qui leur doit assurément tout son éclat, toute son importance (Jussieu, *Dict. des sciences nat.*, 2, *suppl.* p. 12).

La réaction, comme toujours était allée trop loin. Les plantes sont plus démocratiques qu'on ne le croit : quel que fut le droit du chêne de donner son nom à la famille qu'il domine incontestablement, pour ménager sans doute les susceptibilités du hêtre et consorts, les classificateurs revinrent pour la plupart au titre de *cupulifères*.

De ce nombre furent :

Meissner qui plaça les chênes dans une tribu des *cupulifères* nommée *quercinées* et *faginex* (Meissn. *Gén.* p. 346 et 257).

Schaht les plaça dans ses *cupulifères vraics* (Beitr. 1854, p. 53).

Endlicher rangea les *quercus* dans l'ordre 89 *cupulifères* (Endl. *Gén.* p. 272-274, supp. 4 part. 2, p. 22, 1847).

Spach, dans la deuxième tribu de ses *cupulifères*, sous le nom de *cupulifères-types*, associe les chênes aux hêtres et aux châtaigniers.

Alph. de Condolle comprit les chênes avec les hêtres et les châtaigniers seulement, dans l'ordre C X C, *cupulifères (prodromus pars decima sexta, sectio posterior*, 1864).

M. A. S. OErsted, dans son essai de classification des chênes, adopte une famille des *cupulifères* formés de deux sections, *quercinæ* et *castaninæ*, dans lesquelles les *quercus* prennent place avec les hêtres et les châtaigniers.

---

(1) Un botaniste allemand, Doll, a tenté aussi d'asservir les chênes aux hêtres, en en faisant une section de la famille des *Faginex* ; après tout le quinquina et le café sont bien de la famille des *Rubiacées*.

Ainsi le hêtre et le châtaignier sont les plus proches parents du chêne, puisque ces trois arbres se trouvent réunis dans le même groupe des trois dernières classifications; si les botanistes sont tombés d'accord sur ce point, il n'en est pas de même quand il s'est agi de classer les nombreuses espèces du genre en un certain nombre de sections.

Les premiers essais furent conçus de la façon la plus arbitraire et la moins scientifique.

Les uns admettaient deux divisions : 1° chênes de l'ancien continent ; 2° chênes du nouveau continent.

D'autres formaient encore deux sections, l'une renfermait les chênes dont les fruits mûrissent pendant la première année, l'autre ceux dont les fruits ne deviennent parfaits que la seconde année. Enfin on a divisé encore ces arbres en chênes à feuilles caduques et chênes à feuilles persistantes.

Des espèces analogues se trouvaient par là éloignées, et parfois des espèces éloignées, rapprochées.

Un groupement basé sur les formes des feuilles fut souvent tenté ; mais rien ne varie plus que ces organes, non-seulement sur le même individu, mais sur le même rameau. Après avoir abandonné cette méthode, on y revint en ayant le soin de n'étudier les feuilles que chez les chênes adultes. Voici ces divisions des chênes :

Suites a Buffon.

Chênes à feuilles entières.
Chênes à feuilles dentées ou crénelées.
Chênes à feuilles aiguës lobées pinnatifides.
Chênes à feuilles obtuses, lobées pinnatifides.

Dictionnaire des Sciences naturelles de 1817.

Chênes à feuilles entières

Chênes à feuilles dentées.

Chênes à feuilles sinuées à lobes mucronés.

Chênes à feuilles sinuées à lobes mutiques.

Dictionnaire des Sc. Nat. de 1823. Achille Richard.

1re *Section.*

Chênes à feuilles lobées. . . . . . Q. robur, alba, tinctoria.

2e *Section.*

Chênes à feuilles dentées. . . . . Q. ilex, suber infectoria.

3e *Section.*

Chênes à feuilles entières. . . . . Q. phellos.

Chênes forestiers.

— nains.

— verts.

— liéges

— aquatiques.

Faire une bonne classification des chênes était donc une œuvre difficile : Endlicher l'essaya, nous dirons comment il réussit ; mais le travail le plus important, le plus complet sur ce sujet, est la révision des chênes pour le *prodromus*, par M. Alph. de Candolle.

Il fallait une grande et longue patience, une sagacité peu commune, pour mener à bonne fin cette entreprise destinée à débrouiller le cahos d'une synonymie désordonnée (1).

La plus grande et la première difficulté n'était pas de grouper les espèces du genre, c'était de les établir.

(1) *Annales des Sciences naturelles*, 4e série, 18-19, 1863. Etude sur l'espèce à l'occasion d'une révision de la famille des *Cupulifères*.

« Certains caractères des chênes varient fréquemment sur le même rameau, et ne peuvent évidemment pas servir à constituer des espèces..... Aucun botaniste n'a jamais admis qu'on pût regarder comme spécifique un caractère variant sur la même branche ou sur le même arbre. »

Voici, d'après M. Candolle, les caractères qui peuvent varier sur la même branche de chêne ; qu'on juge par là des obstacles que présente leur classification :

Longueur des pétioles. — Varie de 1 à 3.

Forme du limbe. — Varie de la forme d'une ellipse allongée à la forme obovale.

Tour du limbe. — Varie des lobes saillants pinnatifides aux simples dentelures, et de celles-ci aux feuilles entières. Ainsi sur le *Q. fagineæ*, les feuilles sur le même rameau sont ici dentées, là entières. Il en est de même chez les chênes verts, liéges, à galles, chevelus, kermes, etc.

Terminaison du limbe. — Tantôt en pointe, tantôt obtuse.

Base du limbe. — Encore plus variable sur le même rameau. Elle est tantôt obtuse, tantôt aiguë, tantôt simplement obtuse, tantôt en cœur.

M. de Candolle a constaté ces variations dans la proportion suivante :

17 fois sur	84 échantillons, ou	20	0/0 *Q. coccifera.*
32 —	110 —	ou 29	0/0 *Q. cerris.*
1 —	8 —	ou 12 1/2	0/0 *Q. vallonea.*
6 —	21 —	ou 28	0/0 *Q. libani.*
12 —	16 —	ou 75	0/0 *Q. castaneæfolia.*
26 —	60 —	ou 43	0/0 *Q. suber.*
7 —	66 —	ou 10, 6	0/0 *Q. r. p. vulgaris*
3 —	5 —	ou 60	0/0 *Q. regia.*
2 —	2 —	ou 100	0/0 *Q. vesca.*

Pubescence des feuilles. – Presque tous les chênes ont leurs jeunes feuilles pubescentes ; en vieillissant elles deviennent glabres par brisement des poils qui se réduisent à des ponctuations, ou par caducité réelle de ces organes. Dans le *Q. lusitanica orientalis*, la même feuille a des poils caducs et des poils persistants.

Nombre des divisions du périgone. — Forme de ces divisions et des bractées. — Fréquemment variables sur la même branche.

Pédicelles des fleurs mâles. — On constate leur présence et leur absence sur le même chaton.

Nombre des étamines. — Variable dans les fleurs du même chaton.

Leur terminaison. — Mucronée ou non.

La longueur des pédoncules des fleurs femelles varie encore plus que celle des pétioles sur le même rameau : les différences de 1 à 3 sont quelquefois dépassées. Sur une dizaine d'échantillons, les pédoncules du *Q. r. p. vulgaris*, l'un d'eux variait de 6 à 18 lignes ; sur 23 échantillons du *Q. r. s. communis*, la longueur des pédoncules, sur l'un d'eux, variait de 2 à 10 lignes.

Nombre des fruits, forme des cupules. — Variations fréquentes.

Gibbosité de la base des écailles. — Modifications nombreuses non-seulement sur le même échantillon, mais dans la même cupule : notre chêne commun en offre beaucoup d'exemples.

Direction des écailles ou squammes de la cupule. — Peu variable quand on l'observe sur des glands bien mûrs.

Longueur du gland relativement à celle de la cupule. — « Il semble que pour chaque gland, il y ait différents degrés de perfection et de maturation des fruits, qui produisent des dimensions différentes. Les Espagnols ont remarqué trois époques de maturité dans la même année pour les fruits du chêne liége, et ils ont donné trois noms aux glands qui en résultent. Probablement la proportion des glands, bien ou mal développés, varie d'une année à l'autre, et contribue à déterminer ce que les cultivateurs appellent une bonne ou une mauvaise glandée. Quoi qu'il en soit, rien n'est plus commun que les glands à peine sortant de la cupule, ou exertes, ou plus exertes encore, sur le même rameau, souvent sur le même pédoncule fructifère. »

Durée des feuilles. — Varie suivant les années et suivant les individus de la même espèce.

On comprend maintenant les difficultés d'asseoir l'espèce avec une pareille mobilité de caractères. La fixité existe cependant, et M. Alph. de Candolle n'a jamais vu varier sur une même branche les caractères suivants :

La grandeur et la pubescence des stipules.

La direction et la grosseur des principales nervures des feuilles.

La disposition des poils isolés ou en faisceau, sur les feuilles et les rameaux.

La pubescence ou la non pubescence des anthères.

La forme générale et la grandeur relative des squammes.

La maturation annuelle ou bisannuelle des fruits.

La position des ovules atrophiés

M. de Candolle admet, pour établir les espèces querciennes, les caractères qui ne se trouvent pas réunis sur certains individus, et séparés sur d'autres, et qui n'offrent pas de transitions d'un chêne à l'autre. Les variétés de ces espèces ont été ensuite fondées sur les caractères variables.

Supposons ensuite cent échantillons, où les mèmes caractères fixes se rencontrent : ils appartiendront tous à la même espèce ; mais on pourra peut-être établir parmi eux trois groupes : 1° échantillons à feuilles toutes entières, sur les mêmes rameaux ; 2° échantillons à feuilles toutes dentées ; 3° échantillons à feuilles dentées et à feuilles entières sur le même rameau. On ne prétendra pas que ce dernier rameau appartienne à deux espèces différentes, et l'on ne fera pas non plus deux espèces des individus qui présenteront ces caractères isolés ; mais on pourra établir trois variétés parmi ces cent échantillons.

Voilà comment le savant botaniste de Genève a vaincu les difficultés que lui offrait le genre *quercus* pour l'établissement des espèces. Malgré cette rigoureuse méthode, il pense cependant que plus de la moitié, les deux tiers environ des espèces querciennes, n'est que provisoire. Quand les chênes seront mieux connus, beaucoup de formes intermédiaires surgiront entre les espèces et amèneront la fusion d'un certain nombre d'entre elles. C'est ainsi que toutes les formes du *Quercus robur*, dont on avait fait depuis Linné autant d'espèces, se sont fondues dans ce type spécifique unique que le botaniste suédois avait conçu, et dont toutes les modifications ne constituent plus que des variétés. M. de Candolle reconnaît que ce fut une vive satisfaction pour lui d'arriver au même résultat que celui du célèbre fondateur de l'espèce en botanique.

Il n'est pas difficile maintenant de voir combien étaient défectueuses les anciennes classifications des chênes, qui reposaient uniquement sur la forme des feuilles. Elles devenaient de plus en plus impuissantes à contenir le nombre grandissant des espèces querciennes.

Endlicher, dans sa classification des chênes, l'une des meilleures, avait pris en considération les caractères variables empruntés à la forme des feuilles, puis les caractères fixes tirés de la forme de la cupule et de la maturation annuelle ou bisannuelle des fruits. Malheureusement, l'auteur y attribuait une importance trop grande à la persistance ou à la non persistance des feuilles, qui ne doit servir qu'à établir des divisions très-secondaires, ce caractère n'étant pas toujours facile à déterminer exactement, surtout d'après les échantillons d'herbier.

Il en est de même de la maturation des fruits, la première ou la seconde année. Dans l'appréciation de la valeur de ce caractère, M. Alph. de Candolle a été frappé de voir que des formes querciennes très-voisines pouvaient offrir les deux sortes de maturation. De plus, ce caractère n'étant lié avec aucun autre, il était impossible de le reconnaître sur des échantillons d'herbier ne possédant pas de fruits mûrs.

Voici, par exemple, des chênes très-ressemblants ; chez les uns la maturation est annuelle, chez les autres bisannuelle :

MATURATION ANNUELLE.	MATURATION BISANNUELLE.
Quercus Suber.	Quercus Occidentalis, Gay.
— Microphylla, Nee.	— Castanea, Nee.
— Seemanni, Liebm.	— Acutifolia.
— Scytophylla, Liebm.	— Calophylla.
— Obtusata, H. B.	— Crassifolia, H. B.

M. de Candolle n'a pu tirer de ce caractère qu'une subdivision, sous forme de paragraphes, des genres ou sous-genres naturels de chênes.

Les botanistes, avant M. de Candolle, avaient fait fort peu attention à un autre caractère des chênes, la position des ovules atrophiés, relativement à la graine toujours unique dans le gland ou l'ovaire. Si tous les germes primitivement contenus dans l'ovaire du chêne arrivaient à se développer, cet ovaire, devenu gland, contiendrait comme beaucoup de fruits un nombre de semences égal à six. Mais là, comme partout, il y a lutte pour la vie, une seule semence accapare toute la subsistance, et les cinq autres avortent, laissant leurs débris, tantôt à la base, tantôt au sommet de la cavité que remplit la semence arrivée à maturité. De là les expressions de : ovules avortés infères, ovules avortés supères, que nous trouvons dans quelques classifications.

Tous les chênes à maturation de fruit annuelle, ont les ovules atrophiés sous la graine. Les chênes dont le fruit mûrit la seconde année, les ont tantôt à la base, tantôt au sommet. Ainsi dans le sous-genre *lepidobalanus*, de Alph. de Candolle, toutes les espèces à maturation annuelle ont les ovules avortés infères ; tandis que les espèces à maturation bisannuelle, tantôt comme le *Q. crassifolia* et le *Q. cerris*, les ont infères, tantôt comme les *Q. falcata, rubra, xalapensis*, etc., etc., et tous chênes américains, les ont supères. En dehors des *lepidobalanus*, les chênes ayant tous la maturation bisannuelle ont tous aussi les ovules avortés au sommet de la graine.

« Cette diversité d'attache des ovules, dit M. de Candolle, paraît au premier abord quelque chose d'important, d'où l'on devrait tirer une division générique ou de sections. Considéré de plus près, et voyant combien sont analogues les espèces qui ont les deux genres d'ovules, ce caractère s'affaiblit notablement. »

L'auteur que nous venons de citer ne s'en est servi que pour subdiviser la première section des chênes de sa classification.

Voici d'ailleurs les traits principaux de cette classification qui se trouve résumée sur le tableau A.

M. Alph. de Candolle répartit les chênes en six sections.

Les caractères des cinq premières se trouvent indiqués au tableau B ci-après, de façon à pouvoir les comparer facilement. La sixième section, *Lithocarpus*, qui ne renferme qu'une espèce, le *Q. Javensis*, est caractérisée par sa noix osseuse. Le tableau A montre l'importance de ces sections au point de vue du nombre des espèces qu'elles renferment, ainsi que de l'habitat de ces espèces.

Le point de classification qui a le plus embarrassé M. de Candolle, est la subdivision du sous-genre ou section *Lépidobalanus*. « J'aurais aimé, dit l'auteur, pouvoir former des groupes naturels autour des espèces qui semblent offrir des caractères bien distincts (*robur, cerris, vallonea, libani, rubra, xalapensis*); en d'autres termes, j'aurais désiré pouvoir constituer des sous-sections.....

..... Pour moi, la conséquence d'une longue étude a été qu'il n'existe pas, dans l'état actuel de la science, de bonne subdivision du sous-genre *Lepidobalanus*. Quand on connaîtra les fleurs mâles de beaucoup d'espèces, où elles sont encore inconnues, et quand on aura examiné l'évolution des bourgeons, il est possible qu'on puisse établir une division vraiment naturelle ; mais aujourd'hui, au moyen des fruits et des feuilles, on ne parvient qu'à des coupes artificielles, qui séparent fréquemment des espèces très voisines. »

Le tableau A montre qu'elle est cette subdivision.

Antérieurement à la classification des chênes du *Prodromus*, Endlicher en avait donné une, et, postérieurement, M. OErsted a également tenté cette tâche ardue. Nous devons en dire un mot pour rendre aussi complète que cela nous est possible cette partie de l'histoire du chêne.

AFRIQUE.	EUROPE.	ASIE										AMÉRIQUE.			
		ASIE MINEURE.	ARMÉNIE KURDISTAN PERSE AFGHANISTAN	CACHEMYR NÉPAUL BENGALE CHITTAGONG	AVA TÉNASSÉRIM BANKA PENANG.	SUMATRA.	JAVA BORNÉO	CÉLÈBES MOLUQUES PHILIPPINES	COCHINCHINE CHINE MÉRIDION.	CHINE SEPTENT.	JAPON	OREGON CALIFORNIE NOUVEAU MEXIQUE	MEXIQUE	GUAYMALA NICARAGUA COSTA - RICA NOUVELLE GRENADE	ÉTATS-UNIS EST ET SUD-EST

SECTION I. — LEPIDOBALANUS.

§ I. — Ovules avortés inférieurs. — Maturation du fruit annuelle.

SECTION II. — ANDROGYNE.

Deux aloès de l'Orégon : *O. densidora*, et *Q. densiflora hartwegii*.

SECTION III. — PASANIA.

SECTION IV. — CYCLOBALANUS.

SECTION V. — CHLAMYDOBALANUS.

SECTION VI. — LITHOCARPUS.

Espèces de l'Asie méridionale dont la place dans les Sections est douteuse.

§ II. — Ovules avortés inférieurs. — Maturation biannuelle.

§ III. — Ovules avortés supères.

§ IV. — Situation des ovules indéterminés.

TABLEAU A.

TABLEAU

De la classification et de la distribution des espèces, sous-espèces et variétés actuelles du genre

QUERCUS

Admises par Alph. DE CANDOLLE, dans la revue de ce genre pour le Prodrome.

1) Les idem se rapportent à l'espèce qui les précède sur la même ligne à gauche.

 ## TABLEAU DES CINQ PREMIÈRES SECTIONS DU GENRE *QUERCUS*

I **Lepidobalanus.**	II **Androgyne.**	III **Pasania.**	IV **Cyclobalanus.**	V **Chlamydobalanus.**
Chatons grêles, pendants.	Chatons dressés. Chatons à fleurs mâles au sommet, femelles à la base, androgynes.	Chatons dressés ou paniculés, épis femelles ou androgynes.	Chatons grêles, dressés ou paniculés, épis femelles, tous semblables.	Chatons dressés et tantôt paniculés, épis femelles, ou androgynes.
Fleurs mâles fasciculées ou solitaires.	Fleur mâles fasciculées.	Fleurs mâles fasciculées ou solitaires.	Fleurs mâles fasciculées ou solitaires.	Fleurs mâles fasciculées ou solitaires.
Une seule bractée, sous chaque faisceau ou fleur.	3 bractées sous chaque faisceau.	Presque toujours 3 bractées sous chaque faisceau ou fleur solitaire, dont une plus grande.	Une ou 3 bractées sous chaque faisceau, ou fleur solitaire.	3 bractées sous chaque faisceau ou fleur solitaire.
Pas de rudiment de pistil dans les fleurs mâles.	Pas de rudiment de pistil dans les fleurs mâles.	Pistil rudimentaire libre, dans les fleurs mâles.	Pistil rudimentaire, libre, globuleux, hispide, dans les fleurs mâles.	Pistil rudimentaire, libre, globuleux, hispide dans les fleurs mâles.
Fleurs mâles, velues au centre.	Fleurs mâles, velues au centre.			
Périgone des fleurs mâles, irrégulier et divisé.	Périgone des fleurs mâles à 5-6 divisions.	Périgone des fleurs mâles, régulier.	Périgone des fleurs mâles, régulier.	Périgone des fleurs mâles, régulier.
			Fleurs femelles solitaires, tantôt stipitées.	Fleurs femelles solitaires, tantôt stipitées.
Etamines non symétriques aux lobes du périgone.	10 ou 12 étamines.	Etamines en nombre double des lobes.		Etamines en nombre double des lobes.
Cupule couverte d'écailles imbriquées.	Cupule couverte d'écailles imbriquées.	Cupule couverte d'écailles imbriquées.	Cupule aux écailles latéralement réunies en lamelles concentriques, ou légèrement spiralées, entières ou un peu crénelées et denticulées.	Cupule zonée concentriquement d'écailles connées et verticillées.
Cupule ouverte.	Cupule ouverte.	Cupule ouverte.	Cupule ouverte.	Cupule enveloppant le gland sans être soudée avec lui. — Le plus souvent irrégulièrement fendue au sommet. — Fermée ou fendue sur le même rameau.
Ovules avortés, inféres ou supères.	Ovules avortés, supères.	Ovules avortés, supères.	Ovules avortés, supères.	Ovules avortés, supères.
Maturation annuelle ou bisannuelle.	Maturation bisannuelle.	Maturation bisannuelle.	Maturation bisannuelle.	
		Feuilles ordinairement entières.		
	Arbres toujours verts.	Arbres toujours verts.	Arbres toujours verts.	Arbres toujours verts.
Hémisphère boréal.	Californie.	Asie méridionale.	Asie méridionale.	Asie méridionale.

La classification d'Endlicher a servi de modèle à celle du *Prodromus,* qui en rappelle les traits principaux.

Les chênes y sont divisés en trois sections : *Lepidobalanus, Cyclobalanus, Chlamydobalanus.*

La section *Lithocarpus* forme un genre à part.

Les androgynes n'étaient pas reconnus encore, et les *Pasania* rentrent dans les *Lepidobolanus.*

Sauf ces différences, les trois sections d'Endlicher renferment les chênes connus alors et contenus dans les trois sections du même nom de M. Alph. de Candolle.

La différence la plus profonde entre les deux classifications existe dans la subdivision de la section *Lépidobalanus.*

Endlicher y établit deux groupes principaux : *Lepid.* à feuilles caduques, puis *Lepid.* à feuilles persistantes.

C'était là une division mal fondée. Webb avait déjà signalé la durée très-variable des feuilles chez les *Q. humilis* et *Lusitanica,* qu'Endlicher classe aux feuilles caduques. Ce dernier y met encore le chêne du Mont-Thabor d'Ægylops, et le chêne de Perse, que M. Alph. de Candolle au contraire place avec les espèces à feuilles persistantes.

Voici les divisions des *Lepidobalanus* à feuilles caduques d'Endlicher :

Lepidobalanus à feuilles caduques.

I	II	III	IV	V
Robur	**Elœobalanus**	**Erythobalanus**	**Cerris**	**Gallifera**
F. sinuées pinnati-fides ou lyrées :	F. pinnatipartitesou lyrées :	F. très - entières, mucronées ou pin-natilobées.	F. à lobes dentés en scie, mucronés ou aristés.	F. à lobes ou dents mucronés.
Lobes mutiques. Matur. annuelle. Squammes de la cup petites ovales pressées.	Lobes mutiques. Matur. annuelle. Squammes infér. imbriquées, pres-sées ; les supér. subulées, lâches, plus courtes.	Lobes mucronées. Matur. bisannuelle. Squammes petites pressées, imbri-quées ou subulées	Matur. annuelle. Cupule squammeu-se ou hérissée de pointes. Feuilles tombant tard, ou presque persistantes, co-riaces.	Matur. bisannuelle Squammes courtes, pressées Feuilles tombant tard, jaunissant ou brunissant à la fin.
Q. r. sessitiflora. Q. r. pedunculata. Q. pubescens. Q. toza. Q. alba. Q. stellata. Q. douglasii, etc.	Q. olivœ formis. Q. macrocarpa.	Q. phellos. Q. lancifolia. Q. imbricaria. Q. nigra. Q. aquatica. Q. rubra. Q. coccinea. Q. falcata. Q. tinctoria, etc.	Q. cerris. Q. ægylops. Q. castaneæfolia. Q. persica. Q. chinensis Q. obovata.	Q. humilis Q. infectoria.
Compris dans le § I des lepid. de de Candole.		Correspond au § III lepid. de de Can-dolle.	Correspond au § II lepid. de de Can-dolle, qui admet que leur matura-tion est bisan-nuelle !	Correspond au § I lepid. de de Can-dolle pour qui leur maturation est annuelle !

On voit que la maturation des fruits peut être sujette à des interprétations différentes pour la même espèce.

Quand aux lepidobalanus à feuilles persistantes, Endlicher en a fait deux divisions, ce qui porte à sept celles des lepidobalanus réunis.

Lepidobalanus à feuilles toujours vertes.

VI	VII
Suber	**Coccifera**
Maturation annuelle.	Maturation bisannuelle.
Q. suber	Q. coccifera, etc.
Q. ilex.	
Q. ballota, etc.	
Répond à une partie du § I, lepid. de de Candolle.	Répond au § II, lepid. pour une part, et contient, pour le reste, des espèces des § I et II, ainsi que les paśania de M. Alph. de Candolle.

Voici le tableau général de la classification d'Endlicher :

Quercus.

A

Lepidobalanus.

FEUILLES CADUQUES					F. TOUJ. VERTES	
I	II	III	IV	V	VI	VII
Robur	Blœobalanus	Erythrobalanus	Cerris	Gallifera	Suber	Cocciféra

B		C
Cyclobalanus.		**Chlamydobalanus.**

Postérieurement au grand travail monographique de M. Alph. de Candolle sur les chênes, M. A.-S. Œrsted a abordé le même sujet. N'ayant pas pu nous procurer le mémoire traduit de l'auteur, nous transcrivons ici le résumé qui en a été fait dans le *Bulletin de la Société botanique de France*, année 1867.

— L'œuvre de M. OErsted embrasse toutes les cupulifères. Il divise cette famille en deux groupes, et le genre *Quercus* de Alph. de Candolle se trouve réparti dans chacun d'eux.

L'auteur se fonde principalement sur les caractères des styles. Chez les genres *Castanea* et *Castaneopsis*, ces organes sont cylindriques dressés spiciformes raides, et munis seulement à leur extrémité d'un petit stigmate punctiforme.

Il en est de même chez les chênes asiatiques (sect. *Pasania*, Miq. ; *Lithocarpus*, Miq. ; *Chlamydobalanus*, Miq. ; et *Cyclobalanus*). En outre, chez ces plantes, les chatons mâles et femelles prennent naissance la même année, et sont les uns et les autres dressés et arides ; elles se ressemblent encore par les boutons, ainsi que par la nervation et par la forme des feuilles : tel est le type *Castaninæ OErst.*

Chez les *Quercinæ OErst* (sect. *Lepidobalanus* et *Cyclobalanus* à feuilles dentées en scie), les styles sont plans et canaliculés sur leur face interne ou supérieure, que le stigmate occupe tout entière ; de plus, ils sont toujours plus ou moins réfléchis Les chatons mâles, toujours insérés sur la partie inférieure de la pousse de l'année, prennent naissance un an avant qu'ils ne se développent, et sont pendants. Les chatons femelles, toujours fixés sur la nouvelle pousse, et à sa partie supérieure, prennent naissance l'année même de leur développement, et sont dressés. Les feuilles sont diversement dentées ou lobées, ou lorsqu'elles sont entières, elles ont leurs nervures tout autrement ramifiées que les feuilles du groupe des *Castaninæ*.

A la section *Quercinæ* appartient, outre le genre *Fagus* et le genre *Quercus, sensu strictiori* (divisé en trois sections

Lepidobalanus — Erythobalanus — et *Cerris*, d'après les caractères des styles), le genre *Cyclobalanopsis*, qui est fondé sur les espèces à feuilles en scie, détachées de la section *Cyclobalanus*.

Les styles, on le voit, jouent un grand rôle dans cette nouvelle classification des chênes.

Voici les tableaux de cette classification ; ou le genre *Quercus* se trouve pour la première fois profondément démembré.

Cupulifères.

Styles offrant une surface stigmatique sur leur superficie interne ; chatons mâles pendants, feuilles rarement entières.	Styles offrant seulement à leur sommet une surface stigmatique ; feuilles presque toujours entières.
Quercinæ.	**Castaninæ.**

§ I.

Cupule hérissée ou muriquée, presque régulièrement ou irrégulièrement divisée, renfermant deux ou trois fleurs.

Fagus.	**Castanea.**
	Castaneopsis.

§ II.

Cupule couverte de squammes éparses imbriquées, fleurs solitaires dans la cupule.

Quercus.	**Pasania.**

§ III.

Cupules aux squammes verticillées en lames concentriques, et soudées latéralement ; fleurs solitaires dans la cupule.

Cyclobalanopsis.	**Cyclobalanus.**

Ainsi les lignes horizontales établissent les analogies

entre les sections des *cupulifères* , et chacun des termes des séries verticales est lié par une affinité basée sur la configuration des styles. Les *Pasania* , les *Cyclobalanus* , ont moins d'affinité avec les chênes que n'en ont les hêtres.

En résumé, le genre *Quercus* perd les *Pasania*, les *Chlamydobalanus* et les *Cyclobalanus*; il reste formé des *Lepidobalanus* de M. Alph. de Candolle.

Si la classification de M. OErsted prévaut un jour dans la science, si une partie des chênes passe des *Quercinées* aux *Castaninées* , cette annexion aux châtaigniers d'une partie des quercus n'atteindra pas nos beaux chênes. Ni les *Robur*, ni les *Ilex*, ni les *Suber*, ni la plupart des belles espèces des États-Unis, qui ressemblent tant aux nôtres par la solidité de leur bois, la majesté de leur port, ne cesseront d'être chênes.

Ce qui pourrait militer en faveur de la classification de M. OErsted, serait, suivant l'observation faite dans l'article auquel nous empruntons une partie de ces détails, son accord avec la distribution géographique des *Quercus*. — Tandis que les *Quercinées* dominent en Amérique, en Europe et en Orient, les *Castaninées* forment un groupe complétement asiatique.

Des trois sous-genres des *Quercus*, l'*Erythrobalanus* est exclusivement américain. Le *Cerris* appartient à l'Orient et le *Lepidobalanus* marque la limite nord qu'atteignent les chênes dans l'ancien et dans le nouveau monde.

La distribution géographique des *Cyclobalanopsis* s'accorde également avec le mélange des caractères européens orientaux et asiatiques, qui distinguent ce genre, puisque la plupart des espèces de *Cyclobalanopsis* croissent précisément dans les contrées où se rencontrent les types indiens et européens orientaux. On observe un rapport analogue en Amérique, à la limite méridionale des chênes. Au sud de la chaîne volcanique qui traverse le Costa-Rica, et qui selon M. Œrsted marque la limite de démarcation entre la flore mexicaine et celle de l'Amérique du sud, on trouve en effet un petit groupe (*Erythrobalanus*, sect. 4, *Lepidobalanoïdes*), qui réunit les caractères des *Erythrobalanus* et des *Lepidobalanus* ; mais ce groupe croît précisément dans cette partie de l'Amérique où les deux sous-genres ci-dessus, qui font partie de la flore mexicaine, se mélangent peu à peu pour disparaître vers le nord.

Dans la classification de M. Ad. Brongniart, d'après laquelle sont classées les plantes au muséum de Paris, et dans beaucoup d'écoles de botanique, voici la place des chênes et les caractères qui la déterminent :

Phanérogames.
Dicotylédons.
Angiospermes.
Dialypétales, perigynes.
Apérispermées.
Fleurs déclines.

Fleurs apétales n'ayant qu'un calice imparfait, petites et réunies en chatons.

18e CLASSE. — AMENTACÉES.

Feuilles simples stipulées cotylédons entiers. Fleurs en général monoïques. Loges 1-2 ou plus : à 1-2 ovules. Radicule supère.

Ovaire infère,
à trois loges bi-ovulées (1)

Périanthe en écaille, ou bien calyciforme ; ovules pendants ; autant de stigmates que de loges ; Fleurs femelles à involucre ou cupule.

Famille des Quercinées.

(1) Ce caractère sépare les chênes des coudriers, hêtres et châtaigniers, dont les ovaires ont plus de loges ou moins d'ovules.

CHAPITRE VII

Description des principales espèces de chênes.

Nous avons montré la place du genre *Quercus* dans les classifications et les subdivisions introduites dans ce vaste groupe par M. Alph. de Candolle : nous compléterons maintenant cette partie de l'histoire du chêne par la description des principales espèces. Nous nous bornerons à celles dont il est question dans le cours de cet ouvrage, ou dont l'acclimatation en France peut offrir quelque intérêt (1).

Nous n'avons donc pas la prétention de faire ici la botanique du chêne. Le lecteur qui en désirerait une étude complète, devra consulter le *prodromus* dans lequel M. de Candolle a réuni, avec une patience admirable, et discuté avec une science profonde, les connaissances accumulées sur ce point d'histoire naturelle.

Dans la première section *Lepidobalanus* et dans le paragraphe I (ovules avortés inféres, etc., feuilles caduques), se présente à nous le plus intéressant de tous les groupes de chênes, celui qui renferme les espèces de nos forêts

(1) Les espèces que nous décrirons ont presque toutes été introduites en France, ou sont naturelles sur son sol : elles sont recherchées soit comme arbres d'ornement, soit pour des expérimentations forestières. Les grands établissements d'horticulture, comme celui de André Leroy, d'Angers, pour la région de l'Ouest, ont dans leurs pépinières plus de trente espèces ou variétés de Quercus, principalement américaines.

de France, et celles auxquelles se rapporteront tout ce que nous aurons à dire du chêne en général, et du bois de chêne en particulier.

Ce groupe, désigné sous le nom spécifique de *Robur* (*Quercus robur*), a été naturellement divisé en deux sous-espèces sous les noms de : 1° *Quercus robur pédunculata* ; 2° *Quercus robur sessiliflora*. Tout le monde sait que les glands des chênes de nos forêts sont tantôt portés sur des pédoncules allongés, et tantôt au contraire immédiatement fixés sur le jeune rameau, c'est-à-dire sessiles.

Voilà les distinctions les plus connues parmi les *Robur* de nos forêts. Au lieu de désigner ces deux formes par les noms scientifiques de *Quercus robur pedunculata*, et *Quercus robur sessiliflora*, on les nomme vulgairement, chêne pédonculé et chêne sessile.

Si l'observation la plus ordinaire a fait ainsi découvrir parmi nos chênes deux sous-espèces, une étude plus attentive a fait reconnaître aussi que les chênes pédonculés et sessiles n'étaient pas tous identiques : qu'il y avait parmi eux des variétés.

L'espèce *Quercus robur*, après s'être divisée en deux sous-espèces, s'est donc encore subdivisée en variétés.

ESPÈCE

Quercus robur.

SOUS-ESPÈCES	SOUS-ESPÈCES
Quercus robur pedunculata	**Quercus robur sessiliflora**
VARIÉTÉS	VARIÉTÉS
Q. r. p. vulgaris.	*Q. r. s. communis.*
Q. r. p. fastigiata.	*Q. r. s. lanuginosa.*
Q. r. p. pendula.	etc.
Q. r. p. appenina.	
etc.	

Toutes ces divisions et subdivisions de l'epèce sont modernes. Linné les confondait sous le nom de *Quercus robur*, et les caractères que nous allons donner se rapporteront à ce véritable type d'espèce, duquel on est revenu, et dont les modifications ne constituent plus que des variétés.

Quercus robur.

C'est le chêne ordinaire des parties septentrionales et moyennes de l'Europe, le plus bel arbre de nos forêts par sa puissance et sa majesté.

Après un sommeil de cent dix jours environ, lorsque ses bourgeons gonflés laissent échapper les premières feuilles, peu de temps suffit à cette toilette printanière.

Rarement le chêne subit les influences dues à l'oscillation des saisons. Pendant que les saules et les lilas cèdent aux caresses des premières molles haleines, et paient souvent bien cher cet empressement à s'épanouir, il attend. Pour une moyenne de dix années M. Quételet a fixé au 25 avril pour Bruxelles la foliation du *Qurcus robur*. Cette époque est la même en France, et si à Madère, d'après l'observation de M. O. Heer, l'arbre se couvre de feuilles dès le 20 février, c'est que le printemps de cette terre privilégiée est de deux mois en avance sur le nôtre.

L'arbre fleurit aussitôt que les feuilles paraissent. Quel passant distrait a jamais remarqué la fleur du chêne, et combien peu la connaissent. Avec le sens vulgairement donné au mot fleur, l'expression de fleur du chêne a quelque chose d'étrange.

Eh ! quoi, le vieil arbre druidique, le roi des forêts, va-t-il aussi s'empanacher ? Mettra-t-il du rouge ou du rose comme la tulipe ou la pivoine ? Va-t-il exhaler les parfums énervants de la tubéreuse ou du jasmin ? Rassurons-nous, le chêne trouve ailleurs les éléments de sa beauté.

A l'aisselle des feuilles nouvelles se montrent les fleurs : elles sont mâles ou femelles, les premières très-nombreuses sont réunies par petits paquets le long d'un axe allongé et filiforme que le vent balance.

Un petit périgone, plus ou moins découpé, s'ouvre pour laisser sortir un nombre déterminé d'étamines dont le pollen abondant est disséminé par les brises.

A la même époque les fleurs femelles naissent au-dessus des fleurs mâles, et sont fertilisées par la poussière staminale qui s'attache aux surfaces glutineuses de leurs stigmates en massue. Ces fleurs sont formées des petites écailles scarieuses au milieu desquelles est un ovaire à trois loges dispermes.

C'est de cette fleur cachée, petite et simple, que naît cependant un être fort qui, défiant le temps et les orages, verra passer bien des générations de bleuets et de coquelicots avant d'atteindre le terme de sa durée.

Devenus inutiles les chatons de fleurs mâles se détachent et tombent ; l'ovaire qui renferme les jeunes semences grossit ; une seule graine, une seule loge en occuperont bientôt la cavité. D'autre part, l'involucre écailleux de la fleur femelle soude ses bractées, et se transforme en une cupule élégante, où le gland restera fixé jusqu'à sa maturité.

C'est dans ce gland à la coque dure et ligneuse, semblable en sa simplicité au berceau de bois de chêne où dort l'enfant des chaumières bretonnes, que le jeune *Quercus* sommeillera jusqu'à la germination.

Six cents ans et plus s'écouleront, et l'être chétif sorti de ce gland verra peut-être passer alors sous ses rameaux vigoureux, quelque civilisé du Far-Ouest ou de la Tasmanie à la recherche des vestiges de notre civilisation et de nos grandeurs disparues.

5

Le gland tombe avant les feuilles, et les espèces voisines sont déjà dépouillées par l'automne que le chêne a conservé toutes les siennes. Il garde ainsi jusqu'au printemps son feuillage jauni dont la teinte mélancolique s'harmonise si bien avec le ciel gris des campagnes de l'Ouest.

Comme toutes les fortes races, le chêne possède une merveilleuse fécondité ; ses fruits sont nombreux et petits.

Garo seul y trouvait à redire :

> Un gland tombe..................
> — Oh ! oh ! dit-il, je saigne ! Et que serait-ce donc
> S'il fût tombé de l'arbre une masse plus lourde,
> Et que ce gland eût été gourde.

On peut donc dire que tout est harmonie chez le chêne, et répéter avec Lafontaine :

> Dieu fait bien ce qu'il fait.

Quercus robur pedunculata.

La première sous-espèce du *Q. robur* est le *Q. r. pedunculata*, ainsi nommé parce que ses fleurs femelles sont pédonculées, et que plus tard les fruits forment une sorte de grappe.

Les botanistes ont distingué plusieurs formes de ce chêne : ce sont des variétés ; les plus connues sont :

1° *Q. r. p. communis.*

Désigné sous les noms vulgaires de chêne blanc, chêne à grappes, chêne femelle, gravelin, chêne pédonculé, c'est le plus beau des *Quercus* de nos contrées.

Ses feuilles sessibles ou presque onsiles sont ovales-oblongues, sinuées, bordées de lobes obtus et même arrondis ; glabres sur les deux faces, luisantes en dessus, glauques en dessous ; cette conformation n'existe que sur les jeunes *Quercus* de plus d'un an, car avant cette époque, ces organes ressemblent beaucoup à ceux du *Q. r. sessiliflora.*

La floraison du *Q. r. p. communis* précède de huit à dix jours en plaine, celle du *Q. r. sessiliflora*, et de quatorze jours à certaines altitudes ; c'est pour cette raison qu'il est exposé aux gelées tardives. Cette circonstance peut être très-avantageuse, quand on a besoin de feuilles de chênes précoces pour l'éducation de certains bombyx de l'extrême orient.

Jusqu'à la fin de juillet, le fruit reste très-petit et entièrement caché dans sa cupule ; vers la fin d'août, il atteint la moitié de sa grosseur, il double pendant le mois de septembre, à la fin duquel il est mûr : il tombe pendant la première moitié d'octobre.

Ce chêne est le plus commun des *Q. r. pedunculata.* Il se trouve à peu près sur tous les terrains, mélangé avec le *Q. r. sessiliflora* ; mais un œil exercé sait toujours le distinguer, même à distance. Son feuillage ne forme pas une masse uniforme, il est interrompu et se prête mieux aux effets de lumière que recherchent les artistes. Lorsqu'il croît isolément à la lisière des bois, son tronc est tortueux, irrégulier dans le jeune âge, mais plus tard il se redresse, ses inégalités disparaissent, et il file droit, sans divisions, jusqu'à 20 ou 25 mètres d'élévation.

En altitude, le chêne pédonculé commun ne s'élève pas très-haut ; en Auvergne, d'après Lecoq, il atteint à-peine 700 mètres. De Candolle le cite à 1,200 mètres dans les Alpes et dans le Jura. Dans la Suisse septentrionale, il constitue des forêts assez clairsemées sur le versant des monts. Dans le Caucase, Ledebour l'a signalé à 800 mètres.

Voici d'après Lecoq les limites d'extension de ce chêne :

Sud-Grèce....................	39°	} écart en latitude.	
Nord-Norwége	63°	}	24°
Occident-Portugal..........	10° O.	} écart en longitude.	
Orient-Russie moyenne.......	50° E.	}	60°
Carré d'expansion........	1440.		

2° *Q. r. pedunculata fastigiata.*

CHÊNE PÉDONCULÉ PYRAMIDAL.

Les branches de cette variété sont dressées le long de la tige, comme celles du peuplier d'Italie, ou celles du cyprès, ce qui lui a valu le nom vulgaire de chêne-cyprès, on l'a nommé aussi chêne des Pyrénées, parce qu'il est commun dans ces montagnes. Sa taille est moins élevée que celle du précédent, avec lequel il a d'ailleurs les plus grandes ressemblances, par ses feuilles et par ses fruits. Son port majestueux en fait l'ornement des grands parcs. Il a même sur beaucoup de chênes à feuilles tombantes un avantage : suivant l'observation de de Candolle, les feuilles desséchées, au lieu de persister tout l'hiver sur les rameaux, tombent à la fin de l'autome.

3° *Q. r. pedunculata pendula.*

CHÊNE PÉDONCULÉ PLEUREUR.

C'est l'inverse du précédent pour la disposition des rameaux ; ce caractère lui assigne une place spéciale dans nos jardins paysagers.

4° *Q. r. pedunculata Apennina.*

CHÊNE DE L'APENNIN.

Lamarck fit une espèce de ce chêne que M. Alph. de Candolle place au rang des variétés du pédonculé. C'est un arbre de moyenne taille ; ses feuilles même adultes sont couvertes inférieurement d'un duvet blanchâtre, et presque glabres supérieurement : c'est une sorte de chêne pubescent à fleurs pédonculées ; il habite les hauteurs arides.

Quercus robur sessiliflora.

CHÊNE SESSILE.

C'est la deuxième sous-espèce du *Q. robur* ; ses fleurs femelles et ses fruits sont sessiles, ses variétés sont nombreuses, et servent d'intermédiaires entre les autres chênes mais surtout entre le chêne pédonculé et lui. Ces intermédiaires ont été considérés par M. Wirtgen comme les hybrides des deux sous-espèces ; chêne pédonculé et chêne sessile. Il a présenté dans une réunion de botanistes des échantillons ou les légères différences de ces chênes se fondaient en quelque sorte de façon à présenter les signes manifestes de l'hybridation.

Les variétés les plus connues du chêne sessile sont :

1° *Q. r. sessiliflora vulgaris.*

CHÊNE SESSILE VULGAIRE.

On ne distingue ordinairement cette variété du pédonculé commun ni pour l'aspect ni pour les emplois. Les forestiers, les constructeurs et les botanistes savent les différences qu'ils présentent, et désignent le chêne sessile vulgaire, sous les noms de chêne rouvre, durlin, etc.

Le chêne sessile a le tronc moins droit, moins élevé que le pédonculé. Ses feuilles sont plus longuement pétiolées ; le limbe, d'une forme moins obovale, n'offre pas d'oreillettes à sa base, et se prolonge sur le pétiole.

En Auvergne et dans les Alpes, ce chêne atteint les mêmes altitudes que le pédonculé. Dans les Alpes suisses, d'après Walhember, il ne dépasse pas la limite supérieure du cérisier. Parfois il s'élève plus haut que le pédonculé, et monte à 1,100 mètres. Sur le Ventoux, il croît à 520 mètres au sud et à 700 mètres au nord : on le trouve encore, mais très-rabougri, à 1,130 mètres sur le versant sud. Ledebour le cite à 800 mètres sur le Caucase, Martin lui assigne la même limite sur le Grimsel.

Les limites d'extension de ce chêne sont, d'après Lecoq :

Sud-Grèce.................	39°	) écart en latitude.
Nord-Norwége.............	61°	) 22°
Occident-Irlande...........	11° O.	) écart en longitude.
Orient-Wolga..............	45° E.	) 56°
Carré d'expansion........	1232.	

2° *Q. r. sessiliflora lanuginosa.*

CHÊNE PUBESCENT.

Cet arbre, recherché pour son feuillage printanier et ombreux, présente le même type que le précédent, quoi qu'il soit moins élevé et moins rameux. C'est par les feuilles surtout qu'il se distingue : elles sont plus petites, d'une forme oblongue ovale, et légèrement échancrées en cœur à la base. La face supérieure est glabre, mais l'inférieure est presque cotonneuse et blanchâtre, surtout au printemps; les fruits sont moins gros que ceux du précédent. Ce chêne, propre aux lieux secs, ne trace ni ne drageonne.

On le rencontre entre le 38e et le 50e degré de latitude nord : du Portugal en Géorgie.

Lecoq l'a signalé à 500 mètres d'élévation sur le plateau central de France, et Philippi jusqu'à 1,600 mètres sur l'Etna.

Nous allons continuer maintenant l'étude des autres *Lepidobalanus* propres à l'Europe et à l'Afrique.

Quercus toza.

CHÊNE TAUZIN.

Désigné encore sous les noms de *tauza, taussin* ; à Nantes et à Angers, on le nomme chêne doux ; dans les Landes, chêne noir ; au Mans, chêne brosse ; sur les bords de l'Adour, *ameïça* ou *amença* ; ailleurs, chêne angoumois, chêne roux, racine traçante.

Cette espèce a des formes assez variables ; elle se distingue cependant par ses racines traçantes dans les sols légers et sablonneux, où elle drageonne souvent. Ses feuilles sont pétiolées, ovales oblongues, sinuées lobées ou pinnatifides à lobes arrondis, duvetées des deux côtés, quand elles sont jeunes, de poils roussâtres étoilés : cette villosité disparaît avec l'âge sur la face supérieure. Les fruits sont fasciculés plus ou moins pédonculés, et les écailles oblongues de la cupule hémisphérique sont appliquées à la base et faiblement divergentes au sommet.

Ce chêne n'est nulle part l'objet d'une culture importante. Inférieur aux espèces précédentes pour la qualité du bois, il n'est utilisé que pour la tannerie, la fabrication des cercles et comme combustible.

Le chêne tauzin existe d'un côté et de l'autre du détroit de Gibraltar, à 4,500 pieds en Espagne, et plus haut dans le Maroc.

Quercus Lusitanica.

Cette importante espèce, propre au bassin de la Méditerranée, est presque aussi polymorphe que le *Q. robur* ; elle a été partagée en trois sous-espèces :

1° *Q. Lusitanica orientalis* ; 2° *Q. Lusitanica Bœtica* ; 3° *Q. Lusitanica faginea.*

Dans la première sous-espèce, nous trouvons le chêne à galles, maintenant désigné sous le nom de *Quercus Lusitanica orientalis infectoria.*

Q. L. orientalis infectoria.

Quercus insectoria (olim).

CHÊNE A GALLES.

Ce chêne qui nous fournit les différentes espèces de noix de galle du commerce, n'était pas connu avant le voyage d'Olivier en Orient. C'est à ce naturaliste que nous devons la découverte de cette espèce intéressante, qui est répandue dans toute l'Asie-Mineure depuis le Bosphore jusqu'en Syrie, et depuis les côtes de l'Archipel jusqu'aux frontières de la Perse.

Parmi les auteurs, les uns écrivent : *Q. insectoria*, les autres *Q. infectoria* : les premiers, au nombre desquels se trouve Olivier, voulaient exprimer par l'adjectif *insectoria*, la relation qui existe entre ce chêne et les galles qu'il porte, ou plutôt entre l'arbre, et les insectes qui l'habitent, et dont la piqûre produit les galles. Comme dans l'ancienne écriture la lettre *s* avait beaucoup d'analogie avec la lettre *f*, on aura fini par écrire *infectoria*. Dans l'abrégé des plantes usuelles de Pierre Chomel (prairial an XII), le chêne à galles est encore nommé *Q. insectoria* : Klayskens, en 1824, écrit aussi *Q. insectoria*. Les partisans de l'adjectif *infectoria* prétendent que cette expression a été donnée au chêne à galles, parce qu'il est employé pour la teinture en noir.

Ce chêne a la tige tortueuse ; il atteint rarement la hauteur de 2 mètres, c'est plutôt un arbuste qu'un arbrisseau, il s'est acclimaté dans le Portugal et dans le midi de l'Espagne. En France, on peut le cultiver dans nos départements méridionaux, mais le climat de Paris est trop froid pour lui (voir, pour les produits de ce chêne, le chapitre 21).

CARACTÈRES BOTANIQUES.

Les feuilles du *Q. infectoria* sont petites, courtement pétiolées, ovales, plus ou moins ondulées sur les bords : ceux-ci sont dentés en scie, à dents aiguës ou crénelées ; à leur base les feuilles sont arrondies ou en cœur.

La face supérieure est glabre et luisante, l'inférieure est d'un vert pâle, pubescente ou cotonneuse.

Le gland est allongé, lisse, deux ou trois fois plus long que la cupule, et presque sessile.

La cupule est hémisphérique et chargée d'écailles apprimées, cotonneuses, légèrement ciliées.

Q. L. Bœtica Mirbeckii.

CHÊNE DE MIRBECK OU CHÊNE ZAN.

Cet arbre fut d'abord désigné sous le nom de *Q. Lusitanica* par Lamarck. Webb, Boissier et Endlicher reconnurent une variété à laquelle ils donnèrent le nom de *Q. L. Bœtica*, parce qu'elle croît en Andalousie. M. Durieu a pensé que cette variété méritait d'être élevée au rang d'espèce, et M. Duchartre, dans son manuel des plantes, a partagé la même opinion : nous avons vu quelle était la place de ce chêne dans la classification de M. Alph. de Candolle ; il n'est qu'une variété de la sous-espèce *Q. L. Bœtica*.

Le chêne de Mirbeck nous intéresse particulièrement ; c'est un des éléments de la richesse forestière de l'Algérie où il est très-répandu ; les provinces d'Alger, d'Oran, de Constantine ont de vastes forêts de chêne *zen* ou *zan*, ainsi que le désignent les Arabes. Tantôt on le trouve en massifs, tantôt il est mélangé d'autres essences, particulièrement avec le chêne liége et l'yeuse.

Dans son excursion dans la grande Kabylie, le commandant Duhousset a remarqué que le chêne *zan* et le chêne vert se rencontrent sur tous les versants nord du Djurjura, surtout vers Afkadou, tandis que sur les pentes qui vont en décroissant vers Bougie, c'est le chêne liége qui est associé au chêne *zan*.

Ce bel arbre est, d'après M. Durieu, le roi des forêts algériennes ; on le cultiverait avec succès dans le midi de la France, et à Paris même, si, pendant les premières années, les jeunes pieds pouvaient être abrités pendant l'hiver.

CARACTÈRES BOTANIQUES.

Les feuilles lancéolées sont échancrées ou cordiformes à leur base. Les lobes qui forment des crénelures sur leurs bords sont presque égaux entre eux.

La face supérieure est d'un vert foncé ; l'inférieure est couverte, lorsque la feuille est jeune, d'un coton floconneux qui disparaît plus tard et laisse voir la couleur glauque du parenchyme.

Chatons mâles cotonneux, sépales lancéolés soudés entre eux jusqu'au milieu de leur longueur.

Glands cylindriques, duveteux aussi dans leur jeunesse, mûrissant dans l'année, agglomérés sessiles.

La cupule est cotonneuse en dehors et en dedans et recouverte extérieurement d'écailles pointues de couleur brune.

Les États-Unis, dont le climat a de nombreuses analogies avec celui de l'Europe, possèdent aussi d'utiles espèces de *Quercus* appartenant aux *Lepidobalanus* à ovules avortés infères et à feuilles caduques. Les principales sont :

Quercus alba.

CHÊNE BLANC

C'est un des beaux chênes de l'Amérique. Sa hauteur varie entre 25 et 27 mètres, et son diamètre dépasse souvent 2 mètres. Il habite les régions moyennes de l'Union du Canada à la Floride, et se fait rare aux deux extrémités de cette zône. D'après M. Gauldrée-Boileau, le chêne blanc au Canada ne dépasse pas l'Ottawa.

Introduit en 1724, il s'est très-bien acclimaté en Europe, et particulièrement à Paris. Son développement est rapide, pourvu qu'il ne soit pas placé dans des sols très-arides ou très-humides. On peut le multiplier de semis, ou par greffe sur nos espèces indigènes.

Le chêne blanc est très-estimé dans l'Amérique du Nord, il y est très-employé dans les constructions navales et comme bois de charpente. Il sert aussi pour les digues et les pilotis. C'est la seule espèce américaine qui soit propre à la fabrication si importante des merrains. La quantité consommée pour cet objet est très-considérable ; il s'en exporte de grandes quantités en Angleterre, dans les colonies, ainsi qu'à Ténérife et à Madère. Le bois des jeunes chênes blancs est susceptible, en raison de son élasticité, de se diviser en lames très-minces que l'on emploie pour la fabrication des paniers, seaux, cercles, etc.

Le bois du chêne blanc est peu propre à la menuiserie parce qu'il se fend et qu'il se gondole quand il est en planches.

L'écorce de cet arbre est bonne pour le tannage, cependant en Amérique on lui préfère sous ce rapport d'autres chênes.

CARACTÈRES BOTANIQUES.

C'est à la blancheur de son écorce, parfois semée de tâches noires, que cette belle espèce doit son nom. Le chêne blanc d'Amérique ne doit pas être confondu avec notre chêne blanc, nom vulgaire du *Quercus robur pedunculata.*

Les feuilles de l'arbre d'Amérique ont beaucoup d'analogie avec celles du *Q. r. sessiliflora,* elles sont sinuées pinnatifides. Leur face supérieure est rougeâtre, l'inférieure veloûtée et blanchâtre. Plus tard elles sont vertes en dessus, glauques ou blanchâtres en dessous. A l'automne ces organes prennent une teinte violacée, et quoique sèches demeurent sur l'arbre, fait exceptionnel chez les *Quercus* américains. Il fleurit en mai.

Les pédoncules, longs d'environ 2 centimètres, portent un ou deux glands ovoïdes et surmontés d'une assez longue pointe.

La cupule, de couleur grisâtre, est hémisphérique et deux fois plus courte environ que les glands.

Quercus stellata.

CHÊNE ÉTOILÉ.

Hauteur 15 ou 17 mètres, tronc épais de 40 centimètres. Cet arbre croît dans les terrains secs et graveleux de l'Amérique septentrionale, depuis le Canada jusqu'à la Floride ; il ne dépasse guère 40° de latitude nord.

Le bois de cet arbre a le grain assez fin et assez serré, sa force est considérable, et sa durée très longue. Ses petites dimensions limitent son emploi. Dans le pays on lui donne le nom d'*iron-oak* (chêne de fer), ou de *post-oak* (chêne à poteaux). Ces termes font allusion à sa dureté et à l'un de ses usages. Il sert aussi pour le charronnage et la fabrication des merrains (1).

(1) Le mot charronnage vient du grec σαρον un des noms du chêne; les Druides étaient aussi désignés sous le nom de saronides.

Ce chêne réussit bien à Paris ; il lui faut une terre légère, plutôt sèche qu'humide, et une bonne exposition.

CARACTÈRES BOTANIQUES.

Feuilles sinuées pinnatifides obovales, à lobes rares arrondis ou plus ou moins tronqués, ou presque bilobés. Plus grands vers le sommet de la feuille que vers sa base. Face inférieure pubescente et grisâtre.

Les glands sont isolés ou par deux sur des pédoncules ayant tout au plus un centimètre et demi. Ces fruits assez petits sont terminés par une courte pointe. Ils sont contenus jusqu'au tiers de leur longueur dans une cupule grisâtre et légèrement inégale à sa surface.

Quercus lyrata.

CHÊNE LYRÉ.

La hauteur de cet arbre dépasse quelquefois 25 mètres, et son diamètre 1 mètre. Fréquent dans les parties méridionales des États-Unis, il croît dans les terrains marécageux, au bord des rivières des deux Carolines, de la Géorgie et de la Floride orientale.

L'introduction de cette espèce en France ne pourra se tenter, en pleine terre, que dans les sols profonds et humides et dans le midi.

Son bois est souvent employé en Amérique pour les travaux publics et la marine ; il est cependant inférieur, pour la qualité et pour la grosseur des pièces, au chêne blanc, et étoilé.

CARACTÈRES BOTANIQUES.

Ses feuilles, de 10 à 15 centimètres, sont oblongues, sinuées, glabres, ayant leurs lobes inférieurs entiers et plus courts, les supérieurs dilatés, tronqués, et souvent échancrés ; le terminal à trois pointes.

Les glands sont arrondis, plus larges que longs, et comme déprimés à leur sommet. Ils sont presque complétement renfermés dans une cupule qui est hérissée d'écailles courtes et rudes. L'écorce est blanchâtre.

Quercus macrocarpa.

CHÊNE A GROS FRUITS.

Croît dans l'Amérique septentrionale sur les monts Alleghanys et dans les États de l'Union qui sont à l'ouest de cette chaîne, Kentucky, Tenessée, Illinois, etc.

Ce bel arbre, de 20 à 25 mètres de hauteur, est remarquable par la beauté de son port et de son feuillage, et la grosseur de son fruit.

Il s'acclimatera très-bien dans le nord de la France, dans les terrains siliceux et un peu humides qui lui conviennent si bien.

En 1860, M. Belhomme, directeur du jardin botanique de Metz, mit à la disposition de la société d'acclimatation 10 jeunes plants qui provenaient d'un pied pourvu déjà de fortes proportions.

En 1865, le même observateur constatait la facilité avec laquelle le chêne à gros fruit se reproduisait de greffes ; cependant au point de vue de la rapidité de la végétation, les jeunes chênes francs de pied valent mieux. Le *Quercus macrocarpa* est susceptible de prendre, par la taille et le pincement, les formes les plus variées.

Les sujets que l'on veut élever en futaie deviennent souvent chétifs, parce que l'on ne surveille pas les têtes qui sont sujettes aux bifurcations, et aux trifurcations.

Les engrais animaux lui conviennent peu, les binages souvent répétés sont indispensables.

En Amérique, le bois de cet arbre est moins estimé que celui du chêne blanc.

CARACTÈRES BOTANIQUES.

Feuilles courtement pétiolées, longues de 40 centimètres, larges de 22 centimètres ; elles sont ovales oblongues profondément sinuées lobées, presque lyrées.

Les lobes sont obtus, plus ou moins lobés eux-mêmes vers leur sommet, les inférieurs oblongs.

La face supérieure est glabre et d'un vert foncé, l'inférieure pubescente ou cotonneuse.

Les glands ovoïdes, longs de 4 à 6 centimètres, larges de 4 centimètres, sont les plus gros de toutes les espèces américaines.

Ils sont contenus jusqu'à moitié ou jusqu'aux deux tiers dans une cupule épaisse et hémisphérique, revêtue, dans la plus grande partie de son étendue, d'écailles ovales aiguës, et garnie à son bord de filaments déliés et flexibles.

Quercus olivæformis.

CHÊNE OLIVE.

Cet arbre dont la vaste cime peut s'élever à 24 mètres au-dessus du sol, se distingue assez facilement à son écorce blanchâtre, presque lamelleuse et au faciès spécial que lui donnent ses ramifications secondaires grêles et penchées. Il croît dans l'Amérique septentrionale, sur les bords de la rivière d'Hudson.

Introduit depuis 1811 en Europe, le chêne olive réussit en pleine terre , et fait , par sa disposition de rameaux pleureurs, l'ornement des parcs et des jardins paysagers.

CARACTÈRES BOTANIQUES.

Les feuilles portées sur un pétiole court sont irrégulièment pinnatipartites.

Les lobes longs aigus, plus ou moins divisés eux-mêmes à leur sommet, vont en diminuant de longueur vers la base de la feuille.

La face supérieure est d'un vert clair, l'inférieure glauque.

Glands d'environ 3 centimètres, presque solitaires, portés sur un pédoncule court, rétrécis aux deux extrémités comme une olive.

Ecailles inférieures de la cupule grandes deltoïdes, écailles supérieures en forme de filets de moyenne longueur.

Quercus prinus.

CHÊNE PRIN.

Ce chêne doit son nom spécifique à la forme de ses feuilles. Πρινοσ était le nom grec de l'yeuse, et dérive de Πριω je scie. Le synonyme grec a été appliqué à un chêne d'Amérique, dont les feuilles, comme celles de l'yeuse, sont dentées en scie.

L'élévation de cet arbre est de 25 à 30 mètres. Il croît dans les forêts humides et ombragées de la Floride, des deux Carolines, de la Virginie et de la Pensylvanie.

Sa fréquence dans les lieux marécageux et la forme de ses feuilles lui ont fait donner le nom de *swamp chesnut, oak,* ou chêne châtaignier des marais.

Le prin doit être placé au rang des plus beaux arbres de l'Amérique septentrionale ; mais son bois étant inférieur en qualité à celui de beaucoup d'autres espèces, il ne mérite d'être considéré en Europe, où il est cultivé depuis 1730, que comme arbre d'ornement.

Il ne souffre pas sous le climat de Paris, mais il aurait dans le midi une végétation plus rapide. Il lui faut une terre franche, profonde, fraîche et même humide. On l'emploie aux États-Unis comme bois à brûler et pour les ouvrages de charronnage.

CARACTÈRES BOTANIQUES.

Cette belle espèce se distingue par ses tiges droites et régulières, s'élevant sans ramifications à une grande hauteur.

Ses feuilles, qui atteignent parfois une longueur de 25 centimètres, sont courtement pétiolées, obovales, bordées de lobes peu étendus, obtus et calleux au sommet, et séparés par des sinus obtus. Rétrécies à leur extrémité, ces feuilles sont glauques et pubescentes à leur face inférieure.

Isolés sur des pédoncules courts, les glands, d'une longueur de 3 à 4 centimètres, sont ovoïdes et terminés par une petite pointe. Leur cupule, à petites écailles serrées, forme le tiers de leur longueur totale.

L'arbre fleurit en mai et juin.

M. Alph. de Candolle admet les sous-espèces suivantes de chêne prin :

> *Q. prinus acuminata.*
> *Q. prinus monticola.*
> *Q. prinus chincapin.*

Quercus prinus acuminata.

CHÊNE PRIN ACUMINÉ.

Ce bel arbre, auquel on a aussi donné le nom de chêne châtaignier, atteint et dépasse souvent la hauteur de 25 mètres et un diamètre de 1 mètre 30 centimètres. Il est très-répandu dans les vallées occidentales des Alleghanys, où il recherche les terres fertiles. Il est disséminé sur de vastes étendues, sans former de massifs.

Son bois, jaune, a le grain peu serré, avec des pores très-nombreux, ce qui fait prévoir son peu de force et de durée. Les Américains, qui le nomment *Yellow oak*, ne lui demandent aucun service.

Comme cette espèce supporte bien notre climat, elle peut faire l'ornement des parcs en raison du bel effet de son feuillage.

CARACTÈRES BOTANIQUES.

Tronc couvert d'une écorce blanchâtre.

Feuilles lancéolées acuminées, sinuées dentées à grandes dents triangulaires à peu près égales, et calleuses. Face supérieure d'un vert clair, face inférieure blanchâtre et cotonneuse : leur longueur est de 14 à 15 centimètres.

Les fruits sont sessiles et solitaires ; leur cupule, hémisphérique, a les écailles serrées, appliquées ; sa longueur dépasse un peu le tiers de celle des glands.

Quercus prinus monticola.

CHÊNE PRIN DE MONTAGNE.

Cette variété de chêne prin présente une hauteur de 15 à 16 mètres, et un diamètre qui peut aller jusqu'à 1 mètre.

Elle est commune dans les Alleghanys et le bas Canada.

Son bois, rougeâtre et pesant, est très-estimé ; on l'emploie en Amérique aux constructions navales, et son écorce est excellente pour le tannage des cuirs. Il réussit bien sous le climat de Paris, et comme il n'est pas difficile sur le terrain, s'accommodant même des sols pierreux et escarpés, il serait avantageux de le propager en France dans les endroits analogues à ceux qu'il préfère dans sa patrie.

CARACTÈRES BOTANIQUES.

Cette variété, dont les feuilles sont blanches et cotonneuses en dessous, ressemble beaucoup au type : sa taille est cependant peu élevée, et elle habite les sommets pierreux.

Quercus prinus chincapin.

CHÊNE CHINCAPIN.

Dans les landes stériles des Etats-Unis végète misérablement cette espèce dont la hauteur ne dépasse pas un mètre 30 centimètres. C'est un des nains du genre *Quercus ;* elle ne peut servir que de bois de chauffage , et comme l'ajonc chez nous, elle dénote un sol maigre.

Les montagnes de la {Caroline, Rhode-Island, Albany, le Missouri, le Kansas, sont habitées par cet arbuste rabougri.

CARACTÈRES BOTANIQUES.

Feuilles longues de 10 à 12 centimètres, presque obtuses au sommet, sinuées dentées : dents calleuses à leur extrémité, et dirigées vers le sommet de la feuille.

Glands petits et sessiles cachant un peu plus du tiers de leur longueur dans une cupule hémisphérique.

Quercus bicolor.

CHÊNE BICOLORE.

Ce chêne, que quelques auteurs considèrent comme une variété du *Prinus*, atteint 23 mètres de hauteur. Il aime les terrains humides, et s'élève vers le Nord jusqu'au Canada.

Son bois a plus de densité, de ténacité et de durée que celui du chêne Prin. Michaux fondait les plus grandes espérances sur son introduction en Europe. — Je pense, écrivait-il, que cet arbre offre assez d'intérêt pour y trouver place, soit en le mêlant, soit en le substituant aux espèces qui viennent dans les lieux très humides, telles que les frênes, les aunes et les peupliers.

CARACTÈRES BOTANIQUES.

Ce qui caractérise cette espèce, c'est que chez les individus adultes, la surface inférieure des feuilles est d'un blanc argenté, ce qui produit un contraste remarquable avec le beau vert de la surface supérieure : à distance, il est impossible de méconnaître cet arbre.

Quercus Douglasii.

CHÊNE DE DOUGLAS.

Nulle espèce ne présente autant d'analogies avec le *Quercus robur*. Ce chêne et les deux suivants sont pour Alph. de Candolle les formes américaines de notre *robur*. Elle habite la Californie, et semble, en raison du climat de cette contrée, devoir réussir dans le Midi et dans l'Ouest de la France.

CARACTÈRES BOTANIQUES.

Feuilles oblongues ovales et retrécies en coin aigu à la base. Bords sinués pinnatifides, lobes courts terminés par une pointe. Ainsi que les pétioles, les feuilles sont couvertes dans leur jeunesse d'un duvet roussâtre : plus tard la face inférieure seule garde sa pubescence.

Les glands, trois fois plus longs que la cupule, sont gros, sessiles, solitaires ou deux par deux ; ovoïdes obtus, avec une pointe conique. Les écailles de la cupule sont pressées les unes contre les autres, pubescentes et terminées par un appendice roussâtre linéaire.

Quercus lobata.

CHÊNE LOBÉ.

Ressemble au précédent. M. Newberry, dans son ouvrage sur la végétation de la Californie septentrionale et des parties méridionales de l'Orégon, le signale à une certaine altitude dans la vallée du Sacramento, dont la température en été peut osciller dans les vingt-quatre heures de 24° à 45° centigrades. Le même botaniste a rencontré cette espèce au pied de la Sierra-Nevada. Des ouvrages déjà anciens notent sa présence autour de San-Francisco.

CARACTÈRES BOTANIQUES.

Feuilles presque membraneuses ovales oblongues, amincies à la base, pinnatifides, à lobes profonds oblongs ou obovales, obtus, et sinués.

Face supérieure glabre ; inférieure glabre aussi, ou très-légèrement pubescente.

Fruits sessiles solitaires ou groupés, oblongs allongés, obtus et terminés par une petite pointe conique. La cupule, que ces glands dépassent trois ou quatre fois en longueur, offre des écailles serrées et terminées par un court appendice.

Quercus Garryana.

CHÊNE DE GARRY.

Hauteur : 15 à 25 mètres ; diamètre : un mètre à un mètre et demi. Habite l'Amérique Nord-Ouest, particulièrement la Californie. Plus au Nord, sous le rude climat de l'Orégon, il s'est multiplié dans les plaines autour du fort de Vancouver.

Son bois est excellent et convient aux constructions navales. Ce serait une bonne acquisition pour le Nord de l'Europe.

CARACTÈRES BOTANIQUES.

Les feuilles sont larges obovales, obtuses aux extrémités sinuées-pinnatifides, à l'obe très-obtus. Elles sont couvertes en dessous d'un duvet roussâtre qui se prolonge sur les pétioles et sur les rameaux.

Glands sessiles ovoïdes obtus terminés par une pointe conique. Cupule très-courte, à écailles très-serrées pubescentes.

Parmi les *Lepidobalanus* à ovules avortés inférès, et à feuilles persistantes, nous citerons et décrirons les espèces suivantes :

Quercus ilex.

CHÊNE YEUSE OU CHÊNE VERT.

Le mot yeuse vient du celtique *iw* qui signifie vert.

L'yeuse est un arbre de 10 à 16 mètres de hauteur, dont le tronc rameux, souvent très-large, est couvert d'une écorce grisâtre qui se fendille très-tard. Sa cime arrondie et touffue est formée de branches étalées pendantes ou dressées.

Ce chêne forme des forêts au feuillage persistant, un peu terne et monotone ; cependant , au milieu d'arbres à feuilles caduques, l'yeuse produit un contraste charmant pendant la saison d'hiver.

Le chêne vert est peu difficile sur la nature du sol où il croît spontanément. En France, on le rencontre très-souvent sur les calcaires, entre les blocs desquels il enfonce ses racines puissantes.

Il constitue tous les bois du département du Gard, et une partie de ceux des autres départements méditerranéens. On le rencontre en Espagne, en Algérie, mêlé aux liéges et aux *zans*, en Syrie, au désert de Saint-Jean-Baptiste, près de Jérusalem. Au nord, il s'avance jusque sur le revers du plateau central de la France, entre Alais et Villefort, et sur les bords de la mer à Guérande, près du Croisic, et à l'île de Noirmoutiers. On peut le suivre du Portugal jusqu'au Bosphore, et de là en Asie-Mineure, sur les bords de la Méditerranée.

La culture du chêne vert, sous le climat de Paris, demande quelques soins. Il lui faut une exposition un peu chaude, car, lorsqu'il est jeune, il est sujet à perdre ses extrémités délicates par les froids rigoureux.

Le bois de l'yeuse est de couleur claire et d'un grain fin. Il est en outre dur et compacte; le beau poli qu'il peut prendre le fait rechercher pour quelques usages, essieux, poulies, et autres pièces à frottements. Malheureusement il dure peu, et les alternatives d'humidité et de sécheresse l'altèrent rapidement.

C'est un combustible estimé dont le charbon est excellent et la braise durable.

Son écorce est très-recherchée pour le tannage des cuirs. Ses glands sont le plus souvent doux et se mangent, comme des châtaignes, grillés, bouillis et même crus.

CARACTÈRES BOTANIQUES.

Les jeunes pousses sont généralement cotonneuses.

Les feuilles sont coriaces pétiolées, tantôt ovales lancéolées, tantôt ovales arrondies parfaitement entières et bordées de dents plus ou moins nombreuses, souvent piquantes.

La face supérieure est glabre et luisante, l'inférieure blanchâtre et cotonneuse.

Les fruits sessiles et écartés, les uns des autres, sont portés au nombre de 4 à 8 sur un pédoncule commun axillaire.

Les glands ovales, ou ovales oblongs, sont très-saillants hors de la cupule. Celle-ci est formée d'écailles trèsmenues fortement imbriquées et cotonneuses.

Les feuilles du chêne vert jouent beaucoup : M. Lortet fait remarquer que Clusius l'avait constaté il y a deux siècles : — *folia..... in adultis arboribus plerum que sine*

*aculeis præter novella , quæ aliquantulum incisa aculeata
sunt, certe in tenellis arboribus antequam glandem ferre
incipiunt omnia folia aculeata observabam.*

Il n'est donc pas étonnant qu'autour du chêne vert les
botanistes aient fondé de nombreuses sous-espèces ou
variétés, sur lesquelles l'accord a été loin de se faire.

Linné, le premier, avait créé près du *Q. ilex* le *Q. grammuntia.* De Candolle le rapporte au *Q. rotundifolia* de
Lamarck, lequel d'après Steudel, ne serait qu'une variété
du *Q. ilex.* C'est donc avec raison que M. Lortet considère
le *Q. Grammuntia* comme un chêne vert jeune à feuilles
rondes et épineuses.

M. Lortet rapporte encore au *Q. Ilex*, le *Q. Fontanesii.*

Le *Q. Alzina* de Lapeyrouse n'en doit pas être non plus
séparé, la saveur variable des fruits des chênes verts ne
suffit pas pour fonder une espèce.

Nous ne parlons pas des nombreuses subdivisions créées
par M. Tenore dans les *Ilex.*

Nous terminerons en disant que M. Alph de Candolle,
dans le *Prodromus*, n'admet plus que deux variétés d'*Ilex* :
le *Q. I. agrifolia* et le *Q. I. ballota*, dont nous allons parler.

Quercus ballota.

CHÊNE BALLOTE.

Ce chêne doit-il être regardé comme une espèce distincte, ainsi que l'ont fait tour à tour Desfontaines, MM.
Colmeiro et Boutelou, et M. Duchartre, ou doit-on ne voir
en lui qu'une des variétés du *Q. ilex.* Le chêne ballote se
distingue du précédent, d'après M. Duchartre, par ses
feuilles plus grandes à peine dentées, souvent entières,
plus cotonneuses et plus blanches en dessous; par son
gland plus gros, surtout plus allongé, doux et bon à man-

ger, enfin par ses proportions et son port (*Manuel général des plantes* 1857).

Voici, d'un autre côté, ce que pense, sur cette question, M. Malingre qui a étudié cet arbre aux lieux mêmes où il croît spontanément : « Le chêne à glands doux n'est qu'une variété de notre chêne vert ou yeuse ; on ne peut distinguer entre l'espèce et la variété aucun caractère botanique certain. Elles ne diffèrent entre elles que par la grosseur et la qualité du fruit. Or, en Espagne, sous la même latitude, dans les mêmes conditions et jusque dans le même champ, on rencontre des arbres qui donnent des fruits doux, savoureux, excellents ; et d'autres des glands amers, tout aussi amers que ceux de notre chêne vert, c'est-à-dire qu'il y a une suite de variétés qui relie la meilleure avec le type, sans que l'on aperçoive une solution de continuité » (*Bull. de la Soc. d'acclim.*, 1868.

La culture du chêne à glands doux d'Espagne a été tentée dans nos départements du sud. En 1863, M. le baron Cloquet possédait déjà, sur sa propriété de Lamalgue, des *Q. ballota* donnant des fruits, et constatait que cette variété réussissait partout où croît le chêne liége.

M. Ramon de la Sagra a fait cependant observer que le *Q. suber* est commun dans le Midi de la Péninsule, et le *ballota* dans le Nord.

M. Malingre croit aussi à l'utilité de l'introduction de ce chêne en France : « J'ai souvent mangé des glands doux avec plaisir dans mes excursions ; j'en ai trouvé qui n'avaient ni âcreté ni amertume, et qui étaient presque aussi bons qu'une noix ou qu'une amande. On en a beaucoup exporté en France pendant ces dernières années, et on assure qu'on en a fait à Paris un excellent café. Il y a aussi des industries en Espagne qui en font un pareil usage. On trouve le chêne à glands doux jusque sur les

hauts plateaux de la Vieille-Castille, et à une altitude de 800
à 900 mètres au-dessus du niveau de la mer, ce qui indique que l'arbre peut résister à 10 degrés centigrades au-dessous de zéro. Mais à ces hauteurs, les arbres sont petits et rabougris, et leurs fruits laissent beaucoup à désirer, tant sous le rapport de la grosseur que sous celui de la qualité. Les meilleurs glands viennent en Estramadure, en Andalousie et dans les provinces du littoral. à des altitudes qui ne dépassent pas 250 à 300 mètres, et où le thermomètre ne descend pas au-delà de 4 à 5 degrés au-dessous de zéro, et où la température moyenne de l'année est considérable. »

Il y a donc peu de provinces de France où l'on puisse espérer acclimater ce chêne.

L'Algérie pourrait lui convenir ; comme plante forestière, livrée sans culture à de mauvais terrains, il y réussirait. Ce ne serait pas d'ailleurs une acclimatation proprement dite à tenter, puisque Desfontaines l'avait signalé sur les chaînes peu élevées de l'Atlas. Le *Q. ballota*, dans les conditions précédentes, ne donnerait que de mauvais fruits ; si l'on tenait à la qualité de ces derniers, il serait nécessaire de donner aux arbres des soins de culture, et surtout de ne pas ramasser au hasard des glands de semence, mais de bien choisir les porte-graines.

Les ouvrages de Théophraste et de Strabon autorisent à penser que cette espèce serait aussi spontanée dans quelques cantons de la Grèce où on la désignait sous le nom de ἡμερίσ.

A Madrid, c'est avec le bois du *Q. ballota* (que l'on écrit *bellota* et que l'on prononce *beyota*) que l'on se chauffe ; son bois est, à ce point de vue, supérieur à celui de nos chênes ordinaires. En 1866, il se vendait 80 fr. les 100 kilogrammes, et de 45 à 50 fr., en 1868. On n'en tire aucun parti pour la menuiserie et les constructions.

C'est sans doute à l'espèce qui nous occupe que Mathiole donnait le nom de *Q. sugaro,* chêne sucré. Dans sa description, c'était une espèce à feuilles persistantes.

CARACTÈRES BOTANIQUES.

Les feuilles sont courtement pétiolées; elles sont elliptiques, et plus souvent arrondies qu'aiguës au sommet. Leur bord entier et ondulé est légèrement denté : leur longueur maxima est de 5 centimètres, et leur largeur de 20 millimètres.

La face supérieure est glabre, la face inférieure est blanche et cotonneuse.

Les fruits plus ou moins comestibles sont très-courtement pédonculés, oblongs ou cylindriques ; leur longueur est de 2 à 5 centimètres, leur largeur de 10 à 12 millimètres.

La cupule, presque cylindrique, est formée d'écailles obtuses, imbriquées et cotonneuses.

Dans le paragraphe 2 de la classification des chênes, on trouve les espèces chez lesquelles les ovules avortés sont infères, et la maturation du fruit bisannuelle ; voici les plus importantes :

Quercus cerris.

CHÊNE CHEVELU.

Quelques auteurs ont pensé que cette espèce croissait spontanément en France; d'autres ont prétendu qu'elle avait été importée. Elle est commune dans le Caucase et la Turquie d'Europe, elle devient plus rare dans les parties méridionales de l'Italie et de l'Espagne.

Indigène ou non, le chêne chevelu, vulgairement nommé chêne de Bourgogne, est un des grands arbres de

France ; il égale en hauteur les chênes pédonculés ou sessiles, quelques jours avant lesquels il fleurit.

Son bois, que recouvre une écorce épaisse, crevassée, de couleur brunâtre, jouit d'une grande cohésion et d'une remarquable dureté. Il est employé aux mêmes usages que nos bois de chênes ordinaires ; il est même préféré pour la carbonisation et le chauffage direct. En Turquie il est utilisé pour les constructions navales. Ses glands sont sucrés et recherchés chez les populations de l'Europe méridionale. On prétend que la chair des animaux qui les mangent acquiert des propriétés particulières.

Le chêne chevelu peut être cultivé en taillis sur les côteaux et dans les terres sans profondeur ; dans ces circonstances, tous les quinze ou vingt ans on l'exploite. C'est un grand avantage que de pouvoir consacrer à un arbre de cette valeur des sols médiocres et tellement pauvres que nulle autre culture n'y réussirait. En Bourgogne, dans la Franche-Comté, en Provence, il prend tout son développement dans les terres sèches, légères et sablonneuses. Dans les pépinières, il sert de sujet pour multiplier par greffes les espèces qui sont difficiles sur la nature du terrain.

CARACTÈRES BOTANIQUES.

Le chêne chevelu a une cime touffue très-vaste, formée inférieurement de branches pendantes, supérieurement de rameaux presque dressés.

Les feuilles, dont la forme générale est oblongue, sont rétrécies vers la base et plus ou moins pinnatifides.

Leur face supérieure, d'un vert sombre, est glabre ; la face inférieure, de couleur moins foncée, est pubescente ou cotonneuse, avec des nervures de couleur claire. Les stipules sont roussâtres et linéaires.

Sur un pédoncule gros et court, les glands sont au nombre de 1 à 4 ; leur forme allongée et leur grosseur sont assez variables.

Leur cupule, hémisphérique, est formée d'écailles étroites et presque filiformes, caractère spécial qui a valu à l'espèce son nom de chêne chevelu.

Quercus vallonea.

CHÊNE VÉLANI.

Cette espèce était autrefois désignée sous le nom de *Q. Ægilops*, de αιγοσ chèvre, οφ œil ou figure. Pline, après les Grecs, désignait ainsi un arbre trés-élevé. « Il porte, dit-il, livre 16, chapitre 8, à ses rameaux, des barbes d'une coudée de long ; c'est de là qu'il tire son nom. » Ces barbes n'étaient autre chose que de longs lichens suspendus aux branches.

D'après Séguier, le nom italien de *Cerro* était aussi donné au *Q. Ægilops*. Dodoens donnait aussi à l'*Ægilops* le nom de *Cerris*, qui est aujourd'hui réservé au chêne chevelu.

Le chêne *Velani* est un fort bel arbre dont les proportions égalent souvent celles de notre chêne sessile. Son tronc, couvert d'une écorce rugueuse, d'un brun grisâtre, élève dans l'air une cime touffue à branches horizontales.

Cette espèce, qui fleurit au mois de mai, a pour patrie la côte occidentale de la Natolie. On la trouve encore dans les îles de l'Archipel, en Crête et en Grèce : elle ne s'est pas avancée au-delà.

D'après Olivier, les Grecs modernes donnent le nom de *Velani* au chêne dont les cupules, appelées Velanèdes, ne sont autres que celles de l'*Ægilops*.

Son bois est moins estimé que celui des chênes verts ; il n'est guère employé que dans la menuiserie.

Nous indiquerons au chapitre 21 la véritable valeur industrielle et commerciale de ce chêne (1).

En 1731, des essais de culture de l'*Ægilops* furent tentés en Angleterre ; mais ils devaient échouer. A Paris, cet arbre ne peut se passer d'abris pendant l'hiver. Il réussit bien dans le Midi, près des bords de la Méditerranée, dans un sol et sous un climat très-analogues à ceux de sa véritable patrie. Quelques pieds plantés au jardin de l'Ecole de Médecine navale de Toulon fructifient tous les ans. La naturalisation de cette espèce intéresserait notre industrie.

CARACTÈRES BOTANIQUES.

Les feuilles sont ovales oblongues, et bordées de grosses dents dont chacune est terminée par une pointe setacée, molle et rougeâtre.

La longueur des feuilles est d'environ 1 décimètre, et leur largeur de 7 centimètres. Elles sont un peu épaisses, d'un vert brunâtre, luisantes en dessus, blanchâtres et légèrement cotonneuses en dessous, comme les jeunes rameaux qui les supportent.

Les fruits sont sessiles et les glands assez gros un peu aplatis, et creusés en nombril au sommet où paraît leur petite pointe. Ils sont enfoncés jusqu'au tiers ou à la moitié dans une cupule très-remarquable par sa grosseur, son épaisseur et sa forme.

Cette cupule, développée, est une fois plus large que longue, cette largeur est de 5 centimètres ; elle est hémis-

(1) Aucher Eloy dit que les pachas de certaines contrées de l'Asie-Mineure monopolisent toute la récolte des cupules du *Velani* ou *Velanèdes*, pour la vendre à grands profits aux trafiquants.

phérique, cotonneuse intérieurement, hérissée extérieurement d'écailles dressées, étalées, longues de 15 à 20 millimètres, larges de 4 à 5.

Quercus coccifera vera.

CHÊNE KERMES

Cette espèce doit son importance à l'insecte nommé
Chermes ou *Kermes* dont les coques s'attachent sur ses
rameaux.

Elle croît dans les lieux secs ou incultes, où elle forme
des buissons bas et rameux. Elle préfère les terrains calcaires, et se trouve en plaine et sur les montagnes. Boissier
la cite dans le midi de l'Espagne, entre 300 et 1,600 mètres
d'altitude. Ce chêne est plus méridional que le *Q. ilex*;
au sud, on le rencontre en France, en Espagne, en Corse,
en Algérie, en Syrie, près de Jérusalem; en France, il ne
dépasse pas Alais, on le retrouve en Grèce, au Mont-
Athos, en Albanie et en Thrace, enfin, du Portugal jusqu'en
Asie-Mineure, il est disséminé çà et là sur le rivage de
la mer intérieure.

Nous ne pouvons parler du chêne sans remonter au
celtique pour les étymologies : *Coccifera* vient du grec
Χοχχοσ, lequel dérive du celtique *Coc*, qui signifie rouge.

Le mot *Kermes*, d'après la plupart des auteurs, vient de
l'arabe *Quermez*, qui signifie *vermisseau*, et le terme *Quer-
mezy* veut dire *couleur rouge* (provenant de cet insecte) :
notre mot *Cramoisi* en dérive.

Il faudrait peut-être faire plutôt venir le mot *Kermez* de
deux termes celtiques, *quer*, chêne, et *mez*, gland. *Quermez* signifierait gland de chêne ou graine de chêne. La
coque de l'insecte à couleur rouge qui s'attache sur le
Quercus coccifera ressemble à un fruit, et est même vulgairement désignée sous le nom de graine d'écarlate.

Les latins désignaient sous le nom de *vermiculus* l'insecte du *Q. coccifera*, de là est venu le mot vermillon.

CARACTÈRES BOTANIQUES.

Feuilles petites, minces, nombreuses, glabres, luisantes, ovales, bordées de dents allongées, épineuses. Les glands sont petits et ovales, enfermés dans une cupule hérissée en dehors de pointes raides, ouvertes et très-dures.

Ce gland ne grandit sensiblement qu'une année après sa fécondation, et il ne tombe qu'au bout de 18 mois. L'arbre fleurit en avril et mai.

Dans le paragraphe III, qui renferme des chênes à ovules avortés supères, à feuilles caduques ou persistantes, il nous reste à signaler quelques belles espèces américaines.

Quercus phellos.

CHÊNE-SAULE.

Cet arbre, dont les proportions sont : 20 mètres en hauteur, 60 à 65 centimètres en largeur, a le tronc couvert d'une écorce épaisse et presque unie. Il croît dans les lieux humides et parfois dans les sables : il est fréquent dans la Virginie, la terre promise des chênes, les deux Carolines et la Géorgie. Il fleurit en mai.

Ce chêne, considéré sous le rapport de son utilité, présente un intérêt médiocre. Son bois est rougeâtre, d'un grain grossier et à pores très-ouverts, ce qui ne l'empêche pas d'avoir une certaine ténacité. On l'emploie peu aux États-Unis, si ce n'est pour faire des jantes aux roues des voitures.

Introduit en Europe en 1734, il peut être cultivé comme arbre d'ornement à cause de la singularité de ses feuilles. Il réussit bien sous le climat de Paris dans un sol argileux et frais.

Un pied de cet arbre, planté dans le jardin du Trianon, offrait, au dire de Mirbel, dans les *Suites à Buffon*, an XIII, 45 pieds de hauteur. Il aurait aujourd'hui, si c'est le même individu, plus de 20 mètres d'élévation. Aux environs de Rochefort et de Bordeaux, le chêne saule réussit également.

φελλοσ était en grec le nom du *Q. suber*. Le chêne saule n'ayant que des rapports généraux avec le liége, on ne l'a nommé ainsi que pour placer un synonyme ancien.

CARACTÈRES BOTANIQUES.

Le caractère essentiel de cette espèce est d'avoir les feuilles très-entières chez les individus adultes, car elles sont légèrement lobées ou dentées sur les rameaux naissants.

Ces feuilles, courtement pétiolées, sont lancéolées linéaires, longues de 7 à 8 centimètres, larges de 12 millimètres.

Les deux faces sont glabres, la supérieure est luisante et d'un vert foncé, l'inférieure un peu pâle.

Les glands, petits, presque globuleux, avec une pointe terminale, sont sessiles et presque solitaires.

La cupule est courte, peu concave, à petites écailles imbriquées.

Les botanistes ont beaucoup varié à propos du nombre des formes particulières du chêne saule qui doivent être rattachées à cette espèce sous le titre de simples variétés.

De Mirbel admettait cinq variétés. André Michaux trois seulement. Michaux fils deux. Enfin, dans le *Prodromus*, M. Alph. de Candolle ne maintient qu'une de ces sous-espèces du *Q. phellos*, les autres prennent rang parmi les espèces.

7

Quercus coccinea nigrescens.

Q. tinctoria (Michaux).

CHÊNE QUERCITRON.

L'arbre que nous décrivons sous ce titre doit compter non-seulement parmi les belles espéces américaines du genre *Quercus*, mais encore parmi les plus utiles.

Elevé de 30 mètres, large de 1 mètre 50 centimètres, le *Black-oak* ou chêne noir, c'est ainsi qu'on le nomme aux États-Unis, doit cette appellation à la couleur noire ou très-brune de son écorce crevassée.

Cet arbre est commun dans presque tous les États de l'Union, où il a été propagé. On le rencontre depuis la Géorgie jusqu'au bas Canada. Il croît très-rapidement et indifféremment dans les terres bonnes et médiocres, pourvu qu'elles soient légères.

Son bois, de couleur rougeâtre, n'est que d'une médiocre qualité, à cause de son grain grossier et de ses pores très larges : cependant on l'utilise pour les charpentes, à cause de sa force et de sa durée. On le débite aussi en merrain.

Son écorce est très-employée pour le tannage des cuirs. Malheureusement la belle couleur jaune qu'elle leur communique, et qu'on fait disparaître difficilement, en limite l'emploi dans cette industrie. Nous dirons au Livre IV ses nombreux usages en teinture.

Introduit chez nous, en 1800, ce chêne fut en 1818 l'objet de cultures importantes, dans la partie du bois de Boulogne qui avoisine la porte d'Auteuil, partie qui avait beaucoup souffert lors de l'entrée des alliés. Ce fut sous la direction même de Michaux fils que se fit cette plantation, qui réussit très-bien sous le climat de Paris.

CARACTÈRES BOTANIQUES.

Les feuilles, généralement grandes, varient beaucoup de taille et de forme. Elles sont ovales, simplement lobées ou profondément sinuées-pinnatifides. Les lobes larges, souvent sinués-dentés eux-mêmes vers leur extrémité, sont acuminés.

La face inférieure des feuilles est couverte d'une sorte de poussière qu'on retrouve aussi sur les jeunes pousses.

Les nervures saillantes sont légèrement cotonneuses. A l'automne, la couleur est d'un jaune terne sur les jeunes pieds, et d'un jaune franc sur les vieux. La longueur moyenne de ces organes est de 20 centimètres.

Les glands sessiles solitaires, épais et courts, sont tronqués au sommet où ils présentent une pointe conique terminale. Ils sont enchassés à moitié dans une cupule turbinée, rétrécie en dessous, en un support épaissi. Les écailles de cette cupule sont lancéolées imbriquées.

Le *Q. coccinea nigrescens*, qui n'est plus qu'une sous-espèce du *Q. coccinea* dans la classification du *Prodromus*, constituait une espèce dans la flore boréale-américaine de Michaux père à laquelle il adjoignait deux variétés, l'une à glands déprimés globuleux, l'autre à glands ovoïdes.

Quercus palustris.

CHÊNE DES MARAIS.

Dans les endroits humides des États-Unis, de la Virginie au Canada, le chêne des marais élève à 27 mètres de hauteur une tige de 1 mètre à 1 mètre 30 centimètres de diamètre, recouverte d'une écorce épaisse toujours unie ; la cime est touffue et presque pyramidale.

Cette espèce, qui fleurit au mois de mai, est connue en Europe depuis 1800 ; elle est très-rustique, se faisant à tous les sols, depuis les plus secs et les plus sablonneux, jusqu'aux plus humides qu'elle préfère.

CARACTÈRES BOTANIQUES.

Les feuilles, longuement pétiolées et de grandeur moyenne, sont sinuées-pinnatifides. Les lobes, au nombre de 7, sont divariqués, et chacun d'eux est ordinairement terminé par trois dents acuminées.

La face supérieure est luisante et d'un vert clair ; la face inférieure montre des poils courts aux aisselles des nervures.

Les glands, petits, sessiles et à peu près sphériques, sont terminés par une pointe conique aiguë. La cupule, en forme de soucoupe, est unie et embrasse seulement la base du fruit.

Quercus Catesbaei.

CHÊNE DE CATESBY.

Ce chêne croît dans les terrains secs et arides du Maryland, de la Caroline et de la Virginie, sa hauteur maximum est de 12 mètres. Son tronc tortueux, que recouvre une écorce noire et crevassée, se ramifie à peu de distance du sol. Son bois est recherché seulement pour le chauffage.

M. Alph. de Candolle (*Géogr. bot.* p. 739), rapporte qu'un chêne de Catesby a surgi à Verrières, chez M. Vilmorin, dans une forêt de pins, où il n'avait point été semé. C'est un exemple rare et curieux d'arbre naturalisé à une grande distance. Pour son acclimatation en grand, il lui faudra une exposition choisie et une terre sèche.

CARACTÈRES BOTANIQUES.

La longueur des feuilles est de 15 à 18 centimétres ;

elles sont portées sur de très-courts pétioles, presque aussi larges à leur partie inférieure, elles sont sinuées-pinnatifides ; les lobes profonds vont en diminuant de longueur de la base au sommet ; ils sont aigus, mucronés, et portent à leur extrémité des dents également aiguës et mucronées. Les deux faces sont glabres.

Les glands, sessiles, courts, ovoïdes, solitaires ou géminés, sont terminés par une grosse pointe assez longue ; une cupule épaisse hémisphérique les enchasse à moitié.

Quercus imbricaria.

CHÊNE A LATTES.

Arbre de 14 à 16 mètres d'élévation, à écorce grise, à rameaux droits.

On le rencontre à l'ouest des monts Alléghanys, principalement dans l'Illinois et la Pensylvanie. Le chêne à lattes est l'objet de grandes exploitations. La facilité avec laquelle on peut le fendre en planchettes minces le fait rechercher pour la fabrication des essentes ou bardeaux qui sont employés dans beaucoup de régions pour remplacer dans la couverture des édifices l'ardoise ou la tuile. Chaque année plusieurs navires chargés de bardeaux quittent les ports de l'Union et vont les porter dans toutes les colonies espagnoles ou autres du centre Amérique ou de l'Amérique méridionale. Le *Q. imbricaria* est donc une des espèces les plus importantes ; ce chêne a été introduit en France en 1789.

CARACTÈRES BOTANIQUES.

Ses feuilles sont très-rapprochées les unes des autres, lancéolées luisantes, d'un vert gai en dessus, pubescentes en dessous. Les glands sont arrondis sessiles.

Quercus cinerea.

CHÊNE CENDRÉ.

C'est un petit arbre de 7 mètres au plus d'élévation, et très-rameux. Il croît dans les lieux secs et arides des deux Carolines et de la Géorgie. Son bois n'est utilisé que pour le chauffage. Il a été introduit en Europe en 1789 et réussit dans les sols frais et un peu argileux.

CARACTÈRES BOTANIQUES.

Ses feuilles, oblongues lancéolées pointues, sont pétiolées très-entières, et couvertes en dessous d'un duvet de couleur cendrée. Le gland, qui est sphérique, est placé dans une cupule en soucoupe.

Quercus pumila.

CHÊNE NAIN.

Cette espèce est une preuve que la taille chez les végétaux est un caractère de très-peu de valeur. Les espèces les plus voisines, comme ressemblance botanique, atteignent 20 mètres de hauteur, tel est le chêne saule, et le *Q. pumila* dépasse rarement un mètre. Il trace et rejette abondamment; on le rencontre dans les mêmes localités que l'espèce précédente. Elle est un peu frileuse pour notre climat. En Amérique, son bois ne peut servir que pour chauffer les fours.

CARACTÈRES BOTANIQUES.

Feuilles oblongues élargies vers le haut, par conséquent obovales, presque sessiles et cotonneuses en dessous, longues d'environ 6 ou 7 centimètres.

Quercus nigra.

CHÊNE NOIR.

Cet arbre se présente avec une cime très-large, élevée de 8 à 12 mètres au-dessus du sol, sur une tige grêle de 30 centimètres d'épaisseur. L'écorce, dure et crevassée, noirâtre en dehors, est rougeâtre intérieurement.

Si le chêne noir peut avoir quelqu'intérêt, c'est d'être, par son feuillage singulier, d'un effet remarquable dans les jardins paysagers.

Importé en 1739, il ne peut vivre en pleine terre que dans les parties méridionales de l'Europe ; ou il doit seulement retrouver le climat de la Pensylvanie méridionale, de la Virginie, des deux Carolines et de la Floride. Il préfère les terres sèches et sablonneuses ; il vient bien dans le sable presque pur.

Son bois, compact et dense, constitue un très-bon combustible ; c'est là son seul usage en Amérique. Comme bois de charpente, il est trop peu élastique, trop fragile ; et sa durée serait peu considérable.

CARACTÈRES BOTANIQUES.

Les feuilles, qui ressemblent un peu à celles du tulipier, sont cunéiformes, un peu en cœur à leur base, partagées à leur sommet en trois lobes écartés mucronés, dont le médian est le plus court. Cette forme est surtout très-marquée chez les feuilles encore jeunes.

La face supérieure de ces organes est glabre et luisante, l'inférieure est couverte d'un duvet ras et ferrugineux (de là le nom de *Q. ferruginea* qui lui a été donné).

La longueur des glands est de 2 centimètres 1/2 environ. Ils sont sessiles solitaires ou géminés, arrondis, terminés par une pointe, et renfermés jusqu'à moitié dans une cupule très-écailleuse.

Quercus aquatica.

CHÊNE AQUATIQUE.

Croît au bord des marais et des ruisseaux, depuis le Maryland jusqu'à la Floride, sa taille est de 10 à 15 mètres. Introduite en Europe, en 1748, cette espèce vit mal sous le climat de Paris, sans abris et sans une exposition spéciale, mais elle réussit à l'air libre dans le midi et prend de belles proportions dans les sols humides qu'elle affectionne.

Son bois est peu estimé et presque sans usage en Amérique. On pourrait cependant en tirer quelque parti, si l'on avait la précaution de le couper à l'époque où la sève est interrompue.

CARACTÈRES BOTANIQUES.

Feuilles glabres cunéiformes, obscurément divisées à leur sommet en trois lobes dont celui du milieu est plus grand que les autres. Cette forme est variable et les feuilles des jeunes plants diffèrent de celles de l'arbre adulte. C'est là une observation que Michaux avait faite pour la plupart des chênes de l'Amérique septentrionale, mais qui est surtout applicable aux chênes aquatiques qui portent ici des feuilles lancéolées entières, là des feuilles sinuées, etc.

Les glands, d'une saveur très-amère, sont presque sphériques et à moitié embrassés par la cupule ; la floraison a lieu en mai.

Quercus rubra.

CHÊNE ROUGE.

Ce chêne, remarquable par sa haute taille, 30 mètres, et son port majestueux et élégant, croît depuis le Canada jusqu'à la Géorgie, et à l'ouest des monts Alléghanys.

Cette espèce, qui fleurit au mois de mai, en Amérique, fut introduite en Europe, en 1691. Elle est un peu difficile sur la nature du sol et l'exposition, puisqu'elle réussit aussi bien dans les sols ingrats, et même dans le sable pur, que dans les terres fertiles, seulement elle dure peu dans les terres maigres.

Ce bel arbre, parfaitement acclimaté aujourd'hui, est un des plus beaux ornements des jardins paysagers dans lesquels la couleur rouge de ses feuilles, en automne, produit un effet remarquable.

Le chêne rouge est sans doute l'espèce que Lamarck désignait sous le nom de *Q. rubra latifolia* et dont il est dit par Mirbel qu'un millier de pieds, plantés dans la forêt de Rambouillet, étaient parvenus, en moins de 10 ans, à plus de 30 pieds de hauteur. Il se reproduisait naturellement dans les terres de Duhamel.

Son bois rougeâtre est d'un grain grossier, et d'un tissu poreux ; sa mauvaise qualité lui interdit tout usage.

CARACTÈRES BOTANIQUES.

Les feuilles sont remarquablement grandes, elles mesurent 22 centimètres de longueur, et le maximum de leur largeur est parfois de 18 centimètres. Elles sont longuement pétiolées, d'une forme générale ovale-lancéolée, profondément pinnatifides. Les lobes, au nombre de 7 à 9, sont sinués dentés très-aigus et terminés par des pointes déliées comme des soies. Ces feuilles sont glabres sur leurs deux faces.

Les glands, longs d'environ 3 centimètres, sont assez gros, ovoïdes, et terminés par une pointe épaisse. Ils sont sessiles et renfermés à leur base dans une cupule évasée, aux écailles exactement appliquées.

Quercus coccinea.

CHÊNE ÉCARLATE.

Le chêne écarlate doit son nom à la vive couleur rouge que prennent ses feuilles à l'automne ; il a la plus grande analogie avec l'espèce précédente. Il fut introduit à la même époque que le chêne rouge, et convient aux mêmes sols, aux mêmes expositions, au même emploi dans les jardins paysagers.

Originaire des terres fertiles de presque tous les États de l'Union, il préfère cependant le Nord, et on le rencontre au Canada jusque sous le 48e degré de latitude.

Cet arbre atteint souvent 30 mètres de hauteur et 1 mètre 30 centimètres de diamètre. Son bois est plus estimé que celui du chêne rouge. Cette espèce fleurit au mois de mai.

CARACTÈRES BOTANIQUES.

Les feuilles, pétiolées, sont longues d'environ 20 centimètres, elliptiques dans leur forme générale, et profondément pinnatifides. Les lobes, un peu infléchis, sont eux-mêmes irrégulièrement dentés ; une pointe fine et saillante termine ces lobes et leurs principales divisions. Ces feuilles sont glabres sur leurs deux faces.

Les glands, sessiles solitaires ovoïdes, sont surmontés d'une pointe conique. Ils sont enfoncés jusqu'à moitié dans une cupule turbinée très-écailleuse.

Quercus falcata.

CHÊNE A LOBES ARQUÉS.

C'est encore un des grands chênes américains ; il s'élève à 27 mètres de hauteur ; son tronc, couvert d'une écorce noirâtre et crevassée, a de 1 mètre à 1 mètre 60 centimètres de diamètre.

On le rencontre dans les régions moyennes des États-Unis, où il ne dépasse pas l'État de New-York. Son bois, rougeâtre et poreux, sert peu pour les constructions, en raison de sa faible durée. Il est utilisé pour le charronnage, et son écorce est très-recherchée pour le tannage des cuirs.

C'est un arbre de pleine terre à Paris, quand on lui choisit une bonne exposition.

CARACTÈRES BOTANIQUES.

Les feuilles, longuement pétiolées, sont oblongues, pinnatifides. Les lobes, lancéolés, entiers, recourbés en forme de faux, sont acuminés et mucronés : leur longueur est de 12 ou 15 centimètres. Chez les jeunes sujets, la forme de ces organes varie.

Les glands, presque sessiles, petits et arrondis, sont enchassés jusqu'au tiers de leur longueur dans une cupule turbinée, rétrécie inférieurement en pédicule épais. Ces fruits sont d'un pourpre noirâtre.

CHAPITRE VIII

Géographie botanique du Chêne.

> Cybèle représentait la terre chez les Grecs,
> et la déesse vénérable était quelquefois figurée
> avec une couronne de chêne sur le front. La
> terre réelle porte aussi la couronne de chêne !
>
> *Histoire du Chêne.*

La géographie botanique d'un genre aussi nombreux et aussi bien caractérisé que le genre *Quercus* (chêne) offre un intérêt considérable. La distribution de ces arbres à la surface de la terre se lie en effet à des questions de la plus haute importance. Il est donc nécessaire de tracer d'avance les divisions de cette partie de l'histoire du chêne, l'une des plus curieuses et des plus essentielles, mais aussi l'une des plus obscures et des plus controversées. Nous étudierons successivement :

1° La distribution actuelle du genre *Quercus* dans son ensemble, en longitude, en latitude, en altitude ;

2° La répartition des espèces, l'étendue et les limites de leurs aires ;

3° Leur cantonnement dans ses rapports avec la classification du genre ;

4° L'origine, les migrations des espèces, et leur habitat actuel au point de vue géologique ;

5° Les relations des chênes actuels et des chênes fossiles, l'histoire de ces derniers.

C'est un vaste programme, on le voit; les perspectives qu'il offre à l'imagination sont immenses : les horizons de la terre se déroulent devant nous, et nos regards pénètrent les profondeurs lointaines des époques préhistoriques.

I

Distribution actuelle du genre Quercus dans son ensemble, en longitude, en latitude, en altitude.

Beaucoup de personnes étrangères aux sciences naturelles seront très-étonnées d'apprendre que l'Europe n'est pas la véritable patrie des chênes. Malgré les magnifiques espèces qui peuplent nos contrées, telles que les chênes pédonculés, sessiles, les chênes verts et les chênes liéges, il existe loin de nous des pays que l'on peut à plus juste titre nommer la terre du chêne.

L'Europe en présente tout au plus 70 formes sur toute son étendue; sans doute les individus qui les représentent sont nombreux, et couvrent souvent de vastes espaces ; mais la véritable patrie du chêne est la contrée qui contient la plus grande variété d'espèces aptes à vivre sur son sol et sous son climat; l'Europe n'est pas dans ce cas.

L'Asie, si peu connue encore au point de vue botanique, est bien plus riche en espèces (1) de chênes; elle en compte

(1) Nous donnons ici au mot espèce une signification un peu large, puisque nous comprenons sous ce titre les espèces vraies et leurs variétés.

actuellement 174 environ. Assurément, c'est peu comparativement à l'étendue de cette immense région ; mais ses richesses ne sont pas toutes découvertes. L'Asie offre d'ailleurs aux chênes les climats les plus divers, les altitudes les plus considérables ; rien d'étonnant à ce que les variétés s'y rencontrent en très-grand nombre.

L'Amérique, et presque exclusivement l'Amérique septentrionale, nourrit une grande variété d'espèces querciennes, 168 environ, d'après le dénombrement fait par M. Alph. de Candolle pour le *Prodrome*. De l'Atlantique au Pacifique, du cinquième au cinquantième degré de latitude Nord, on rencontre de nombreuses espèces sur cette vaste étendue ; elles sont tantôt à l'état d'isolement, tantôt à l'état social, formant ainsi de magnifiques forêts.

Quant à l'Afrique, si voisine de l'Europe, et liée à l'Asie par Suez, elle contient dix espèces au plus. C'est là un fait étrange, sur lequel nous reviendrons, car l'Afrique septentrionale offre aux chênes les mêmes conditions de climat que celles qui sont préférées en Asie par un grand nombre de ces arbres.

En résumé, l'Europe n'est pas la patrie du chêne ; l'Asie ou l'Amérique, les deux peut-être, semblent avoir été les berceaux du genre.

Il y a dans l'ensemble de cette répartition un fait des plus remarquables ; à de très rares exceptions, les chênes habitent l'hémisphère nord. En Afrique, les quelques espèces de cette région sont confinées au nord de l'Atlas et s'éloignent peu du rivage de la Méditerranée. En Amérique, les chênes sont surtout nombreux, du 15ᵉ au 45ᵉ degré de latitude nord ; ils deviennent de moins en moins abondants en descendant vers le sud, où quelques espèces de la Nouvelle-Grenade semblent aller timidement à la rencontre de la ligne équatoriale.

L'Asie seule a des espèces au-dessous de l'équateur dans les îles de Sumatra, Bornéo et Java. Ne dirait-on pas des êtres doués de locomotion, qui, après être descendus jusque-là, quand les îles tenaient encore au continent, ont eu la retraite coupée lorsque les détroits se sont formés. Toujours est-il que c'est la seule exception à la règle qui a donné l'hémisphère nord à la postérité des premiers chênes.

Cybèle représentait la terre chez les anciens Grecs, et la déesse vénérable était quelquefois figurée avec une couronne de chêne sur le front. La terre réelle porte aussi la couronne de chêne sur la tête, car, n'en déplaise aux Patagons et aux Hottentots, l'hémisphère nord est bien le chef de notre vieille mère, puisqu'il est assurément le siége de la pensée sur ce globe.

Ce n'est pas pour faire image que nous avons dit que la terre portait une couronne de chêne ; il y a, en effet, continuité entre les nombreuses espèces qui la ceignent, et les océans seuls établissent des lacunes dans cette verdoyante parure.

Si du cap Finistère nous prenons notre route vers l'Orient, nous pouvons, à travers l'Europe, suivre les chênes jusqu'au Bosphore ; nous les suivons encore par l'Asie-Mineure, l'Arménie, la Perse, et nous traversons avec eux le chemin de toutes les migrations, ce grand isthme placé entre la mer Caspienne et le golfe Persique. Par l'Afghanistan, les montagnes du Népaul, du Bengale, d'Assam, d'Ava, de la presqu'île de Malacca, nous arrivons avec eux jusqu'aux îles de la Sonde ; à travers celles-ci et la Chine méridionale, nous atteignons enfin le Japon. Si, continuant notre course à l'encontre du soleil, nous traversons le grand Océan, nous pourrons, à nos premiers pas sur le continent américain, saluer les chênes de la Californie ou de l'Orégon et suivre encore les espèces de ce grand genre jusqu'aux bords de l'Atlantique.

Nous avons essayé, sur le tableau C, de représenter cette continuité des chênes, à l'aide seulement d'un petit nombre d'espèce ; cinq ou six suffisent pour tracer une ligne qui reliera par exemple Lisbonne et le Japon. Partant de ce premier point, et gagnant les bords de la Méditerranée, on peut traverser jusqu'à Constantinople les contrées que baigne cette mer, sans cesser de rencontrer soit le *Q. ilex*, soit le *Quercus robur sess. communis* ; cette dernière espèce peut nous conduire du Bosphore en Perse, par l'Asie-Mineure, l'Arménie et le Kurdistan. Sur les confins de la Perse le *Q. r. s. communis* nous abandonne, mais nous trouvons là le *Q. baloot* avec lequel nous pouvons traverser l'empire persan, l'Afghanistan, et atteindre le Cachemyr. Nous n'avons pas encore perdu notre dernier guide que sur les premiers plans de la grande arête du nord de l'Inde, le *Q. spicata* et ses sous-espèces se présentent pour nous conduire par le Népaul, le Bengale, Assam, Chittagong, Ava, Martaban, Ténassérim, Banka, Sumatra, Java jusqu'à Bornéo. Enfin le *Q. cornea* nous accompagnera par la Cochinchine et la Chine méridionale jusqu'au *Q. thalassica* avec lequel nous pourrons franchir la Chine septentrionale et atteindre le Japon.

Ainsi, sans parler des nombreuses espèces, qui se croisent et se mêlent, cinq suffisent pour établir la continuité des chênes, ce sont les *Quercus r. s. communis, Q. baloot, Q. spicata, Q. cornea, Q. thalassica*.

On pourrait constater la même continuité sur le continent américain à l'aide de quelques espèces, et démontrer ainsi que, sauf l'interruption des mers, l'hémisphère nord est ceint de chênes.

Les espèces querciennes se rencontrent donc surtout de

ESPÈCES

qui, par leur mélange ou leur contiguïté, établissent la continuité

DU GENRE QUERCUS DU PORTUGAL AU JAPON

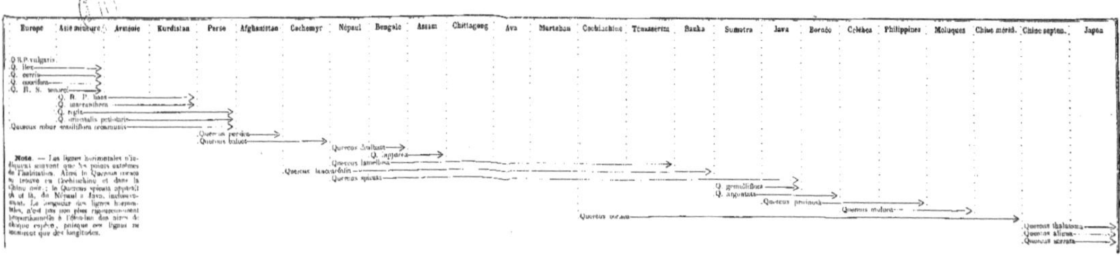

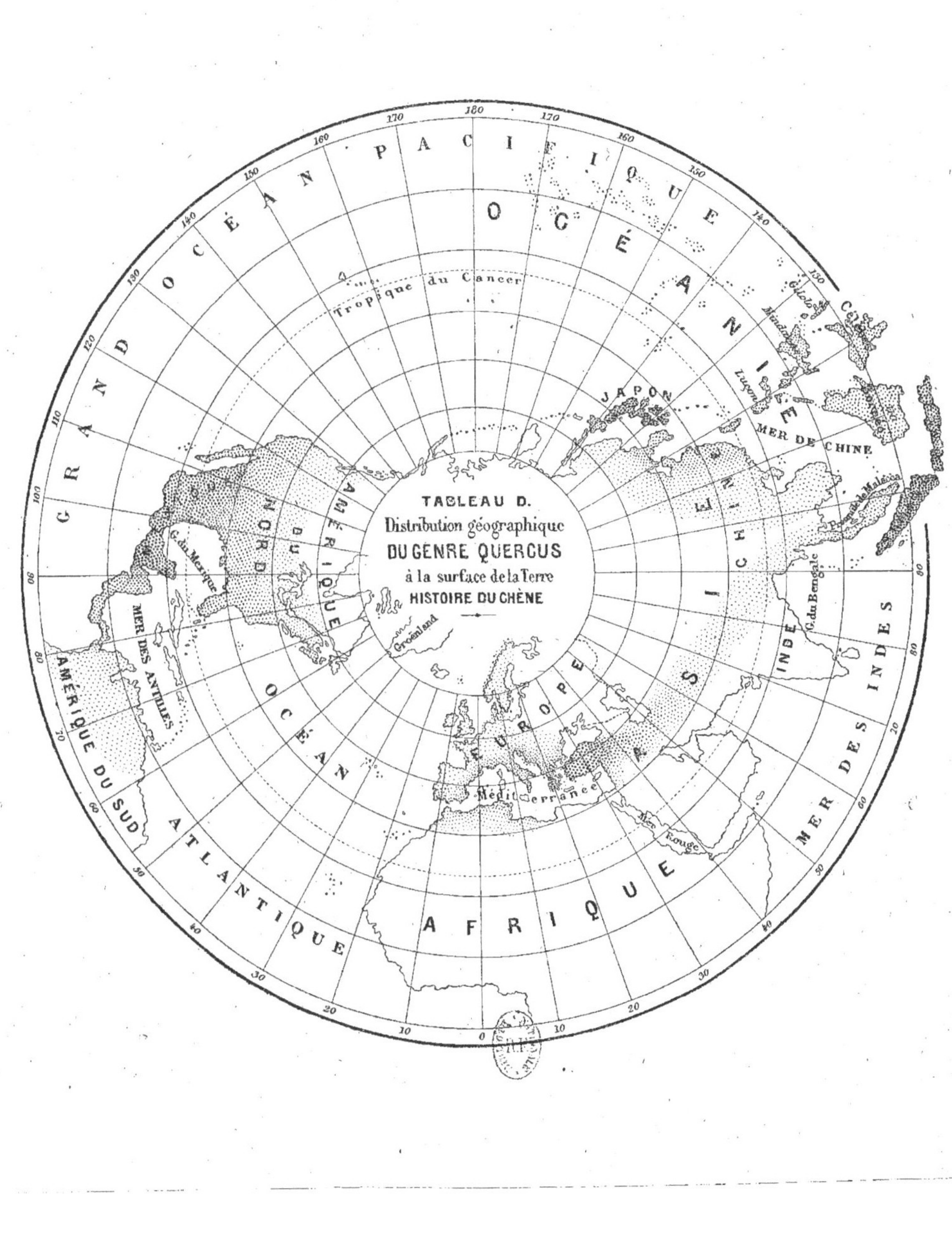

OCÉAN PACIFIQUE
GRAND OCÉAN
OCÉANIE
Tropique du Cancer
JAPON
MER DE CHINE
Célèbes
Gilolo
Mindanao
Luçon
Presq. de Malaca
MER DES INDES
INDE
G. du Bengale
CHINE
ASIE
EUROPE
Méditerranée
Mer Rouge
AFRIQUE
AMÉRIQUE DU NORD
AMÉRIQUE DU SUD
NORD OCÉAN ATLANTIQUE
MER DES ANTILLES
G. du Mexique
Groenland
TABLEAU D.
Distribution géographique
DU GENRE QUERCUS
à la surface de la Terre
HISTOIRE DU CHÈNE
170 180 170 160 150 140 130
160 150 140
120 110 100 90 80 70 60 50 40 30 20 10 0 10 20 30 40 50 60 70 80 90

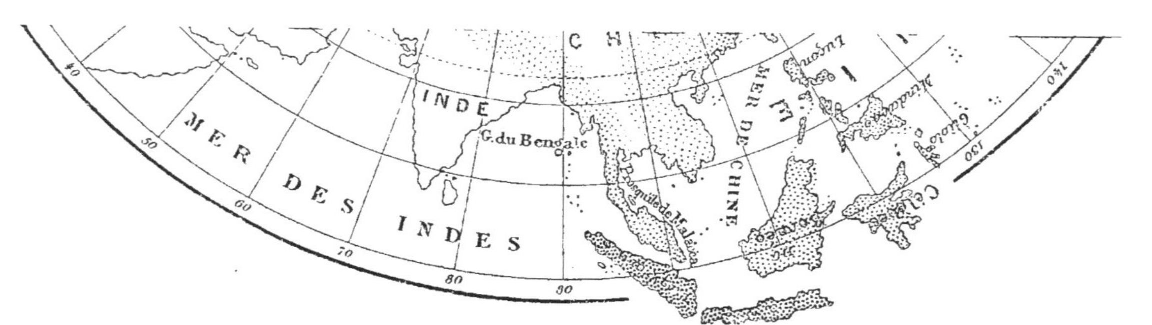

INDE
G. du Bengale
MER DES INDES
Presqu'île de Malacca
MER DE CHINE
Luçon
Mindanao
Gilolo
Célèbes
Bornéo

l'équateur aux limites septentrionales de la végétation ;
mais elles ne sont pas également réparties sur cette large
zône. Certaines régions ont le privilége d'en contenir un
plus grand nombre. Nous avons déjà montré la pauvreté
de l'Afrique et la richesse de l'Asie et de l'Amérique ;
nous avons essayé, dans le tableau D, qui représente
l'hémisphère nord projeté sur le plan de l'équateur, de
figurer l'abondance de telle ou telle région en espèces de
chênes, à l'aide de teintes graduées ; on a par là une
idée d'ensemble de la répartition des chênes à la surface
de la terre.

Voici cette distribution numériquement :

CONTRÉES.	Nombre d'Espèces (1).
Mexique	94
Europe	69
États-Unis de l'Est	46
Japon	30
Java	29
Perse	27
Sumatra	26
Népaul	23
Provinces du Centre-Amérique	23
Orégon Californie	13
Chine septentrionale	11
Afrique	10
Nouveau Mexique	9
Chine méridionale	8
Moluques, Célèbes, Philippines	8
Bornéo	6

(1) L'addition donnerait un chiffre supérieur au nombre des espèces,
puisqu'un certain nombre d'entre elles sont communes à plusieurs
régions.

Si l'on compare maintenant le nombre des espèces à l'étendue des territoires, l'ordre précédent sera profondément modifié, et les régions sus-indiquées prendront rang comme il suit :

<table>
<tr><td>1 Java.</td><td>9 Provinces du Centre-Amérique.</td></tr>
<tr><td>2 Sumatra.</td><td>10 Orégon, Californie.</td></tr>
<tr><td>3 Japon.</td><td>11 Nouveau Mexique.</td></tr>
<tr><td>4 Mexique.</td><td>12 États-Unis de l'Est.</td></tr>
<tr><td>5 Moluques, etc.</td><td>13 Europe.</td></tr>
<tr><td>6 Bornéo.</td><td>14 Chine septentrionale.</td></tr>
<tr><td>7 Asie-Mineure.</td><td>15 Chine méridionale.</td></tr>
<tr><td>8 Perse.</td><td>16 Afrique.</td></tr>
</table>

Le fait que les climats chauds renferment plus d'espèces que les froids se vérifie donc, pour le chêne, en ne tenant pas compte de l'Afrique. L'Orégon, la Californie, les États-Unis de l'Est, l'Europe, la Chine septentrionale, qui occupent les mêmes latitudes à peu près, se rapprochent aussi sur le tableau précédent, qui indique le nombre d'espèces querciennes, par rapport à l'étendue superficielle.

M. Dalton-Hooker fait observer que si Java, Sumatra, etc., contiennent plus d'espèces que l'Europe, c'est dans ce dernier pays que les variations ou sous-espèces sont les plus nombreuses ; le *Quercus robur* en est un exemple : sur de vastes étendues, les chênes peuvent en effet aller à la rencontre des causes de la variabilité.

Ce sont les grandes îles de l'Asie qui sont les plus riches ; le Mexique est remarquable aussi, l'Asie-Mineure et la Perse, régions intermédiaires entre l'Europe et l'extrême orient, sont encore des stations privilégiées pour le chêne. Viennent ensuite le Centre-Amérique et les différentes parties de l'Union : l'Europe, on le voit, est presque au dernier rang avec ses 69 formes.

Si les grandes îles de l'Asie sont riches en chênes, il n'en est pas de même dans le Nouveau-Monde. Aucune espèce n'a été signalée ni dans les grandes ni dans les petites Antilles. Cependant les communications sont aussi faciles entre le continent américain et ces îles qu'entre l'Asie et les terres de l'Archipel de la Sonde. La Floride descend vers les Antilles, comme la presqu'île de Malacca descend vers Sumatra ; de plus, le Yucatan semble vouloir aussi rattacher Cuba au continent dont un détroit peu large la sépare. De la grande île espagnole, la communication eût été ensuite aussi facile avec les autres Antilles qu'elle l'est entre Sumatra, Java, Bornéo, etc. Le climat des Antilles était favorable à la rencontre des espèces querciennes de la Floride et de la Géorgie, avec celles du Centre-Amérique, venues par le Yucatan ; cependant pas un chêne n'a traversé les détroits.

L'Europe, au contraire, offre beaucoup d'analogie avec l'Asie ; les stations insulaires du genre *Quercus* y sont multipliées ; la Grande-Bretagne, l'Irlande, la Corse, la Sardaigne, les Baléares, la Sicile offrent un grand nombre d'espèces. Nous ferons observer ici que Madère, les Canaries, les îles du Cap-Vert, les Açores n'ont pas de chênes et sont sous ce rapport plutôt américaines qu'européennes ou africaines.

Nous avons dit plus haut que les contrées les plus chaudes du globe étaient celles qui contenaient le plus d'espèces, et que cette loi se vérifiait en partie pour le chêne. La ligne, qui passerait par les points du globe les plus riches en *Quercus*, n'offrirait cependant pas un parallélisme parfait avec l'équateur thermal ; si la limite inférieure des chênes ne se confond ni avec l'équateur thermal, ni avec une autre ligne isotherme, la limite supérieure du genre forme au contraire une trace qui concorde avec une des lignes isothermes du globe ; beaucoup moins élevée en Asie et en Amérique, elle se redresse en Europe sur les côtes de Norwége et atteint le 62ᵉ parallèle.

En Europe, les plus belles espèces de chênes et les plus utiles, les *Q. robur pedunculata* et *Q. robur sessiliflora* préfèrent les parties tempérées de cette région, et réussissent admirablement dans sa zône moyenne.

Non-seulement le nombre des espèces décroît à mesure qu'on s'élève vers le nord, mais le nombre des individus qui les représentent diminuent aussi. Les chênes deviennent rares au-dessus des grands lacs et du Saint-Laurent (1); ils ne dépassent pas en Suède le 62ᵉ degré latitude nord, et dans l'extrême orient on n'en rencontre plus au-dessus du 40ᵉ degré latitude nord.

Presque toujours il est facile de saisir les causes qui font varier l'élévation en latitude des espèces. En Norwége, c'est le *Gulfstream* qui amène les chênes si haut ; en Écosse, le même phénomène permet aux chênes verts et aux chênes liéges de vivre en pleine terre à Edimbourg, où la température est humide, et les nuits étoilées fort rares.

Faisons observer, en finissant, que c'est entre 100 et 110° de longitude occidentale, et entre 100 et 110° de longitude orientale, d'un côté au Mexique et de l'autre à Java, mais à égales distances du méridien de Paris, dans les deux sens, que la multiplicité des espèces de chênes atteint son intensité maxima.

(1) Les États les plus favorisés de l'Union, pour le nombre des espèces de chêne, sont, par ordre :

Virginie.	Maryland.
Caroline.	New-Jersey.
Géorgie.	Kentucky.
Pensylvanie.	Floride.

Les chênes ne sont pas les seules espèces d'un même genre, vivant sous des climats très-divers ; celles du genre *Solanum*, par exemple, sont éprouvées par des températures encore plus divergentes ; mais peu de genres sont moins modifiés par des milieux aussi différents pour la chaleur.

Le *Quercus robur peduncalata* du nord de la Suède est un grand arbre, aussi bien que le *Quercus littoralis*, qui habite les rivages torrides de Java. Disons cependant que des différences profondes dans la qualité des bois fournis par eux existent entre les chênes des contrées chaudes et ceux des contrées froides, dans la même espèce. Amollis par des climats brûlants, hâtés dans leur végétation, aucun des chênes des zones dont la température est très-élevée ne vaut, pour la solidité et la durée, les chênes du nord de l'Europe ou ceux du nord de l'Amérique. Les Anglais ont vérifié ce fait pour des chênes venus dans leurs cultures au Cap.

ALTITUDE.

Il existe des conditions qui peuvent modifier pour les chênes les températures extrêmement chaudes des régions qu'ils habitent, c'est l'altitude. Le Mexique n'est peut-être aussi riche en chênes, malgré sa situation méridionale avancée, que parce que la hauteur de ses plateaux et de ses montagnes corrige la température propre à sa latitude moyenne.

La continuité des chaînes de montagnes à travers l'Asie-Mineure, l'Arménie, le Kurdistan, la Perse, sert de route aux chênes jusqu'au Népaul : c'est par la gigantesque arête dont l'Hymalaya est le point culminant, que les espèces de l'Asie occidentale peuvent donner la main à celles de l'Asie orientale, et franchir les plaines brûlantes de l'Indoustan et du Bengale. C'est encore par les montagnes du Boutan, de la Birmanie et les monts Moos, etc., que les espèces querciennes descendent vers la presqu'île de Malacca, dont elles suivent encore les hauteurs jusqu'aux détroits de la Sonde. Enfin, dans les grandes îles, la plupart des représentants du genre habitent les hautes montagnes de Sumatra et de Java (1).

Pour remonter de cette limite inférieure vers le nord, jusqu'à la pointe septentrionale du Japon, d'autres montagnes offrent aux chênes une nouvelle route. Les arêtes, qui traversent Bornéo, les Célèbes, les Philippines, la Chine méridionale, et le Japon lui-même, sont orientées dans la même direction : c'est par cette voie que les chênes remontent ou descendent, ou plutôt qu'ils se continuent. Si l'on jette un coup-d'œil sur la carte de l'Asie, on remarque que la ligne des chênes, du Bosphore à Java, et de Java à l'extrémité nord du Japon, est tracée par une suite de montagnes formant un $\vee$ très-ouvert.

M. Dalton-Hooker fait observer que c'est la dépression qui existe entre les Andes du Mexique et celles de la Nouvelle-Grenade qui a presque complètement arrêté le passage des chênes, si nombreux et si pressés, de la première contrée dans la seconde.

Ce n'est pas seulement la température variable des montagnes, suivant les altitudes, qui vient ainsi contrebalancer l'influence de la latitude, et permettre la contiguité et la continuité des chênes : l'humidité de leurs flancs joue encore, d'après M. Dalton, un rôle considérable. Les *Quercus* tropicaux remontent ou descendent par les climats

____

(1) L'aire très-étendue des chênes est loin de confirmer les vues de Darwin, d'après lequel les groupes les plus naturels, c'est-à-dire ceux où les espèces sont le plus étroitement rapprochées, sont généralement confinés dans une aire restreinte.

humides et chauds, plutôt que par les régions sèches et brûlantes : voilà pourquoi les chênes de l'Hymalaya arrivent au niveau de la mer jusque sous le 25e degré de latitude.

Le tableau suivant indique l'altitude de quelques espèces :

ALTITUDES
DE QUELQUES ESPÈCES DE CHÊNES.

Noms des espèces, section à laquelle elles appartiennent, localités qui les produisent.

Hauteur
en pieds.

10.000   *Q. costaricencis* (Lep. I). — *Q. depressa* (Oaxaca — Lep. III). — *Q. floccosa* (Orizaba — Lep. IV). — *Q. semecarpifolia* (Hymalaya — Lep. I).

9.500   *Q. insignis* (Orizaba — Lep. I).

9.000   *Q. glauçoïdes* (Oaxaca — Lep. I). — *Q. citrifolia* (Costarica — Lep. I). — *Q. tolimensis* (Nouvelle-Grenade — Lep. I). — *Q. glabrescens* (Orizaba — Lep. I).

8.500   *Q. lanigera* (Oaxaca — Lep. III).

8.000   *Q. Ghiesbergtii* (Mexique — Lep. I). — *Q. scytophylla* (Mexique — Lep. III). — *Q. Thomsoniana* (Sikkim — Cycl). — *Q. paucilamella* (Népaul — Cycl.)

7.500   *Q. acutifolia* (Oaxaca — Lep. III). — *Q. nitensmajor* (Mexique — Lep. III). — *Q. cordata* (Misteca — Lep. IV). — *Q. mollis* (Oaxaca — Lep. IV).

7.000   *Q. Virens* (Costarica — Lep. I). — *Q. Wislizeni* (Chihuahua — Lep. III). — *Q. nitens* (Réal del Monte — Lep. III). — *Q. flavida* (Puebla — Lep. IV).

6.500   *Q. sessiliflora* (monts Talusch — Lep. I).

6.000   *Q. linguæfolia* (Oaxaca — Lep. III). — *Q. elliptica* (Orizaba — Lep. III). — *Q. serra* (Puebla — Lep. IV). — *Q. dealbata* (Khasia — Pasa).

5.500   *Q. galeotii* (Santiago, Mexique — Lep. I). — *Q. pubescens* (Etna — Lep. I).

5.000   *Q. Segoviensis* (Nicaragua — Lep. IV). — *Q. spicata glaberrima* (Java — Pasa). — *Q. oxyodon* (Khasia — Cycl.)

4.500   *Q. strombocarpa* (Jalapa — Lep. I). — *Q. nectandræfolia* (Mirador — Lep. III). — *Q. tozza* (Espagne — Lep. I). — *Q. vesca* (Schirwan — Lep. II).

4.000   *Q. virens* (Jalapa — Lep. I). — *Q. ilex* (Etna — Lep. I).

3.500   *Q. excelsa* (Vera-Cruz — Lep. IV). — *Q. pedunculata* (Jura — Lep. I).

3.000   *Q. Oajacana* (Oajaca — Lep. IV).

2.500   *Q. helferiana* (Moalmyne, Inde — Cycl).

2.000   *Q. ilex.* — *Q. suber.* — *Q. r. pedunculata*, etc.

1.500   *Q. ilex.* — *Q. suber.* — *Q. r. pedunculata*, etc.

1.000   *Q. ilex.* — *Q. suber.* — *Q. r. pedunculata*, etc.

500   *Q. r. pendunculata.* — *Q. r. sessiliflora*, etc.

250   *Q. r. pendunculata.* — *Q. r. sessiliflora*, etc.

0   *Q. littoralis* (Java). — *Q. r. sessiliflora.* — *Q. r. pedunculata*, etc.

II

Répartition des espèces du genre Quercus, étendue et limites de leurs aires.

Nous venons d'étudier la dispersion du genre *Quercus* à la surface de la terre, en longitude, en latitude et en altitude ; nous devons, avant de passer à d'autres considérations, traiter la même question, non plus au point de vue du genre tout entier, mais à celui des espèces les plus saillantes.

Nous avons observé déjà combien les espèces étaient inégalement réparties ; abondantes ici, elles sont rares plus loin ; pas une d'entre elles n'est cosmopolite : elles ont des aires plus ou moins étendues, mais aussi bien déterminées que celles du genre lui-même. Celles-ci se mêlent à celles-là, les unes commencent où les autres finissent ; la plupart sont séparées par de grands espaces. Le *Q. suber* et le *Q. humilis* habitent ensemble le midi de l'Europe et le nord de l'Afrique : le *Quercus r. p. communis* et le *Quercus toza* se mêlent dans le midi de la France ; mais le premier abandonne celui-ci pour aller vivre en Asie-Mineure avec le *Q. cerris* : il quitte encore ce dernier pour s'associer en Perse avec le *Quercus Persica*, et finit là où le *Quercus baloot* commence. Les espèces de Java sont presque aux antipodes de celles du Mexique, et ces deux points, où se trouvent le plus de chênes, sont ainsi placés aux deux extrémités d'un axe du globe que l'on pourrait nommer *axe quercien*.

Si les espèces différentes sont tantôt réunies et le plus souvent séparées, on remarque des disjonctions singulières pour la même espèce. Le *Q. argentata* de Sumatra, se retrouve à Bornéo, et l'île intermédiaire Java ne le possède pas. Le *Q. lanceæfolia* du Népaul et du Bengale se retrouve à Sumatra, et n'a été signalé sur aucune des montagnes de l'Inde orientale et de Malacca. Le *Q. pruinosa* de Java reparaît aux Philippines, et manque à Bornéo, station intermédiaire. Le *Q. spicata* du Népaul, après avoir suivi le Bengale, l'Assam, le Chittagong, reparaît à Sumatra et continue jusqu'à Bornéo.

Comment expliquer ces disjonctions ? M. Alph. de Candolle y voit une diminution de l'espèce. Ainsi le *Q. cerris*, qu'il a étudié sous ce rapport, présente ces lacunes et cette diminution. Abondant dans l'Asie-Mineure et la Turquie, commun dans le Bannat, l'Istrie, l'Autriche inférieure, on le retrouve ensuite : 1° dans les Apennins et dans la Sicile ; mais il manque en Grèce et dans l'île de Zante. Il apparaît aux environs de Besançon, puis enfin vers l'ouest, de la Loire à Vannes, et dans la Sarthe. Ce sont des oasis qui font supposer une habitation continue jadis du Liban à l'Océan, et des extinctions locales subséquentes, soit par le fait de l'homme, soit par les circonstances physiques. Ces *Q. cerris* isolés ne proviennent pas d'une extension de l'habitation, car les stations ne seraient pas aussi éloignées les unes des autres. Les fruits du chêne ne supportent pas un long transport, l'extension est un phénomène rapide envahissant, de nouvelles stations surgissent à la fois de tous les côtés. La diminution, au contraire, est lente, les gîtes locaux sont connus depuis longtemps, ainsi que cela a lieu pour le *cerris* ; on peut donc dire de lui qu'il est en voie d'extinction en Europe, bien qu'il ait encore une vaste habitation en Asie.

Notre *Q. robur* incline aussi vers une diminution : il disparaît lentement de l'Esthonie et de la Livonie.

Il en est des associations végétales comme des sociétés humaines, leur grandeur et leur décadence sont soumises à des lois mystérieuses. M. Alph. de Candolle remarque que les plantes chétives, éparses, peu apparentes, ont plus de chances d'habiter longtemps une localité que les espèces sociales, c'est-à-dire celles dont les individus s'associent pour occuper seules des étendues plus ou moins vastes de la surface terrestre. Dans cette lutte pour la domination du sol, elles rencontrent des adversaires devant lesquels souvent elles succombent ; le principe de ces alternatives, auxquelles on donne le nom de rotation, n'est pas encore bien déterminé (1).

En 1842, dans une réunion de forestiers, à Bade, on rapporta que, dans certaines régions, des forêts de chênes avaient disparu devant l'invasion des arbres résineux du Nord. Dans la principauté de Sigmaringen, par exemple, l'invasion des *épicéas*, commencée depuis 200 ans, en chasse peu à peu le chêne. Ce n'est pas seulement l'arbre du Nord qui met en péril ces grandes sociétés arborescentes : l'ennemi est dans leurs rangs. Dans la belle forêt du Gérardmer, où Charlemagne chassait la grosse bête, le hêtre, cette espèce inférieure et stérilisante, étouffe les chênes et les fait disparaître ; ce qui le prouve, c'est qu'aujourd'hui encore on retire du lac de Gérardmer d'énormes troncs de chênes, tandis que les hauteurs qui l'environnent ne sont plus peuplées que de hêtres.

(1) Dureau de la Malle a traité cette question pour la région du Mans. Voyez *Annales des Sciences naturelles*, t. V, p. 362. — Voyez encore Laurent, *Mémoires de la Société des lettres, arts et sciences de Nancy*. 1849.

Dans les *Mémoires de l'Académie de Lille*, 1850, M. Mengy rapporte un fait contraire au précèdent. Dans la forêt de Trélon désignée communément sous le nom de Fagne (de *fagus* hêtre), le hêtre qui la composait, et qui lui valut ce nom, disparaît devant le chêne.

Malheureusement la forêt de Dreux qui doit aussi son nom aux arbres qui la formaient (*Dreux* vient de *Deru*), est envahie par le hêtre. Les forêts de Landau et de Kaiser-Lautern le sont encore par le hêtre ou les pins. Dans l'île de Moën, enfin, de grands bois de chênes, qui avaient triomphé des pins, succombent misérablement sous l'étreinte des hêtres nés sous leurs ombrages.

Ces batailles durent des siècles, et, comme les peuples, les chênes ont leurs succès et leurs revers. Espérons que si lui aussi était obligé de céder pour un temps quelques provinces, il trouvera, sur le sol de la France, des éléments de résistance, et que partout, comme dans la forêt de Trélon, il redeviendra maître chez lui (1).

M. Dalton-Hooker a fait sur les limites de l'aire des chênes des observations pleines de justesse.

Les végétaux les plus simples sont ordinairement les plus diffus. Les acotylédons le sont plus que les monocotylédons et ces derniers plus que les dicotylédons. Si la diffusion est une preuve de non complexité, les *Quercus* qui font le tour du globe seraient les plus simples des dicotylédons.

Pourquoi cette diffusion du genre et cette délimitation

---

(1) Les registres de la ville d'Orléans, d'après M. de Bommare, constatent que la forêt d'Orléans a été pendant un long laps de temps en nature de chêne, et qu'après avoir été coupée, le recru a été en châtaignier. Depuis, cette même forêt a changé de décoration, et le chêne a reparu.

des espèces ? Pourquoi les causes de restriction n'agissent-elles que sur les espèces ? M. Dalton semble admettre qu'à l'origine le genre ne contenait qu'une espèce, qui, sous l'influence de circonstances extraordinaires, varia suivant les lieux et les climats, mais que, présentement, les chênes subissent un mouvement inverse et tendent à l'unité.

Le cantonnement de certaines espèces, dans des aires très-restreintes, tient à ce que ces espèces trouvent là les éléments de leur force, tandis que plus loin elles succombent à la concurrence vitale. On peut donc dire que les espèces habitent le lieu qui leur convient, puisqu'elles s'y maintiennent.

M. Dalton-Hooker voit dans l'absence d'enveloppes florales, chez le chêne, une des causes de la multiplicité des espèces. La fleur est un organe plus stable que la feuille : en la perdant, les chênes ont perdu un des éléments et un des signes de la stabilité. Les grands genres, toutes choses égales d'ailleurs, varient plus que les petits.

La variabilité chez le chêne est, on pourrait le dire, centripète : jamais un chêne ne peut être confondu avec une autre amentacée. Le genre *Quercus* est aussi net dans ses contours que des groupes plus élevés des familles par exemple telles que les orchidées, les graminées ou les composées.

M. Dalton-Hooker pense que cette situation est due à la disparition des espèces de fusion, et que le genre *Quercus*, après avoir tendu à la variabilité, revient à la fixité et à l'unité de l'espèce. « L'espèce se dégage de sa gangue. C'est l'ordre qui se fait et non le désordre ; c'est la concurrence vitale par et pour l'immutabilité. » C'est la goutelette de mercure qui, divisée par le choc, se reconstitue ensuite.

III

Cantonnement des espèces du genre Quercus par rapport à leur classification (1).

Cette étude peut être intéressante à plus d'un titre. Nos classifications, malgré nos efforts pour les rendre aussi naturelles que possible, ont toujours quelque chose d'artificiel. Où trouver un meilleur critérium de leur valeur, si ce n'est dans la comparaison avec une autre classification, essentiellement naturelle celle-là, celle des espèces à la surface terrestre.

Si les conditions de sol, de climats, etc., sont pour quelque chose dans la physionomie et la constitution des espèces, celles-ci ne seront-elles pas groupées dans la nature conformément à leurs analogies ; et si nos classifications reposent elles-mêmes sur ces analogies, ne devra-t-il pas en résulter un parallélisme entre la distribution des plantes dans nos méthodes et leur répartition à la surface de la terre ?

Les chênes ont été répartis en six sections très-inégales au point de vue du nombre des espèces qu'elles contiennent. La première, désignée sous le titre de *Lepidobalanus*, renferme les trois quarts des chênes.

On rencontre des *Lepidobalanus* en Europe, en Asie et en Amérique, sous toutes les latitudes, et à toutes les altitudes.

Tous les chênes d'Europe et tous ceux de l'Amérique appartiennent à cette première section. L'Asie en renferme fort peu, et chose à noter, les *Lepidobalanus* asiatiques ne

(1) Voyez le tableau A.

se trouvent d'une part que dans les régions occidentales de l'Asie qui s'avancent vers l'Europe, y touchent même, et de l'autre, dans les contrées de l'extrême Orient qui, pareilles au Japon, confineraient à l'Amérique sans l'Océan.

Le centre de l'Asie, Bengale, Assam, Ava, Malacca, Cochinchine, Chine méridionale, et les îles de la Sonde, si riches en chênes, ne contiennent pas un seul *Lepidobalanus*.

L'Europe et l'Amérique, vouées exclusivement aux *Lepidobalanus*, ont donc plus de rapports entre elles, au point de vue des caractères botaniques de leurs chênes, qu'elles n'en ont avec l'Asie, qui, sur la plus grande étendue de son territoire, en renferme de tout différents.

Quant aux chênes des subdivisions de la section I, ils se mêlent indistinctement en Amérique, que les ovules avortés soient infères ou supères, les feuilles persistantes ou caduques. Il faut observer cependant que l'Europe ne renferme que des *Lepidobalanus* à ovules avortés infères.

La section II, *Androgyne*, qui ne contient que deux espèces, est spéciale à la Californie. Ces androgynes offrent des caractères intermédiaires entre les *Lepidobalanus* et les sections suivantes. Peut-être les chênes androgynes occupaient-ils les terres qui existaient autrefois entre le Japon et l'Amérique, naturellement placés ainsi entre les *Pasania*, etc., ou chênes asiatiques, et les *Lepidobalanus* à ovules avortés supères qui habitent l'Amérique. Les quelques androgynes de la Californie auraient échappé au grand naufrage qui fit disparaître les contrées sur lesquelles aujourd'hui l'Océan Pacifique étend ses eaux immenses.

Les quatre dernières sections du genre chêne : *III Pasania, IV Cyclobalanus, V Chlamydobalanus, VI Lithocarpus,* sont spéciales à l'Asie, et surtout aux îles de la Sonde. Quelques rares espèces de ces sections s'échappent bien sur les ailes, jusqu'au Népaul d'un côté, jusqu'au Japon de l'autre, où elles se mêlent à quelques *Lepidobalanus*, mais elles ne vont pas au-delà : l'Europe et l'Amérique n'en possèdent pas.

Les espèces de ces quatre sections asiatiques ne sont point localisées, les *Pasania*, les *Cyclobalanus*, etc., vivent côte à côte. Exceptons-en, toutefois, l'unique espèce du groupe *Lithocarpus*, qui ne se trouve qu'à Java. Les caractères botaniques différentiels de ces quatre sections n'ont donc aucune importance au point de vue de la localisation des espèces dans une région d'ailleurs uniformément chaude. Tous ces chênes ont de commun la position supère de leurs ovules avortés.

En ne tenant pas compte des sections *Androgyne* et *Lithocarpus*, on voit que :

Le Japon a des chênes appartenant à 4 sections.
Les îles de la Sonde   *idem.*   à 3   —
Le Népaul   *idem.*   à 4   —
L'Europe   *idem.*   à 1   —
L'Amérique   *idem.*   à 1   —

Nous pouvons représenter ainsi cette répartition :

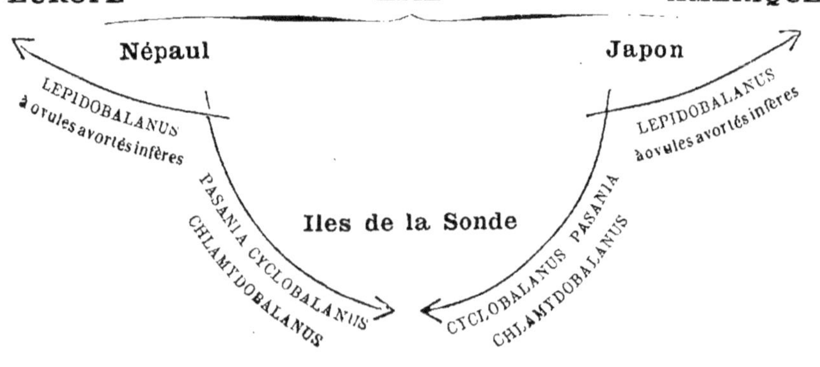

Ce schéma indique, vers l'occident et l'orient de l'Asie, deux centres de création pour les chênes, desquels les migrations d'espèces ont dû se produire dans le sens des flèches.

En résumé, peut-on dire que les trois vastes régions, Europe, Asie, Amérique, soient caractérisées par quelque groupe spécial de chêne : oui !

L'Europe n'a pas un seul chêne à ovules avortés supères (1).

L'Asie seule a des *Pasania*, des *Cyclobalanus*, des *Chlamydobalanus* (où les ovules avortés sont toujours supères).

L'Amérique seule a des *Lepidobalanus* à ovules avortés supères.

M. Alph. de Candolle qui a fait entrer la considération de la place des ovules avortés dans la classification des chênes, a rencontré là un caractère très-important, et qui nous semble primer toutes les autres. La discussion précédente augmente encore sa valeur.

L'Europe, avec l'Asie-Mineure qui lui appartient par ses rivages méditerranéens, avec la Perse contiguë encore à l'Europe par les rivages de la mer Caspienne, est dévolue aux chênes à ovules avortés infères. Ils lui sont venus des montagnes du nord de l'Inde, où seuls les chênes offrant ce caractère se mêlent aux *Quercus* asiatiques *Pasania*, etc.

L'Asie proprement dite n'a que des chênes à ovules avortés supères, sauf sur les ailes, Népaul et Japon, centres de création, rendez-vous général, où les espèces asiatiques

---

(1) L'Afrique n'est qu'une annexe de l'Europe pour les chênes; et, comme elle, n'a que des *Lepidobalanus* à ovules avortés infères. Elle ne possède pas un seul des chênes de sections asiatiques *Pasania*, etc., ce qui prouve bien que sa population quercienne est toute européenne d'origine, et venue par Gibraltar.

à ovules avortés supères coexistent avec les *Lepidobalanus* à ovules avortés infères.

A ces deux centres de création, il faudrait en ajouter un troisième pour les *Lepidobalanus* à ovules avortés supères. L'Amérique les possède exclusivement ; ils n'ont pu lui venir du Japon qui n'en a pas, ni de l'Europe qui en est totalement dépourvue.

1° *Lepidobalanus* à ovules avortés infères ;

2° *Lepidobalanus* à ovules avortés supères ;

3° Chênes de l'Asie méridionale à ovules avortés supères.

Voilà les groupes vraiment naturels des chênes, au point de vue de la distribution géographique des espèces.

IV

Origine et migration des espèces du genre Quercus. Indications géologiques de leur habitat actuel.

Ce que nous venons de dire plus haut nous permet de parler, avec plus de certitude, de ce problême difficile de l'origine des chênes et de leurs migrations.

La comparaison des caractères botaniques, avec la distribution géographique, nous fait entrevoir trois centres d'origine : 1° le massif montagneux placé dans l'est de la mer Caspienne ; 2° le Japon ; 3° l'Amérique septentrionale. Rigoureusement ces trois centres pourraient se réduire à deux : 1° plateau et montagnes de l'Asie centrale du Népaul au Japon ; 2° Amérique.

Les chênes d'Europe nous viennent évidemment des hautes montagnes de l'Asie centrale, où ils existaient avec ceux de l'Asie méridionale. Comme pour la grande migration humaine, deux courants sont partis de ce centre, l'un s'est dirigé vers l'occident, l'autre vers l'orient ; c'étaient les *Lepidobalanus* à ovules avortés inféres, qui ont peuplé l'Europe et l'Amérique. Un troisième courant descendit vers le sud de l'Asie, il était formé des chênes des quatre dernières sections.

Les choses ont dû se passer ainsi : les *Lepidobalanus* à ovaire infère n'ont pu venir d'Amérique par le continent supposé par Édouard Forbes, l'Atlantide. Par là, en effet, seraient venus aussi en Europe les *Lepidobalanus* à ovules avortés supères qui caractérisent l'Amérique, et nous n'avons aucun chêne de cette catégorie, malgré la similitude des climats.

D'une autre part, les *Lepidobalanus* à ovules avortés inféres ne sont pas allés, par l'Atlantide, d'Europe en Amérique. Les îles Madère, Canaries, du Cap-Vert, Açores, vestiges de l'Atlantide, s'il a existé, ne contiennent aucune espèce quercienne. Lorsque les chênes sont arrivés sur les bords de l'océan Atlantique, la communication était donc rompue entre l'Europe et l'Amérique.

C'est donc du Japon en Californie que les *Lepidobalanus* à ovules avortés inféres ont dû passer pour arriver en Amérique. Les flores de ces régions, malgré l'énorme masse d'eau qui les sépare aujourd'hui, ont, suivant la remarque de **M.** Oliver, les plus grandes analogies.

Quelle que soit l'opinion que l'on se forme de la façon dont s'est opérée la dissémination des chênes, celle-ci ne peut être comprise sans une continuité parfaite des continents. C'est ici surtout que l'histoire du chêne se lie à la géologie, et vient fournir à cette science les indications les plus précieuses et les plus précises.

M. Alph. de Candolle insiste sur ce fait, qu'on n'a pas une seule fois constaté la naturalisation spontanée d'une espèce phanérogame au delà d'un bras de mer, les vents, les courants ou les oiseaux aidant. Cette naturalisation serait encore plus difficile pour le chêne dont les semences sont tellement altérables que c'est avec les plus grandes difficultés que nous pouvons introduire chez nous les chênes du Japon ; notons bien que nous ne voulons pas parler ici du transport accidentel d'un individu qui périra peut-être avant de s'être reproduit.

Que les chênes soient descendus du continent dans les îles de la Sonde, ou qu'ils aient suivi une marche inverse, ce passage indique que le détroit de Malacca n'a pas toujours existé, et qu'il est postérieur à l'arrivée des chênes sur ses bords. Il faut en conclure encore qu'il y a eu continuité entre Sumatra, Java, Bornéo, les Philippines, la Chine et le Japon. Sur toutes ces terres, les montagnes sont orientées de la même façon, de manière à former une chaîne qui a dû être continuée avant l'établissement des détroits ; si l'on ne peut comprendre le passage des chênes au delà d'un bras de mer, à plus forte raison une solution de continuité dans une montagne arrêterait leur migration. Un gland peut bien être entraîné par les eaux jusqu'au pied des hauteurs où l'arbre qui le portait habitait ; mais ce gland ne saurait remonter sur la montagne voisine ; s'il germe dans la plaine, le jeune plant y trouvera des conditions d'existence qui ne sont pas les siennes : il périra.

En Amérique, les Antilles étaient séparées du continent avant l'arrivée des chênes, car ceux-ci n'ont pu passer ni à Cuba, ni à Saint-Domingue, etc. Il se pourrait cependant que l'absence de chêne des Antilles fût plutôt due à quelque dépression ou solution de continuité des montagnes, car, d'après M. Eugène Fournier, la flore des Antilles a 136 espèces mexicaines. Ces espèces sont venues aux Antilles pendant que la communication existait avec le continent, et si les chênes ne les ont pas suivies, c'est que sous ces latitudes ils ne peuvent cheminer que par les montagnes continues ; ce qui prouve d'ailleurs qu'il n'y a rien aux Antilles de contraire à l'existence et au développement du chêne, c'est que le *Quercus robur pedunculata* est représenté par deux beaux arbres de cette espèce au Macouba, sur les montagnes de la Guadeloupe.

L'existence du *Quercus robur* en Europe est antérieure à la séparation de l'Islande et de la Grande-Bretagne, et à la formation du Pas-de-Calais. Quand cette espèce arriva dans nos contrées, la Corse, la Sardaigne et la Sicile tenaient encore à l'Europe continentale ; mais l'Algérie et l'île de Chypre en étaient déjà séparées.

M. Alph. de Candolle pense que le *Quercus robur* est venu d'Asie, à l'époque où le soulèvement de la région Caucasienne, vers la fin de l'époque tertiaire, fit communiquer l'Asie et l'Europe, jusque-là séparées par une mer. Si le *Q. robur* ne s'étend maintenant que jusqu'en Perse, il y a en Asie, plus loin, des formes très-analogues aux siennes, et que l'on n'en distinguerait peut-être pas avec de bonnes observations. Tels sont les *Q. macranthera, Q. mongolica, Q. mac-cormikii*. Les mêmes ressemblances existent avec quelques chênes du nord de l'Amérique : *Q. Douglasii, Q. lobata, Q. Drummondii* ; notre *Q. robur* n'est-il qu'un descendant de ces espèces américaines ? Vient-il enfin de la Scandinavie, dont le climat, avant l'époque glaciaire, était le même que celui de l'Europe moyenne ? Ce sont là des questions posées, mais non résolues.

Le *Q. ilex*, et ses variétés, est très-ancien dans la région méditerranéenne. On trouve ses feuilles ou leurs empreintes dans les tufs de Lipari. Le *Q. ilicoïdes*, signalé par

Heer dans une ancienne couche miocène de la Suisse, ressemble beaucoup à l'*ilex agrifolia* actuel. Le chêne vert existait avant la séparation des Baléares de l'Afrique, avant celle de l'île de Chypre de la côte voisine. On peut faire sur l'origine du *Q. ilex* les mêmes suppositions que pour le *Quercus robur*, car, comme celui-ci, il a des sosies asiatiques, les *Q. baloot* de l'Affghanistan, le *Q. phyllireoïdes* du Japon ; et des sosies américains, les *Q. virens, Q. chrysolepis, Q. lutescens.*

Toutes les espèces africaines sont antérieures dans cette région à la séparation d'avec l'Europe : tous les *Quercus* ont passé de celle-ci en Afrique ; le *Q. mirbeckii*, qui lui semble spécial, ne saurait être distingué, d'après Alph. de Candolle, du *Q. Lusitanica mirbeckii* d'Espagne.

Le savant que nous venons de citer résume ainsi les indications géologiques fournies par la distribution des chênes :

« Pendant l'époque tertiaire, les chênes appartenaient à des espèces très-voisines des espèces actuelles du Mexique et du midi des États-Unis, et aussi du midi de l'Europe, et de l'Asie occidentale, sans qu'on ait pu prouver l'identité d'aucune forme, peut-être parce que les fruits ne se rencontrent pas dans les fossiles. Cela est aisé à constater en jetant un coup-d'œil sur les planches de la *Flora tertiera Helveticæ* de M. Heer. A l'époque du tertiaire miocène, l'Andalousie touchait à l'Afrique, et un bras de mer étroit la séparait du centre de l'Espagne ; la Corse et la Sardaigne, réunies, touchaient aux deux continents actuels d'Europe et d'Afrique ; la Sicile touchait à l'Italie, et il y avait peut-être d'autres communications terrestres qui ont disparu dans les parties larges ou profondes de la Méditerranée actuelle. Vers la fin de l'époque tertiaire, pendant un temps plus ou moins long, la végétation, caractérisée par des formes plutôt américaines, qui régnait dans la région méditerranéenne, et qu'une température plus élevée faisait avancer jusque vers le centre de l'Europe, a été troublée par le soulèvement des Alpes et du Caucase, par l'exhaussement de l'Anatolie orientale, à la place de la mer qui séparait à cet endroit l'Europe de l'Asie, et par l'abaissement probable d'un continent qui se prolongeait de l'Europe dans l'Atlantique. Beaucoup d'espèces ont dû s'étendre. Il serait resté çà et là, d'un côté et de l'autre de la mer Méditerranée et dans ses îles, les espèces les plus répandues et les plus robustes, par exemple, les *Q. lusitanica, humilis, suber, ilex, coccifera,* avec d'autres probablement qui ont cessé d'exister. L'invasion des glaciers autour des Alpes et en Italie, vers le milieu de l'époque subséquente, effet et cause d'un abaissement de température, a pu faire périr quelques espèces du côté septentrional de la mer Méditerranée ; mais il semble qu'elle aurait eu plutôt pour effet de les refouler sur le littoral ou de les parquer dans quelques localités exceptionnelles, comme Nice, Sarzane, etc.

« Le *Q. robur*, le *Q. cerris* seraient arrivés dans le midi de l'Europe lorsque la mer séparait déjà l'Afrique de Gibraltar, et les îles de Sardaigne et de Sicile, toutefois avant la séparation de ces îles d'avec le continent européen. Ils seraient un cas particulier du grand phénomène conçu par M. Heer, d'une substitution aux formes tertiaires Européo-Américaines de formes asiatiques, lorsque la communication terrestre fut détruite du côté de l'Amérique, puis ouverte du côté oriental de l'Europe, et que la température s'abaissa par l'effet, soit de causes locales, soit de causes générales, qu'il a très-bien analysées. »

CHAPITRE IX

___

Les Chênes d'autrefois.

___

> A la vue de cette branche de chêne,
> nous voilà replongés dans une histoire
> qui précède toutes les histoires.
>
> E. QUINET. *La Création.*

Au fond des lacs de la Suisse, on trouve encore les pilotis en bois de chêne, façonnés avec les haches de silex, et sur lesquels les premiers hommes qui habitèrent l'Europe établirent leurs demeures lacustres. Dans les tourbières de l'Irlande on a retrouvé avec leurs feuilles les troncs entiers de grands chênes identiques aux nôtres, et associés aux ossements d'animaux qui semblent avoir été les précurseurs immédiats de l'homme.

Il paraissait difficile de remonter plus haut dans le lointain des âges, et de savoir la place que tenaient les chênes aux époques du globe qui ont précédé les derniers cataclysmes dont les traces sont partout gravées, et dont le déluge fut une des phases les plus certaines.

La paléontologie moderne a cependant soulevé ces voiles, et nous savons aujourd'hui qu'au troisième âge du monde, à l'époque tertiaire, des forêts de chênes couvraient les parties de la terre alors émergées ou mêlaient leurs nombreuses espèces aux autres plantes de la flore de ces temps.

C'est grâce à quelques empreintes laissées sur les tufs par les feuilles des chênes d'alors, et par les plantes et les animaux qui vivaient avec eux, que le monde tertiaire a pu être reconstitué, et que nous savons quelle figure y faisaient les chênes.

Nous aurions perdu la prudence et l'impartialité de l'historien, si nous nous laissions aller sans mesure à l'enthousiasme d'un pareil résultat. La science moderne, et même celle qui se croit la plus positive, est parfois d'une crédulité rare.

Comment dirons-nous : Baser d'une manière un peu certaine les attributions d'espèces sur des empreintes de feuilles. Pour quelques groupes de végétaux, c'est facile ; on reconnaîtra toujours une feuille des melastomacées, des laurinées ou des nymphéacées : cela semble plus difficile pour les *Quercus*.

N'avons-nous pas vu que la feuille était un des organes susceptibles de plus de modifications de la même espèce quercienne, dans l'yeuse par exemple ? Et Michaux n'a-t-il pas montré combien les chênes d'Amérique variaient au point de vue de la découpure des bords de leurs feuilles ? Et d'ailleurs, lorsque cette découpure disparaît elle-même comme dans les chênes saules et le chêne laurier, il semble impossible de distinguer les empreintes de leurs feuilles de celles des mêmes organes appartenant à des plantes bien différentes.

Aussi quelques savants ont-ils eu de grandes répugnances à prendre au sérieux ces attributions d'empreintes. M. Dalton-Hooker dit à ce sujet : — « Sans mettre en doute le savoir et la bonne foi des auteurs, je ne puis m'empêcher de protester contre une méthode qui consiste à présenter de simples suppositions comme des faits scientifiques démontrés. Comment admettre que de simples fragments de feuilles puissent être rapportés à des espèces actuelles ? »

Les géologues qui ont le plus étudié ces empreintes, comme M. G. de Saporta, reconnaissent eux-mêmes ces difficultés ; il faut, d'après eux, tenir un compte très-exact du pétiole, de la forme générale, de la disposition des nervures principales, du réseau veineux, de la dentelure, du mode de terminaison des nervures vers le bord de la feuille, etc.

« Sans doute, dit M. Heer, plusieurs espèces, tenues pour des chênes, appartiennent à d'autres genres ; mais pour le plus grand nombre, le caractère de la feuille de chêne est clairement exprimé et confirmé dans plus d'un cas par des fruits appartenant évidemment au genre *Quercus*. »

M. Alph. de Candolle, qui connaît si bien les chênes vivants, admet aussi que la nervation du limbe varie peu dans leurs feuilles, et que l'on peut baser sur elle la spécification des individus fossiles.

Poursuivons donc l'étude des chênes d'autrefois, puisque la science la plus autorisée nous assure que nous avons entre les mains des matériaux qui, consultés avec une scrupuleuse attention, ne peuvent nous tromper.

Les géologues reconnaissent trois grandes divisions dans les terrains qui se formèrent pendant la période tertiaire ; ce sont les époques Eocène, Miocène et Pliocène. Chacune de ces époques présente en outre plusieurs étages.

Les chênes ne se montrent pas dans toutes ces formations tertiaires, et le nombre de leurs espèces varie aux différents étages où ils apparaissent.

Ils font leur entrée dans le monde à l'époque de l'Éocène

supérieur, se mêlent à la végétation tertiaire pendant toute sa durée, deviennent rares dans le Pliocène et disparaissent avec lui.

Partout où les terrains du pays tertiaire ont été accessibles aux recherches paléontologiques, partout on a retrouvé les vestiges des chênes d'autrefois. Certaines espèces sont caractéristiques de quelques étages, et leur ensemble est aussi caractéristique de la végétation tertiaire moyenne. Unger, en Allemagne; Oswald Heer, en Suisse; le comte Gaston de Saporta, en France; Ch. Gaudin, en Italie, ont étudié les chênes des formations tertiaires de ces contrées, déterminé et nommé leurs nombreuses espèces. Ainsi dans les pays les plus éloignés les uns des autres, les *Quercus* attestent leur présence à l'époque de la flore tertiaire, et nous les retrouvons ainsi, non-seulement en Europe, mais en Asie, en Amérique : toujours cependant dans l'hémisphère Nord.

En Suisse, dont les formations tertiaires ont été fouillées avec tant d'intelligence par M. O. Heer, les chênes ne se montrent que dans les cinq étages suivants :

Miocène supérieur...	Œningien........	5
Miocène moyen......	Helvétien.........	4
	Mayencien........	3
Miocène intérieur....	Aquitanien	2
	Tongrien..........	1

La flore tertiaire suisse compte 41 espéces de Cupulifères, dont 35 chênes, sur 736 phanérogames : c'est 5 1/2 p. 0/0 de la flore totale. Nulle part aujourd'hui les cupulifères ne présentent cette proportion, dans la prédominance des amentacées, si ce n'est en Amérique du Nord et au Mexique.

A chaque étage du pays tertiaire suisse, les Papillonacées l'emportent sur les cupulifères ; au premier et au quatrième, celles-ci viennent de suite après, tandis qu'au second et au troisième, elles se tiennent à l'arrière-plan.

Au point de vue de la fréquence des individus, sans distinction d'étage, la première place appartient aux lauriers, la seconde aux chênes.

76 p. 0/0 de plantes ligneuses, toujours vertes, existaient alors, tandis qu'aujourd'hui la flore contemporaine compte à peine 11 p. 0/0 d'arbres à feuilles caduques.

— « Malgré cette multitude de chênes, dit M. Heer, nous ne retrouvons aucune trace de nos types indigènes ; ces débris appartiennent presque toujours à des chênes à feuilles coriaces, au bord parfois entier, d'autres fois denté en scie ou épineux, comme il en croît en Amérique et dans la région méditerranéenne. Des vingt chênes que l'on peut comparer à des espèces vivantes, treize peuvent être désignées comme formes américaines, cinq comme méditerranéennes, et deux comme analogues à celles de la Perse. Les types américains sont non-seulement les plus riches en espèces, mais encore les plus répandus. Chose remarquable, aucune espèce n'est commune dans son gisement, et la plupart ont dû être indiquées comme très-rares. Il est probable que nos forêts de chênes d'alors étaient éloignées du bord des ruisseaux et des lacs, et que leurs feuilles n'y arrivaient que rarement. »

Le savant auteur de la *Flore tertiaire suisse* nous montre ensuite la distribution des espèces les plus remarquables. Les *Q. furcinervis*, *lonchitis* et *Drymeia*, très-voisins pour les caractères botaniques, ont une grande importance ; ils sont rares en Suisse, le premier ne s'est rencontré qu'à Rallingen ; quelques feuilles des deux autres ont été recueillies dans la Molasse inférieure et supérieure. Ces trois chênes, au contraire, se trouvent fréquemment en Italie.

Le *Q. furcinervis* domine dans le Miocène inférieur, en Piémont. Le *Q. lonchitis* abonde à la Superga, et le *Q. Drymeia* est des plus communs au Val-d'Arno.

L'Autriche, dans les terrains du même âge, nous offre le *Q. furcinervis* à Altsattel et dans les environs de Haering où il est aussi fréquent qu'en Piémont. Les *Q. Drymeia* et *lonchitis* les accompagnent.

Ce dernier existe dans les formations Eocènes supérieures, à Alum-Bay, île de Wight, ainsi qu'en Asie-Mineure, dans la vallée du Taurus. Ce chêne était donc fort répandu ; le *Q. Drymeia* avait une aire tout aussi vaste, on en a trouvé les traces dans les steppes des Kirguises.

Les trois espèces querciennes dont nous venons de parler ressemblent surtout aux chênes mexicains actuels ; il en est de même des *Elaena, Hamadryadum* et *Tephrodes*, c'est sur les flancs des Sierras du Mexique et parmi les arbres à feuilles coriaces qu'il faut aller chercher leurs analogues.

Les *Q. neriifolia* Heerii, *myrtilloïdes, ilicoïdes* Delosii, ont aussi leurs sosies en Amérique, mais plus au nord, dans les provinces de l'Union.

Il est surtout intéressant pour nous de savoir de quels chênes la France était peuplée à cette époque. Disons de suite que la flore de ce temps reculé était plus riche en *Quercus* qu'elle ne l'est aujourd'hui. Comme en Suisse et dans le reste de l'Europe, les chênes manquèrent dans les premières assises tertiaires. On n'en rencontre pas à l'étage éocène représenté en Provence par les lignites inférieurs de Fuveau d'Auriol et de Nans. Les chênes furent précédés par une végétation à laquelle les Restiacées et les Eriocaulées donnaient beaucoup d'analogie avec celle de la Nouvelle-Hollande actuelle.

Un peu plus tard les *Quercus* se montrèrent ; les plus anciens ont été signalés dans les calcaires marneux, et les couches siliceuses et bitumineuses supérieures au lignite de Saint-Zacharie (Var). Le *Q. Elaena* se montre là en compagnie de plantes qui ne vivent aujourd'hui en communauté avec les chênes que sous des climats bien différents de celui de la Provence actuelle. Un palmier, le *Flabellaria mycrophilla* des Ficus et des Protéacées vivaient dans cette localité, autour d'un bassin d'eau douce isolé.

Aux environs d'Aix existent des gypses postérieurs aux formations de Saint-Zacharie. Des chênes fort remarquables avaient trouvé là une station privilégiée ; c'étaient : 1° le *Q. salicina*, Sap., qui retrace fidèlement, par la forme et la nervation de ses feuilles lancéolées-linéaires, celles du *Q. Skineri* du Mexique, et des *Q. Spicata* Smith, *Q. Cuneata* Roxb. des Indes ; 2° le *Q. elliptica*, Sap. du type du *Q. virens* de la Floride ; 3° le *Q. aculeata*, Sap. voisin, et des grandes formes du *Q. Ilex* dont il diffère par les détails de sa nervation, et du *Q. acutifolia* du Mexique, qu'il rappelle par sa dentelure acérée.

Les plantes qui croissaient parmi ces chênes donnaient à la flore d'Aix le même cachet austro-indien qu'aux précédentes, quoiqu'un peu moins accusé. Toutes ces plantes se pressaient aux environs d'une vaste lagune de 12 à 15 kilomètres, tantôt calme, tantôt gonflée par les eaux qui amenaient les sédiments et les débris organiques, tels que les feuilles de chênes arrachées aux forêts profondes où cette essence était mêlée aux Laurinées, aux Acacias et aux Protéacées.

Le miocène débute en Provence avec les gypses de

Gargas, avec les assises de la vallée du Sault, de Saint-Jean-Garguier et des bassins du Carénage à Marseille.

A Gargas, M. de Saporta a trouvé les empreintes d'un chêne remarquable, le *Q. cuneifolia*, très-voisin des *Q. cruciata*, A. Br., et *ilicoïdes* Heer, ses contemporains ; et du *Q. confertifolia* H. B. du Mexique. Là encore le chêne mariait son feuillage à celui des *Flabellaria*, des *Cinnamonum* et des Protéacées (1).

A Saint-Jean-Garguier, le *Q. elaena*, signalé à Saint-Zacharie, se représente, mais accompagné de nouvelles espèces querciennes. C'est d'abord le *Q. nervosa* aux feuilles coriaces, un peu ondulées sur les bords, et dont la nervation et le contour extérieur rappellent les chênes asiatiques actuels, à feuilles entières, comme les *Q. cuneata* des Indes, *argentata* et *lineata* des îles de la Sonde.

Le *Q. affinis* est encore de la même localité ; il est voisin du *Q. goeppert*, mais encore plus de tout un groupe de chênes mexicains, dont les feuilles, caractérisées par la forme obovale élargie au sommet, sont entières, ou le plus souvent garnies de dentelures peu profondes. Les *Q. rugosa* Née, *Tomentosa* Liebm., *Ambigua* H. B. K., etc., sont de ce groupe.

Speebach, en Alsace, Armissan, dans le bassin de Narbonne, appartiennent à la même époque géologique. Les *Q. lonchitis* et *trilobeti* peuplaient le premier gite. Le *Q. elaena* signalé dans la plupart des flores antérieures établit, entre Armissan et les localités précédentes, une liaison manifeste. Le bassin de l'Aude s'en distingue cependant

---

(1) A Ronzon, près du Puy, il existe des calcaires marneux de l'âge des gypses de Gargas (Vaucluse). M. Marion y a signalé le *Q. elaena* dont l'extension géographique est comparable à la longue durée. Là se trouve aussi un nouveau chêne tertiaire, le *Q. velauna*, Mar.

par les nombreuses et nouvelles espèces de chênes qui ont laissé là leurs empreintes. M. de Saporta a décrit les suivants :

Q. neriifolia, très rare à Armissan, l'est beaucoup moins à Oeningen, en Suisse. M. Heer le compare au *Q. imbricaria* d'Amérique.

Q. magnoliaeformis, c'était un des beaux arbres du pays tertiaire ; tous ses caractères de forme et de nervation le rapprochent encore du *Q. imbricaria*. M. de Saporta le trouve surtout très-voisin du *Q. undulata* Benth.

Q. sinuatiloba, c'était aussi une espèce à facies américain, et qui semble se placer entre les chênes à feuilles caduques, et ceux à feuilles persistantes. Ses analogies les plus frappantes le posent près du *Q. aquatica* de Michaux. « Il est probable, dit M. de Saporta, que le *Q. sinuatiloba* d'Armissan constituait une espèce très-voisine de celle qui habite de nos jours les sables humides des bords du Mississipi, dont les feuilles tantôt membraneuses, tantôt fermes et presque coriaces, revêtent un caractère particulier, suivant le climat plus ou moins chaud de la région où elles croissent. »

Q. armata, le même auteur rapproche cette espèce des chênes tertiaires *Q. buchii, cruciata, cuspiformis, ilicoïdes*. Quant à ses analogies avec les chênes vivants, c'est encore parmi les arbres américains qu'il faut les chercher : ce sont les *Q. falcata, ilicifolia* qui lui ressemblent le plus.

Q. oligodonta, presque identique au *Q. cuneifolia* de Gargas, et voisin de certains chênes de la Louisiane et du Mexique, tels que les *Q. triloba, falcata, cinerea, heterophylla* de Michaux, etc.

Q. spinulosa, cette dernière espèce d'Armissan rappelle un beau chêne du Mexique, le *Q. acutifolia* Nees, grand arbre à feuilles persistantes.

CHÊNES TERTIAIRES

N°	CONTRÉES.	CHÊNES ANALOGUES actuels.		CHÊNES TERTIAIRES.		FRANCE		SUISSE				ALLEMAGNE, AUTRICHE, HONGRIE			ITALIE			PAYS DIVERS
						Éocène.	Tongrien et Aquitanien.	Aquitanien.	Mayencien.	Helvétien.	Œningien.	Miocène inférieur.	Miocène moyen.	Miocène supérieur.	Miocène inférieur.	Miocène moyen.	Miocène supérieur.	Époque tertiaire.
1	Amérique septent.	Quercus Imbricaria,	Wild.	Quercus Salicina,	Sap.	Aix.	Gémenos, Armissan, Bonne-, St-Jean-Garguier, T	Monod.	Fric.	Saint-Gallen.	Lode.	Stedten.		Parschlug.	Novale.			Gehes, Cotuni.
2	Mexique.	Confertifolia,	H.	Elaena,	Ung.	Aix.					Œningen.		Kessuh.				Senegaglia.	
3				Elliptica,	Sap.	Aix.												
4	Amérique septent.	Ilicifolia,	Wang.	Coneaefolia,	Sap.	Gargas.	St-Jean-Garguier T											
5	Sonde.	Argentata,	Korth.	Nervosa,			Idem, T											
6	Asie.	Spicata,	Kunt.	Affinis,			Armissan.				Œningen.		Kessuh.				Senegaglia.	
7	Floride.	Virens,	Mchx.	Neriifolia,	A. Br		Idem.											
8	Mexique.	Undulata,	Bent.	Magnoliaeformis,	Sap.		Idem.											
9	Amérique septent.	Aquatica,		Sinuatifolia,	Sap.		Idem.											
10	Idem.	Falcata,	Michx.	Armata,	Sap.		Idem.											
11	Louisiane.	Heterophylla.		Oligodonta,	Sap.		Idem.											
12	Mexique.	Acutifolia,		Spinulosa,	Sap.		Beaucaux.											
13	Multinervade.	Cuccifera,		Palaeo-coccifera,	Sap.		Manosque.											
14	Guatemala.	Longifolia,		Lamarin,	Sap.		Idem.											
15	Sonde.	Homolokos,	Ko.	Advena,	Sap.		Idem.											
16	Mexique.	Crassifolia,	H. B.	Larguensis,	Sap.		Idem.											
17	Mexique.	Oleoides,	Ch. sch.	Singularis,	Sap.						Lode.		Fraufort.		Salaudo.		Senegaglia.	
18	Floride.	Virens,	Mchx.	Heeri,	A. Br			Monod.	Decorbe.		Œningen.		Eichswald.	Gunelsweg.		Sparga.		
19				Chlorophylla,	Ung.						Œningen.							
20	Espagne, Afrique.	Balloza,	Desf.	Palaeodaemonia,	H.			Ballingen.		Petit-Mont	Lode.			Parschlug.		Sparga.	Val d'Arno.	
21	Tétragne.	Myrsifolia,	W.	Myrtiloides,	Ung.						Œningen.							
22				Steyriaca,	A. Br					Estavil.								
23				Medwasa,	Ung						Œningen.	Perasslang.	Rixloby.	Paterblug.				
24				Apollinis,	H.			Monod.					Höha.	Bleutofsheim.				
25				Valdensis,	H.			Hohe-Rhonen.	Tunnel.			Monzenberg.		Hoheukohen.				
26				Arguto-Serrata,	H.			Idem.				Sichlon.		Parschlug.				
27				Godeti,	H.						Lode.	Westerwald.		Idem.				
28	Mexique.	Germana,	Sch.	Websteri,	Ung			Idem.	Eric.		Lode.	Storcka.					Val d'Arno.	Kingshut.
29	Idem.	Sartorii,	Lieben.	Haardtrodum,	Ung			Idem.	Esm.	La Barla			Rixloby.			Sparga.		Alpin.-Ital.
30	Idem.	Lanceolata,	Sch.	Drymeia,	Ung.		Syretonh.	Idem.	La Barla						Galbhona.			
31	Idem.	Idem.		Lonchitis,	R. S M Sp.			Ballingen.			Clavinga.						Val d'Arno.	
32	Idem.	Lahani,	Ol. Pers	Farnetorum,	Ung.						Wangen.							
33	Idem.	Idem,		Nimrodi,	H.													
34	Idem.			Orsinii,	H.			Hohe-Rhonen.									Val d'Arno.	
35				Ficina,	H.			Dezaley.									Idem.	
36				Muncki,	Ung			Hohe-Rhonen.	Rousvaz.	Croisettes.	Albis.			Parschlug.			Val d'Arno.	
37	Asie.	Negularocontes,		Mediterranea,	H.		Menat.	Monod.			Selistdong	Fubla.		Idem.			Idem.	
38	Espagne.	Vrutiana,		Hagenbachi,	H.			Monod.	La Barla		Lode.		Wien.	Gunzbourg.				
39				Gmelini,	Fk				Esm.				Rixloby.				Val d'Arno.	
40	Europe, Asie.	Ilex,		Haidingeri,	Ung					St-Gallen.								
41	Mexique.	Crassifolia,	H. B.	Tephrodes,	H			Hohe-Rhonen.										
42	Europe, Asie, Afrique.	Coccifera.		Serraphyllina,	H			Idem.	Esm.		Œningen.	Westerwald.						
43				Cuspiformis,	Web			Idem.			Œningen							
44	Texas.	Spec. nov.		Buchii,	H			Idem.			Œningen.				Monte-Vognom.		Idem.	
45	Amérique septent.	Ilicifolia,	Wild.	Ilivades,	Moo.			Dezaley.			Œningen.							
46	Idem.	Falcata,		Cruciata,	H			Monod.	Gransberg.			Monzenberg.	Selucn infr.				Sarzanello.	
47				Agnostifolia,	H												Val d'Arno.	
48	Amérique septent.	Nigra,	L.	Daleni,	H		Menat.										Montajone.	
49				Charpentieri,	G. P.												Senegaglia.	
50				Pseudocastanea,	Gaml.													
51				Laharpii,	Gaml													
52				Senegalliensis,	Mass													
53				Vegrosia,	Mass							Storcka.						
54				Cyri,	Ung							Idem.						
55				Uropilylla,	Ung							Monzenberg.						
56				Grandidentata,	Ung.							Bonn.						
57				Goepperti,														
58				Primaevas,	G. p.													Smaland.
59	Amérique septent.	Falcata,		Kochiani,			Spechbuch.											
60				Trilobati,	Ung		Menat.											
61				Cyclophylla,	L. R.													Angleterre, Islande.
62				Hourmousea,	Br.													
63	Amérique septent.	Montana.	Wild.	Olafseni,	Ung.												Val d'Arno.	
64				Deuterogona,	Losq													Van-Couver, Groenland.
65				Gaulion,	Losq													Idem.
66	Amérique septent.	Prinus,		Groenlandica,														Idem.
67				Platania,														
68				Steenstrupiana,														
69				Provectifolia,	Sap.		Hongnon. T.											
70				Divionensis,	Sap.		Hongnon. T.				Œningen.							
71				Meriani,														

En somme, le bassin de l'Aude avait encore une flore tropicale où les chênes coudoyaient des palmiers, des *dracæna*, des *laurus* et des *cinnamomum*.

Le terrain aquitanien, dernière formation du miocène inférieur, est représenté en Provence par les lignites de Manosque (Basses-Alpes), et les lits à poissons de Bonnieux (Vaucluse). M. Heer considère ces deux localités comme faisant partie du même étage, et offrant, au point de vue des plantes, un parallélisme représentant les deux termes d'une même époque.

M. G. de Saporta signale à Manosque le *Q. elaena*, qui traverse seul, depuis l'éocène, tous les étages du miocène inférieur. D'autres chênes peuplaient avec lui les verdoyantes forêts de cette région tertiaire.

C'étaient : 1º le *Q. singularis*, tenant à la fois des espèces du Mexique et de celles du Népaul ; 2º le *larguensis*, voisin des chênes de l'Amérique équinoxiale ; 3º le *Q. advena*, qui reproduit exactement le type de quelques espèces des îles de la Sonde ; 4º le *Q. linearis*, de la bastide des Jourdans, que M. de Saporta rapproche d'un chêne vivant du Guatemala, le *Q. longifolia* Lieb., et d'un fossile de Brognon (Côte-d'Or), le *Q. provectifolia*.

Ces chênes de Manosque ressemblent à ceux des contrées chaudes du globe; ils se mêlaient à de nombreux lauriers.

A Bonnieux, nous retrouvons encore l'antique *Q. elaena*, déjà vieux de bien des siècles, et qui subsiste à travers toutes les vicissitudes géologiques : il a pour associé dans ce dernier gite le *Q. palaeo-coccifera*, espèce fort rare qui rappelle le *Q. coccifera*. Nous renvoyons pour plus de détails sur les chênes tertiaires au Tableau E, qui donne un ensemble de cette partie de l'histoire du *Quercus*, et la résume.

10

A l'aide de tous ces matériaux, M. Heer refait avec imagination et poésie les perspectives du pays tertiaire du midi de la France, où croissaient les précurseurs des chênes verts et des chênes liéges. — « On peut maintenant, dit-il, voguer en pensée le long des bords de cette lagune immense, qui s'étendait de Peyruis à Bonnieux sur une longueur de plus de 50 kilomèt., et mesurait une largeur de 20 kilomèt. au moins. En sillonnant les eaux tranquilles, on aurait vu se déployer sur la plage sinueuse un rideau de grandes laurinées aux feuilles d'un vert obscur ; des cannelliers au port élégant, au feuillage lustré, s'y ajoutent, et forment des massifs qui prolongent leur ombre jusqu'au sein des ondes. Les endroits marécageux sont peuplés de *Glyptostrobus* aux rameaux grêles et érigés, et les *Sequoia* dressent sur d'autres points leur verte pyramide. Au loin, tant que la vue peut s'étendre, l'œil s'égare sur une verte prairie aquatique ; les eaux disparaissent sous une foule immense de *Nénuphars*, qui viennent étaler à la surface leurs grandes feuilles planes bordées de fines dentelures. Sur la rive, c'est un autre spectacle ; là se pressent des figuiers aux feuilles entières, de grandes *Protéacées* aux branches tortues ; des *Casses* couvertes de fleurs dorées qui brillent au travers de leur feuillage ailé. Au sein de l'onde humide, les *Aspidium*, les *Lastraea*, les *Pteris* développent leurs frondes élégantes dont les longues pennes dentelées se détachent chaque année et livrent aux vents leurs débris. Au pied des grands escarpements, la scène change encore : les pins se dressent sur les hauteurs et couronnent la cime des rochers ; une forêt touffue couvre les pentes, ce sont des chênes aux feuilles persistantes. »

Nous avons parlé plus haut des analogies des chênes tertiaires avec ceux qui peuplent les forêts actuelles. On distingue trois degrés dans ces ressemblances : les *Quercus* anciens peuvent être identiques, homologues ou analogues à ceux d'aujourd'hui.

L'identité entre des êtres ayant vécu à ces époques reculées et ceux qui habitent maintenant la terre, est une question de la plus haute importance, car l'identité n'a pu être constatée parmi les animaux tertiaires et les nôtres que chez quelques espèces marines inférieures que l'on retrouve dans la molasse Suisse, et qui vivent encore dans nos mers.

Quant aux êtres d'une organisation supérieure, comme les amphibies, les poissons, et toute la faune terrestre d'alors, ils n'ont point survécu aux cataclysmes qui ont fermé l'époque tertiaire, leurs espèces sont irrévocablement éteintes.

La solution de cette question était plus difficile pour les plantes, et particulièrement pour les chênes. Juger sur une empreinte que telle feuille a appartenu à un *Quercus*, distinguer ces empreintes les unes des autres, et baser sur elles des espèces, c'est chose difficile, nous l'avons vu : mais déclarer, sans les fruits, l'identité ou la non identité de ces chênes d'autrefois avec ceux qui existent maintenant, cela semble presque impossible. Cependant on y est arrivé. — « Toutes les fois, dit M. Heer, que j'ai pu me procurer les fleurs ou les fruits, une comparaison attentive m'a révélé des différences que d'après les règles actuellement en vigueur on peut considérer comme des caractères spécifiques. Ce fait rend probable l'opinion que, dans tous les cas où nous ne possédons que des organes isolés, ou même de simples fragments de feuilles que l'on ne peut distinguer de ceux des plantes vivantes, il se manifestera

des différences spécifiques dès que nous serons parvenus
à une connaissance plus parfaite de ces mêmes végétaux.
Je n'ai pu démontrer l'identité complète d'aucune espèce
avec telle autre aujourd'hui vivante. »

Ce fait n'est pas seulement vrai pour la Suisse, la flore
entière du pays tertiaire, et avec elle tous les chênes
d'alors, est éteinte. Là même où croissent aujourd'hui les
Quercus les plus ressemblants avec les chênes tertiaires,
il n'y a plus identité d'espèces. Ainsi M. Lesquereux a
signalé dans les formations tertiaires de l'île de Vancouver, les empreintes du *Q. gaudini*, l'une des espèces
miocènes de l'Europe, et spécialement du val d'Arno, en
Italie. Les feuilles de chêne trouvées sur les bords de
l'Ohio, et qui semblent identiques avec celles du *Q. rubra*
actuel, seraient beaucoup plus jeunes, et peut-être à la
limite du monde tertiaire supérieur.

Les recherches de M. Gœppert ont montré que les Iles
de la Sonde étaient à l'époque tertiaire peuplées de chênes
comme aujourd'hui ; mais il n'a pu établir que des analogies, et pas une seule identité.

Les grands chênes qui nous versent leurs ombrages ne
seraient donc pas les descendants des lointains *Quercus* du
pays tertiaire, de la même façon qu'ils le sont de ceux
sur lesquels, à l'époque Gallo-Romaine, les Druides cou-
paient le gui sacré. C'est à regret, je l'avoue, que je ver-
rais nos chênes perdre l'honneur de cette lointaine généalogie, qui faisait remonter leurs quartiers de noblesse
bien au-delà de ceux de l'espèce humaine.

« L'air de parenté est cependant si frappant, dit M. Heer,
que l'on peut se demander s'il n'existe pas un lien géné-
tique entre les espèces tertiaires et les nôtres. » Et plus

loin : « Quand on songe aux rapports intimes qui ⸗ratta-
chent les unes aux autres les espèces vivantes et les espèces
éteintes, on ne peut repousser l'idée d'une parenté. »

Allons-nous voir renaître, à propos des chênes, la fameuse idée des cousins-germains ? Rassurons-nous. Il ne
s'agit d'abord de rattacher aux chênes anciens qu'un petit
nombre des modernes, ceux que M. Heer nomme homologues, et qui seuls, d'après lui, descendent en ligne droite
des espèces tertiaires. Aussi le *Q. neriifolia*, dont on a
retrouvé les feuilles et les fruits, a pour homologue dans
la flore actuelle, le *Q. phellos L.* Le *Q. ilicoïdes* peut encore
être considéré comme homologue du *Q. ilicifolia* Wild.

Ce qui est difficile, c'est d'expliquer comment les chênes
actuels descendent de leurs homologues tertiaires : ou
plutôt comment se sont produites les différences qui distinguent les fils des pères. Est-ce l'action lente des siècles ?
ou, comme le soutient M. Heer, les anciens types ont-ils
été frappés à une nouvelle effigie , sans retour possible
des descendants à la forme primitive. « Qu'on suppose la
nouvelle espèce issue d'un type déjà créé, ou ayant pris
naissance d'une autre manière, ce sera toujours un mystère
impénétrable que de savoir comment pareille espèce peut
prendre naissance. »

M. Agassiz, après avoir sondé cette énigme avec le
profond savoir et l'autorité que personne ne lui contestera,
admet que l'intervention du Créateur peut seule la résoudre. Oswald Heer, fils aussi comme Agassiz de la féconde
et libre Helvétie, termine le débat par ces simples mots :
« A mon sens, des lois supposent un législateur, et, je le
déclare, je partage l'opinion de mon célèbre compatriote. »

Tous les savants, on le voit, ne sont pas Darwinistes, et

parmi les adversaires nombreux de la célèbre théorie se comptent ni les moins indépendants ni les plus obscurs : avant d'admettre comme article de foi scientifique le transformisme des espèces, ils demandent des preuves. De quel côté est l'esprit de progrès ? « Douter des théories humaines, disait M. Dumas dans l'éloge de Faraday, c'est ouvrir la porte aux découvertes ; en faire des articles de foi, c'est la fermer. »

Il n'y a plus donc de chênes identiques aux *Quercus* tertiaires, et leurs homologues s'y rattachent d'une façon mystérieuse ; nous ajouterons que les simples analogies ne supposent aucune parenté, et que la plupart des chênes, par conséquent, sont contemporains de l'apparition de l'homme sur la terre.

Les chênes d'autrefois jouaient le même rôle, remplissaient les mêmes fonctions qu'aujourd'hui dans la nature, leurs glands nourrissaient des ruminants, tels que le *cervus lanatus Myr*, et les espèces de la nombreuse tribu des paleœomeryx. Des rongeurs, un titanomys, des lagomys, des théridomys portaient dans leur greniers souterrains les fruits des chênes tertiaires, comme le font encore nos campagnols. Voici la lourde et majestueuse tribu des pachydermes, des mastodontes et des dinotherium, le listriodon splendide, le tapir helvétique, les microtherium et les chalicotherium ; voici les précurseurs de l'animal encyclopédique de Grimold de la Reynière, la gente fouissante et grognante des anthracotherium, et un peu plus près parent encore, le *Sus-Wilensis*, dont les jambons auraient sans doute fait les délices de gourmets tertiaires.

Alors, comme aujourd'hui, les chênes étaient habités par de nombreuses tribus d'insectes, qui mangeaient leurs feuilles, ou produisaient sur leurs diverses parties des excroissances analogues à nos galles. Sur 1332 insectes de la faune tertiaire, on compte 166 espèces d'hyménoptères, et ces derniers étaient assez nombreux pour que les collections du seul gite d'Œningen comptent 598 échantillons ou représentations d'hyménoptères.

Nous relevons d'ailleurs, parmi les espèces tertiaires, les suivantes dont les analogues vivent aujourd'hui sur les chênes : buprestides, prionides, cérambycides, hylésinides, brachydérides, cossonides, forficulides, scolides, cynipsides, tenthrénidides, bombycides, pyralides, gallicoles, xylophagides. Plus d'une fois la présence d'insectes a dénoncé les plantes qui les nourrissent.

M. Heer indique d'une façon plus précise quelques-uns des habitants des chênes d'autrefois. Le *trichius lugubris*, par exemple, homologue avec le *trichius variabilis* actuel, qui hante les chênes et les châtaigniers, le *pseudophana amatoria* homologue du *pseudophana europœa*, le *lachnus pectorosus* homologue du *lachnus Quercus l.*, habitaient sans doute les chênes.

Le *formica occultata*, fourmi tertiaire, est homologue de notre fourmi fuligineuse, qui grimpe aujourd'hui en longues processions sur le tronc des chênes pour s'élever jusqu'aux pucerons et profiter de leur miel : il est permis de croire que la fourmi tertiaire exploitait aussi sur les chênes de son temps le *lachnus pectorosus*.

Enfin, pour compléter la ressemblance, de même que les feuilles de nos chênes se couvrent de *sphœria* punctiformes, les mêmes petits champignons existaient sur les feuilles des chênes tertiaires.

Voyons maintenant ce que les chênes tertiaires vont nous dire du climat du beau pays qu'ils habitaient. Un jour on a découvert, sur un même morceau de pierre, les empreintes des feuilles du *Q. gmelini* associées à celles des chatons mâles du *salix varians*, espèce très-voisine de notre saule fragile. Ailleurs, les fleurs du même saule se trouvent représentées de la même façon près de fleurs de cannelliers ou de platanes.

Voilà des faits gravés sur la pierre, depuis des siècles, et qui nous disent qu'au temps où les chênes étaient feuilles, les saules, les cannelliers étaient en fleurs, et les platanes verdoyants.

Où voyons-nous aujourd'hui ces synchronismes de floraison et de frondaison ? A Madère, dit M. Heer, les platanes se couvrent de feuilles, lorsque les saules et les camphriers fleurissent.

Le climat, sous lequel vivaient les chênes tertiaires, avait donc la douceur et la beauté de celui de Madère. Sa température moyenne était de 18° - 19° centigrades ; son ciel était celui de Malaga, de la Sicile méridionale, du sud du Japon et de la Géorgie, ces arbres étaient, comme les *Quercus* du Centre-Amérique, des arbres à feuilles toujours vertes, auxquels se mêlaient des palmiers des genres *chamerops*, *sabal*, *flabellaria*, etc.

L'étonnement que ces associations nous causent est moindre quand nous les constatons sous le climat de l'Italie, de la Grèce et de la Provence ; il augmente quand nous les trouvons autour des lacs de la Suisse et en Allemagne.

Les chênes tertiaires s'élevaient encore plus loin en latitude : à Smaland et sur les bords de la Baltique, ils s'associaient à cette végétation que l'on a nommée flore de l'ambre, parce que, parmi les végétaux qui la fournissent, quelques-uns laissaient couler cette matière précieuse.

Nous les retrouvons en Angleterre, et jusque sous les neiges et les glaces de l'Islande. Là, les chênes tertiaires à feuilles toujours vertes, formaient, avec les pins, les bouleaux, et même les platanes, de belles forêts très-différentes de la végétation rabougrie qui couvre aujourd'hui les mêmes lieux, mais très-analogues aux grands bois actuels des Carolines et de la Géorgie.

Plus au nord, la végétation devient encore plus chétive, et c'est à peine si l'on en trouve des traces sur les plages glacées du Spitzberg, du Groenland, des îles Melleville et de la terre de Banks.

Eh bien ! là encore la végétation tertiaire étala ses merveilles. Sur 156 dicotylédons, 128 étaient ligneux, et sur ce nombre, 78 étaient des essences forestières dont les troncs, changés en lignites ou silicifiés, ont laissé l'empreinte de leurs feuilles ou de leurs fruits sur des grés et des schistes ensevelis aujourd'hui sous les neiges.

Les chênes étaient nombreux dans ces forêts du Groenland : les uns étaient toujours verts, tels que les *Q. drymeia, furcinervis, steenstrupiana* ; les autres perdaient leurs feuilles comme le *Q. olafseni, groenlandica, platania*.

Les feuilles de quelques-unes de ces magnifiques espèces querciennes, dont les analogues ne se retrouvent aussi qu'en Amérique, atteignaient 1/2 pied de longueur ; qu'on juge de l'aspect de ces forêts immenses où les sequoias, les peupliers, les magnolias, les houx, les ostryas se mêlaient à ces beaux chênes d'autrefois.

Telle était la flore qui se développait alors par 70° de latitude nord. D'après M. Heer, la température moyenne y était analogue à celle des bords du lac de Genève, ou même de la Provence, d'après M. de Saporta.

Les chênes à feuilles caduques, renfermées dans des bourgeons écailleux, indiquent que l'été devait être chaud, et que les saisons étaient bien marquées et offraient un temps de repos pour la végétation.

Aussi ces empreintes enfouies dans les glaces d'un climat implacable, et sur lesquelles plusieurs milliers de siècles ont passé, éveillent dans notre imagination de féériques perspectives ; ce n'est pas seulement la notion d'une espèce perdue du genre chène que nous apporte cette image d'Outre-Monde, à son aide, nous soulevons le linceul funèbre qui recouvre ces contrées désolées : voici les plaines et les coteaux couverts de forêts ombreuses ; l'hiver s'éloigne, le printemps lui succède sans secousse, et les chênes peuvent épanouir, sans crainte, ces fleurs que des feuilles ne protègent pas encore ; l'été sera long et chaud, c'est à ces conditions que les fruits des chênes arctiques mûriront et perpétueront l'espèce sur cette terre féconde et luxuriante du Groenland tertiaire.

La flore tertiaire offre des aspects très-variés, suivant les étages. A l'époque Eocène les chênes manquent presque totalement et ne viennent pas se mêler aux types indo-australiens qui peuplaient la terre à cette époque et dont la flore fossile de Monte-Bolca, en Italie, est un exemple si remarquable.

Au-dessus du terrain Eocène, dans le Miocène inférieur, la flore précédente se modifie et les types américains s'y montrent. Nous pouvons citer les *Q. cyri*, Ung., *Q. Urophilla*, Ung., à Sotzka, en Hongrie ; les *Q. gooperti*, à Bonn, dans les lignites du Rhin ; le *Q. vegronia*, en Italie ; le *Q. kochlini*, à Speebach, en Alsace, etc., etc. Ces chênes, avec leurs feuillages toujours verts, nous rappellent ceux des provinces méridionales des Etats-Unis.

A l'époque du Miocène moyen et du miocène supérieur, les chênes sont encore plus nombreux et donnent
aux flores de ces temps un cachet américain décisif.

Lorsque l'on compare entre elles la flore miocène et la
flore européenne actuelle, au point de vue des chênes
particulièrement, on reste frappé des analogies de l'une
avec l'Amérique, des ressemblances de l'autre avec l'Asie.

L'uniformité de température sur le globe, à l'époque
tertiaire, peut-elle rendre compte de ces analogies entre
l'Europe et l'Amérique ? M. Heer ne le pense pas : à
l'heure actuelle, beaucoup de régions méditerranéennes
possèdent un climat semblable à celui des États du Sud
de l'Union américaine, et n'ont pas les mêmes chênes.

« J'estime donc, dit le savant que nous venons de citer,
que cette énigme ne peut-être résolue que par l'admission
d'une jonction qui aurait existé à l'époque miocène entre
l'Europe et l'Amérique. »

Nous venons de voir plus haut que les régions les plus
septentrionales de l'hémisphère nord de l'Islande, le Spitzberg, le Groënland, les îles Melleville, la terre de Banks,
les bords du Mackenzie, dans le haut Canada, avaient été
habités par des chênes à l'époque tertiaire, et que tous
ces *Quercus* avaient le faciès américain. Ainsi, sur une
zone complète en longitude, puisque 180° séparent le
Spitzberg du Mackenzie, et du 15e au 65e degré en latitude
des terres qui, très-certainement, communiquaient entre
elles, ont été peuplées à l'époque tertiaire par des chênes
américains.

Cette flore arctique a-t-elle été la mère de la flore tertiaire européenne ? Les chênes qui s'y montraient sont-ils
descendus vers la Méditerranée. Cela n'est pas probable,

Une partie des espèces querciennes septentrionales, comme les *Q. olafseni groenlandica, steenstrupiana*, etc., ne se montrent que dans l'extrême nord ; la marche générale de la végétation avait certainement la direction nord et sud au début de l'époque tertiaire ; si le contraire avait eu lieu, au temps où la température était si uniforme, les végétaux équatoriaux de l'Asie, de l'Amérique, auraient fini par converger vers le Pôle, ce que rien ne prouve.

Il est donc nécessaire d'admettre que le centre et le midi de l'Europe se sont trouvés d'une autre manière en communication avec l'Amérique. Ici se présente l'idée que Platon émettait déjà dans le *Critias* et le *Timée*, et que Edouard Forbes a rajeunie, l'hypothèse de l'Atlantide. Un grand continent aurait existé là où l'Atlantique roule aujourd'hui ses flots agités.

Des faits nombreux, bien analysés et sérieusement discutés, donnent à cette supposition une grande probabilité. M. Heer admet cette communication entre les deux continents, et c'est par là que les chênes américains sont venus chez nous. L'Europe, séparée de l'Asie par des mers, était alors, suivant l'expression de Humboldt, une presqu'île américaine.

A la fin de l'époque tertiaire, les flores changent presque subitement de caractère : les types américains sont remplacés par des types asiatiques ; aussi les chênes de l'Europe actuelle ont-ils des affinités profondes avec ceux de la Perse, du nord de la Chine et du Japon.

Pour que les *Quercus* à type américain aient disparu de l'Europe et ne soient pas mêlés aux nouveaux venus, il a fallu un cataclysme détruisant la communication entre l'Europe et l'Amérique, anéantissant les espèces querciennes existantes, et du même coup établissant une continuité entre l'Asie et l'Occident de l'ancien monde.

L'affaissement de l'Atlantide, le soulèvement des Alpes, du Caucase et de l'Arménie, de vastes terres surgissant à la place de la mer intérieure qui faisait communiquer la mer Aralo-Pontique et la Méditerranée, tels sont les changements grandioses qui, modifiant la configuration de la surface terrestre, anéantirent les espèces tertiaires des chênes américains et rendirent leur retour impossible.

L'Europe était devenue ce qu'elle est encore, une presqu'île de l'Asie ; la migration des chênes suivit dès lors la même route que les migrations humaines ; ils trouvèrent vers l'Occident des terres nouvelles à peupler, sous un climat bien différent de celui que connurent leurs prédécesseurs.

C'est grâce à ces empreintes, parfois incomplètes, des chênes d'autrefois, et de quelques autres plantes, que les géologues ont pu remonter le cours des âges, faire luire quelques rayons dans l'obscurité des temps anciens, restaurer les flores, se rendre compte du bouleversement de la croûte du globe et du changement des climats (1).

Il n'y a pas dans l'observation de la nature de fait si mince qui n'ait son importance ou ne puisse en acquérir. Cette empreinte d'un chêne est un livre ouvert où nous lisons les annales d'un monde dont les splendeurs n'étaient pas destinées par le Créateur au regard de l'homme.

Sa pensée peut cependant y pénétrer et s'avancer de surprises en surprises. Notre raison peut être fière de ces conquêtes de la science, mais sachons aussi rapporter de ce voyage au pays tertiaire la mesure de notre taille.

Témoins attardés des merveilles de l'univers, nous arrivons à ce grand spectacle quand les astres pâlis, la terre

(1) Le tableau suivant résume ce chapitre.

glacée, la vie amoindrie, nous apprennent que le dernier acte du grand drame se joue, et que le rideau va tomber sur la dernière scène. Atômes perdus dans le temps et dans l'espace, est-ce donc pour mêler à ces grands débris une poussière qui tiendra moins de place que celle des plus infimes rhizopodes, que nous venons en ce monde ? Non : l'humanité, conviée à cette heure avancée, est là pour comprendre l'œuvre et pour acclamer au dernier jour le nom que tous les échos de la terre ont répété d'un siècle à l'autre, celui du Créateur !

LIVRE II

Deuxième Partie.

CHAPITRE X

Grandeur et longévité du chêne.

Lorsque l'on compare entre eux les êtres du règne animal et du règne végétal, les premiers nous semblent plus heureusement doués que les seconds. Aux uns la vie active, la locomotion, la sensation ; aux autres la vie passive, l'immobilité et une confuse sensation, qui ne mérite que le nom d'irritabilité. Aux derniers degrés de l'animalité, ces distinctions et ces priviléges s'effacent insensiblement, et pour bien rendre la déchéance de ces êtres inférieurs, on leur donne le nom de zoophytes, animaux-plantes.

A certains égards, cependant, les végétaux sont supérieurs aux animaux ; ils ont la grandeur, ils ont la durée et leurs cellules sont des laboratoires où se créent des substances dont les animaux ne sauraient réaliser la synthèse.

La grandeur et la durée! La durée surtout, quel heureux privilége. Quel homme n'a pas envié la longévité du chêne qu'il venait de planter, et dont le feuillage abritera les enfants de ses enfants? Quel homme n'a pas senti dans les futaies tomber sur lui l'ironie des vieux chênes livrant aux souffles d'automne le feuillage jauni de leurs bras séculaires, que d'éternels printemps reverdiront encore.

> Tout périt, tout s'éteint, au vent tout s'évapore ;
> Lui seul ne périt pas, lui seul n'est jamais vieux.
> Les pieds dans le granit, la tête dans les cieux,
> On prétend qu'il grandit encore.
>
> Autran.

Mais relevons les yeux vers la cime des chênes, ne sommes-nous pas le roseau pensant? L'arbre n'a pas la conscience de sa grandeur, nous avons celle de notre misère, et c'est de nous que le poëte a dit :

> Tout commence ici bas, et tout s'achève ailleurs.
>
> V. Hugo.

Chez le végétal, le travail d'assimilation demeurant toujours supérieur au travail de désassimilation, la grandeur est toujours proportionnelle à la durée ; cela est surtout vrai des arbres, et l'on peut dire que les chênes les plus développés sont les plus vieux. Le plus souvent l'élévation des tiges, l'ampleur des cimes, la grosseur des troncs accusent l'âge de l'arbre ; dans des circonstances spéciales, c'est l'une ou l'autre de ces proportions. Dans les futaies, où les balivaux ont été serrés, les tiges on filé droit, et la matière attirée par les forces organiques, depuis la germination du gland, s'est dépensée en hauteur. Ailleurs le contraire se présente ; ainsi dans les montagnes du pays de Galles, on rencontre des forêts de chênes dont les tiges énormes et trapues ont à peine deux ou trois mètres d'élévation : cela tient à ce que les vents de la mer, les vents du sud-ouest, ont arrêté le développement de leurs cimes.

Le chêne, d'ailleurs, ne saurait cacher son âge ; le nombre de ses printemps ou de ses hivers est rigoureusement inscrit sur ses couches ligneuses, et quand les siècles accumulés n'ont pas détruit ces dernières, leur nombre révèle celui des années que l'arbre a vécu.

Cinq ou six cents couches ligneuses accusent donc cinq ou six siècles d'existence, et doivent donner au chêne des proportions considérables, malgré la minceur des zones.

Cette minceur des zones, ainsi que l'a observé Duhamel, rend compte de la lenteur avec laquelle les chênes s'accroissent en circonférence. Cet accroissement serait, d'après lui, de 0.025^{mm} par année, ce qui ferait 3 mètres de circonférence à 120 ans.

Quelques auteurs portent la durée possible des chênes à 8 ou 9 siècles, quelques-uns même jusqu'à 10 ou 12.

Nous allons citer quelques exemples de chênes célèbres par leur antiquité et leur grosseur. Au temps de Pline, l'antiquité des chênes se perdait déjà dans la nébulosité des légendes : le naturaliste romain parle de deux chênes situés près d'Héraclie, dans le royaume de Pont. Sous leurs cimes se dressaient les autels de Jupiter Stragius, et la tradition voulait que ces arbres aient été plantés par Hercule.

Le même auteur rapporte qu'il y avait sur le Vatican une yeuse plus ancienne que Rome, et sur laquelle une inscription étrusque en caractères d'airain indiquait que, dès les temps reculés, elle avait été l'objet de la vénération des hommes (1).

(1) A. P. de Candolle rapporte qu'en 1824 un bûcheron avait abattu dans les Ardennes un vieux chêne qui recélait dans son tronc des vases

A la même époque on citait dans les environs de Tusculum, au voisinage d'un temple consacré à Diane, une yeuse dont le tronc avait 34 pieds de tour. Ce chêne donnait naissance à six branches principales qui, par leur mesure, valaient chacune un gros arbre.

Plot, dans son *Histoire naturelle d'Oxford*, parle d'un chêne de 10 mètres de circonférence et de 43 mètres d'élévation, dont la large cime pouvait couvrir 300 cavaliers ou 4,000 piétons.

Pour construire le Royal-Doverling, Charles Ier fit transporter sur les chantiers de construction un chêne d'où l'on put retirer quatre poutres chacune de 15 mètres de long sur plus d'un mètre de diamètre.

Du temps de Daléchamp, on allait voir dans la forêt de Tronsac, en Berry, un chêne gigantesque sous lequel François Ier se reposait, quand il chassait en cette région.

Le chêne d'Allonville, et surtout celui de Déport, dans la Charente-Inférieure, sont célèbres par leurs proportions; le dernier a 7 mètres de diamètre à hauteur d'homme, et une envergure de 40 mètres.

Des souvenirs historiques attachés à quelques vieux chênes de nos provinces en attestent l'antiquité. Au pied des Vosges, près de Bourbonne, on voit encore le chêne des partisans, dont le nom rappelle qu'il servait d'asile aux bandes du XIVe siècle; d'après M. Léonce de Lavergne, on lui attribue huit siècles.

Plus vieux encore est le chêne-chapelle des environs

et des monnaies Samnites : on en tira la conclusion que l'arbre devait avoir 3,600 ans ; pour lui, il croit que ces objets furent cachés au temps de l'invasion des Barbares, ce qui donnait à ce chêne 15 ou 16 siècles d'antiquité. Cet âge donnerait au chêne le quatrième rang parmi les doyens du règne végétal. Avant lui il faudrait placer le Taxodium, le Baobab et l'If, le premier pouvant vivre 6,000 ans, le deuxième 5,000, le troisième 2,500.

d'Yvetot, à l'ombre duquel Guillaume-le-Conquérant et ses compagnons s'arrêtèrent, lorsqu'ils se dirigeaient vers l'Angleterre. La grande excavation de son tronc vénérable a reçu un autel, et on y dit la messe : au-dessus est une chambre contenant un lit (1).

Notre forêt de Fontainebleau, si belle malgré la perte de magnifiques futaies, telles que celles de la Mare-aux-Évées, des Érables, etc., renferme des chênes célèbres par leur majestueuse beauté, que les paysagistes connaissent bien.

« Dans la Tillaie, un chêne antique, surnommé le *Pharamond*, contrebouté d'énormes racines faisant saillie comme des contreforts, sillonné par la foudre, mutilé, mais portant fièrement encore le poids des siècles, impose au plus haut degré ce sentiment de vénération que l'homme, rapide passager sur la terre, est toujours disposé à accorder aux choses qui ont résisté à l'action du temps (2). »

Ailleurs, dans la même forêt, c'est le *Charlemagne*, que plus d'une toile a reproduit ; le *Bouquet du roi*, deux fois brisé par les orages, et enfin, le *Briarée* dans le Bas-Bréau, le *Superbe* dans le Gros-Fouteau, le *Jupiter* de la Vente des Charmes, que la flatterie désigna sous les noms de bouquets de l'empereur, de l'impératrice et du prince impérial, et dont l'inconstance des temps fera demain les bouquets de M. Thiers.

Lorsque le gland se détache du rameau qui l'a produit, le peu de substance qui le compose est le substratum d'une force immense ; latente jusqu'au moment de la germination, cette puissance se réveille un jour, entre en

(1) Marquis, *Notice historique* (Rouen).
(2) Du Pays : *Histoire de la forêt de Fontainebleau.*

exhalés. Cette statistique végétale, pour un être semblable au chêne de Golynos, conduirait à des résultats fort curieux.

La longévité et la grosseur du chêne le placent parmi des végétaux remarquables par ces qualités. Au point de vue de ses dimensions en hauteur, il est distancé par beaucoup d'autres arbres, et principalement par ceux qui appartiennent aux groupes des conifères et des palmiers.

Les hauteurs des différentes espèces du genre *Quercus* varient d'ailleurs considérablement ; entre les limites de 40 centimètres et de 40 mètres nous pouvons placer un grand nombre d'espèces. L'Europe nous présente les deux extrêmes de la série, le *Quercus humilis* et le *Quercus pedunculata*.

Dans une même espèce, la taille n'a rien d'absolu, et varie avec le sol, le climat, l'exposition. Il existe en Angleterre, sur les flancs de la vallée du West-Dart, dans le Dart-Moor, un bois de chênes dont la hauteur ne dépasse pas celle d'un homme ; cependant ils portent tous les indices frappants d'un âge avancé. Leurs membres noueux et contournés luttent contre les blocs de granit qu'ils ne parviennent pas toujours à dépasser, leurs branches, couvertes de mousses épaisses et de lichens pendants, semblables à de longues barbes, leur donnent un aspect fantastique : ces chênes étranges sont cités dans des documents qui datent de la conquête, et sur la section des plus gros on a compté plus de 800 cercles concentriques. Ces chênes appartiennent aux espèces *Q. pedunculata*, et *Q. sessiliflora*.

Le tableau F ci-après indique la hauteur maxima des espèces les plus connues.

Cette grandeur et cette antiquité des chênes qui frappent d'étonnement chez les arbres isolés, prend un caractère

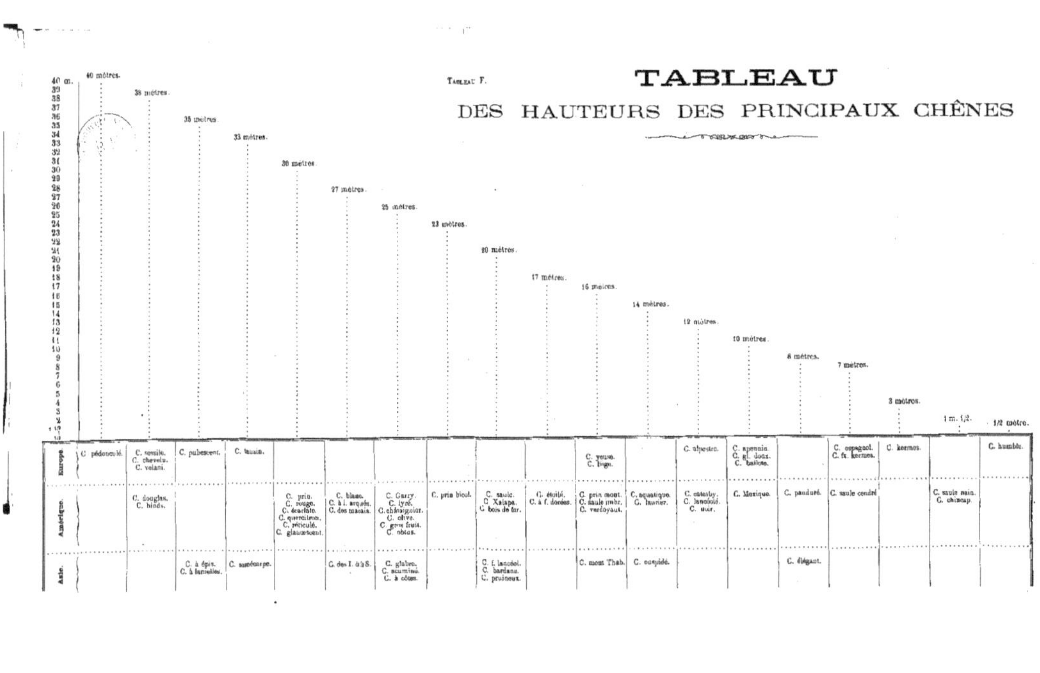

	40 mètres	38 mètres	35 mètres	33 mètres	30 mètres	27 mètres	25 mètres	23 mètres	20 mètres	17 mètres
Europe	C. pédonculé.	C. sessile. C. chevelu. C. velani.	C. pubescent.	C. tauzin.						
Amérique	C. douglas. C. hinds.				C. prin. C. rouge. C. écarlate. C. quercitron. C. réticulé. C. glaucescent.	C. blanc. C. à l. arquées. C. des marais.	C. Garry. C. lyré. C. châtaignier. C. olive. C. gros fruit. C. obtus.	C. prin bicol.	C. saule. C. Xalapa. C. bois de fer.	C. étoilé. C. à f. dorées.
Asie		C. à épis. C. à lamelles.	C. sardécarpe.			C. des I. à la S.	C. glabre. C. acuminé. C. à côtes.		C. f. lancéol. C. bardane. C. pruineux.	

	16 mètres	14 mètres	12 mètres	10 mètres	8 mètres	7 mètres	3 mètres	1 m. 1/2	1/2 mètre
Europe	C. yeuse. C. liège.		C. alpestre.	C. apennin. C. gl. doux. C. ballota.		C. espagnol. C. fx kermes.	C. kermès.		C. humble.
Amérique	C. prin mont. C. saule mbr. C. verdoyant.	C. aquatique. C. laurier.	C. catesby. C. lancéolé. C. noir.	C. Mexique.	C. panduré.	C. saule cendré.		C. saule nain. C. chincap.	
Asie	C. mont Thab.	C. cuspidé.			C. élégant.				

plus grandiose encore, lorsque ces géants couvrent de vastes étendues, et forment de majestueuses forêts : un sentiment de terreur s'imposait à ceux qui pénétraient sous ces voûtes sombres.

Les descripteurs de la Germanie, Tacite et Pline, plus particulièrement, nous ont laissé un tableau de la forêt hercynienne, où cette impression se fait jour. Voici la description que le naturaliste romain faisait de ces vallées profondes où l'auroch et l'élan erraient sous le dôme des vieux chênes :

« La majestueuse grandeur du chêne, dans cette forêt, surpasse toutes les croyances imaginables. Cet arbre n'y a jamais été frappé par la coignée, il est contemporain de la création du monde et semble être le symbole de l'immortalité. »

Les modernes ont éprouvé la même impression :

« Lorsque vous errez au milieu de la nuit, dans la sombre et sévère ceinture de l'Etna, l'imposante majesté de ses hôtes séculaires, les grandes ombres de leurs cimes agitées et mugissantes, en vous pénétrant de respect et de terreur, vous révèlent que vous êtes en présence du roi de nos forêts. Pouchet (l'*Univers*). »

Un grand poëte, en son temps, a magnifiquement exprimé la même sensation :

> Aux bois, ainsi que toi, je n'ai jamais erré,
> Maître, sans qu'en mon cœur l'horreur ait pénétré,
> Sans voir tressaillir l'herbe, et, par le vent bercées,
> Pendre à tous les rameaux de confuses pensées.
> Dieu seul, ce grand témoin des faits mystérieux,
> Dieu seul le sait, souvent, en de sauvages lieux,

J'ai senti, moi qu'échauffe une secrète flamme,
Comme moi, palpiter et vivre, avec une âme,
Et rire et se parler dans l'ombre à demi-voix,
Les chênes monstrueux qui remplissent les bois.

V. Hugo (Voix intérieures, avril 1837).

Nous trouvons dans la *Géographie botanique* de M. Alph. de Candolle, quelques considérations fort ingénieuses sur la longévité du chêne, au point de vue de la rénovation fréquente des formes végétales à la surface du globe ; cette durée semblerait en effet peu d'accord avec les théories darwiniennes.

L'examen de plantes retrouvées dans les tombeaux de l'Egypte, ou celui de végétaux sortis de graines ayant cette origine, permet d'affirmer que les plantes annuelles se sont perpétuées sans modifications pendant trois mille générations. Il serait difficile de refuser le même privilége aux espèces ligneuses, infiniment moins influençables par les agents extérieurs, que les espèces herbacées. Que chaque génération de chêne, par exemple, ait une durée moyenne de cent ans (c'est accorder bien peu), on peut alors reconnaître que depuis trois cent mille ans le chêne n'a pas changé, et que telle est l'ancienneté de cet arbre sous ses formes actuelles.

Au milieu d'antiques tourbières de l'Irlande, et de l'île de Man, les géologues ont retrouvé des ossements du *cervus hibernicus*, qui a cessé d'exister bien avant l'époque dite historique. Avec ces débris, on a rencontré des troncs d'arbres que l'on a toujours pensé avoir appartenu à des espèces identiques à celles qui peuplent encore la terre ; les chênes de ces tourbières, par exemple, ne diffèrent pas de ceux qui croissent dans le voisinage. Sir Charles Lyell a compté sur un de ces chênes plus de 800 couches annuelles ; en supposant encore trois mille générations d'êtres ayant cette durée, l'ancienneté du chêne avec ses formes actuelles serait donc de deux millions quatre cent mille ans !

Les débris de chêne retrouvés dans les forêts sous-marines sont encore identiques pour la structure, les caractères botaniques, aux espèces actuelles : ces forêts, de la disparition desquelles aucune tradition historique ne fait mention, ont donc une date très-reculée ; date depuis laquelle les chênes n'ont pas varié.

Nous aimons à devoir au chêne, dont le culte chez nos pères fut associé à la croyance à l'immortalité de l'âme, une preuve de plus de la permanence des espèces, et de la dignité de la nôtre.

CHAPITRE XI

Physique du Chêne, ou des qualités du bois de chêne.

Le chêne doit sa valeur, comme essence ligneuse, aux excellentes qualités de son bois. Ces qualités, qui sont d'ordre physique et chimique, concourent à réaliser en lui la force et la durée auxquelles il doit son rang très-élevé parmi les matériaux de construction.

La valeur du chêne ressort donc de la comparaison de ses qualités avec celles des autres bois : ce n'est qu'une valeur relative, dont la recherche, comme on va le voir, présente de nombreuses difficultés.

Non-seulement le bois de chêne diffère de celui des autres essences ligneuses, mais il n'est pas homogène dans toutes les parties d'une même pièce. Des pieds de la même espèce du genre *Quercus* varient beaucoup avec les conditions de leur végétation. Enfin, les bois des différentes espèces de chêne n'ont souvent que des analogies fort éloignées.

La densité, par exemple, varie dans le bois de chêne, du centre à la circonférence, :: 7 : 5. Le contraire a lieu dans les chênes couronnés, le tissu ligneux central devient plus léger que l'aubier, et la proportion précédente se renverse et devient :: 5 : 7.

Au pied de l'arbre, la densité du bois est à celle du sommet :: 5 : 4.

La densité des chênes d'un sol sec est à celle des bois d'un sol marécageux :: 7 : 5, et les poids qu'ils peuvent supporter :: 5 : 4.

Nous montrons aussi ailleurs qu'un pied cube de chêne blanc de Provence pèse plus que le même volume d'un chêne blanc de Champagne, celui-ci plus que le chêne de Bretagne.

Il est donc difficile que deux expérimentateurs aient pu prendre pour point de départ des bois de chênes parfaitement semblables : de là les nombreuses différences que présentent les résultats auxquels ils sont arrivés.

Les propriétés du bois de chêne étaient peu connues avant les travaux de Galilée, qui, parcourant un arsenal maritime, eut le premier l'idée d'appliquer les sciences mathématiques à la détermination de la force des bois. De nos jours, Barlow, en Angleterre, Charles Dupin, en France, ont continué ces études.

DENSITÉ DU CHÊNE (1).

La pesanteur spécifique du bois de chêne n'est pas facile à déterminer d'une manière absolue, puisqu'elle varie avec l'état de siccité du bois et les circonstances culturales et climatériques de son développement (2).

(1) Le vieux mot français *dru* (serré, épais) vient-il de $\Delta \rho \upsilon \sigma$, chêne dont le bois est serré compacte ?

(2) Le Bureau des Longitudes a fixé ainsi les densités des bois, l'eau étant 1,000 :

Chêne.	885	Pommier.	733
Hêtre.	852	Sapin.	657
Frêne	845	Tilleul.	604
If.	807	Cyprès.	598
Orme.	800		

Un pied cube de chêne de Provence pèse, vert, de 40 à 45^k
    Id.   Id.   sec, de 33 à 38^k
    Id.   de Bretagne pèse, sec,   30^k
Un pied cube de chêne de Bretagne, 7 ans après la coupe,
   26 kilog.

En Angleterre, les expériences suivantes ont été faites pour arriver à comparer sûrement différentes espèces de bois de chênes au point de vue de leur densité. Des blocs de un mètre cube ont été pesés mouillés et secs, prêts à être mis en œuvre : la moyenne, entre les deux pesées, a donné les chiffres suivants, qui accusent des variations considérables entre les densités des diverses espèces commerciales de bois de chêne, employées aux constructions :

   Chêne d'Afrique. . . . . 1.033 kilog.
    — d'Italie. . . . . 985 —
    — d'Angleterre. . . . . 901 —
    — de Belgique. . . . . 897 —
    — de Dantzic. . . . . 761 —
    — du Canada. . . . . 708 —

Comme terme de comparaison, sans savoir pourtant en quel état de dessication des bois ils ont été pris, nous donnons les poids du mètre cube d'autres essences :

   Platane. . . . . 1.079 kilog.
   Châtaignier. . . . . 1.031 —
   Orme. . . . . 1.021 —
   Hêtre. . . . . 963 —
   Frêne. . . . . 963 —
   Bouleau. . . . . 933 —
   Sapin. . . . . 875 —
   Tilleul. . . . . 788 —

Dans la pratique commerciale, le poids d'un mètre cube de bois de chêne est considéré comme étant de 1,000 kil. Ainsi le tarif pour l'évaluation en kilolitres du tonneau de mer, du poids ou de l'encombrement des effets, munitions et marchandises qui doivent être chargées sur les bâtiments de commerce affrétés pour le service de la marine militaire, porte qu'un mètre cube de bois de chêne doit former un kilolitre. Neuf dixièmes de mètre cube de chêne courbant forment encore un kilolitre, ou tonneau de mer (1).

Voici maintenant, pour comparaison, les poids spécifiques de différentes espèces de bois :

	Batala* (2)	1.070
	Coupi*	1.000
	Courbaril*	940
	Saint-Martin*	930
	Buis	919
	Sorbier	910
Plus denses	Taoub jaune*	865
que le chêne.	Cèdre noir*	800
	If	778
	Angélique*	770
	Prunier	761
	Frêne	760
	Charme	752
	Érable	755

Chêne des forêts de France. 745

(1) Un stère de quartiers de chêne pèse, en moyenne, 366 kilog.

Un stère de rondinage de chêne pèse en moyenne 270 kilog. (Eugène Chevandier.)

(2) Les bois marqués d'un astérisque sont de la Guyane.

	Pin de Riga............	745
	Pommier...............	735
	Platane...............	728
	Mérisier.............	714
	Néflier..............	710
	Poirier..............	705
	Bouleau..............	701
	Hêtre...............	696
	Laurier.............	695
	Tilleul.............	687
	Accacia.............	676
Moins denses que le chêne.	Noyer...............	665
	Sapin pesse..........	660
	Châtaignier..........	652
	Tek de Moulmain......	650
	Aune................	608
	Marronnier...........	606
	Cèdre...............	603
	Tek tendre...........	590
	Peuplier.............	588
	Orme................	553
	Mélèze..............	543
	Tremble.............	526
	Saule...............	421 (1)

Sur le tableau précédent, le chêne n'occupe, on le voit, que le 15e rang. Heureusement que la densité n'est pas la seule condition de la durée des bois.

Les variations de la densité sont dues aux inégalités de la porosité ; ce qui le prouve, c'est que, suivant l'observation de M. Eug. Chevandier, les poids spécifiques des bois pulvérisés s'identifient :

(1) Les pesanteurs spécifiques prises par M. Barlow, pour ses calculs sur la résistance des bois, diffèrent peu des précédentes ; cependant il donne au chêne une densité de 931, et au frêne 760.

Chêne pulvérisé.................... 1.510
Bois de fer....................... 1.515
Bourdaine........................ 1.520
Peuplier......................... 1.512
Liége 1.300

L'exposition à une température prolongée de 100° produirait le même effet, suivant M. Chevandier, et les densités s'uniformiseraient encore, exemples :

Chêne........................... 1.462
Bois de fer 1.481
Buis............................ 1.458
Coudrier........................ 1.488
Gaiac 1.490
Aubépine........................ 1.464   (1).

RÉSISTANCE DU BOIS DE CHÊNE.

Les bois peuvent résister à des forces perpendiculaires à leur axe, ou bien à des forces d'allongement et d'écrasement.

Parlons d'abord de la résistance aux forces perpendiculaires à l'axe de la pièce.

Par l'équarrissage, on peut retirer d'un bois rond de chêne des pièces ayant pour section principale soit le carré inscrit, soit un des rectangles inscrits. La résistance à l'effort perpendiculaire, au sens des fibres, sera plus considérable dans la pièce rectangulaire que dans la pièce carrée.

La résistance variera suivant la façon dont elle sera soutenue par une ou par ses deux extrémités. Enfin, sui-

(1) De Rumford avait trouvé que les densités réelles des bois étuvés étaient :

Chêne·.......... 1531,4
Hêtre ..,....... 1528,4
Peuplier........ 1485,4
Tilleul........ 1484,6
Sapin 1462,0

vant le mode d'application des poids, sur plusieurs points ou sur un seul, et dans ce dernier cas, suivant la place de ce point entre les deux bouts de la tige ligneuse.

M. Barlow a fait entrer ces éléments variables, longueur, largeur, épaisseur de la pièce, poids appliqué, etc., dans des formules dont la solution donne la résistance des bois, dans toutes les circonstances. Une seule donnée de ces formules ne varie pas, c'est ce que M. Barlow nomme la *constante* de chaque espèce ligneuse, *constante* qui a été déterminée par lui avec le plus grand soin.

L'ordre de résistance des bois, jusqu'à la limite de la rupture, sera celui de leurs *constantes*, quand ces bois seront essayés dans les mêmes conditions. Le tableau suivant indiquera donc le rang du chêne, au point de vue de la résistance de son bois, aux efforts perpendiculaires, jusqu'à la limite de rupture :

BOIS.	CONSTANTES.
Frêne.	142 kilog.
Chêne de France.	117
Sapin de pesse	115
Hêtre.	109
Pin de Riga	76
Orme	71
Melèze.	70

M. A. Fournier a calculé, d'après la méthode de Barlow, la résistance d'autres bois à la rupture : il faut placer, avant le chêne de France, les bois de Tek, de Calaba, de chêne du Canada ; et après, les bois de chêne de Dantzic, de chêne de l'Adriatique, de pin d'Ecosse, etc.

Outre la résistance des bois à la rupture, M. Barlow a déterminé leur élasticité, c'est-à-dire les flèches de courbure résultant de l'application de différents poids. Il y est arrivé à l'aide de formules analogues aux précédentes, mais dans lesquelles entrait une nouvelle *constante*, pour chaque espèce ligneuse. L'ordre de ces *constantes* indique encore le rang d'élasticité des bois quand ils sont essayés dans des conditions identiques de dimensions, d'application des poids, de poids, etc. Voici cet ordre :

Orme.	196	350
Melèze.	280	180
Sapin pesse.	343	730
Pin de Riga.	372	775
Hêtre.	379	970
Chêne	407	260
Frêne	461	580

Ces dernières constantes ont été déterminées, en supposant que la pièce de bois est soutenue par deux appuis, et en cherchant quel est le poids nécessaire pour donner un centimètre de courbure par centimètre cube.

On voit que le chêne, très-résistant à la limite de rupture, est un des bois les moins flexibles; pour ne pas altérer son élasticité, il ne faut lui faire porter que la moitié du poids qui produirait la rupture ; on sait que pour le fer il ne faut pas charger au delà du tiers de ce même poids.

M. de Lapparent, inspecteur général du génie maritime, a déterminé directement l'élasticité du chêne, et de quelques autres bois employés dans les constructions navales. Les essais ont été faits sur des barreaux de 20 millimètres de côté, à l'aide d'une romaine installée pour ces expériences au port de Cherbourg. Tous les bois étaient de coupe ancienne, et également secs ; la distance entre les points d'appui était de $0^m,20$, une disposition spéciale permettait de mesurer les flèches de courbure à un dixième de millimètre près.

Les chiffres du tableau suivant indiquent les résultats moyens de la première série d'expériences, dans laquelle trois barreaux de chaque essence ont été soumis à l'instrument :

NOMENCLATURE DES ESSENCES	CHARGES CORRESPONDANT		COEFFICIENTS		NOMBRES PROPORTIONNELS	
	à la limite d'élasticité.	au point de rupture.	d'élasticité.	de rupture.	à l'élasticité.	à la résistance à la rupture.
Chêne des forêts de France.	125 k	150 k	62.50	56.25	1	1
Tek de Moulmin.........	200	287.5	125	108	2	1.920
Tek tendre............	175	200	69.50	75	1.1	1.330
Angélique	250	275	140	103	2.250	1.830
Coupi................	225	250	104	93.50	1.760	1.660
Bois violet............	325	400	140	150	2.250	2.650
Wacapou.............	275	300	125	112.50	2	2.000
Balata...............	375	475	207.50	178	3.325	3.150
Courbaril.....	350	425	250	159	4	2.825
Taoub jaune..........	250	300	140	112.50	2	2
Saint-Martin..........	325	350	140	131	2	2.325
Cèdre noir............	275	300	114	131	1.820	2.325
Hêtre. . ⎰ injectés au	150	175	89	62	1.420	1.100
Peuplier ⎱ sulfate de cuivre	100	125	41.50	46.75	0.661	0.330

L'auteur de ces recherches fait les réflexions suivantes sur les chiffres du tableau précédent : « Sans vouloir attacher une importance absolue à ces expériences, qui demandent à être variées et répétées, on ne peut cependant s'empêcher d'être frappé de l'infériorité relative du chêne tendre de nos forêts de France, sous le rapport de l'élasticité et de la résistance à la rupture. » (1)

RÉSISTANCE DU CHÊNE A L'ALLONGEMENT, OU COHÉSION.

Les bois sont soumis maintenant à une force de traction appliquée dans la direction des fibres.

Pour ces efforts, les constantes ont été calculées, pour un centimètre carré de section, et il suffit de multiplier la surface de la base par la valeur de la constante, pour évaluer la résistance en question. On regarde cette résistance comme étant double de celle de l'écrasement.

---

(1) On augmente considérablement l'élasticité du bois de chêne en le soumettant à l'action de la vapeur d'eau à 100 degrés. C'est ainsi que, dans les arsenaux de la marine et dans les ports de construction, on courbe les pièces droites destinées à devenir des bordages. On se sert de longues étuves cylindriques inventées par M. Ledéan, ingénieur de la marine.

Les pièces de chêne doivent rester dans la vapeur d'eau autant d'heures qu'il y a de trois centimètres dans leur épaisseur.

Les bois de fraîche coupe sont plus malléables. Les bois de chêne de Bourgogne et du nord se ploient bien : il n'en est pas de même de ceux de Provence et d'Italie.

Ce moyen de courber le chêne a rendu bien des services aux constructions et diminué le nombre des pièces courbantes nécessaires

C'est à cet art que le poëte fait allusion quand il dit :

> Ici, du chêne altier, le tronc majestueux,
> Qui portait jusqu'au ciel ses rameaux tortueux,
> Avant que sous les eaux un art puissant le plonge,
> Par un art plus savant se recourbe et s'allonge.
>
> ESMÉNARD (*Poëme de la Navigation*).

CONSTANTES, OU COHÉSION DIRECTE, PAR CENTIMÈTRE CARRÉ.

Buis	1.400
Frêne.	1.200
Tek.	1.050
Sapin.	840
Hêtre.	800
Chêne.	700
Poirier.	690
Acajou.	650

De Hagen estimait que pour doubler la longueur d'une verge de bois de chêne offrant un pouce carré de section, il faudrait, avec une traction parallèle aux fibres, une force représentée par 1,537,000 livres, et, perpendiculairement aux fibres, une force représentée par 105,000 livres.

On estime que l'allongement produit par une traction de un kilogramme par millimètre carré, est de un millième. La résistance à l'allongement, chez le chêne, est six fois moins considérable que celle du fer forgé.

RÉSISTANCE DU CHÊNE A L'ÉCRASEMENT.

Il est souvent utile de connaître la charge que pourra supporter, sans fléchir ou sans s'écraser, un poteau ou un dé en bois de chêne.

Le problème présente deux circonstances dépendantes de la hauteur de la pièce par rapport au diamètre de sa section principale.

Quand la longueur égale cent fois l'épaisseur, par exemple, la pièce fléchit sous le moindre poids; il faut, dans ce cas, déterminer la charge qui produit un commencement de courbure.

Une formule, dans laquelle entre comme élément la

constante de flexion du bois, conduit à la détermination du poids cherché.

On trouve, par exemple, qu'une pièce de chêne, longue de 2 mètres, large de $0^m,10$, épaisse de $0^m,05$, commencera à fléchir sous une charge de 2,616 kilogrammes.

D'après les expériences de M. Georges Rennie sur des cubes d'un pouce anglais de côté, la résistance à l'écrasement est par centimètre carré :

Pour le chêne. . . . . 271 kilos.

— le pin blanc.. . . . . 135 —

— le pin d'Amérique. . . . . . 113 —

— l'orme.. . . . . 90 —

D'autres auteurs élèvent ces poids, pour le chêne, à 385 ou 462 kilogrammes par centimètre carré de base.

Lorsque la charge a été jusqu'à l'écrasement, des cubes de chêne se sont affaissés du tiers de hauteur avant de se désunir, ceux du sapin de la moitié.

Pour le chêne, comme pour les autres bois, il ne faut pas donner aux pièces une longueur de plus de dix fois le diamètre de la base, et dépasser 50 kilogrammes par centimètre carré de base.

On a expérimenté la résistance des diverses espèces de bois par rapport au choc des boulets.

Un boulet, à la distance du but en blanc naturel, pénètre dans le bois de chêne, savoir :

A la charge de 4 kil. de poudre, dans $0^m,95$

—   3 kil.   —   dans $0^m,88$

—   2 kil.   —   dans $0^m,75$

Un boulet de 30, provenant d'un canon long chargé de $4^k,90$, à une distance de 80 mètres, pénètre de $1^m,35$ dans un massif de chêne (Paris).

CONDUCTIBILITÉ DU BOIS DE CHÊNE POUR·LA CHALEUR.

Cette propriété a été étudiée, par MM. de la Rive et Alph. de Candolle, de la manière suivante : un barreau de chêne, percé de cavités également espacées, où plongeaient des thermomètres, était chauffé à l'une de ses extrémités par une lampe à alcool. Un écran empêchait la chaleur de cette lampe d'agir directement sur les thermomètres.

On étudia la marche successive des thermomètres : 1° sur une pièce de bois de chêne dont la longueur était parallèle au sens de ces fibres ; 2° sur une autre pièce taillée perpendiculairement au sens de ces fibres. Voici les résultats de ces expériences :

NOMS DES BOIS.	SENS DES FIBRES.	INDICATIONS DES THERMOMÈTRES.				
Chêne. .	parallèles à la long^r.	81,7	41,2	17,5	7,2	3,7
	perpendic. à la long^r.	79,3	22,75	7,5	3,6	2,4
Sapin. .	parallèles à la long^r.	84,0	39,25	20.6	8,5	3,7
	perpendic. à la long^r.	70,9	13,8	4.5	2,5	1,9
Noyer. .	parallèles à la long^r.	80,13	43	19,63	9,19	5,13
	perpendic. à la long^r.	99,5	37,43	13,09	6,00	3,25
Liége. .	perpendic. à la long^r.	78,5	13,75	3,44	1,56	1

Cette conductibilité différente des bois pour le calorique, suivant le sens des fibres, peut avoir ses applications dans les bordages de chêne des navires, la direction des rayons calorifiques extérieurs qui les frappe est perpendiculaire au sens des fibres, bonne condition pour que l'échauffement soit moindre. Dans quelques constructions navales, en Amérique par exemple, les plaques de blindage reposent parfois sur un assemblage de pièces à peu près cubiques de chêne. Le sens des fibres à présenter à ce blindage, qui souvent acquiert une très-haute température, ne sera pas indifférent pour préserver les flancs du navire d'un trop grand échauffement.

ACTION DES TEMPÉRATURES ÉLEVÉES SUR LE BOIS DE CHÊNE.

Dessiccation. — Carbonisation.

Le bois de chêne, soumis à des températures croissantes, diminue de poids par la perte d'eau qu'il éprouve : la marche de la dessiccation ne diffère pas beaucoup chez lui de ce qu'elle est chez les autres essences. Le tableau suivant, dû aux recherches de M. Violette, le prouve :

TEMPÉRATURES.	QUANTITÉS D'EAU PERDUES PAR 100 P. DE BOIS.			
	chêne.	frêne.	orme.	noyer.
125°	15.26	14.78	15.32	15.55
150°	17.93	16.19	17.02	17.43
175°	32.13	21.22	26.94	21.00
200°	35.80	27.51	33.38	31.77
225°	44.31	33.38	40.56	36.56

À presque tous les degrés de température, c'est le bois de chêne qui perd la plus forte proportion d'eau.

Lorsque la température est poussée jusqu'à 300°, la carbonisation est complète. La quantité de charbon obtenue de 100 p. de bois de chêne est de 53.30.

Voici le tableau de l'équivalent en carbone de 100 p. de diverses espèces de bois :

NOMS DES BOIS.	CARBONE.	HYDROGÈNE.	OXIGÈNE.	CHARBON.
Sainte-Lucie...	52.30	6.07	41.03	55.35
Ébénier.......	52.87	6.00	41.15	53.75
Sapin........	51.79	6.28	41.93	54.70
Chêne........	50.00	6.20	43.80	53.30
Hêtre........	49.25	6.40	44.65	51.40
Peuplier......	47.00	5.80	47.20	47.20
Cellulose......	44.44	6.17	49.39	44.44

Ainsi le bois de Sainte-Lucie, l'ébénier, le sapin, auxquels il faut ajouter le liége et le saule pourri, donnent plus de charbon que le chêne. Par contre, le hêtre, le peuplier, auxquels il faut joindre l'if, le pin, le châtaignier, le marronnier, le bouleau, le tilleul, en donnent beaucoup moins.

La conversion du bois de chêne en charbon est difficile, comme celle de tous les bois denses ; en revanche, le charbon qu'il donne est très-riche en carbone, cet élément n'étant pas oxyde ;

Teneur en carbone de divers charbons.

Chêne	67,421	°/₀
Ajonc	76,000	—
Liége	72,362	—
Ebène	68,047	—
Pommier	67,401	—
Peuplier	52,000	—

Si le liége, très peu dense, se charbonne difficilement, cela tient à la grande quantité d'air, mauvais conducteur du calorique, interposée entre ses mailles.

M. Violette pense que les bois de chêne et autres, débarrassés de leurs principes extractifs, gommes, sucres, etc., donneraient des quantités de carbone égales.

VALEUR DU CHÊNE COMME COMBUSTIBLE.

D'après Peclet, tous les bois secs auraient, sous le même poids, le même pouvoir calorifique.

On a reconnu que 1 kilogr. de chêne sec donnait, par sa combustion, de 3,300 à 3,500 calories.

Ainsi pour l'industrie, qui achèterait des bois au poids, la nature de l'essence serait indifférente, et elle obtiendrait la même quantité de chaleur du bois de chêne sec que du peuplier sec.

Voici, d'après le *Dictionnaire de chimie* de Wurtz, quelques données sur ce point qui a son importance industrielle.

Quantité théorique de chaleur dégagée par la combustion d'un kilogramme de bois.

	oxyde de plomb réduit.	unités de chaleur.	pouvoir calorifique spécifique, celui du carbone égale 1.
Bois séché à l'air, 20 °/₀ d'eau.	»	3600	
Bois mi-séché, 10 °/₀ d'eau....	»	4100	
Bois sec	»	4700	
Hêtre séché à l'air	12,50	3100	0,28

Chêne rouvre séché à l'air....	14,05	2400-3000	0,26
Frêne .... —	14,50	3000-3600	0,24
Erable........ —	14,16	3600	0,23
Pin......... —	13,88	2800-3700	0,19
Tilleul .... —	14,48	3400-4000	0,18
Peuplier..... —	13,04	»	0,14

Quantité expérimentale, d'après Brix.

Un kilogramme de bois non séché évapore en la portant de 0° à 100° centigrades :

	eau.	et renferme : eau.
Bois de pin ancien...........	4,120	16,1
— jeune...........	3,620	19,3
Bois d'aune	3,818	14,7
Bois de bouleau...........	3,720	12,3
Bois de chêne	3,540	18,7
Hêtre rouge vieux...........	3,390	22,2
— jeune...........	3,490	14,3
Hêtre blanc	3,620	12,5

Lorsque le combustible est acheté au stère, ou à la corde, les inégalités reparaissent, et ces mesures produisent des quantités de chaleur très-différentes : 1° suivant les essences ; 2° suivant l'âge des bois. Hartig a donné le tableau suivant de la valeur comparative de la corde, sous le rapport calorifique :

Erable de montagne de 100 ans	17-57	Erable de 40 ans.....	13-13
Pin sauvage de 125 ans	15-67	Charme de 30 ans....	12-27
Frêne de 100 ans.....	15-21	Pin sauvage de 50 ans.	11-97
Hêtre de 120 ans.....	13-40	Frêne de 30 ans.....	11-70
Charme de 90 ans....	14-86	Hêtre de 40 ans......	11-58
Chêne rouvre de 200 ans	13-14	Chêne pédonculé de 40 ans	11-21

Melèze de 100 ans	12-71	Orme de 30 ans......	9-25
Orme de 100 ans.....	12-59	Tilleul de 30 ans....	7-24
Chêne pédonculé de 190 ans	12-32	Melèze de 25 ans.....	7- 3
Sapin de 100 ans......	10-90	Sapin commun de 40 ans.	6-97
Tilleul de 80 ans......	9-64	Peuplier d'Italie de 10 ans	5- 7
Peuplier d'Italie de 20 ans	6-84		

COMPOSITION CHIMIQUE DU BOIS DE CHÊNE.

La composition élémentaire du bois de chêne a été déduite de l'analyse de trois échantillons appartenant à des arbres croissant sur le grès bigarré. Ces analyses sont dues à M. Eug. Chevandier (1).

Le premier échantillon provenait d'un chêne de 120 ans ; le deuxième fut choisi dans les branches et le troisième dans les jeunes brins :

Premier échantillon.

1 gramme de matière sèche a laissé 0,0243 de cendres.

0,544 ont donné 0,992 d'acide carbonique, et 0,288 d'eau.

0,706 ont donné 6 centimèt. cubes à 13°c, et $0^m,770$ de pression.

Carbone	49,73	soit, les cendres déduites,	50,97
Hydrogène..........	5,87	—	6,02
Oxygène............	40,95	—	41,96
Azote (2)............	1,02	—	1,05
Cendres............	2,43	—	0,00
	100,00		100,00

Deuxième échantillon.

1 gramme de matière sèche a laissé 0,023 de cendres.

(1) *Annales de Chimie et de Physique*, 1844.

(2) D'après M. Georges Wille, une récolte annuelle de 166 k. de bois de chêne, sur un hectare, représente 33 k. d'azote fixe.

I. 0,597 ont donné 1,103 d'acide carbonique , et 0,322 d'eau.

II. 1,133 ont donné 2,060 d'acide carbonique , et 0,590 d'eau.

0,962 ont donné 10 centimètres cubes d'azote humide à 17° c et à 0ᵐ,76 de pression.

	I.	II.		I.	II.
Carbone.......	50,38	49,58	soit, les cendres déduites,	51,42	50,61
Hydrogène.....	5,99	5,78	—	6,11	5,90
Oxigène.......	40,37	41,38	—	41,21	42,23
Azote.........	1,23	1,23	—	1,26	1,26
Cendres	2,03	2,03	—	0,00	0,00
	100,00	100,00		100,00	100,00

Troisième échantillon.

1 gramme de matière sèche a laissé 0,0168 de cendres.

I. 0,994 ont donné 1,797 d'acide carbonique,, et 0,533 d'eau

II. 0,975 ont donné 1,760 d'acide carbonique , et 0,527 d'eau.

0,762 ont donné 92,4 centimètres cubes d'azote humide à 10° c, à 0ᵐ,77 de pression.

	I.	II.		I.	II.
Carbone.......	49,30	49,22	soit, les cendres déduites,	50,14	50,04
Hydrogène	5,95	6,00	—	6,05	6,10
Oxygène.......	41,57	41,60	—	42,29	42,34
Azote.........	1,50	1,50	—	1,52	1,52
Cendres	1,68	1,68	—	0,00	0,00
	100,00	100,00		100,00	100,00

Il est utile de comparer maintenant les moyennes de ces trois expériences avec celles données par d'autres bois soumis à des analyses semblables.

Moyennes, cendres déduites.

	CHÊNE (1)	HÊTRE	BOULEAU	TREMBLE	SAULE
Carbone...	50,64	49,89	50,61	50,31	51,75
Hydrogène.	6,03	6,07	6,23	6,32	6,19
Oxigène...	42,05	43,11	42,04	42,39	41,08
Azote.....	1,28	0,93	1,12	0,98	0,98
	100,00	100,00	100,00	100,00	100,00

La composition des fagots de chêne est en moyenne, cendres déduites, représentée par :

Carbone...............	50,89
Hydrogène.............	6,16
Oxigène...............	41,94
Azote	1,01
	100,00

La moyenne des cendres est de 1,81 pour cent.

Les quantités de cendres laissées par un poids donné de bois de chêne, varient suivant que l'on soumet à l'analyse le bois, l'aubier ou l'écorce. Voici deux analyses faites à des époques bien éloignées l'une de l'autre, et qui, cependant, sont très-concordantes.

Quantités de cendres laissées par 100 parties

	Th. de Saussure.	P.P. Déhérain 1867.
de bois de chêne sec, sans aubier.	2	2,8
d'aubier	4	5,5
d'écorce.....................	60	56,0
feuilles	5,4	

(1) Ces moyennes concordent assez bien avec les analyses du bois de chêne dues à M. Regnault.

		C.	49,58			C.	50,08
Bois	{	H.	5,78	Bois	{	H.	6,14
du	{	O.	41,38	des	{	O.	41,38
tronc	{	Az.	1,23	branches	{	Az.	0,95
	{	Cendres.	2,03		{	Cendres.	1,45

L'analyse des cendres du chêne conduit à la connaissance des principes minéraux qui entrent dans la constitution de ce végétal ; d'une manière générale les cendres du chêne donnent :

Potasse et soude..................	12,16
Chaux..........................	48,22
Magnésie	0,58
Acide sulfurique..................	1,45
Acide phosphorique...............	0,77
Acide carbonique.................	39,16
Acide chlorhydrique	0,18
Acide silicique	3,70

Les proportions de chaux, révélées ainsi dans le chêne, sont supérieures à celles que présentent nos autres essences ligneuses, sauf le sapin. La proportion d'acide carbonique est également plus élevée que dans les cendres des autres arbres. Ces considérations ont leur importance au point de vue cultural. Il faut que le chêne trouve de la chaux dans le sol : de là peut-être ses proportions grêles et rabougries dans les sols purement granitiques.

Il est intéressant de comparer l'analyse des cendres provenant de différentes parties du chêne, afin de suivre la répartition des principes inorganiques sur les différents points du végétal.

	CENDRES			CENDRES de L'ÉCORCE	
	du bois sans aubier	de l'aubier	du liber	du tronc	des branches
Potasse et soude....	»	»	»	17,32	»
Chaux	»	»	»	37,55	»
Magnésie..........	»	»	»	0,60	»
Oxides de fer et de manganèse	2,25	2,00	1,00	5,55	1,75

Acide sulfurique.....	»	»	»	1,59	»
Acide carbonique....	»	»	»	33,92	»
Acide chlorhydrique.	»	»	»	0,17	»
Acide silicique......	2,00	7,50	0,50	0,84	0,25
Phosphates terreux..	4,50	24,00	3,75	»	4,50
Carbonates terreux..	32,00	11,00	65,00	»	63,25
Sels solubles.......	58,65	55,50	29,75	»	29,75
	Th. Saussure	T. S.	T. S.	Berthier	T. S.

Silice contenue dans le chêne (1).

La silice contenue dans 100 parties de chêne est de 21,00. M. P.-P. Déhérain a remarqué que cette silice existait dans le bois de chêne sous un état particulier. Le lavage du bois de chêne avec une solution de potasse étendue et bouillante, lui enlève toute cette silice, et les cendres n'en renferment plus. La paille de nos céréales, si riche en silice, ne la cède pas au même traitement : la canne à sucre ne cède la sienne qu'en partie.

Le bois de chêne contiendrait-il, observe M. Déhérain, la silice sous un état isomérique spécial ? on sait que l'acide silicique en revêt plusieurs. Dans le chêne, peut-être, la silice n'est pas combinée avec la cellulose, ainsi que cela existe ailleurs.

D'après le même observateur, la silice existerait dans les feuilles de chêne sous le même état que dans le bois, état qui n'est pas celui du même corps dans les feuilles

____

(1) Becker et Henkel ayant dit que le fer et l'or étaient parties constituantes de tous les végétaux, Lesage prétendit avoir trouvé dans un quintal de bois de chêne 100 grains de fer et 2 ou 3 grains d'or. N'ayant pas trouvé ce métal précieux dans les chênes écorcés, il plaça l'or dans les enveloppes corticales de l'arbre.

de lilas, de sapin, de marronnier et de fougère, ainsi que le montre le tableau suivant :

FEUILLES DE	CENDRES		SILICE		SILICE de 100 p. de cendres	
	feuilles normales	feuilles lavées	feuilles normales	feuilles lavées	feuilles normales	feuilles lavées
Chêne.........	6.40	1.00	0.80	0.00	10.0	0.00
Lilas	5.00	0.10	0.50	0.03	10.0	3.00
Sapin.........	2.44	2.24	0.26	0.130	10.0	5.00
Marronnier	7.40	0.80	1.40	0.30	18.0	37.00
Fougère.......	12.70	2.70	4.10	0.18	32.3	66.06

MM. Frémy et Terreil ont fait l'analyse du bois de chêne, au point de vue des principes immédiats qui constituent essentiellement sa substance ligneuse.

Quand on a retiré du bois de chêne les substances qu'il peut perdre par l'action des dissolvants neutres, il reste un tissu ligneux composé de trois parties principales : la cuticule ligneuse, la substance incrustante et la substance cellulosique.

La cuticule ligneuse, sans être semblable à la cuticule des feuilles, s'en approche cependant par plusieurs analogies chimiques incontestables. Lorsqu'on la retire du bois au moyen de l'acide sulfurique, elle conserve entièrement la texture du tissu ligneux : c'est l'eustathe de Hartig. Pour la doser, on soumet pendant 36 heures un gramme de sciure de bois de chêne à l'action de l'acide sulfurique à 4 équivalents d'eau. Sous cette influence, les parties cellulosique et incrustante se dissolvent complètement. La cuticule ligneuse reste seule en suspension dans la liqueur. Le bois de chêne en contient 20 pour cent, celui de frêne 17,50 pour cent.

La substance incrustante est soluble dans l'acide sulfurique, qu'elle colore en noir : elle a été dosée par différence : elle est de 40 pour cent dans le chêne ; le bois de frêne en renferme 43,50 pour cent.

On dose la substance cellulosique en traitant la sciure de bois par l'eau de chlore pendant 36 heures. Le chlore dissout la cuticule, transforme en acide la matière incrustante ; cet acide est dissous entièrement par la potasse ; on lave, on sèche, et la substance cellulosique pure reste pour résidu. Le chêne en contient 40 pour cent, le bois de frêne 39.

En résumé, le chêne contient dans son bois :

Cuticule.	20
Substance incrustante.	40
Substance cellulosique.	40
	———
	100

(1)

Ce sont les matières organiques incrustantes qui sont pour les bois une cause de conservation ou de destruction. Ces matières organines sont généralement azotées ; elles sont recherchées par les xylophages et plus susceptibles de fermentations. Les antiseptiques, qui conservent les matières azotées, les conservent aussi.

(1) Une analyse de Baer, antérieure à celle-ci, établissait la composition du bois de chêne, ainsi :

Substance incrustante.	61
Tissu.	39

MM. Payen et de Mirbel ont constaté que dans les tissus ligneux d'un chêne de 25 ans :

		Mat. azotée.
100 de subst. org. de l'écorce int. vivante, contiennent		10,79
100 aubier d'un an....................	Id....	10,30
100 cœur sans aubier....................	Id....	9,40
100 cœur, près de l'étui médullaire.....	Id....	6,75

Les matières solubles dans l'eau, et l'ammoniaque de ces tissus contenaient pour cent 28,25 de matières azotées, tandis qu'il n'était resté dans les tissus lavés et séchés que 1,98 de matière azotée.

TANNIN DU CHÊNE.

Le chêne, on le sait, est un des végétaux les plus riches en tannin, et doit à ce principe la valeur de ses écorces et des galles qui se développent sur quelques espéces.

Hartig a étudié la nature du tannin renfermé dans les cellules du chêne, et le distingue de celui qui est contenu chez quelques autres plantes (1). Pour cet habile obser-vateur, le tannin des *Quercus* est incolore : il le nomme *Leucotannin*, pour le distinguer du *Xanthotannin* des ber-beridées, de l'*Erythotannin* des cornus, et des *Dammara*, et du *Chlorotannin*, qui est vert.

En hiver, les cellules corticales des chênes renferment des granules de tannin fondus dans une substance vi-treuse; ce caractère le distingue du tannin des cerisiers, des aunes, etc., où cette matière se rencontre à la fois à l'état amorphe et granulaire.

Dans le chêne encore, le tannin granuleux peut entrer

______

(1) *Das Gerbmehl* (le tannin), par Th. Hartig (*bot : Zeit :*) 1865, n° 7. pp. **53, 57.**

dans la formation de l'enveloppe secondaire qui l'entoure, à la place des granules de cellulose.

Quant au tannin amorphe, qui existe aussi dans les écorces de chêne, il entoure ordinairement un espace plus ou moins grand, sphérique ou ovoïde et vide : c'est la chambre intérieure de l'utricule de ptychode.

L'organe élémentaire qui porte le tannin chez le chêne, comme chez les autres végétaux ligneux, est analogue à ceux qui portent l'amidon et la chlorophylle : c'est un dérivé de la substance qui remplit le noyau cellulaire, un organisme enveloppé par une membrane se multipliant par une partition propre, et s'accroissant par intuscuception, et situé également dans la chambre ptychodique d'une utricule cellulaire à deux enveloppes.

Ce qu'il y a de plus important à établir, ce n'est pas la distinction de différentes formes de tannin dans le chêne, ou la coloration particulière qu'il offre dans les différents végétaux ; il faut surtout montrer que le tannin du chêne n'est pas toujours chimiquement le même que celui des autres plantes, et que, même à ce point de vue, celui de ses diverses parties doit être distingué.

Le tannin du chêne et de la noix de galle, ainsi que celui des sumacs et des bouleaux, colore les sels ferriques en noir.

Le tannin des quinquinas, cachous, etc., les colorent en vert. Celui du rathanhia et de l'absinthe en gris vert.

On peut distinguer maintenant dans le chêne seul deux expèces de tannins ayant des caractères communs et différentiels.

Les caractères communs sont : la saveur astringente, la couleur rouge qu'ils communiquent au tournesol, les précipités colorés avec les sels de fer et de vanadium, la précipitation des substances albuminoïdes.

Les caractères différentiels ont été établis par M. Wagner de la manière suivante :

TANNIN PATHOLOGIQUE.	TANNIN PHYSIOLOGIQUE.
Galles du chêne.	*Ecorces de chêne, fruits, etc.*
Résulte de la piqûre des Cynyps sur les branches de différentes espèces de chênes et de sumacs.	A l'état normal dans les différentes parties du chêne.
Sous l'influence des acides, ainsi que sous celle de la fermentation, il se dédouble en acide gallique et en une variété de Glycose. A la distillation sèche, il donne de l'acide pyrogallique $$C^{12} H^6 O^{6.}$$ Il précipite complètement la gélatine, mais le précipité se putréfie dans l'eau. Il agit sur le corium, mais ne le transforme pas en cuir capable de résister à la putréfaction.	Ne se dédouble, ni sous l'influence des acides étendus, ni sous celle des ferments. A la distillation sèche, il donne de l'acide oxyphénique $$C^{12} H^6 O^4$$ Produit avec la gélatine un précipité imputrescible. Convertit les peaux en cuir.

On distingue ces deux tannins sous les noms d'acide Gallo-tannique et d'acide Querci-tannique.

Nous parlerons des premiers ailleurs. Mais nous ferons remarquer que l'un de ses produits de transformation, l'acide Gallique, accompagne l'acide Querci-tannique dans les écorces. Est-il dû à une formation directe, ou provient-il d'acide Gallo-tannique, modifié par des acides, ou la fermentation ? La question est à résoudre.

Voici d'ailleurs la composition des écorces de chêne d'après Geber :

Substances extraites par l'eau ou l'alcool.	Acide gallique...............	1.00
	Gomme et traces de sels......	8.50
	Acide querci-tannique........	5.60
	Extrait coloré...............	8.66
	Sucre acide malique..........	tinces.
	Résine......................	1.11
	Matière cireuse..............	0.66
	Acide tannique altéré.........	2.34
Substances extraites par l'acide chlorhydrique et la potasse.	Acide pectique...............	6.77
	Matières extractives..........	1.167
	Id. Id. altérées....	2.54
	Phosphate de chaux..........	0.40
	Id. de magnésie........	1.15
	Malates de chaux et de magnésie	0.80
	Ligneux.....................	58.00
		99.52

La proportion d'acide querci-tannique et, par suite, la valeur des écorces de chêne, varie beaucoup. On a trouvé dans :

Ecorce blanche de vieux chêne............... 15,0 %.
  —   —   de jeune chêne............... 16,0 %.
  —   —   de chêne colorée....... ...... 4,0 %.
  —   entière de chêne.................... 6,3 %.

Lorsque l'on destine les écorces de chêne à la préparation des cuirs, il importe donc de pouvoir doser la matière tannante qu'elles renferme. Les procédés sont nombreux :

Mûller dose par une solution de gélatine additionnée d'alun. Il fait macérer, puis bouillir l'écorce de chêne pour obtenir une liqueur tannique ; on rapporte l'essai à celui du tannin contenu dans une bonne noix de galle, compté pour cent. Pour cent de tannin pur, il faut 155 en poids de la solution gélatineuse aluminée.

Fleck emploie l'acétate neutre de cuivre qui précipite le tannin et l'acide gallique ; mais le gallate de cuivre est seul redissous par le carbonate d'ammoniaque. Cette méthode peut avoir de l'intérêt pour distinguer l'acide quercitannique de l'acide gallique qui lui est associé dans les écorces.

Handtke emploie à cette analyse une solution acétique de peroxyde de fer.

Gerland a proposé une solution titrée d'émétique.

Les notions précédentes ne seront pas inutiles aux tanneurs et aux commerçants qui font trafic des écorces de chêne.

DURÉE DU BOIS DE CHÊNE.

La qualité la plus essentielle du bois de chêne, sa durée, a été attribuée, par beaucoup d'auteurs, à la présence des matières astringentes dans son tissu ligneux ; cependant l'écorce, plus riche en tannin que le bois, dure moins que lui, le tissu serré et dense de la matière ligneuse a, nous le croyons, plus d'importance que la composition chimique.

Constatons d'abord cette durée par des faits : Il y a quelques années, quand on reconstruisait le pont de Londres, on trouva des pilotis de chêne intacts ; depuis 600 cependant ils étaient sous l'eau. Les voûtes de la vieille abbaye de Westminster sont en vieux chêne sculpté.

Lorsqu'en l'an 1000, la crainte de la fin du monde eut ranimé la ferveur religieuse, de tous les côtés surgirent ces vieilles églises gothiques dont les charpentes monumentales, en bois de chêne, sont aussi saines qu'il y a 9 siècles. Sans doute, quelques-uns des arbres qui les formèrent avaient vu sous leur ombre les derniers survivants du Druidisme accomplir leurs mystères. Aujourd'hui, sous leurs voûtes séculaires, la prière monte encore, et ces arbres religieux, associés au culte des fils, comme ils l'avaient été à celui des pères, sont le trait d'union de deux mondes.

On avait souvent attribué ces vieilles charpentes au bois de châtaignier, dont l'aspect, avec l'âge, se confond avec celui du chêne ; mais, il y a quelques années, M. Payen prouva aux Sociétés centrales d'horticulture et d'agriculture de France, que ces charpentes étaient en chêne. Sur un plan perpendiculaire à l'axe des fibres ligneuses, on peut distinguer le vieux chêne du vieux châtaignier ; les rayons médullaires du premier sont visibles à l'œil nu, ceux du châtaignier à la loupe seulement (1).

Les chênes taillés de main d'homme nous font encore remonter bien plus loin : voici des pieux grossiers en bois de chêne : ni le bronze, ni le fer ne les ont aiguisés ; c'est à l'aide de haches de silex qu'ils ont été façonnés. On les a retirés des lacs de Genève, de Bienne et de Constance, où les enfoncèrent les hommes de l'âge de pierre pour soutenir leurs habitations lacustres. Dès cette époque on avait acquis par expérience la preuve que le chêne était incorruptible ; et c'est ainsi qu'un informe morceau de chêne, trouvé sous les eaux d'un lac, est devenu le plus ancien témoin de l'homme pré-historique.

Aucun de nos bois indigènes n'est susceptible d'une semblable conservation ; mais comparé à certains bois étrangers le chêne perd le premier rang.

M. de Lapparent a soumis aux mêmes épreuves des

(1) Telles d'Acosta dit que les araignées ne suspendent pas leurs toiles aux bois des charpentes en châtaigniers, et qu'elles en couvrent les bois de chênes.

barreaux de chêne et des barreaux de divers bois employés dans les constructions navales. Ces tiges ligneuses ont été placées dans une caisse fermée avec du fumier de cheval humecté ; une autre série semblable a été disposée dans une autre caisse fermée contenant de la terre humide ; chaque barreau y était enfoncé d'un peu plus de la moitié de sa longueur. Après un séjour de six mois, dans ces conditions, les barreaux ont été retirés et soumis aux épreuves de résistance à la rupture. Les uns avaient plus perdu dans le fumier que dans la terre, pour d'autres c'était le contraire. On a pris la moyenne des deux pertes et le résultat suivant en est sorti :

BOIS	Pertes de force.	
Chêne de France....................	30	o/o
Teck de Moulmein	16 1/2	—
Teck tendre........................	25	—
Angélique	5	—
Coupi.............................	0	—
Bois violet	0	—
Wacapou..........................	0	—
Balata	10	—
Courbaril.........................	12 1/2	—
Taoub jaune.......................	31 3/4	—
Saint-Martin......................	14 3/4	—
Cèdre noir........................	22 1/2	—
Hêtre injecté de sulfate de cuivre....	30	—
Peuplier *Idem*.	10	—

En général, la durée des bois étant proportionnelle à leur densité, on comprend que cette qualité varie infiniment, pour les différentes espèces de chêne et pour la même espèce, suivant l'âge du bois, la partie que l'on considère, les conditions culturales, climatériques, etc.

Pour la durée, les espèces de bois de chêne les mieux connues pourraient être classées ainsi :

> Chêne pédonculé.
> Chêne sessile.
> Chêne zan.
> Chêne blanc.
> Chêne quercitron.
> Chêne verdoyant.
> Chêne lancéolé.
> Chêne de Xalapa.
> Chêne bois de fer.
> Chêne réticulé.
> Chêne obtus.
> Chêne à feuilles lancéolées, etc.

Les différentes qualités des bois de chêne les rendent propres à des emplois variés, que l'on peut établir comme il suit, pour les espèces les plus connues :

Tannage.	Marine.	CHÊNES
CHÊNES	CHÊNES	Sessile.
Pédonculé.	Pédonculé.	Pubescent.
Sessile.	Sessile.	Zan.
Blanc.	Blanc.	Prin.
Quercitron.	De Garry.	Noir.
Yeuse.	Chevelu.	A lobes arqués.
Verdoyant.	Verdoyant.	De Catesby.
	Zan.	Chevelu.
Teinture.		Yeuse.
		Liége.
CHÊNES.	**Chauffage.**	Verdoyant.
Quercitron.		Du Mexique.
Velani.	CHÊNES	De Xalapa.
A galles.	Tauzin.	Réticulé.
Kermes.	Pédonculé.	Glaucescent.

Merrains.

CHÊNES

Pédonculé.
Sessile.
Blanc.
Pubescent.
Quercitron.
De Xalapa.

CHÊNES

Chevelu.
Velani.
Yeuse.
Ballote.
Glabre.
Cuspidé.

CHÊNES

Glabre.
Cuspidé.

Vannerie.

CHÊNE

Blanc.

Cercles.

CHÊNES

Blanc.
Tauzin.

Chênes à glands alimentaires.

CHÊNE

A glands doux.

Charronnage.

CHÊNES

Pédonculé.
Sessile.
Blanc.
De Garry.
Prin.
Zan.
A lobes arqués.
Verdoyant.
De Xalapa.
Bois de fer.
Réticulé.

Travaux publics.

CHÊNES

Pédonculé.
Sessile.
Blanc.
Pubescent.
De Garry.
Prin.
Zan.
Quercitron.
Verdoyant.
Lancéolé.
De Xalapa.
Bois de fer.
Réticulé.
Obtus.
A f^{lle} de sémé.
A f^{lle} lancéolée.
Acuminé.

Nous pourrions ajouter que la valeur de la sciure de bois de chêne et des feuilles de chêne, comme engrais, a été déterminée :

	Sciure.	Feuilles d'automne.
Eau pour cent......................	26	24.99
Azote dans 100 parties de matière sèche.	0.72	1.575
Azote dans 100 parties de mat. non sèche.	0.54	1.175
Équivalent de la matière sèche........	227.70	177.80
Id. non sèche.....	74.00	34.00

Il est toujours facile, avec un peu d'habitude, de reconnaître le bois de chêne récent. Lorsque plusieurs siècles ont passé sur cette matière, nous avons vu que c'est plus difficile. Quand le bois est très-divisé, lorsqu'il est par exemple à l'état de sciure, l'embarras peut être considérable. Il semble que ce soit là une question bien mince, et d'une bien rare opportunité : c'est vrai ; il peut arriver cependant qu'en expertise légale, il puisse être utile de savoir distinguer la sciure de bois de chêne de celle des bois les plus communément employés, comme le hêtre, le sapin, le châtaignier, l'orme, etc. Nous nous sommes livré à cette recherche, et nous consignons ici les résultats principaux auxquels nous sommes arrivé, à titre de renseignements ou de curiosité.

Les réactifs que l'on peut employer pour la distinction de la sciure du chêne de celle des autres essences, sont ceux qui communiquent à ces matières des colorations différentes. Les acides étendus, les solutions alcalines, produisent ces résultats. Cependant ces substances ne sauraient parfaitement convenir à la recherche dont nous parlons, parce qu'il est souvent difficile de proportionner la quantité du réactif à la quantité de matière ligneuse, et qu'on peut ainsi arriver à produire des teintes variées avec la même sciure et le même réactif.

L'emploi de réactifs gazeux n'offre pas ces inconvénients ; ils déterminent toujours les mêmes teintes pour le même temps d'action.

Si l'on place, par exemple, sur des plaques de verre, disposées sous une cloche, de petites quantités de sciures de différents bois ; si l'on introduit sous cette cloche un petit verre à expérience ou une capsule contenant le mélange d'acides qui constitue l'eau régale, les vapeurs nitreuses qui se dégagent lentement de ce liquide réagissent lentement aussi sur les matières ligneuses et les colorent diversement.

Si, au lieu d'eau régale, on introduisait sous la cloche un peu d'iode, les vapeurs de ce corps produiraient aussi sur les bois en poudre des teintes particulières.

Il en serait de même d'un mélange d'acide chlorhydrique et de peroxyde de manganèse, même à froid.

Enfin les vapeurs d'une solution concentrée d'ammoniaque détermineront aussi des réactions spéciales.

Ce sont ces quatre réactifs gazeux que j'ai employés : vapeurs nitreuses, vapeurs ammoniacales, vapeurs d'iode et de chlore.

Ce qu'il y a d'avantageux, c'est que l'on peut non-seulement user de chacun de ces réactifs isolément, mais qu'on peut aussi les faire se succéder les uns aux autres dans des ordres différents, et obtenir ainsi un nombre fort considérable de réactions, dont quelques-unes sont suffisamment caractéristiques.

Rien n'est plus facile que de distinguer la sciure de bois de chêne de celles du frêne, de l'orme, du hêtre, du buis, du pin, du sapin, du gaïac. Sous une cloche en verre, disposez quelques plaques de verre, et sur chacune une pincée de sciure ; placez auprès une capsule pleine d'ammoniaque liquide. Le lendemain, la sciure de chêne sera devenue d'un brun presque noir ; les autres auront peu changé de teinte, si ce n'est le gaïac qui sera devenu vert. Cette réaction est tellement caractéristique que des mélanges de sciures de chêne, d'orme ou de hêtre, etc., peuvent ainsi être reconnus.

Malheureusement le châtaignier présente identiquement les mêmes réactions : impossible de distinguer l'un de l'autre ces deux bois à l'état de division. Leur analogie, nous l'avons dit, est déjà très-grande chez les pièces ouvrées et très-anciennes : cette similitude, en présence de l'action prolongée des agents atmosphériques et des réactifs, tient évidemment à une grande ressemblance dans la composition chimique.

Le chlore, l'iode, les vapeurs acides, agissent de la même façon sur le chêne et le châtaignier divisés.

L'action de l'ammoniaque, succédant à celle des vapeurs acides de l'eau régale, communique cependant au châtaignier une teinte brune un peu rosée ; mais cette distinction est insuffisante.

Il en est de même de la différence des teintes que reprennent à l'air ces deux bois divisés, quand on les a successivement traités par l'ammoniaque et les vapeurs acides.

En résumé, les vapeurs ammoniacales suffisent à distinguer le bois de chêne divisé de tous les autres bois, sauf de celui de châtaignier.

Nous avons dit que la durée du bois de chêne, et son inaltérabilité, étaient les deux qualités qui le faisaient rechercher pour les constructions navales.

Les auteurs qui se sont occupés d'hygiène navale ont établi que le chêne était aussi l'essence ligneuse qui, par ses propriétés hygiéniques, convenait le mieux à l'édification de ces étroites demeures, où tant d'hommes se trouvent accumulés.

Dès 1832, Forget écrivait : « L'hygiène météorologique d'un navire commence pour ainsi dire sur le chantier : du choix du bois de construction dépend souvent la salubrité future du bâtiment. »

Plus tard, M. le professeur Fonssagrives, dans son *Traité*

d'hygiène navale, a formulé la même pensée en la précisant : « Les qualités nautiques du bois de chêne (nous dirions presque les qualités hygiéniques, tant elles sont intimement confondues), diffèrent suivant une foule de circonstances. »

Tant que le chêne se conserve inaltéré, les matières organiques de sa substance ne peuvent avoir d'influence fâcheuse sur la santé des hommes : et comme c'est chez lui que les altérations sont les plus tardives et les moins actives quand elles commencent, l'excellence de ses propriétés nautiques peut avoir pour conséquence ses qualités hygiéniques.

LIVRE II

—

Troisiéme Partie.

—

PRODUCTION DU CHÊNE.

CHAPITRE XII

—

Histoire de la production du Chêne.

—

L'histoire de la production du chêne n'est pas seulement l'étude des procédés de sylviculture qui sont employés pour obtenir cette essence ligneuse ; elle comprend encore l'exposé des vicissitudes de cette production à travers les temps et les systèmes. Le fracas de toutes les commotions sociales a reveillé l'écho des vieilles futaies, et leur prospérité ou leur décadence a toujours fidèlement représenté l'état moral et politique des sociétés.

Ce fut d'abord sous la garde du sentiment religieux que les chênes furent placés par l'institution Druidique. Le culte des arbres, nous l'avons dit ailleurs, était commun à toute l'antiquité païenne, du Gange à l'Armorique. Aujourd'hui même, chez les peuplades océaniennes, lorsque le Tabou est mis sur les bois par les prêtres, ils deviennent sacrés, nul n'oserait y toucher.

Sous l'influence de cette législation sacerdotale, la Gaule conserva longtemps ses immenses forêts, dont les Phocéens de la Provence avaient seuls entamé la masse imposante. « Les forêts qui existent aujourd'hui en France, même les plus vastes ne représentent, que d'insignifiants débris des imposantes masses boisées qui, un siècle avant l'ère chrétienne, couvraient notre pays. » (1)

La conservation des forêts, pour les bois de chêne qu'elles produisent, n'était pas le but des prescriptions druidiques ; la forêt était alors le meilleur rempart de la Gaule contre l'invasion ; et nos pères dont la chasse et le bétail constituaient les seuls moyens d'existence, trouvaient, sous ces abris profonds, la sécurité d'abord, et ce qui était nécessaire à leurs besoins.

Lorsque l'incendie, les cultures autour des villes naissantes, l'exploitation des mines du centre, eurent produit de vastes lacunes dans l'immense forêt, ses masses principales restèrent encore unies par des zones boisées nommées *Marches* : sortes de terrains neutres dont les populations riveraines respectaient les vieux chênes.

Vint la conquête romaine : les routes stratégiques éventrèrent la forêt, et l'incendie allumé par le vainqueur en diminua l'étendue ; la culture de la vigne et du blé se répandant partout, de vastes espaces couverts de chênes retentirent du bruit de la hache sur les troncs séculaires.

Dès lors, un principe nouveau de conservation remplaça la législation druidique ; la fiscalité romaine créa de telles charges pour la propriété, que de vastes étendues boisées, délaissées par les particuliers, retournèrent au domaine public ; les défrichements se trouvèrent ainsi arrêtés pour un temps.

L'invasion des barbares fut aussi profitable au maintien

_____
(1) Ch. de Kirwan. *La France forestière : Correspondant*, 25 juillet 1869.

des forêts : la misère des hommes faisait en ces temps la prospérité des chênes ; et , de nos jours encore , on retrouve des débris de la civilisation gallo-romaine au milieu d'antiques futaies reparues sur le sol d'où on les avait chassées.

Les nouveaux venus, issus de contrées encore plus boirées que la Gaule , avaient , comme leurs ancêtres des plateaux de la haute Asie , la passion de la chasse et le respect des arbres ; aussi la forêt fut sauvegardée, pendant la durée des temps Mérovingiens, par une législation plus soucieuse de la protection des arbres au point de vue du sgibier, auquel ils servaient d'abri et de retraite, que pou leur utilité intrinsèque. La forêt resta domaine public, ce qui la préserva des dévastations. Le bois, d'ailleurs, avait si peu de valeur, bien que l'on commençât à l'employer à la fabrication des tonneaux , que nulle exploitation n'était possible. La loi Burgonde autorisait tout individu qui avait besoin d'un chêne à le couper dans n'importe quelle forêt, sans que le propriétaire pût s'y opposer.

Les chefs conquérants s'étaient particulièrement réservé le droit de chasse sur des espaces déterminés, forêts ou plaines, qui furent désignés sous le nom de *Forestæ* (d'où est venu plus tard *Foresta*, synonyme de *Sylva*). Les chefs concédèrent ensuite aux leudes, aux nobles, aux abbayes, des parts de ces *forestæ*. L'afforestation et la conservation des arbres fut ainsi assurée par une foule d'édits, d'arrêts, de défenses, de priviléges locaux, autant que par les lois Salique, Ripuaire, Gombette et Visigothe.

Le roi et les leudes déléguèrent sur leurs forêts certains droits d'usage, tels que affouage, glandées, panaisons, etc., qui grèvent encore certains domaines forestiers.

Sous Charlemagne (1) des agents, nommés *forestarii*, avaient charge, sous la surveillance des *missi dominici*, de régir les terres afforestées.

Après la dissolution du grand empire d'Occident , les grands seigneurs féodaux conservèrent leurs droits sur la forêt, que les routes, les défrichements plus considérables avaient déjà morcelée en parties bien distinctes. Sauf les droits aux produits secondaires, auxquels vint se joindre le droit de garenne , la population fut exclue de cette propriété, sur laquelle l'interdit féodal avait succédé à l'interdit sacerdotal. Ce fut une période de tranquillité pour les vieilles futaies de chênes.

L'affranchissement des communes , en augmentant la liberté et l'étendue du domaine particulier, donna à la population un essor qui , se traduisant par des besoins nouveaux, inaugura l'ère des déboisements qui ne s'est pas ralenti depuis. Les droits de fouage, marronnage, ramage, glandée, panage, paisson, etc., concédés par les seigneurs dans les bois de chênes aux populations croissantes, les ouvrirent à toutes les dévastations. L'industrie des forges, l'immensité des âtres, la grosseur des poutres, les proportions massives des charpentes , consommèrent d'énormes quantités de bois de chêne. Dans certaines provinces, d'après M. Alphonse Maury, le droit de ramage , entr'autres , avait amené de tels abus que , dès le XIe siècle, les Chartes défendaient d'enlever le bois de chêne.

Heureusement que, sous la dynastie capétienne , le domaine de la couronne absorba les forêts de tous les grands territoires de la France féodale , qui successivement ve-

(1) A cette époque, la conservation des forêts suffisait ; on en défendait la création. Un capitulaire de Charlemagne disait : *Et ubi locus fuerit ad stirpandum stirpare facient judices.*

Un autre capitulaire de Louis le Débonnaire disait : *Ut comitibus denuncient ne ullam forestam noviter instituant, et ubi noviter institutas sine nostra jussione invenerint dimittere prœcipiant.*

naient se fondre dans la France royale. Un des plus beaux fleurons de la couronne fut ce domaine forestier , que remplissaient des chênes plusieurs fois séculaires.

L'intervention du pouvoir central dans la conservation de ces futaies presque uniquement composées d'essence quercienne, s'ouvre par deux édits : l'un de Philippe-Auguste, en date de 1219, l'autre de Louis VIII, en date de 1223 : tous les deux concernent les attributions des gardes forestiers.

Ces gardes, chargés d'empêcher le mal, en furent souvent les auteurs, ainsi que le prouvent les peines édictées contre eux par Saint-Louis et ses successeurs. Ce ne fut qu'en 1280 qu'une ordonnance de Philippe-le-Hardi, précisant leurs fonctions, posa les bases d'une administration forestière sérieuse, que deux ordonnances de Philippe de Valois agrandirent, et que le règlement des eaux et forêts de Charles V compléta (1). Ces dernier roi prescrivit le premier, en 1376, la réserve de huit baliveaux de chêne par arpent à chaque retour de coupe ; en outre, une juridiction spéciale nommée *Tables de marbre*, eut connaissance de tous les délits forestiers.

Le règne désastreux de Charles VI, pendant lequel les bois des particuliers furent affranchis de toute réglementation, détruisit l'effet de ces sages prescriptions. On n'était plus au temps où la chasse et le bétail faisaient vivre des populations sylvestres, le besoin de bois était déjà considérable, les forêts furent de nouveau dévastées. Le mal dura jusqu'en 1528, où François 1er voulut y couper court par une ordonnance royale, où il était dit entre autres choses : « Pour obvier au grand dégât et destruc-

(1) Les forêts ont été grandement foulés et endommagés, écrivait ce roi en 1338.

tion de bois qui advient au moyen de jeunes chênes et autres arbres qu'on prend en nos forêts, tant pour nopces, banquets, festins, des paroisses, confrairies, tavernes, qu'autrement, etc. » Une autre ordonannce du même roi étendit la compétence des Tables de marbre à toutes les forêts sans exception (1).

Charles IX, en 1560, défendit aux gens d'église de vendre leurs futaies. Celles de la Couronne furent déclarées inaliénables en 1566, et l'édit de 1573 enjoignit aux ecclésiastiques de réserver le quart de leurs forêts. En 1583, Henry II voulut que l'empreinte d'un marteau fut appliquée à tous les arbres de réserve. Malheureusement Henry III, en multipliant les hautes charges forestières, et en les vendant, fit naître de grands désordres. Les agents, pour rentrer dans leurs déboursés, concédèrent une foule d'usages qui firent le plus grand mal aux forêts. Il n'était que temps de porter un remède à cet état de choses, lorsque, en 1597, Henry IV ordonna le rachat des usages onéreux et la suppression de la vénalité des offices. Il étendit à tous les particuliers, détenteurs de bois, l'obligation d'élever des futaies de chênes, en fixant au tiers de leurs forêts la surface qu'ils seraient tenus d'y employer. Ce grand roi, auquel Sully, dans un jour de pénurie, avait sacrifié les belles futaies de Moret, qui étaient sa propriété, savait quels trésors une sage administration forestière sait produire.

Sous Louis XIV, la célèbre ordonnance de 1669, résultat de longues et minutieuses informations, tira la propriété

(1) Cette ordonnance de François Iᵉʳ, datée de mars 1515, Lyon, disait : « Nous deucment advertis et informez des pilleries, larcins et abus qui se font aux eaux et forêts de notre royaume, au grand dégât et destruction d'icelles, tant par nos officiers qu'autres..... »

forestière de sa décadence, unifia l'administration qui en avait la garde, et fit disparaître la confusion et l'incertitude de la législation précédente.

Tous les propriétaires de bois de chênes, sans exception, furent obligés de laisser les taillis sur pied, au moins jusqu'à dix ans, et d'y réserver seize baliveaux par arpent. Dix brins de réserve par égale surface devaient être maintenus jusqu'à 120 ans dans les bois traités en futaies. Cette dernière clause n'était peut-être pas ce qu'il y avait de.mieux dans l'ordonnance, car les baliveaux de chênes ne se développent pas également bien sur tous les terrains. Quoi qu'il en soit, cette réglementation nouvelle, inspirée par Colbert, sauva d'immenses quantités de bois de chênes et prépara pour la marine française, qui venait de se relever glorieusement, de grandes ressources pour l'avenir.

Il fut difficile de faire ployer tous les détenteurs de bois sous cette législation, et l'on vit le clergé consentir une amende de quatre millions pour éviter l'impôt d'une pistole par arpent de ses bois indûment coupé.

L'ordonnance de 1669 était encore en vigueur en 1791. Le 29 septembre de cette année, une loi de l'Assemblée constituante rendit aux particuliers la pleine indépendance de leurs propriétés forestières. On a beaucoup reproché depuis cet acte à la Constituante : elle ne fit cependant que se conformer aux vœux de la plupart des Cahiers. Les formalités et les ennuis par lesquels un propriétaire était obligé de passer, quand il voulait abattre ses bois, étaient tels que des plaintes avaient éclaté dans tout le royaume. On peut dire cependant avec M. Bonnard : « En stipulant pour la liberté, on oublia de stipuler pour le bon ordre, au point de ne rien articuler contre les défrichements : la France portera à jamais les stigmates de cette omission. »

La destruction qui en suivit fut telle, que M. Michelet, assez indulgent pour la Révolution, décrit ainsi la dévastation des forêts par les hommes de cette époque : « Ils escaladèrent, le feu et la bêche à la main, jusqu'au nid des aigles ; cultivèrent l'abîme, pendus à une corde : les arbres furent sacrifiés aux moindres usages. » L'aliénation de plusieurs forêts de l'Etat vint encore aggraver le mal.

Le Consulat fut une époque de réparation. La loi du 6 janvier 1801, et l'arrêté du 26 janvier de la même année réorganisèrent l'administration forestière : les défrichements sans autorisation furent de nouveau interdits.

Mais que peuvent des décrets pour une production qui demande des siècles dans un pays sans stabilité politique. L'empire ne suivit pas les errements du Consulat, les forêts périclitèrent de nouveau.

En 1824, M. Bonnard, ingénieur de la marine et l'un des directeurs-forestiers de ce département, jeta un cri d'alarme. Son grand mémoire inséré en 1822 dans les *Annales maritimes*, et son ouvrage publié en 1826 à la veille d'une nouvelle législation forestière, sont d'éloquents plaidoyers en faveur des débris des antiques forêts de chênes de la France.

Depuis 30 ans une immense quantité de futaies avait disparu. « Nos succès, nos discordes, nos malheurs ont également pesé sur nos forêts pendant cette orageuse période.... Quand on réfléchit que ces choses se sont passées dans cinq fois moins d'années qu'il n'en faut à un bon sol pour perfectionner une futaie, et que la plupart des terrains déboisés ont été ou défrichés ou tout à fait abandonnés à la stérilité, on croit être loin de l'exagération en estimant qu'il ne reste pas actuellement en France un dixième de la quantité de hautes futaies en bois de chênes qu'elle possédait au commencement de la révolution. » (BONNARD).

Écoutons encore le savant ingénieur, quand il apprécie l'influence de l'état social nouveau sur les forêts et les bois. « Les titres et les priviléges affectés à certaines terres, le droit d'aînesse et les autres principes de stabilité qui prévenaient le morcellement des héritages, et rendaient les domaines moins mobiles, devaient porter à la conservation par la religion des souvenirs et celle des espérances. C'était un bois sacré que celui qu'avaient soigné des ancêtres dont on recevait l'illustration, et dont jouiraient les successeurs du nom et du rang. Ils étaient sacrés ces parcs, ces avenues qui formaient l'aspect seigneurial du manoir, et ces illusions aussi légtimes qu'utiles de la classe élevée, s'étendant par imitation à une multitude de moindres propriétaires, mettaient de toute part les beaux arbres sous la protection d'une sorte de culte. »

Mais, quand l'art de faire produire les capitaux, fut devenue la passion et l'œuvre du siècle, dans toutes les classes ; quand la puissante sollicitation des intérêts composés vint ruiner les combinaisons forestières réellement fécondes, les vieux chênes gémirent de nouveau sous les coups redoublés de la hache.

Deux propriétaires A et B possédent X hectares de chênes. A les coupe à 100 ans, B fait 4 coupes dans cet intervalle. A retire 4 fois plus de bois que les coupes de B n'en produisent : mais B a joui des intérêts composés de la première petite coupe pendant 75 ans, de la deuxième pendant 50, de la troisième pendant 25 ; sa plantation lui a rapporté 4 fois plus d'argent que celle de A.

Ainsi donc à 100 ans, et surtout à 150 ans, le chêne a sa plus grande valeur, mais à 50 ans, il peut déjà fournir aux constructions civiles des matériaux de prix. Il faudra donc que pendant un siècle une famille résiste à la tentation de réaliser la mine d'or que recèle une vieille futaie : il faudra peut-être qu'elle vive de sacrifices pour des héritiers lointains auxquels l'incertitude des temps ne laissera peut-être pas ce bien parvenir. Souvent encore le père de famille hésite à laisser ces belles coupes à l'un de ces fils prodigues dont le poëte a dit :

> Tu songes, calculant le taillis qui s'accroît
> Que Paris, ce vieillard qui l'hiver a si froid,
> Attend sous ces vieux quais, percés de rampes neuves,
> Ces longs serpents de bois qui descendent les fleuves,
> Et tu changes ces bois où l'amour s'enivra,
> Toute cette nature, en loge d'opéra.
>
> V. Hugo. — *A un riche.*

La production des chênes de futaies pour les particuliers est donc un rêve à l'heure actuelle ; ce qui le démontre outre mesure, ce sont les chiffres suivants relevés par M. Bonnard, dans sa circonscription forestière du bassin de la Loire, à une époque déjà éloignée, mais où les conditions sociales étaient les mêmes qu'aujourd'hui.

De 1818 à 1821, le martelage produisait annuellement 4,500 stères de bois de chêne dans les propriétés particulières : en 1824, ce chiffre était monté à 17,000 stères : ainsi la destruction des chênes avait quadruplé.

Une autre tendance fatale aux chênes, et dont l'intérêt est encore la cause, c'est le remplacement de cette essence par le pin, aussi bien dans les forêts de l'Etat que dans les propriétés particulières. C'est que les plus beaux pins vivent à l'aise à 10 pieds les uns des autres, tandis qu'il faut au chêne un écartement définitif de 26 pieds. Le pin demande 100 p. carrés, le chêne 676. La superficie qui contiendra 676 pins, ne renfermera que 100 chênes. Les pins seront mûrs à 120 ans, les chênes à 150 ou 160. On récoltera 4 fois les conifères, quand on coupera 3 fois seulement les chênes.

La création forestière en chêne coûte plus que celle en résineux. Il ne faut que 6 kilog. de graines de pin par hectare ; il faut 960 kilog. de glands pour la même superficie. Le prix de récolte et de transport des premières est infiniment moins considérable que celui des seconds.

Les communes ne sont pas plus aptes à produire les chênes propres aux grands travaux, surtout pour les constructions navales, que les particuliers. L'Etat se pose bien en tuteur de leurs forêts, il les surveille comme les siennes, mais cette tutelle ne leur enlève pas le droit commun de la propriété, droit inviolable. L'Etat ne peut empêcher une commune de trouver, dans ses bois, l'argent nécessaire à des besoins urgents : il ne peut la forcer à contracter des emprunts onéreux pour réserver des futaies de chênes. On sait dans quel tourbillon de dépenses utiles ou luxueuses les communes sont emportées, depuis un demi-siècle, et les vieux chênes ont payé plusieurs fois le faste des cités.

L'Etat reste donc, par ses forêts, le seul producteur de chênes sur lequel on puisse compter, ou du moins il devrait l'être. A lui les longs espoirs, à lui le soin paternel de préparer, pour les générations à venir, ou de leur réserver une richesse dont il ne doit être que l'usufruitier.

Malheureusement, chez nous, l'Etat, nous l'avons vu et dit, est encore plus besoigneux que les particuliers et les communes : et son économie forestière, d'après les écrivains les plus compétents, est incompatible avec l'éducation de chênes.

« L'administration forestière, rouage engagé dans le mouvement général d'un ministère, sur lequel pèse la tâche immense de pourvoir à tous les besoins d'argent, détenteur de la matière la plus souple aux promptes réalisations financières, et qui, pour cette raison, fut toujours le point de mire des chercheurs d'expédients, pour solder nos malheurs ou nos fautes, cette administration ne peut répondre du succès d'aucun plan. Il suffit d'un ministre sur dix qui, poussé par les incidents politiques, porte sur elle le tranchant d'un système divergent du sien, pour briser la série de ses combinaisons d'un siècle, mettre à néant de longs efforts. » (BONNARD).

Ainsi, dès 1824, il devenait évident que les forêts de l'Etat par la diminution de leur superficie, par leur méthode d'exploitation, étaient de moins en moins propres à la production des bois d'œuvre en essence de chêne.

Cette conviction généralement sentie amena, en 1824, la création de l'école forestière de Nancy, pépinière féconde de savants forestiers entre les mains desquels les forêts, cette portion si intéressante de la fortune publique, se relèveraient certainement si les raisons d'Etat ne venaient pas à chaque instant déranger leurs travaux.

Les préoccupations publiques au sujet de la production des bois se firent jour de nouveau en 1827, époque à laquelle fut publiée la législation forestière qui nous régit encore.

Le législateur voulut mettre un obstacle légal à l'absorption des richesses forestières léguées par les siècles passés à une génération pressée de jouir ; il entendit l'en rendre seulement usufruitière. Pour cela, il donna à l'administration forestière un point d'appui légal, qui l'aidât à résister aux communes et aux établissements publics dont elle régit les bois.

Ce point d'appui existe dans l'article 70 de l'ordonnance royale du 1ᵉʳ août 1827, imitée de l'ordonnance de 1669. Il prescrit de réserver 50 baliveaux de l'âge de la coupe par hectare, et enjoint de n'abattre les baliveaux modernes et les anciens qu'autant qu'ils seront dépérissants ou hors d'état de prospérer jusqu'à une nouvelle révolution.

De savants sylviculteurs, tout en reconnaissant l'esprit conservateur de cette législation, en contestent les bénéfices au point de vue cultural. Ils n'admettent pas que le taillis sous futaie qui résulte de ces prescriptions soit partout possible. Ils signalent l'inconvénient de fixer uniformément le nombre des réserves sans égard aux conditions de la végétation. Ils regrettent que la loi ne se soit occupée que du nombre des baliveaux de l'âge. Ils montrent enfin que le chêne ne dépérissant souvent qu'au-delà de 180 ans, il faudrait attendre six révolutions de 30 ans du taillis pour l'atteindre, ce qui amènerait une telle proportion de grands arbres dans la forêt, que le taillis, trop couvert, disparaîtrait bientôt, ne laissant plus qu'une futaie bâtarde, où ni les souches, ni les semences ne seraient fécondes ; les premières ne pouvant se reproduire de jets, épuisées qu'elles sont par la création d'un arbre de 180 ans ; les secondes étouffées sous l'ombrage. « Le balivage selon l'ordonnance, exécuté à la lettre, ne saurait aboutir qu'à de mauvais résultats. »

Les auteurs que nous venons de citer, tout en demandant le maintien de l'article 70 de l'ordonnance réglementaire du code de 1827, pour son esprit conservateur, expriment le vœu que conformément à l'article 15 du code forestier, des ordonnances puissent régler les aménagements, en raison des besoins et des circonstances locales ; la production des chênes en tirerait un grand avantage.

L'âge de la coupe des taillis pour les chênes était fixé à 25 ans.

A titre de dispositions transitoires, pendant 20 ans à partir de la promulgation du décret, aucun particulier ne pouvait arracher ni défricher ses bois sans en avoir obtenu l'autorisation. En cas de contravention, après avoir subi une amende pouvant s'élever à 1,500 fr., le propriétaire était tenu de rétablir son bois, par semis ou plantation.

Il était même interdit d'abattre des bois de très peu d'étendue (4 hectares), placés sur le sommet ou la pente d'une montagne.

Les semis ou plantations sur les montagnes étaient affranchis d'impôt pendant 20 ans.

Toutes ces clauses et la suppression du martelage dans les bois des particuliers étaient assurément bien faites pour amener un arrêt dans la destruction des futaies de chênes, et même pour en encourager la culture.

Une ère de calme et de prospérité apportait aux forêts ce qui leur manquait depuis si longtemps ; les vieux chênes, symboles de la paix, allaient pouvoir poursuivre leur carrière. Hélas ! l'horizon politique se couvrit de nuages, soudain le sol trembla et la révolution de 1830 éclata. Cet ébranlement social allait à bref délai retentir dans les bois. Dès 1831, une loi présentée par M. Lafitte inaugurait un nouveau système financier et aliénait 119,000 hectares de forêts. Combien de belles futaies, combien de beaux chênes furent encore les victimes de nos folles agitations.

Lorsqu'en 1848, le peuple eut jeté bas l'édifice élevé par lui en 1830, nouvelle révolution, nouveau sacrifice ; en 1850, M. Fould propose et fait accepter à l'Assemblée législative une vente de 50,000 hectares de bois dont la moyenne partie était comme toujours des bois de chênes ; ce sont ceux qui rapportent le plus !

Des décrets de 1852 et une loi de 1855 portèrent cette dernière aliénation à 70,000 hectares.

Une loi du 18 juin 1859 modifia diverses dispositions du

code forestier de 1827, en précisant les cas dans lesquels l'autorisation du défrichement ne serait pas accordée aux particuliers. Ces cas étaient ceux où la conservation des bois était reconnue nécessaire :

1° Au maintien des terres sur les montagnes ou sur les pentes ;

2° A la défense du sol contre les érosions des fleuves, rivières ou torrents ;

3° A l'existence des sources ou cours d'eau ;

4° A la protection des dunes ou des côtes contre les érosions de la mer et l'envahissement des sables ;

5° A la défense du territoire dans la partie de la zone frontière qui sera déterminée par un règlement d'administration publique ;

6° A la salubrité publique.

Cette même loi prescrivait au propriétaire qui aurait défriché sans autorisation, de rétablir les choses dans un délai de trois années.

L'opinion publique se montrait reconnaissante en France de toutes les mesures qui pouvaient sauver quelques-unes de nos vieilles futaies de chênes, intéressantes à tant de titres, et dont les bienfaits avaient une autre portée que celle de la création de bois d'œuvre.

En 1865, lorsque l'Etat demanda aux chambres l'autorisation d'aliéner, dans l'espace de 6 ans, des bois du domaine, jusqu'à concurrence de 100 millions de francs, il dut y renoncer devant les manifestations du sentiment public.

A chaque besoin d'argent la hache se lève sur les vieux chênes ; l'année suivante, une loi du 11 juillet affectait les forêts à la caisse d'amortissement ; en vertu de cette loi, des

aliénations de bois domaniaux et des ventes extraordinaires enlevaient encore, de 1866 à 1868, 3,600 hectares de
forêts.

Au mois de juillet 1860 fut publiée une loi très importante qui avait pour but le reboisement des montagnes. Il
fallait des ressources pour une œuvre aussi considérable ;
naturellement les forêts existantes durent en faire les frais,
et la moitié de la somme nécessaire dut être réalisée par
des aliénations partielles du domaine forestier.

Cette loi associait cependant deux intérêts puissants, la
conservation du sol et la production du bois. De 1861 à
1868, 79,000 hectares furent reboisés. Dans le rapport du
directeur général des forêts au ministre des finances, nous
remarquons que dans les plantations de diverses essences
faites dans le département de l'Isère, ce sont celles de
chêne rouvre qui ont le mieux réussi avec celles de frêne.
Les semis dans le même département ont aussi donné un
avantage au chêne.

Lorsque les plants doivent subir un long transport, les
chênes l'emportent encore, pour ces opérations de reboisement, sur les résineux proprement dits, qui ne supportent
pas de longs déplacements.

Dans les Pyrénées, à Baréges, menacés par les torrents
c'est surtout le chêne, seul ou mélangé, qui a été employé ;
seul aussi le chêne a réussi de semis. Les résineux, sur
ces pentes exposées au soleil, ont leurs radicules horizontales atteintes par la dessiccation, tandis que le chêne qui
enfonce son pivot ne craint pas cette action. Les semis
de cette essence ont surtout du succès, quand, en enrobant
les glands de plâtre, on les préserve ainsi des corneilles
et des mulots.

Voici les proportions des diverses essences qui ont réussi de plantation ou de semis dans les montagnes de l'Isère :

	Plantation.	Semis.
Chêne	0,9	0,8
Frêne	0,9	0,8
Melèze	0,8	—
Pin sylvestre	0,2	0,7
Pin noir	0,1	—
Robinier	0,1	—
Sapin	—	0,7
Epicéa	—	0,4

Sur les plateaux élevés et battus des vents, le chêne doit céder la place au hêtre pour les reboisements.

Dans le département des Landes on semble préférer les résineux au chêne pour le reboisement. Le chêne, cependant, y prospérerait. En 1822, M. de Serigny mesura à Saint-Jean-de-Marsan (Landes), un chêne qui, planté depuis 68 ans, avait 3^m,70 de tour, et en 1825, le successeur de M. de Sérigny signalait encore les Landes comme très-favorables au développement du chêne.

La loi de 1860 n'était votée que pour dix ans, son action devait être renouvelée en 1870. Dieu sait ce que coûteront, à ce qui reste de nos forêts, les malheurs nouveaux qui nous accablent. « La main qui donne à la conservation ou à la régénération du sol forestier est avare, mesquine, parcimonieuse ; larges au contraire, ouvertes et avides sont les mains qui lui prennent. » M. Ch. de Kirwan écrivait ces paroles en 1869, alors que le budget de la France était de deux milliards.

Depuis le commencement du siècle, plus de 400,000 hectares de forêts ont été aliénés. Le défrichement de 500,000 hectares a été autorisé, et la perte de l'Alsace-

Lorraine nous a coûté 500,000 hectares de nos meilleures forêts, dont 150,000 était la propriété de l'Etat.

A l'heure actuelle, le domaine forestier de la France, c'est-à-dire la superficie couverte de végétation ligneuse, peut être évalué à 7,500,000 hectares ; c'est le reste des 40,000,000 d'hectares qui, il y a dix générations de chênes, couvraient la Gaule à l'époque de la conquête romaine. Sur cette proportion la contenance en bois de chêne est tout au plus de 2,000,000 d'hectares.

Les malheurs de la guerre contre l'Allemagne, la lourde rançon à payer pouvaient faire craindre encore pour nos forêts. On semble heureusement les avoir oubliées, ou plutôt, comme l'a dit M. Léon Say à la tribune, la science du crédit est trop avancée pour que l'on s'adresse à de si faibles moyens.

L'inquiétude sur le sort de ce domaine n'en a pas été moins vive parmi les hommes soucieux de cette richesse nationale, et elle s'est traduite par une proposition portée devant l'Assemblée nationale, afin de transférer la direction des eaux et forêts du ministère des finances au ministère de l'agriculture.

Les orateurs qui ont soutenu ce projet ont remis sur le tapis les arguments formulés depuis longtemps sur les dangers de laisser entre les mains du fisc une matière à argent aussi souple, aussi maniable que les forêts.

M. Corne, qui veut remettre les forêts au ministère de l'agriculture, se base sur ces aliénations si fréquentes et si facilement consenties depuis le commencement de ce siècle, lesquelles ont diminué de 358,000 hectares nos forêts de plaines, et ne nous ont laissé, pour ne parler que de celles-là, que 326,000 hectares de futaies propres à la production du chêne ; surface boisée avec laquelle nous devons pourvoir la marine, les travaux publics, et satisfaire à la fabrication des merrains pour le commerce des vins.

Dans un éloquent discours, M. Cezanne plaida aussi pour nos derniers chênes, et, dans l'intérêt de leur sécurité future, demanda que leur sort fût séparé de celui des finances. — Il est très probable que le ministre des finances viendra dire encore, il faut que les forêts donnent 100 millions; mais le ministre de l'agriculture se lèvera, ayant à ses côtés le directeur général des forêts, d'accord avec son chef, et fera appel à ses collègues. Le ministre de la marine dira : ne touchez pas aux forêts, elles sont nécessaires à la marine, c'est pour la marine qu'ont été faits tous les règlements relatifs aux forêts. C'est pour la marine que Charles V a édicté les premiers règlements forestiers que nous connaissons. C'est pour elle que Henri IV et Sully ont rédigé l'édit de Rouen. C'est pour la marine que Louis XIV a rendu la grande ordonnance de 1669, en tête de laquelle Colbert mettait cette éloquente action de grâces : « A la Providence, qui a béni les premiers efforts du roi et fait refleurir le domaine forestier de la couronne. » Le ministre de la guerre dira que les forêts sont nécessaires à la défense du territoire, et celui des travaux publics réclamera aussi en faveur des forêts pour les constructions, les usines et les chemins de fer. —

M. Paul Jozon parla dans le même sens, mais ne sut pas taire la seule chose qui pouvait faire échouer le projet, la facilité avec laquelle le ministre de l'agriculture pourrait autoriser, dans les années sèches, l'entrée du bétail dans les forêts, entrée désastreuse quelles que soient les précautions, et qui, en 1870, a causé tant de mal à nos jeunes peuplements de chênes.

La conclusion de ce débat fut le maintien des forêts au ministère des finances. Dieu veuille qu'on n'ait pas à s'en repentir ! Que les futaies et les beaux chênes soient respectés, que le reboisement de nos montagnes se continue. Les conditions sociales dans lesquelles nous entrons, et qui ont amené le doublement du prix de la houille, appellent toute notre sollicitude de ce côté.

Au commencement de ce siècle, Sonnini, comparant la situation forestière de la France de 1789 avec celle que lui avaient faite quelques années de révolution , s'écriait : « Dépositaires sacriléges, nous avons dévoré une propriété précieuse dont nous n'étions que conservateurs passagers. Ce délit public n'est pas de nature à s'effacer avec le temps : la postérité en conservera le souvenir et l'horreur, et toutes les fois qu'elle portera les yeux sur la pénurie que nous lui avons transmise en place des richesses léguées par nos ancêtres, elle vouera notre mémoire à la honte et à la malédiction. »

Lorsque le xixe siècle touchera au seuil de son éternité, n'est-il pas à craindre que la même malédiction n'accompagne sur le chemin de la postérité les hommes qui, pendant vingt lustres, auront , d'expédients en expédients, détruit le domaine forestier de la France.

Sa force semble liée cependant à ces grandes futaies de chênes, exubérante et splendide chevelure de son sol fécond. Mais quand, nouvelle Dalila, la politique aventureuse aura coupé ces derniers bois, pauvre pays, pourras-tu du moins, comme Samson, ton image, sous les ruines dernières, écraser les vendeurs !

CHAPITRE XIII

Production du Chêne dans le présent et dans l'avenir.

> Les bois que j'ai semés forment aujourd'hui mon principal revenu ; je me suis préparé, et à mes enfants, une richesse presque indestructible. Tous les fléaux des récoltes, les insectes, le feu, l'eau et la gelée, la foudre et la grêle, ne sauraient me priver totalement du revenu de mes taillis. J'ai quadruplé la valeur de mon hérilage, sans en étendre les limites.
>
> JUGE ST-MARTIN. *Culture du chêne*, 1788.

Le chêne est spontané sur le sol de la France, c'est une de nos richesses naturelles. L'homme disparaîtrait de la surface de notre territoire, qu'au bout d'un certain nombre d'années, on verrait sans doute ce qui fut l'ancienne Gaule se recouvrir encore d'immenses forêts, dans lesquelles, comme autrefois, le chêne serait l'essence prédominante.

Dans les conditions actuelles, la production de cette espèce arborescente, ne peut être abandonnée aux circonstances naturelles. La petite surface du sol que nous pouvons consacrer à sa culture, la nécessité d'obtenir sur cette petite étendue la plus grande somme possible de bois d'œuvre indispensables à l'industrie moderne, impose l'obligation de baser cette production sur l'observation et la science.

C'est à cette partie de l'histoire naturelle du chêne que

nous donnons le titre général de Production du Chêne ; elle se partagera en deux parties : 1º Culture du chêne ; 2º Exploitation du chêne. Elles comprennent, depuis la multiplication jusqu'à l'abattage des arbres, une série d'opérations distinctes qui ont pour but la production du bois de chêne.

CULTURE DU CHÊNE.

Ce que nous allons dire s'appliquera principalement aux chênes pédonculé et sessile, qui sont les plus importants et les plus répandus sur notre sol.

Modes de multiplication. — Les chênes peuvent se multiplier de deux manières : 1º par boutures, marcottes, greffe ou drageons ; 2º par semences.

La reproduction par boutures est très difficile chez les arbres feuillus, aussi n'est-elle guère employée que pour le peuplier et le platane. Les marcottes ne peuvent constituer un procédé de multiplication en grand ; il en est de même de la greffe, qui ne sert qu'à l'acclimatation des chênes étrangers, difficiles sur le sol ; on les greffe, par exemple, sur le Q. cerris, qui prospère dans les plus mauvais terrains. Le chêne fastigié (Q. R. p. fastigiata) est quelquefois multiplié de greffe. Il serait intéressant d'employer la greffe pour juger la consanguinité de différentes espèces de chênes, si différentes au point de vue des formes et du climat surtout. Que deviendrait, par exemple, le Q. pruinosa des Philippines, greffé sur notre chêne pédonculé, qui s'avance jusqu'au 62º de lat. nord. (1)

(1) On a cru que l'insuccès des greffes de chêne provenait du fer de l'instrument, qui formerait avec les sucs de l'arbre un tannate de fer fatal à ce mode de reproduction. En 1814, M. Rast est arrivé à greffer plusieurs fois le Q. phellos, avec un greffoir en platine.

La reproduction par drageons est assez rare parmi les chênes ; cependant, chez nous, les Q. tozza et Q. suber (chêne tauzin et chêne liége), se propagent ainsi.

La multiplication par semis reste donc le seul moyen véritablement pratique de reproduire le chêne ; la nature, du reste, n'emploie que ce procédé, et les jeunes chênes, venus de semences, sont très nombreux sous nos taillis. Les forestiers utilisent fréquemment ces semis naturels, soit en conservant les brins qui en proviennent, soit en s'en servant pour replanter ailleurs. Les chêneaux provenant des semis faits de main d'homme, sont comme les derniers, destinés soit à demeurer sur place, soit à être transplantés. Dans le premier cas, le semis prend le nom de *semis en plein*, quand il sert à peupler une surface libre. On le désigne sous le nom de semis partiel, quand il s'exécute sur des parties découvertes, dans les clairières, par exemple. Dans le second cas, le semis est dit en pépinière, quand les jeunes pieds ne doivent pas vivre où ils sont levés.

Lorsqu'on fait des semis partiels, on n'a pas à interroger la nature du sol, la convenance des expositions ; il n'en est pas de même quand on sème en plein ou en pépinière. Nous devons donc commencer cette étude de culture du chêne par l'examen du sol qui convient à cette essence.

Aujourd'hui, ce n'est pas le sol que l'on choisit en vue de telle ou telle création forestière, c'est l'essence que l'on approprie à telle ou telle nature de terrain. Dans les grandes opérations de reboisement, par exemple, la connaissance des terres qui conviennent à la culture des différentes essences est indispensable. Dans l'établissement de plantations de chênes, la question peut être simplifiée : comme on ne peut que rarement choisir les sols qui lui conviendraient le mieux, il faut surtout connaître ceux dans lesquels sa végétation serait impossible, ou qui pourraient communiquer à son bois des propriétés qui en annuleraient la valeur.

A l'époque où, de Bayonne à Dunkerque, les forêts de chênes couvraient 40 millions d'hectares, les arbres qui les formaient occupaient tous les sols. Plantureux dans les terres profondes, maigres dans les sols pierreux, la constitution variée du chêne était l'expression de toutes les expositions, de toutes les altitudes, de toutes les influences orographiques ou climatériques qu'il subissait : de même que dans nos grandes villes, la taille de l'enfant est la mesure de l'air et du soleil qui lui ont été dévolus.

Le chêne croissait alors partout, sauf dans les plaines marécageuses, dans les sols argileux très-compactes et sur les sommets pierreux.

On peut donc dire que le chêne est peu difficile sur la nature du sol. Fort heureusement, en effet, il réussit là où d'autres cultures, celle des céréales par exemple, seraient impossibles.

On est même porté à penser que cet arbre a des préférences pour les terres de mauvaise qualité. La rapacité des détenteurs de grands bois et la misère des temps n'ayant épargné le plus souvent les forêts de chênes que là où elles couvrent un sol dont le déboisement n'augmenterait pas la valeur, on croit généralement que cette essence s'accommode des plus pauvres terrains.

Que voyons-nous, en effet, autour de nous : ici c'est la magnifique forêt d'Orléans qui, au commencement du XVIIe siècle, couvrait encore 70,000 hectares, et dont le sol est analogue à celui de la Sologne. Ailleurs, c'est la forêt de Bellême ; entre les riches plaines du Maine et le bocage du Perche, elle occupe une colline sablonneuse de

2,444 hectares. Plus loin, c'est la riante forêt de Chaux, que traverse le chemin de fer de Dôle à Pontarlier ; elle recouvre, au milieu d'une plaine luxuriante , une nappe d'alluvions dont le sable et les cailloux conviennent au chêne et seraient impropres à toute autre culture. En Bretagne, où le sol granitique, peu profond, n'est pas très-favorable à cet arbre, il est cependant très-multiplié. Beaucoup de terres , que les chênes couvraient il y a quelques années, n'ont pu rien produire, et leurs sillons frissonnants sous de maigres ajoncs, regrettent le manteau verdoyant des chênes qui se montre encore à quelques kilomètres d'eux.

Il résulte de ces faits , non pas que le chêne préfère les sols maigres, mais qu'il peut y croître, et qu'à l'exclusion des marais, des argiles compactes, des sommets rocailleux et secs , on pourra le cultiver sur les terrains les moins fertiles.

Il sera donc possible de le cultiver presque partout, mais les qualités de son bois varieront suivant la nature du sol, de l'exposition ou du climat; il en sera de même de la rapidité de son développement.

Dans les terres meubles et profondes, le chêne sera de belle venue, franc et propre à la fente ou à la menuiserie. Il croîtra bien aussi dans les terres dures et fortes qui ont du fond et même dans l'argile mêlée à du sable, qui en diminue la tenacité; le bois en sera beau, plein, solide et d'une qualité parfaite. Il s'accommodera aussi du terrain sablonneux et même graveleux suffisamment profond ; il croîtra plus vite que dans l'argile sans atteindre cependant de grandes dimensions, et son bois sera très compacte et très dur. Sur les crêtes maigres et pierreuses, le bois sera noueux et pesant. Dans les sols gras , un peu humides, la rapidité de sa croissance lui fera perdre de son élasticité et de sa solidité ; la prédominance de la portion printannière de chaque couche annuelle, sur la portion estivale de la même couche, en sera sans doute la cause.

L'influence des climats est non moins considérable sur ses qualités. Ecoutons, à cet égard, M. Clavé : « Le chêne est le premier des bois pour la force et la durée, mais la différence est grande suivant qu'il vient du nord ou du midi. Celui qui a poussé sous le ciel toujours bleu de la Provence, de l'Espagne ou de l'Italie, est nerveux, élastique et particulièrement recherché pour les constructions navales. Celui qui a crû dans les régions septentrionales de la France ou de l'Allemagne, où le soleil est plus avare de ses rayons, est beaucoup moins résistant, mais en revanche, il est moins disposé à se fendre, plus facile à travailler, et par cela même plus propre aux travaux de menuiserie.

La reproduction du chêne par semis rencontre certaines difficultés dans la prompte altérabilité des glands et la perte de faculté germinative qui en résulte. Les glands ne peuvent garder cette faculté, de l'époque de leur maturité au printemps suivant, si l'on ne prend certaines précautions pour les conserver. »

Voici d'après MM. Lorentz et Parade, les moyens que l'on peut employer dans ce but :

« 1° Dans un lieu clos on choisit une place bien sèche que l'on garnit d'un lit de feuilles sèches aussi de la hauteur de 33 centimètres environ. Sur ce lit on place les glands par tas coniques d'un mètre de haut, on les recouvre d'une couche de feuilles mortes de 33 centimètres d'épaisseur, puis on ajoute encore 16 centimètres de paille. Sur le tout on établit une couverture en paille comme celles que l'on voit sur les meules de grain ou de foin ; enfin, pour mieux garantir le sol de toute humidité, on ouvre un fossé circulaire autour de la place de dépôt ;

« 2° On établit des silos ou fosses ; s'ils ne sont que temporaires, on se contente d'en soutenir les parois par des pieux entre lesquels on tresse de la paille ; s'ils doivent servir pendant de longues années, on les construit en maçonnerie. Dans le fond de la fosse on met un lit de paille, les glands y sont répandus par couches de 33 centimètres d'épaisseur, alternant avec des couches aussi épaisses de menue paille et de feuilles sèches. Ainsi remplie la fosse est recouverte de planches, par-dessus lesquelles on élève une butte de terre bien tassée, afin d'empêcher le froid où l'humidité d'y pénétrer.

« 3° On peut remplir de glands des tonneaux ou des caisses qu'on perce de petits trous et qu'on plonge dans l'eau pour les y laisser jusqu'au printemps. Le séjour des glands dans l'eau les conserve et ne leur ôte rien de leur faculté germinative ;

« 4° On prend des grandes caisses qu'on élève sur des liteaux dans une cave. On remplit ces caisses de couches alternes de sable et de glands. Il faut avoir soin d'employer du sable de rivière bien sec et éviter surtout un sable terreux. La couche supérieure de glands ayant toujours plus de disposition à germer doit être recouverte de 22 à 27 centimètres de sable ; il n'est pas nécessaire de donner d'autre couverture à la caisse. »

Tels sont les quatre modes principaux de conservation des glands. Hartig, qui les a donnés, préférait le premier. MM. Lorentz et Parade ont toujours réussi avec le quatrième, qui leur donnait des glands fertiles alors même qu'ils n'étaient extraits des caisses qu'à une époque assez avancée du printemps.

Dans tous les cas, l'examen du gland permettra d'en juger la qualité. « Il doit remplir complètement son enveloppe extérieure. En le séparant par le milieu, dans le sens de sa longueur, il doit être blanc, frais et luisant ; le germe, qui se trouve à la partie supérieure, doit être intact. Si, au contraire, le fruit est desséché, d'une couleur bleuâtre ou noirâtre intérieurement, s'il a une odeur de moisi ou de piqué, sa faculté germinative est détruite. »

Un litre de glands de bonne qualité doit peser environ de 550 à 650 grammes. On peut séparer les bons glands des mauvais en les projetant dans l'eau, les derniers surnagent.

Les semis se font, soit à l'automne, soit au printemps. Les uns et les autres offrent des inconvénients et des avantages. Si l'on sème en automne, le jeune plant, avant d'être bien fort, est soumis à de nombreuses chances de destruction, aussi faut-il semer plus serré. Les semis du printemps ont contre eux l'absence d'humidité qui souvent amène le dépérissement des plantules, et surtout la difficulté et les frais de conservation des semences. Cette dernière époque est, à tout prendre, celle qui donne les meilleurs résultats.

Le semis doit être précédé d'une préparation du terrain. Lorsque le sol est ferme et compacte, il est nécessaire de l'ameublir en le cultivant, s'il est en plaine, en céréales ou en plantes sarclées, de façon que le semis de chêne suive, soit une première, soit une seconde récolte, suivant la facilité d'ameublissement du sol.

Quand le sol a été retourné à la charrue, on sème le gland à la volée avec une demi-semaille de seigle, si l'on opère en automne ; d'orge ou d'avoine, si c'est au printemps. On recouvre ensuite les glands par un hersage.

Pour savoir à quelle profondeur le gland doit être enfoui pour bien germer, M. Juge Saint-Martin avait fait l'expérience suivante : « J'ai creusé en bon terrain, dit-il, un plan incliné de cinq pieds de long sur un pied de profondeur ; à l'un des bouts j'ai mis un gland à fleur de terre, un autre à un pouce de profondeur, un autre à deux, trois, quatre, cinq, etc. Ceux qui étaient à la superficie m'ont paru les plus vigoureux : à cinq pouces, ils étaient tardifs et jaunissaient; au-dessous de six pouces de la superficie, ils ne germaient plus. Cette expérience, répétée plusieurs fois, a toujours donné le même résultat. » Le semis doit donc être recouvert de trois ou quatre centimètres au plus. Ce mode d'ensemencement exige dix à douze hectolitres de glands par hectare.

On peut encore égaliser le terrain au moyen d'un hersage, ouvrir à la charrue des sillons de 5 centimètres de profondeur à la distance de 1ᵐ,50, et y placer des glands à 10 ou 15 centimètres les uns des autres. On recouvre ensuite à la houe ou au moyen d'un léger trait de charrue. Ce mode d'ensemencement ne réclame que six à sept kilogrammes de glands par hectare.

Dans les sols légers ou en pente, le chêne peut être cultivé par rayons alternant avec des bandes incultes. En plaine, ces rayons sont orientés du levant au couchant; sur les pentes, ils sont horizontaux à leur direction.

Enfin, on peut encore semer les glands par places, trous, poquets, etc., ou les planter tout simplement soit à la houe bident, soit au moyen de marteaux planteurs, soit à l'aide du plantoir à nervures. Ces derniers procédés sont principalement destinés aux semis partiels, lorsqu'il s'agit de repeupler de petites surfaces, de petites clairières, ou des places vides dans les taillis.

Les semis de chênes, destinés à former des pépinières

pour le repiquement, se font par les mêmes procédés ; le sol peut être choisi, et les labours, plus parfaits, se font généralement à la bêche.

La germination des glands semés en automne se fait au bout de 5 à 6 mois, et les chênes semés au printemps lèvent après 4 ou 6 semaines.

Un pivot assez long se développe 8 ou 10 jours avant l'apparition de la tigelle au-dessus du sol. La proportion plus considérable du premier à la seconde persiste dans les premiers temps ; ainsi sur des chênes de quelques pouces de hauteur, le pivot a 3 et 4 pieds de longueur.

Pour protéger les jeunes chênes, on sème, non-seulement comme nous l'avons dit, des céréales avec les glands, mais aussi avec du genêt ou de l'épine blanche. Un préjugé forestier fait rejeter l'épine noire comme étant fatale au jeune plant. On associe encore souvent, dans le même but, plusieurs essences à croissance rapide, tels que pin sylvestre ou maritime dans la proportion d'un quart ou d'un cinquième.

Lorsque le semis a été fait dans l'intention de transplanter, c'est à l'âge de 2 ou 3 ans que les jeunes pieds se lèvent, ceux de 5 à 6 supportant beaucoup plus difficilement l'opération.

Beaucoup de forestiers pratiquent sur les jeunes chênes destinés à la transplantation une opération qui doit la rendre plus facile, c'est la suppression du pivot. Cette partie de l'axe est très développée chez les chêneaux, et correspond avec l'absence pour ainsi dire totale de racines horizontales.

L'obtention de pieds de chêne sans pivot se fait soit à l'aide de la pratique de Bretagne (*des semis et plantations*, Duhamel, p. 127), qui consiste à paver en pierres plates le fond des sillons où l'on plante les chênes, soit par le procédé Lardier, qui consiste à glisser une brique sous le pivot naissant ; on peut encore semer les chênes dans des rigoles pleines de bonne terre dont le fond est garni de planches. Juge Saint-Martin conseillait de lever les chênes à 2 ans et de leur couper le pivot, puis de les replanter dans le même terrain. Quatre ans après, nouvel arrachage et replantation dans le même sol, soins et culture pendant 2 ans encore ; cette méthode produirait d'excellents plants, mais elle est un peu dispendieuse

Hartig et d'autres sylviculteurs sont opposés au retranchement du pivot comme déterminant une constitution chétive et un développement incomplet chez les sujets qui y ont été soumis. Ce n'est que très tard, et lorsque l'arbre a 60 ou 70 ans, que normalement les racines latérales deviennent prédominantes sur le pivot.

Le plant de chêne doit avoir des racines nombreuses, fraîches, unies, sans ruptures ; une tige droite, sans blessures ; une écorce lisse, blanche, sans tâches , non couverte de mousse ou de lichen ; les branches suffisamment développées et les pousses vigoureuses. S'il s'agit de repeupler des clairières peu importantes ou des terrains dont la couche végétale laisse à désirer, on emploira des sujets plus forts, capables de résister au couvert environnant et dont les racines peuvent aller puiser leur nourriture à de plus grandes profondeurs. Dans le cas ordinaire, on préférerait les semis de 1 à 3 ans. (KOLTZ).

Le moyen le plus économique de faire des plantations de chênes, c'est de prendre des brins dans les parties des peuplements où le recru est abondant. On observera toutefois que, dans les endroits trop fourrés et trop couverts, ces brins sont fluets, délicats ou rabougris, sans racines suffisantes, incapables par suite d'un bon résultat.

16

Que le plant vienne de semis naturels, de semis artificiels ou de pépinières, il faut l'arracher avec les plus grandes précautions. Les soins à prendre varient avec la force des sujets ; mais quelle que soit la méthode dont on veuille faire usage, il ne faut pas oublier, dit Koltz, que le chêne veut être extrait soigneusement et qu'on ne peut l'arracher à la main sans s'exposer à détruire une partie de son pivot ou de son chevelu.

Un chêne bon à transplanter (écrivait l'auteur de la culture du chêne), a des racines latérales qui sont minces, courtes et crépues, d'autres qui sont un peu plus grosses et plus longues ; et, enfin, il y en a qui sont grosses comme le doigt, qui s'étendent à plus de trois pieds de sa tige, avec un pivot qui est presque aussi gros que le corps de l'arbre. Il faut pour enlever cet arbre, sans le trop endommager, le cerner au moins à un pied et demi, donner à la fouille un bon pied de profondeur en coupant les racines qui outrepassent, à mesure qu'on les découvre.

Si la distance n'est pas trop grande, il est préférable de transporter l'arbre avec sa motte, sinon on secoue les racines.

Il faut préserver le plant jusqu'à sa transplantation, si celle-ci ne peut être faite de suite après l'arrachage ; « car si la gelée surprend le chêne arraché, il est perdu; de mille il n'en prendrait pas vingt. »

La plantation à demeure du chêne varie avec les localités, la nature du sol, l'âge des brins.

Tantôt on ouvre à la charrue un sillon dans lequel on espace régulièrement de très jeunes plants qu'on recouvre au moyen d'un second coup de charrue.

Tantôt on creuse des fosses un an avant l'année même

de la plantation. Les plants de chêne de trois ans demandent déjà 30 centimètres de diamètre et de profondeur ; et quand le sol est mauvais, l'excavation doit être encore plus grande pour pouvoir entourer les racines de bonne terre.

Quelques sylviculteurs préfèrent planter dans des tranchées continues ouvertes à la bêche : cette préparation du du sol n'est pas plus coûteuse que la précédente, et elle a l'avantage de présenter aux racines une plus grande quantité de terre meuble, et par suite d'accélérer le développement des chênes. Des arbres de cette essence plantés en tranchée, six ans après d'autres pieds placés dans des trous, offraient 15 ans après une venue beaucoup plus belle que celle des seconds, et présenta même plus de vigueur que ceux qui n'avaient pas subi l'opération de la transplantation.

Dans les sols peu compactes et sans pierres, on plante à l'aide de différents instruments, désignés du nom de leurs inventeurs, Plantoirs-Biermanns ou Plantoirs-Lange.

Quant à la profondeur à laquelle on doit planter le chêne, nous dirons que, comme pour tous les autres arbres, ses racines ont besoin d'air, et aussi d'être préservées du froid : il y a donc un certain milieu à observer que l'expérience enseigne et qui varie un peu avec la nature du sol, sa compacité ou sa perméabilité.

L'époque de la transplantation est la même pour le chêne que pour les autres essences ; elle se fait quand la sève est arrêtée.

Le succés d'un repeuplement artificiel de chênes ne peut être assuré qu'au bout de cinq à six ans. Jusqu'à cette époque, il faut surveiller activement la plantation. Ces travaux d'entretien consistent en sarclages et en binages,

Puis lorsque les jeunes plants auront pris assez de développement, on procédera aux remplacements ou regarnis. Il entre 6,000 plants par hectares dans les terres riches, et le double dans les sols pauvres ; quand on plante des arbres de haute tige, pour futaie, il n'en faut que huit ou neuf cents par hectare.

Après avoir étudié comment on reproduit artificiellement le chêne sur un terrain libre de toute culture, nous allons examiner comment cette espèce se renouvelle spontanément dans les bois de chênes, que ces bois soient des futaies, des taillis simples ou des taillis sous futaies. Nous dirons par quels soins le sylviculteur favorise cette reproduction naturelle qui, le plus souvent abandonnée à elle-même, amènerait le dépérissement rapide des forêts, au point de vue de leur rendement.

La régénération d'une forêt de chênes par semence caractérise, avec la dimension des arbres, ce que l'on nomme une futaie. Ce sont les glands, tombant naturellement des arbres, qui opèrent cette régénération.

Le réensemencement et l'exploitation de la futaie chêne sont combinés de façon à déterminer la continuité du rendement de cette culture forestière.

Les glands tombés à terre doivent rencontrer les circonstances favorables à leur germination, humidité, air, chaleur, lumière peu intense.

Le jeune plant doit, aux débuts de son développement, être protégé par un abri : plus tard ce couvert lui serait plus nuisible qu'utile

L'étouffement des brins les plus faibles par les plus forts réalise les conditions favorables à la réussite des plants provenus de l'ensemencement naturel ; la futaie est créée.

C'est alors que l'exploitation des chênes arrivés à leur maturité doit être faite de façon à favoriser la régénération.

C'est par des coupes successives que, dans les futaies de chênes, on réalise la régénération par réensemencement naturel.

La première de ces coupes porte le nom de coupe d'ensemencement. Elle laisse sur pied le nombre de chênes nécessaires pour fournir de glands toute la superficie exploitée et pour abriter contre le soleil ou les gelées les jeunes plants qui surgissent après la chute des glands.

Cette coupe d'ensemencement doit être sombre, afin d'assurer le repeuplement complet du sol sur lequel les glands, en raison de leur poids, ne sauraient se répandre, si les arbres étaient clairsemés.

Cet état sombre empêche encore le terrain de se gazonner ou de se couvrir de plantes nuisibles : il assure la conservation du lit de feuilles sèches qui, en ajoutant à la fertilité du sol, préserve le jeune plant, à ses débuts, de la gelée.

Une des principales difficultés du réensemencement naturel du chêne, c'est l'inégalité des glandées dans le nord, le centre et le midi Plusieurs années peuvent se passer sans glandée ; les tiers et les quarts de glandée sont fréquents. Dans beaucoup de localités, on est revenu au réensemencement artificiel, succédant à la coupe à blanc étoc des massifs de futaie. MM. Lorentz et Parade signalent les dangers de ce système, grâce auquel le sol, fertilisé par un long couvert, s'effrite, se dessèche, est lavé par les pluies, et sur lequel les chêneaux ne trouvent plus les abris qui leur sont si nécessaires. Le forestier pourra, dans certaines circonstances, compléter la régénération naturelle par un repeuplement artificiel.

Les jeunes chênes ne demandant et ne supportant que très peu d'abri, il faut procéder à la coupe secondaire dans l'hiver qui succède à celui de la glandée, ou, au plus tard, vers la fin de l'année suivante. Si l'on tardait, on verrait les jeunes chênes périr sous le couvert de la coupe sombre.

La coupe secondaire ou coupe claire éclaircit donc la réserve, tout en maintenant encore au jeune plant un certain abri. On hésite souvent à la pratiquer en son temps ; lorsque des glandées incomplètes n'ont pas suffisamment ensemencé le parterre de la forêt, on attend une nouvelle glandée : mais en attendant, les jeunes chênes, trop couverts, périssent.

La coupe définitive se fait la quatrième année après celle de l'ensemencement. Généralement on réserve encore, lors de cette coupe définitive, les beaux chênes placés sur le bord des chemins ou la lisière de la forêt, pour leur laisser parcourir une seconde révolution et les conduire ainsi au point où ils pourront offrir à la marine, soit de plus beaux équarrissages, soit de plus belles courbes. Ces beaux chênes, ainsi isolés, se couvriront, le long de leurs tiges, de menues branches que l'on élaguera avec soin pour qu'elles n'entraînent pas le dépérissement de la cime, en absorbant la nourriture D'autre part, ces branches secondaires rendraient les bois noueux et leur feraient perdre, d'après l'observation de Buffon, un quart de leur résistance. Ces chênes, réservés sur la coupe définitive, seront enfin l'objet de soins tout particuliers : leurs bois morts seront retranchés soigneusement en donnant à la section une inclinaison qui, facilitant l'écoulement des eaux pluviales, préviendra la formation des grisettes et des nœuds gâtés.

La jeune forêt de chênes, ainsi obtenue par le semis naturel, est nettoyée des bois blancs et des morts-bois, et éclaircie périodiquement, conformément aux règles de l'art du forestier.

Les premières éclaircies laissent les chênes très-serrés, pour les faire filer droit et empêcher leurs tiges de se garnir de branches latérales. Les dernières éclaircies, amenant au contraire plus d'air et de lumière autour des chênes, détermineront leur croissance en diamètre.

Ce n'est pas seulement dans les futaies régulières que le réensemencement naturel est pratiqué, il est encore associé à la régénération des futaies irrégulières.

Un mode d'exploitation du chêne, très-usité jadis, mais abandonné aujourd'hui par l'administration forestière, portait le nom de futaie jardinée.

Le jardinage consistait à enlever, çà et là, les chênes les plus vieux ou dépérissants, et ceux qui pouvaient être utilisés. Il s'en suivait que des arbres de tout âge étaient confusément mêlés dans la forêt. Le réensemencement naturel dans une telle futaie donne un plant que le couvert trop épais d'arbres de tout âge ne tarde pas à faire disparaître ou à étioler ; et puis les abattages détruisent encore une grande partie des jeunes arbres.

C'est par des coupes de transformation que l'on rend possible, dans les futaies jardinées, l'application de la méthode du réensemencement naturel et des éclaircies.

Ces coupes feront disparaître, en totalité ou en partie, les grands chênes qui couvraient et étouffaient la jeune forêt ; en totalité, quand les chênaux sont assez forts pour vivre sans abri ; partiellement, quand ils auront besoin d'un faible couvert. Lorsque le sous-bois sera très rabougri et incapable de produire un bon peuplement, c'est lui qui sera sacrifié par la coupe de transformation. Lorsque la coupe porte sur les vieux arbres, le réensemencement naturel n'a pas lieu, puisque les jeunes brins très-serrés sont destinés à remplacer les vieilles écorces ; mais lorsque c'est au contraire le sous-bois qui disparaît, le réensemencement se produit comme dans les futaies régulières.

La transformation de la futaie, jardinée par des coupes, ne suspend pas le jardinage, parce que la régularisation de la forêt est assez longue, et qu'avant ce temps beaucoup d'arbres dépérissants peuvent être utilisés.

Outre les forêts jardinées, il existe encore d'autres futaies de chêne irrégulières où le hêtre est associé à l'essence qui nous occupe. Elles résultent du mode d'exploitation dit à tire et aire.

Cette méthode consistait à asseoir les coupes par contenances égales de proche en proche, et sans rien réserver. Ces coupes, une fois vidées, restaient abandonnées pendant tout le cours de la révolution, sans qu'on cherchât à réaliser les conditions de la régénération.

L'ordonnance de 1669 prescrivait de réserver seulement, dans les coupes de futaie, dix arbres par arpent (20 par hectare); cette réserve ne suffisait pas à régénérer la futaie, elle livrait le sol au desséchement ou aux morts-bois et aux bois blancs qui arrêtaient le réensemencement naturel du sol. Si les chênes se trouvaient mêlés dans la forêt avec des hêtres, ces derniers finissaient par vaincre les premiers dans la lutte pour l'existence, et peu à peu la futaie-chêne disparaissait.

Comment rétablir le réensemencement naturel dans des

forêts où se rencontrent à la fois : des restes de vieilles futaies, des perchis, des gaulis, des parties ruinées.

La portion futaie offre les conditions les plus favorables au réensemencement à l'aide de coupes de régénération.

Les portions en perchis devront être prudemment éclaircies, afin que les brins élancés et frêles soient encore soutenus jusqu'à ce que l'air et la lumière les aient consolidés. Ces éclaircies seront périodiques, partielles ou totales, suivant l'état du perchis.

Dans les gaulis et les fourrés, des coupes de nettoiement et l'enlèvement des vieux arbres suffiront souvent pour conduire la forêt jusqu'aux coupes de réensemencement.

Dans le dernier cas, celui des parties totalement ruinées, il faut faire table rase de tout ce qui couvre encore le sol et ensemencer à demeure, ou repeupler par transplantation.

Le plus difficile dans la restauration des deux sortes de forêts irrégulières dont nous venons de parler, sera d'asseoir les coupes d'une façon normale : les arbres qui les composent offrant des âges très-différents, et ces âges étant mêlés irrégulièrement. Il y aura, dans les premières années, bien des sacrifices à faire, et ce ne sera qu'au bout d'un temps assez long que l'exploitation, régularisée et maintenue au même niveau par le réensemencement naturel, pourra donner des produits constants et le maximum de rendement.

Le chêne est encore cultivé de deux autres façons, en taillis simples et en taillis sous futaie.

Dans les taillis simples en essence de chêne, la révolution est fixée entre 15 et 40 ans. C'est-à-dire que tous les trente ans, par exemple, on coupe sur le même terrain.

Le repeuplement se fait par rejets de souches ; cependant on réserve quelquefois des baliveaux pour semence, lorsque les souches, commençant à s'épuiser, il est nécessaire de pourvoir autrement à la régénération du taillis. On conçoit que le réensemencement du chêne dans les taillis simples ne soit pas aussi facile que dans les futaies.

Dans les taillis sous futaie, où, comme l'indique le nom de ce genre de culture, la futaie est superposée au taillis, le réensemencement naturel du chêne est encore plus difficile, et cette précieuse essence est souvent dépossédée par les bois blancs.

Dans beaucoup de ces futaies sur taillis, on ne trouve plus qu'un très petit nombre de jeunes chênes francs de pied propres à remplacer les arbres arrivés à maturité : on en est réduit à remplacer les brins de semence par ceux des cépées qui ne fournissent jamais une aussi longue carrière que les premiers, et de plus se détériorent et se creusent fréquemment par le pied.

Le tempérament du jeune plant est la cause d'un inconvénient aussi grave. Les jeunes chênes ne peuvent supporter d'être couverts dans les premières années de leur existence. Dans les taillis, ils le sont toujours et périssent ; les glands, si abondants qu'ils soient, lèvent inutilement. Il faudra, dans ces conditions, créer des pépinières près des taillis sous futaie et y replanter de jeunes plants là où des vides et des clairières se produisent.

Lorsque le sol est bon, la croissance des chênes provenant de semis est assez rapide pendant les premières années. A l'âge de 5 ans, on en voit qui mesurent déjà 3^{m},50 de hauteur avec un diamètre de 4 ou 5 centimètres.

Les recherches de Hartig sur l'accroissement annuel du

chêne des futaies dont le sol est bon, lui ont donné les résultats suivants :

	Hauteur en pieds.	Diamètre en pouces.
De 0 à 20 ans.................	1	0.10
De 20 à 40 ans.................	1	0.11
De 40 à 60 ans...	0.80	0.12
De 60 à 80 ans.................	0.70	0.14
De 80 à 100 ans.................	0.65	0.13
De 100 à 120 ans.................	0.60	0.12
De 120 à 140 ans.................	0.60	0.12

La production du bois va en croissant jusqu'à 140 ans sur les bonnes terres, jusqu'à 120 ans sur celles de moyenne qualité et seulement jusqu'à 80 sur les mauvaises.

D'après de Candolle, l'accroissement en diamètre des chênes se produirait encore même au-delà de 300 ans. Ce même observateur a calculé l'accroissement, dans certain nombre de chênes, de la manière suivante. Il appliquait une bande de papier du centre à la circonférence sur la coupe horizontale et marquait sur cette bandelette les rencontres de toutes les couches annuelles. Il mesurait alors la longueur successive de dizaines de couches, puis les doublait pour avoir ainsi la marche décennale de l'accroissement en diamètre. Un tableau fut dressé à l'aide de cette méthode. Celui que nous présentons en diffère un peu, il indique des périodes de vingt ans.

Il apprend que la loi de l'accroissement est loin d'être régulière pour le chêne. Ainsi, le chêne A a grossi lentement et a crû davantage en vieillissant, tandis que le chêne B a suivi une marche inverse ; les chênes C, D, E ont commencé par de petits accroissements, en ont eu ensuite de plus grands, et ont repris dans une troisième période un accroissement moindre, mais plus régulier.

PÉRIODES D'ACCROISSEMENT de QUELQUES CHÊNES mesurés d'après la longueur du rayon horizontal.	De 1 à 20 ans.	De 21 à 40 ans.	De 41 à 60 ans.	De 61 à 80 ans.	De 81 à 100 ans.	De 101 à 120 ans.	De 121 à 140 ans.	De 141 à 160 ans.	De 161 à 180 ans.	De 181 à 200 ans.	De 201 à 220 ans.	De 221 à 240 ans.	De 241 à 260 ans.	De 261 à 280 ans.	De 281 à 300 ans.	De 301 à 320 ans.	De 321 à 330 ans.
	Lignes	Lignes	Lignes	L.	L.	L.	L.	L.	L.	L.	L.	L.	L.	L.	L.	L.	L.
A Chêne de 98 ans.... (Fontainebleau).	7	$9\frac{1}{2}$	$14\frac{1}{4}$	14	15												
B Chêne de 130 ans.... (Annecy).	28	57	46	50	32	31	15										
C Chêne de 210 ans.... (Fontainebleau).	13	$17\frac{1}{4}$	$13\frac{2}{3}$	11	$9\frac{1}{2}$	$9\frac{1}{4}$	$9\frac{1}{4}$	$9\frac{1}{4}$	$9\frac{1}{2}$	9	$4\frac{1}{2}$						
D Chêne de 60 ans.... (Fontainebleau).	$21\frac{1}{3}$	20	$9\frac{1}{4}$														
E Chêne de 333 ans.... (Fontainebleau).	$25\frac{1}{2}$	$38\frac{2}{3}$	18	9	$8\frac{1}{4}$	8	9	$8\frac{1}{4}$	$8\frac{1}{2}$	$7\frac{1}{2}$	$7\frac{1}{2}$	7	$7\frac{3}{4}$	8	$8\frac{1}{2}$	$8\frac{1}{2}$	4

Cette lenteur dans l'accroissement du chêne a pour conséquence la lenteur avec laquelle la valeur ou le produit argent du chêne s'accroît. En France, un baliveau de chêne donne à 18 ans un cube de $0^m/^c08$ de bois de feu à 2 fr. 50 = 0 fr. 20.

A 36 ans le même baliveau donnera $\begin{cases} 0^m/^c05 \text{ de bois d'industrie à } 18 \quad »» \\ 0^m/^c25 \text{ de bois de feu} \ldots \text{ à } 2\ 50 \end{cases} = 1.52$

A 54 ans — $\begin{cases} 0^m/^c21 \text{ de bois de service. à } 32 \quad »» \\ 0^m/^c66 \text{ de bois de feu} \ldots \text{ à } 2\ 50 \end{cases} = 8.37$

A 72 ans — $\begin{cases} 0^m/^c40 \text{ de bois de service. à } 45 \quad »» \\ 0^m/^c50 \text{ de bois de feu} \ldots \text{ à } 2\ 50 \end{cases} = 19.25$

EXPLOITATION DU CHÊNE.

Un octogénaire plantait,
Passe encore de bâtir, mais planter à cet âge ?
Disaient trois jouvenceaux enfants du voisinage ;
Assurément il radotait,
Car, au nom des Dieux, je vous prie,
Quel fruit de ce labeur pouvez-vous recueillir ?
Autant qu'un Patriarche, il vous faudrait vieillir.

LAFONTAINE.

La culture du chêne se présente dans des conditions toutes particulières par rapport au terme moyen de la vie humaine. L'homme qui sème ou plante un chêne ne peut espérer en tirer aucun profit matériel, il jouira de son ombrage, lorsque lui-même déclinera vers la tombe, et ne verra pas la première glandée, car cette essence ne fructifie guère avant cent ans.

Si cet homme, à l'âge adulte, consacre l'étendue de son héritage à la culture du chêne, y donne tout son temps, cet homme pourra fonder la fortune de ses arrière petits-neveux ; mais s'il n'a d'autres ressources, en dehors de son travail et de sa propriété, ce ne seront ni ses semis ni ses plantations qui le feront vivre.

Ses enfants, en admettant qu'ils soient contemporains des chènes, passeront encore avant d'avoir vu ces arbres atteindre l'âge adulte. Ses petits-enfants et arrière petits-enfants ne verront pas non plus la maturité des chênes, l'âge auquel ils ont atteint leur plus grande valeur. En admettant que le planteur ait 25 ans au moment du semis de chènes, que les générations issues de lui apparaissent tous les 25 ans, et que la durée de la vie soit de 100 ans, on verra par le tableau suivant que ce n'est qu'à la septième génération qu'un homme pourra jouir des chènes à l'âge que portait au moment de leur ensemencement celui de ses ancètres qui eut la pensée de travailler pour une descendance aussi reculée :

Planteur	2ᵉ génération	3ᵉ gén	4ᵉ gén.	5ᵉ gén,	6ᵉ gén.	7ᵉ gén.	Age des chênes.
25	»	»	»	»	»	»	»
50	25	»	»	»	»	»	25
75	50	25	»	»	»	»	50
100	75	50	25	»	»	»	75
	100	75	50	25	»	»	100
		100	75	50	25	»	125
			100	75	50	25	150

L'homme est donc trop éphémère pour que son propre intérêt l'amène à cultiver le chêne suivant ses lois naturelles.

Ainsi donc les conditions du passage de l'homme sur cette terre ne sont pas favorables à la création des forêts de chênes ; de plus, ces conditions règlent encore le mode de culture ou plutôt l'exploitation de ces forêts.

La terre est un instrument de travail, mais c'est aussi, dans nos sociétés modernes, un capital ; et de même qu'un capital rend des produits annuels, la terre qui le représente doit aussi donner des revenus annuels. De même encore que l'intérêt produit par un capital n'épuise pas ce dernier, de même le rendement annuel d'une forêt n'en doit point épuiser la fécondité, et chaque coupe doit avoir pour conséquence la régénération du lieu où les chênes ont été coupés.

De là est sortie l'exploitation des forêts par portions annuelles, méthode conforme à nos besoins et qui rend encore possible, au milieu de nos civilisations avancées et nécessiteuses, l'existence des forêts de chêne, que le vent des spéculations agite et menace sans cesse.

La quotité de bois de chêne que l'on peut retirer annuellement d'une forêt se nomme sa possibilité. Ce rendement, ou cette possibilité, pour que la forêt produise comme un capital, devra présenter une condition essentielle, celle d'être toujours le même.

Ainsi, rendement annuel, rendement soutenu, voilà le but de l'exploitation, voilà aussi la règle de l'aménagement des bois. C'est en cela que consiste le grand art du forestier.

Une forêt de chênes donnant des produits annuels devra donc être divisée en autant de lieux d'exploitation ou de coupes qu'il faut d'années au chêne pour parvenir à l'âge où il a réalisé le maximum de sa production ligneuse. L'accroissement, quand l'intérêt de la société ou des propriétaires n'intervient pas, semble être le régulateur de l'exploitabilité.

Si le chêne présente à 150 ans son maximum en produit et en valeur, la forêt de chênes devra être divisée en 150 portions, dont les arbres différeront entre eux d'un an. Sur chaque portion, le chêne sera coupé au terme de sa révolution, et le produit de chaque portion sera l'intérêt annuel du capital-forêt.

On comprend que le créateur d'une pareille forêt n'en puisse jouir ; on comprend encore que de temps et de patience il faut aux forestiers pour aménager ainsi des forêts venues au hasard, où le même hectare renferme des pieds de tous les âges.

Il y a pour le chêne, comme pour les autres essences, diverses sortes d'exploitabilité. L'exploitabilité physique, qui prolonge la révolution des chênes jusqu'à leur vieillesse avancée, l'exploitabilité absolue qui a pour mesure le plus grand accroissement moyen de l'arbre, enfin des exploitations relatives, soit à la plus grande valeur des produits, soit à des formes spéciales à obtenir.

Il ne faut pas croire que le partage de la forêt en autant de parties égales qu'il y a d'années dans la révolution du chêne, puisse créer une possibilité ou rendement toujours le même. Le sol de la forêt n'est pas partout semblable ; les expositions sont diverses ; on n'aura donc sur des surfaces égales ni le même nombre de chênes, ni des arbres d'égale qualité. Mais l'art du forestier, par une répartition intelligente des coupes, suivant le sol, pourra compenser ces inégalités. Il y arrive plus sûrement en créant dans la forêt des séries qui, fournissant chaque année une coupe, amènent un rendement moyen, puisqu'il est formé de rendements partiels différents les uns des autres et se compensant entre eux.

L'assiette des coupes dans les forêts de chêne doit offrir autant que possible les conditions suivantes :

1° Succession et régularité des coupes ;

2° Dispositions évitant le passage sur les coupes exploitées ;

3° Orientation des coupes ;

4° et 5° Conditions relatives aux coupes dans les montagnes.

Nous allons examiner successivement l'exploitation du chêne dans les futaies, dans les taillis sous futaie et dans les taillis.

Nous avons dit ce que l'on entendait par futaie : une forêt destinée à produire des bois de grandes dimensions et à se régénérer par la semence.

Jadis on nommait demi-futaie celle qui était composée de chênes de 50 ans environ ; jeune haute futaie celle de 120 ans ; haute futaie sur le retour celle de 200 ans.

Les rois seuls pouvaient jadis avoir des bois de haute futaie, et quand ils en accordaient la permission, c'était à la charge qu'ils en auraient la juridiction et une portion dans la coupe. La Charte aux Normands appelle ce droit le tiers et le danger, c'est-à-dire le tiers du prix et le dixième du total (*decimum denarium*). Des officiers, désignés sous le nom de *Sergents dangereux*, étaient préposés à la garde des droits du suzerain sur les futaies concédées.

Les révolutions du chêne ont été portées jusqu'à 250 et

même 300 ans (1). Elles peuvent aller jusque là dans les bons terrains ; mais, en général, on les fixe à l'époque où les bois sont devenus, par leurs dimensions et leurs qualités, propres à tous les genres de construction et de travail. En laissant le chêne croître jusqu'à 150 ans dans les bons terrains , jusqu'à 180 dans les terrains où la croissance est moindre, on obtiendra, d'après MM. Lorentz et Parade, tout ce que l'on peut attendre de cet arbre, sans avoir à redouter qu'un plus ou moins grand nombre de tiges soient atteintes par la pourriture, la cadranure ou la grisette, défauts qui deviennent fréquents à un âge avancé. Les mêmes auteurs pensent même que l'on pourrait réduire à 120 ans la révolution des futaies en sol peu profond et peu substantiel (2).

Quand nous avons parlé du réensemencement des futaies, nous avons indiqué quelle était la série des coupes : coupe sombre, coupe secondaire, coupe définitive, et de temps en temps des coupes d'amélioration.

Les futaies pleines sont devenues rares en France : les principales existent dans le Bourbonnais, le Blésois, la Tourraine, l'Anjou, le Maine, le Perche ; puis encore, mêlées au hêtre, dans l'Est, dans les Vosges, aux environs de Paris et en Normandie. Dans le département de l'Allier, la belle forêt du Tronçais offre des chênes âgés d'un siècle et demi, sous lesquels on peut faire une promenade de sept à huit kilomètres du Pavillon au village de Richebout.

____

(1) Dans la forêt de Bellême, la révolution est fixée à 200 ans ; les chênes y atteignent 35 à 40 mètres de hauteur, et donnent un rendement d'une valeur de 25,000 francs en chênes et en hêtres.

(2) La maturité du chêne est révélée par les caractères suivants : pousses annuelles courtes, feuillage rare, feuilles précoces et jaunissant tôt : celles du sommet tombent plutôt que les inférieures. Les branches supérieures se dessèchent et l'arbre se couronne.

Les futaies de chêne et de hêtre prennent souvent un développement plus considérable que les futaies de chêne pur. Les racines du hêtre sont traçantes, celles du chêne pénètrent plus profondément dans la terre, et vont puiser dans un sol non épuisé les matériaux de l'alimentation de l'arbre.

Une autre cause de la réussite d'un pareil mélange, c'est que le hêtre ayant un feuillage très-épais, conserve au sol sa fraîcheur et augmente l'abondance du terreau. Cette influence se fait surtout remarquer dans les sols légers, peu profonds, de nature siliceuse ou calcaire. M. L. Dubois (1), inspecteur des forêts de Loir-et-Cher, a montré quelle était l'heureuse influence du hêtre dans les forêts domaniales du Blésois, où le sol, composé de sable et d'argile en proportions variables, a la tendance la plus prononcée à se déssécher.

D'après cet observateur, les futaies de cette région, en chêne pur, donnent des rendements inférieurs en bois de chêne à celles où le chêne est mélangé au hêtre. En voici la raison : Le chêne seul ne peut suffisamment couvrir le sol et en arrêter la dessiccation ; pour y remédier, dans les futaies de cette essence pure, on est obligé de serrer les arbres, ce qui amène nécessairement une perte dans le rendement en volume, et surtout dans le rendement en qualité. Les arbres de 25 mètres de fût sans branches sont communs dans la forêt de Blois ; les chênes de 0^m,70 de diamètre y sont introuvables. De plus, ces chênes très élancés, ces sapins-chênes, comme on les appelle quelquefois, se soutenant mal, deviennent plus ou moins flexueux, ce qui en diminue encore la valeur.

(1) *Considérations culturales sur les futaies de chêne du Blésois*, par M. L. Dubois. — Blois, Lecesne, 1856.

Ainsi donc, espacer le chêne, c'est lui permettre de se faire une cime et de grossir en diamètre, mais c'est aussi diminuer la fertilité du sol, l'exposer au dessèchement. Le mélange au hêtre réalise les avantages et met à l'abri des inconvénients.

La vaste forêt du Spessart, dans la Bavière rhénane, offre un exemple remarquable de ce système. Placée sur le grès bigarré, sous un climat très-rude, elle produit de magnifiques chênes au moyen du traitement suivant : On éclaircit très-fortement les massifs dès qu'ils sont parvenus à la moitié de l'âge qu'ils doivent atteindre, 200 ans en moyenne, et on y introduit artificiellement le hêtre, qui vient ainsi en deuxième étage sous le léger couvert des chênes.

M. L. Dubois fait remarquer que le chêne croît d'abord en hauteur pendant 100 ans, puis en diamètre jusqu'à la fin de sa révolution ; mais au chêne sans cime, il faut un temps bien long pour prendre un peu de corps ; le mélange au hêtre, en favorisant le développement des cimes, hâte l'évolution du chêne, augmente sa valeur et le rendement du sol.

Le mélange du hêtre au chêne serait surtout favorable au chêne pédonculé. C'est en recherchant la cause des inégalités de la végétation des futaies du Blésois, que M. L. Dubois a découvert que cela tenait à l'inégale action des deux chênes au point de vue de la conservation de la fraîcheur du sol. Citons textuellement : « Tout entier à ces observations, nous pûmes enfin saisir cette particularité, que les massifs ou groupes plus séduisants nous abritaient des ardeurs du soleil, tandis que ceux que nous tenions pour moins vigoureux, nous protégeaient à peine, et nous laissaient arriver une lumière fatigante. C'est alors que nous reconnûmes dans les uns le chêne rouvre, dans les autres le chêne pédonculé. Nous ne tardâmes pas, en poursuivant ces observations, d'acquérir la certitude que par dessus tous ces autres avantages sur le pédonculé, le rouvre joint la propriété, plus précieuse, de fournir un couvert beaucoup plus prononcé que son congénère. Du pédonculé au rouvre, il y aurait sous ce rapport même distance que du rouvre au hêtre ; ainsi s'expliquerait la supériorité des massifs ou des forêts de rouvre sur les massifs ou les forêts de pédonculé. »

A l'appui de cette observation, l'auteur cite la belle forêt de Blois, toute en rouvre, la futaie de la Queue-du-Prince, de même essence, dans la forêt de Fréteval ; les taillis de Marchenoir, la forêt de Citeaux, celle de Montrichard, également en rouvre. Dans la forêt du Tronçais, il signale les futaies du Morat, du Pendu, etc., en rouvre, tandis que, sur le même sol, les mauvais cantons sont en pédonculé ; et là encore les plus belles futaies de rouvre sont mélangées de hêtre.

Nous dirons ailleurs quelle est la cause de cette inégalité du rouvre et du pédonculé ; mais nous résumerons tout ceci en disant que le chêne a besoin d'être mélangé, le pédonculé surtout, qui, à défaut du hêtre, peut être associé au charme. Voyons maintenant comment on exploite ces forêts mixtes.

Le chêne étant la plus précieuse des deux essences, il convient, s'il est dominant, d'adopter la révolution qui lui est propre et d'y subordonner celle du hêtre. Ce n'est que dans le cas où le chêne serait en très-minime proportion que l'on tiendrait plutôt compte du hêtre, et qu'on fixerait la révolution à 120 ou 140 ans, sauf à réserver, dans les coupes définitives, un certain nombre de chênes pour croître jusqu'à la prochaine exploitation.

La coupe de régénération devra, pour la reproduction,

conserver une réserve plus nombreuse que dans les futaies pures. La coupe secondaire se fera sans ménagement pour les jeunes hêtres lesquels d'ailleurs sont abrités par les jeunes chênes qui, dans les premières années, croissent plus vite (dans quelques cas, le contraire a lieu, il faut rabattre le hêtre).

La coupe définitive sera réglée sur la végétation du chêne. Il arrive souvent que les glandées venant à manquer, tandis que la fainée étant abondante, le hêtre menace de déposséder le chêne et de croître en maître dans la futaie ; dans ce cas il faudra semer du chêne là où le hêtre s'était répandu, ou plutôt y planter des chêneaux, après avoir récepé le hêtre.

Les coupes d'amélioration peuvent favoriser l'empire du chêne sur le hêtre en portant principalement sur cette dernière essence.

Les futaies de l'exploitation desquelles nous venons de parler, sont des futaies régulières : il en est d'autres auxquelles le mode d'exploitation, très-suivi jadis, le jardinage, a donné le caractère de futaies irrégulières. Nous avons dit comment on pouvait ramener ces forêts à l'état de cultures régulières.

Le jardinage, qui consistait à glaner chaque année, dans toute l'étendue de la futaie, tous les arbres murs ou réclamés par la consommation, produisait un mélange de chênes de toutes sortes et de tout âge, et, dans la forêt, un appauvrissement général portant sur la quantité et la qualité des arbres. Il faut de la part du forestier une grande attention pour amener quelques résultats dans les forêts de chênes ainsi traitées. On conçoit d'ailleurs quelles doivent être les difficultés d'exploration, d'abattage, de vidange dans un pareil système d'exploitation.

Le jardinage n'a plus de raison d'être que dans l'exploitation des chênes isolés qui croissent sur les haies et les fossés, dans les départements de l'ouest. Il est remplacé, dans les futaies irrégulières, par un mode d'exploitation lié à leur transformation et dont nous avons parlé plus haut.

MM. Lorentz et Parade indiquent cependant quelques circonstances où, dans la culture du chêne, le jardinage modifié sera conservé avec avantage.

Telles seront, par exemple, les plantations de chêne à des altitudes où le climat serait un obstacle à la réussite des repeuplements, si l'on venait à découvrir entièrement les coupes. Telles seront encore les portions de forêts destinées à servir d'abris artificiels à d'autres cultures ; ici le bois de chêne n'étant plus le but de la futaie, on pourra la jardiner. Enfin, ce mode conviendra encore aux bois de particuliers ou de communes de peu d'étendue ; la surveillance et la vidange n'y présenteront pas de grandes difficultés. Les modifications à apporter au jardinage seront celles qui, au point de vue du retour périodique sur les mêmes parcelles, et de l'enlèvement raisonné du couvert, rapprocheront autant que possible cette méthode irrégulière de celle que nous avons indiquée sous le nom de réensemencement naturel.

Les forêts jardinées n'étaient pas les seules futaies irrégulières de France ; nous avons cité celles qu'avait engendrées l'exploitation désignée sous le nom de tire et aire. Ce sont surtout les forêts de chênes qui étaient traitées par ce mode, sur lequel nous ne reviendrons pas.

DE L'EXPLOITATION DES TAILLIS.

Un taillis est une forêt où la reproduction de souches et de rejets joue le principal rôle.

Les taillis, sur lesquels on réserve un certain nombre d'arbres destinés à parcourir un plus grand nombre de révolutions, prennent le nom de taillis composés.

Les chênes de réserves se nomment baliveaux : suivant le nombre de révolutions du taillis qu'ils comptent, ils sont désignés sous le nom de baliveaux d'âge, modernes, anciens 2e classe, anciens 1re classe, vieilles écorces.

Dans le taillis simple, les baliveaux ne doivent jamais devenir des chênes à maturité ; ils ne doivent pas couvrir au delà du seizième de la superficie totale. La perpétuité des taillis est liée à celle des souches, dont les ravalements successifs atteignent la vitalité. Il faut donc, à défaut de repeuplement par semences, un drageonnement qui puisse créer des pieds indépendants.

Lorsque le sol lui est favorable, la souche d'un chêne peut produire des rejetons pendant près de deux siècles. La durée d'un taillis de cette essence peut donc être très prolongée ; mais la révolution d'un taillis a la plus grande influence sur la vitalité des souches : trop prolongés, les chênes ne produiraient plus de rejets ; trop raccourcies, les souches s'épuiseraient en rejets trop fréquents.

C'est entre 15 et 40 ans qu'il convient de couper les taillis de chênes : l'expérience démontre que la nature du sol, l'exposition, etc., ne permettent pas de fixer une règle uniforme. Ainsi la révolution de 30 à 40 conviendra aux taillis de chêne en bon fonds, celle de 20 à 25 à ceux qui reposent sur un sol médiocre.

En France, tous les taillis de chêne sont partagés en coupes d'égale contenance, système qui ne peut créer une possibilité bien uniforme, eu égard aux conditions différentes de végétation, même sur une superficie peu étendue.

Les mois de février et de mars conviennent pour la coupe des taillis de chêne. La sève du printemps donne immédiatement naissance à de nouveaux jets : la coupe d'hiver déterminerait l'altération des souches, soit à cause du froid, soit à cause de l'humidité. Les taillis de chênes pour écorces se coupent un peu plus tard, lorsque la sève en mouvement permet un écorcement plus facile.

Dans le midi et sur les bords de l'océan, où les gelées ne sont pas à craindre, on coupe souvent les taillis après la chute des feuilles.

Le récepage des jeunes chênes se fait à la hache, à la serpe ou à la scie, suivant la grosseur des brins. Quel que soit l'instrument, il importe que la section soit nette et inclinée pour faciliter l'écoulement des eaux. La durée d'un taillis de chênes est lié plus qu'on ne pense au soin qui est apporté à cette opération. Nous n'insistons pas davantage sur cette partie de l'exploitation.

Il importe à la reproduction du taillis que les bois soient façonnés et enlevés rapidement, pour que les jeunes jets n'en souffrent pas.

Les cahiers des charges qui régissent les adjudications des coupes dans les forêts de l'Etat sont d'ailleurs explicites et formulent nettement toutes ces conditions d'exploitation du chêne en taillis simple.

Passons maintenant à l'exploitation du chêne en taillis sous futaie ou taillis composé. Cette méthode de culture du chêne devra donner à la fois les produits de la futaie et les produits du taillis simple, c'est-à-dire des chênes de fortes et de petites dimensions.

A chaque coupe du taillis, on réserve un certain nombre de baliveaux destinés non-seulement à fournir des bois d'œuvre, mais encore à assurer le repeuplement naturel par ensemencement. Cette réserve est l'opération la plus importante de l'exploitation , c'est à elle qu'on donne le nom de balivage ; choisir, compter, répartir les chênes réservés, tout l'art du forestier est là : art fécond s'il en fut, puisqu'il a pour résultat de superposer deux forêts et de doubler la richesse du sol.

Le chêne ne s'élevant en hauteur que quand il est serré, la révolution du taillis sous futaie devra donc être assez longue pour que les chênes aient atteint la hauteur qui les rendra propres à tous les usages, et en même temps la force de résister aux vents quand ils seront isolés.

Il conviendra de déterminer la révolution au temps nécessaire pour produire des baliveaux de 15 m. de hauteur environ, ayant par suite de 30 à 40 ans.

Ces baliveaux seront choisis parmi les jeunes chênes provenant de semences ; on préférera les plus droits , les mieux faits, les plus vigoureux. Les chênes fourchus seront sacrifiés, mais on respectera ceux qui peuvent fournir des courbes à la marine.

Quant au nombre de baliveaux à réserver par hectare, il peut varier avec la nature du sol et des expositions, avec la nécessité de donner plus ou moins de couvert au sol, suivant l'espèce de chêne que l'on cultive, le pédonculé, nous l'avons vu, laissant passer beaucoup plus de lumière que le rouvre.

On a donné le nom de balivage normal à un mode qui peut être admis dans le plus grand nombre de taillis sous futaie en bon fonds.

Le Tableau suivant le fera comprendre aisément ; il montre la suite des opérations depuis la création du taillis, dont la révolution est de 30 ans, jusqu'à la maturité de la futaie, dont la révolution est de 150 ans :

BALIVAGE NORMAL SUR UN HECTARE

ANNÉES	AGE	Coupe	Réserve	Coupe	Réserve	Coupe	Réserve	Coupe	Réserve	Coupe	Réserve	TOTAUX
1840	Création du Taillis.											
1870	30	n	40									
1900	60	10	30	n	40							
1930	90	10	20	10	30	n	40					
1960	120	10	10	10	20	10	30	n	40			
1990	150	10	0	10	10	10	20	10	30	n	40	40 + n 100

Ainsi tous les 30 ans, sur chaque hectare, on coupe n baliveaux et on en réserve 40, et lorsque le taillis composé est en pleine exploitation, 150 ans après sa création, on coupe sur chaque hectare, par année :

1°	n	baliveaux	de l'âge du taillis ;		
2°	10	—	de	60	modernes ;
3°	10	—	de	90	anciens 2ᵉ classe ;
4°	10	—	de	120	anciens 1ʳᵉ classe ;
5°	10	—	de	150	vieilles écorces ;

et on réserve :

1°	40	baliveaux	de l'âge ou de 30 ans ;		
2°	30	—	de	60	modernes ;
3°	20	—	de	90	anciens 2ᵉ classe ;
4°	10	—	de	120	anciens 1ʳᵉ classe ;

Voilà le travail d'exploitation, coupe et réserve à faire tous les 30 ans, sur chaque parcelle du taillis sous futaie.

Nous ferons remarquer qu'en pratique, ce sont 50 baliveaux d'âge que l'on réserve ; mais que 30 ans après ces 50 chênes sont réduits à 40 par suite d'accidents naturels.

Ce balivage normal est réglé sur la nécessité de ne maintenir, sous le couvert des chênes, qu'une portion de la superficie de la forêt.

L'espacement, ou la distribution des baliveaux réservés, a la plus grande importance dans la futaie sur taillis. On comprend que les arbres d'âges différents qui la composent doivent être exactement mêlés ; sinon les coupes, en portant sur des chênes de même âge, produiraient des vides, si ces derniers se trouvaient groupés.

Le balivage ou martelage est assurément l'une des opérations les plus difficiles de la sylviculture : il se pratique le printemps ou l'été qui précède l'exploitation. Il faut une grande sagacité, une grande habitude pour démêler dans la forêt les réserves de toutes catégories.

Outre ces grandes opérations de la coupe et du balivage, la culture du chêne en taillis composé réclame d'autres soins; tels sont les nettoiements et éclaircies secondaires, tel est encore l'élagage des baliveaux.

L'élagage a son importance, il a ses règles théoriques et pratiques : « Dans les forêts de l'État surtout, il a une haute importance à cause des moyens qu'il offre pour favoriser la formation des courbes et courbants propres aux constructions navales. » (Lorentz et Parade).

Aucun arbre n'a plus de tendance que le chêne, lorsqu'il est isolé, à se couvrir le long du tronc de branches gourmandes qui détournent à leur profit la nourriture de l'arbre En conséquence de ce fait, la cime cesse de se développer, et bientôt l'arbre entier dépérit.

Si l'élagage est une opération indispensable pour le chêne, elle est pour lui aussi une cause de vices, grisettes, huppes, pourriture, etc., quand il est mal fait.

L'amputation des branches doit être faite de façon à ne pas léser l'écorce. Lorsqu'elles ont plus de 10 à 12 centimètres de diamètre, la section rez-le-tronc faisant une plaie trop difficile à recouvrir, on supprime l'extrémité de cette branche, ou bien on laisse un chicot de un mètre de long, lequel se couvre de ramilles et n'est point une cause de carie pour le tronc.

Un élagage fait trop près du tronc amène la carie du chicot et celle de l'arbre, ou bien une loupe. Il faut donc adopter, quand la réparation de l'écorce semble possible, l'amputation rez-le-tronc avec une onction de coaltar. C'est la méthode du marquis de Courval appliquée par M. le comte Des Cars.

L'élagage du chêne demande beaucoup de discernement, car la suppression de fortes branches peut rompre l'équilibre entre la cime et les racines, ou détruire l'espoir de courbes précieuses. Le chêne isolé doit avoir enfin une tête plus forte que celui qui a crû en massif, afin de résister aux intempéries.

Les bourrées qui résultent de l'émondage du chêne ont toujours assez de valeur pour compenser les frais de l'opération.

———

La sylviculture possède les moyens de passer d'un mode d'exploitation du chêne à un autre ; c'est ce qu'on appelle *conversion*. Nous ne dirons qu'un mot de chaque sorte de conversion.

Conversion d'une futaie en taillis simple. — Rien de plus facile si les chênes à couper peuvent donner des rejets. La forêt est divisée en vingt-cinq parties, où l'on fait d'années en années les coupes de régénération. A la vingt-sixième année, on revient sur le premier vingt-cinquième, qui est un taillis simple. Quand les souches trop âgées ne peuvent donner des rejets, il faut les remplacer par des brins de semence. Cette conversion se pratique rarement.

Conversion d'une futaie en taillis composé. — Comme dans le cas précédent, c'est un taillis à créer, tout en maintenant une part de la futaie incapable de gêner le repeuplement par un couvert trop épais, et en prenant les dispositions nécessaires pour le balivage. Les vieux chênes devront tomber à mesure que les chênes baliveaux arriveront à l'état de modernes.

Conversion d'un taillis simple en taillis composé. — Se borne à établir sur le taillis les différentes catégories de baliveaux à réserver.

Conversion d'un taillis simple en futaie. — En théorie, rien n'est plus simple ; mais deux cas se présentent : dans l'un, la conversion peut se faire sans tenir compte de la diminution du revenu. Il suffit alors de pratiquer des coupes préparatoires, qui ont pour but de supprimer les brins chétifs ou dominés, pour ne laisser subsister que les chênes capables de former la futaie.

Dans le second cas, la conversion doit se faire sans abaisser trop sensiblement l'ancienne production. S'il est juste de ne pas sacrifier l'avenir au présent, il est non moins équitable de ne pas abandonner le présent pour l'avenir. La conversion est alors plus lente. Quant aux détails de l'opération, n'oublions pas que nous n'écrivons pas un traité de sylviculture , travail pour lequel nous serions très-incompétent.

Conversion d'un taillis composé en futaie. — Il semblerait que la forêt, constituée par une futaie surmontant un taillis, deviendrait facilement futaie par la suppression du taillis. L'opération est plus compliquée ; cela tient à l'état irrégulier de la plupart des taillis sous futaie , et aux grandes différences d'âge des différentes catégories de chênes qui forment le couvert au-dessus du taillis. Cette opération se pratique en grand dans les forêts domaniales, et c'est une des plus fécondes au point de vue de l'avenir de la production du chêne.

Conversion d'un taillis composé en taillis simple. — C'est facile : il suffit de couper les réserves, de ne conserver que les baliveaux de l'âge et de repeupler les dégarnis et les clairières produites par l'enlèvement des arbres supprimés.

—————

Nous n'avons rien dit de la culture et de l'exploitation des chênes à feuilles persistantes, parce qu'en France il n'y a guère que le chêne liége, dont nous parlerons à part, qui, parmi les arbres toujours verts, soit l'objet d'une exploitation plutôt que d'une production.

Dans la région des Maures et de l'Estérel existent de vastes forêts d'une contenance considérable. Le pin à pignons, le pin d'Alep, le pin maritime, le châtaignier et le liége en sont les essences dominantes.

Le chêne-liége tend à devenir, de jour en jour, dans la partie granitique du Var, l'espèce la plus importante, et à remplacer les autres. Jusqu'ici, il n'y a pas eu de culture proprement dite, et la préservation de ces forêts, du terrible fléau de l'incendie, a surtout préoccupé le gouvernement et les particuliers.

D'après un rapport sur une enquête faite, en 1868, par le directeur général des forêts, les étendues de bois exposés, dans le Var, au feu, étaient encore à cette époque de 72,180 hectares. La minime portion de cette superficie, 7,080 hectares, appartenait à l'État ; les communes en possédaient 17,520, et les particuliers 47,580 hectares.

Un projet de loi destiné à fonder, pour cette richesse forestière, la sécurité qui lui manque, avait été voté en 1870, à la veille de la guerre. Mesure tardive, après les désastres de 1863, 1864, 1867, qui avaient ravagé 20,000 hectares, mais qui, bien comprise, peut sauver ce qui reste de ce beau domaine.

Il ne s'agit pas ici seulement de chênes-liéges et de l'industrie qui s'y rattache. La Provence, comme toutes les contrées du bassin de la Méditerranée, n'a été que trop déboisée, et les conséquences, si le mal n'était réparé, conjuré, ne tarderaient pas à se révéler avec une intensité croissante. L'Asie-Mineure, la Grèce n'ont plus la fertilité si vantée des anciens temps ; avec les bois, la fécondité du sol a disparu, le climat s'est modifié, les sources se sont taries. Que les chênes-liéges au contraire couronnent de nouveau ces sommets dénudés, les cours d'eau reprendront leur régularité, et au lieu d'être des torrents dévastateurs, ils arroseront de nouveau des rivages auxquels la nature prodiguerait tous les dons, si l'homme la laissait agir dans sa mesure (1).

---

(1) Voyez : *Des incendies de foréts dans la région des Maures et de l'Esterel*, etc., par M. de Ribbe, 1855.

Voyez aussi : *Les foréts de la région du feu*, par Ch. de Kirwan. — *Correspondant*, livraison du 25 juin 1870.

AVENIR DE LA PRODUCTION DU CHÊNE.

Il est incontestable que les bois de
construction disparaissent partout en
France.   THIERS.
22 janvier 1870.

Ici se terminerait l'étude de la production du chêne, si
nous n'avions à rechercher quel est son avenir. Nous
avons surtout besoin du bois de chêne de grandes dimensions que la futaie ou la futaie sur taillis peuvent seuls
nous donner. Malgré le prix toujours croissant du bois de
chêne, il est certain que nous n'en pouvons plus produire
assez pour suffire à tous les besoins. « Il est incontestable,
disait M. Thiers à la tribune, le 22 janvier 1870, que les
bois de construction disparaissent partout en France. »

Quelle est la cause de cette décadence ? La superficie
forestière diminue peu à peu, moins rapidement cependant que la production de bois de chêne de service. Il faut
alors reconnaître que le mal est dû au mode d'exploitation, et, qu'au lieu de futaies et de taillis sous futaies,
nous n'aurons bientôt plus, sur les propriétés privées du
moins, que de simples taillis.

Il faut, pour qu'il en soit ainsi, que l'intérêt privé
trouve plus d'avantages dans l'exploitation du chêne en

taillis. En vertu de la loi de l'offre et de la demande, plus un produit d'industrie est demandé, plus on en fabrique, et plus son prix s'abaisse ; il en est tout autrement pour le bois de chêne, plus on en demande, plus aussi l'exploitation prématurée de ces arbres diminue la quantité de bois produite.

L'augmentation du prix du chêne est donc nuisible à sa production, puisqu'elle pousse à l'exploitation en taillis plutôt qu'à l'entretien des futaies.

Il est encore prouvé que le rendement le plus considérable d'une forêt, dans un temps donné, s'obtient en réglant les coupes sur l'accroissement moyen des bois ; que, par conséquent, le rendement, en produit matériel d'un taillis de chêne, est moins considérable dans une période de 120 ans que celui d'un taillis sous futaie, et celui-ci moindre que celui d'une futaie. Les forestiers estiment que le produit du taillis est à celui de la futaie dans le rapport de 4 à 7.

On sait aussi que c'est vers l'époque de leur plus grand accroissement que les chênes présentent la somme de toutes leurs qualités, non-seulement comme bois de construction, mais encore comme bois à brûler : ce sont les chênes de 100 ans qui fournissent la plus grande quantité de charbon.

La perspective de gains plus considérables, par l'augmentation de la quantité et de la qualité des produits, ne peut réagir cependant sur l'intérêt privé qui s'attache de plus en plus à l'exploitation en taillis, quand il ne cède pas à la tentation du défrichement des futaies existantes. La raison en est simple : « Pour l'homme isolé, l'avenir c'est le lendemain ; il est trop éphémère pour que son propre intérêt l'amène à cultiver, suivant les lois naturelles, le chêne dont la durée est cinq fois plus grande que sa vie. » (1).

Non-seulement les propriétaires de futaies ne peuvent généralement espérer atteindre la plus-value de leurs futaies, mais celle-ci donnant un revenu qui n'est pas en rapport avec le capital qu'elles représentent, leur maintien exige de leurs possesseurs des sacrifices bien réels. Ainsi l'accroissement du prix commercial du bois de chêne, et l'élévation du taux des placements d'argent à notre époque, se réunissent pour rendre la conservation des futaies contraire à l'intérêt privé. Il faut ajouter encore que la plus-value du matériel ligneux, acquise pendant une année nouvelle, est inférieure à l'intérêt de la valeur de ce même matériel pendant une année. Les choses ont donc bien changé depuis l'époque où furent écrites les paroles que nous avons inscrites en tête de cette étude sur la production du chêne.

MM. Lorentz et Parade ont établi bien clairement la vérité de ces deux faits : 1° que le capital représenté par la futaie n'est pas au taux actuel de la rente en rapport avec son rendement en bois ; 2° que la plus-value annuelle du capital ligneux, due aux accroissements du bois en qualité et en quantité, ne montait pas aussi rapidement que les intérêts composés du capital représenté par ce matériel.

Nous allons résumer cette importante discussion.

Le capital d'une forêt de chêne se compose : 1° de la valeur sur pied des bois, nommée aussi capital superficiel;

2° Des sommes dont les intérêts paient l'entretien, la garde et l'impôt ;

(1) Ch. Broilliard, *de la réserve des chênes d'avenir*, *Revue des Deux-Mondes*, année 1871.

3° De la valeur du fond de terre ;

4° A ce capital s'ajoute chaque année l'accroissement en valeur du bois, une année de frais, et l'intérêt annuel des dépenses antérieures.

Le rendement de la futaie n'est pas proportionnel à ce capital entier, pas même au capital superficiel, le seul dont nous parlerons.

Soit une futaie normale de chêne de 140 hectares à la révolution de 140 ans ; le commencement des éclaircies périodiques est fixé à 20 ans et leur marche réglée de 20 ans en 20 ans.

Quelle est la rente ou la quantité de chênes de chaque coupe annuelle ?

Quel est le capital ou la quantité de chêne de la futaie entière ?

Dans cette futaie, qu'on peut représenter comme partagée en 14 affectations décennales de 10 hectares chacune, le produit annuel se composera : 1° du chêne récolté sur un hectare, parvenu à sa limite de croissance ou d'exploitabilité ; 2° de 6 hectares d'éclaircies périodiques, dans les bois âgés de 20, 40, 60, 80, 100, 120 ans. Le rendement de ces éclaircies est égal en valeur au rendement de 50 ares de la futaie à la limite de l'exploitabilité ; on peut donc estimer que le rendement annuel de la forêt de 140 hectare est représenté par le produit de la coupe d'un hectare et demi.

A 140 ans, un hectare 1/2 produit 584$^{m/c}$250 de bois de chêne ; voilà le revenu annuel de la futaie de 140 hectares.

Quant à la quantité de chêne des 140 hectares ou capital superficiel, le tableau suivant montre qu'il est de 24,410 mètres cubes :

AFFECTATIONS DÉCENNALES.	AGE DES BOIS		VOLUME ABSOLU		VOLUME ABSOLU de l'Hectare moyen.	VOLUME ABSOLU de toute l'affectation décennale.	PRIX du MÈTRE cube.	VALEUR de toute L'AFFECTATION décennale.
	sur l'Hectare le plus jeune.	sur l'Hectare le plus âgé.	de l'Hectare le plus jeune.	de l'Hectare le plus âgé.				
1	2	3	4	5	6	7	8	9
	ans.	ans.	mètre cube.	mètre cube.	mèt. cube.	mètre cube.	francs.	francs.
14e	1	10	0	14	7	70	5	350
13e	11	20	16	28	22	220	10	2,200
12e	21	30	30	54	42	420	15	6,300
11e	31	40	55.5	74.5	65	650	20	13.000
10e	41	50	77	103.0	90	900	30	27,000
9e	51	60	105.5	130.5	118	1,180	40	47,200
8e	61	70	133	161	147	1,470	50	73,500
7e	71	80	163.5	192.5	178	1,780	60	105.800
6e	81	90	195.5	226.5	211	2,110	70	147.700
5e	91	100	229.5	260.5	245	2,450	80	196,000
4e	101	110	264.5	295.5	280	2,800	100	280,000
3e	111	120	299	329	314	3,140	120	376,800
2e	121	130	332	360	346	3,460	140	484,400
1re	131	140	362.5	389.5	376	3,760	160	601,600
						24,410		2,362,850

La comparaison du chiffre qui représente la quantité totale du chêne de la futaie, 24,410 mètres cubes, avec celui qui représente le rendement annuel 584^{m}/^{c}250, montre que le capital superficiel est 42 fois plus considérable que le revenu ; ce qui représente un placement au taux de 2 1/3 pour cent.

Le propriétaire de cette futaie, qui, de nos jours, peut facilement placer à 4 ou 5 pour cent, sacrifie donc à un avenir éloigné les quatre cinquièmes de son revenu ; ces sacrifices deviennent de plus en plus rares ; voilà pourquoi, dans ce siècle d'argent on peut dire : *Les chênes s'en vont !*

On a prétendu qu'en raison de l'accroissement du prix des arbres, à mesure qu'ils avancent vers la maturité, le vendeur de la futaie pourrait trouver un acquéreur intéressé à spéculer sur sa conservation. Cette illusion doit être encore abandonnée.

Retournons au tableau ci-dessus. La colonne n° 8 nous montre que la valeur du chêne croit de 10 en 10 années depuis 5 fr. jusqu'au taux exagéré peut-être de 160 fr., pour les pièces de premier choix destinées à la marine ; par conséquent, les 389,5 mètres cubes de chêne de 140 ans fournis par la futaie vaudront 62,320 francs.

Il faut y ajouter la valeur du bois des six éclaircies que les forestiers établissent comme suit :

1re éclaircie	bois de	20 ans	fournira 10^{m}/^{c} à	10^{f}· l'un, ci..	100^{f}·
2e id.	bois de	40 ans	id. 20	à 20........	400
3e id.	bois de	60 ans	id. 42	à 40........	1680
4e id.	bois de	80 ans	id. 64	à 60........	3840
5e id.	bois de	100 ans	id. 32	à 80........	2560
6e id.	bois de	120 ans	id. 27	à 120........	3240
			195^{m}/^{c}		11820

Ajoutant à cette somme la valeur des coupes de régénération, qui est comme nous l'avons dit de 62,320 fr., on arrive, pour le revenu total de la forêt, au chiffre de 74,140 francs.

Ce revenu, ou cette rente, étant comparé au capital superficiel qui est de 2,362,850 fr., on voit que c'est un placement à 3 pour cent. Assurément les acquéreurs de terres ne placent pas mieux, mais l'acheteur de futaies ne serat-il pas en concurrence avec celui qui, calculant sur leur destruction, sera certain de placer ces 2,362,850 fr. à plus de 3 p. 100. Admettons qu'il les place seulement à 4, il obtient ainsi un revenu de 94,514 fr. au lieu de 74,140 fr. C'est une augmentation de 20,374 fr. de rentes et le fonds lui reste.

Ainsi, les chênes sont menacés encore dans cette dernière hypothèse, et nous voyons chaque année des particuliers ou des compagnies entreprendre ce genre de spéculation.

Si les futaies sont abandonnées par l'intérêt privé, il n'en est pas de même du taillis simple qui n'exige qu'un capital superficiel peu élevé comparativement au revenu. D'après Hundeshagen, le revenu d'un taillis de chêne, exploité à 30 ans étant 1, le capital superficiel est 14, c'est un placement à 7 p. 100. Les tentations d'aliéner et de déboiser sont donc ici moins considérables, aussi les taillis restent ; mais il n'en est pas moins vrai de répéter, en parlant des bois d'œuvre, les chênes s'en vont !

Les chênes s'en vont ! Cette triste vérité éveille en nous le souvenir d'un autre mot : — La France périra faute de

bois, — disait Colbert. Qui donc arrêtera le pays sur cette
pente fatale ; quelle puissance fera contre-poids à l'égoïsme,
au démon de l'argent, qui ravagent, appauvrissent notre
patrie ? Le pays lui-même, la société française représentée par l'Etat, peuvent seuls préparer l'avenir et conjurer
la disette de bois de chêne qui nous menace.

Dans un article remarquable sur la réserve des chênes
d'avenir, M. Broilliard (1) a étudié cette grave question.
Il lui prête un intérêt considérable en comparant d'abord
la consommation actuelle de bois de chêne à la production
moderne de cette matière première de tant d'industries.

Négligeant la quantité de bois de chêne de dimensions
moyennes, réclamée en quantités énormes par les constructions civiles, M. Broilliard estime à 80,000 mètres cubes
de chêne en grume, le bois de cette essence nécessaire à
l'entretien de la marine militaire. Ce chiffre, à l'heure
actuelle, est peut-être exagéré, en raison de la stagnation
de nos armements, de notre fond considérable d'approvisionnements, et surtout de la substitution du fer au chêne
dans beaucoup de constructions. La quantité de bois de
chêne destinée à la marine marchande est estimée à
100,000 ou 120,000 mètres cubes par an. Il ne faudrait pas
croire cependant que nos armements commerciaux ne
consomment que du bois de chêne de grandes dimensions ;
quiconque a vu comment on bâtit des navires de moyen
tonnage dans les ports de l'ouest, a pu constater qu'on y
employait toute espèce de bois et surtout un grand nombre
de chênes de fossés, qui ne sont jamais sortis des futaies.

Le boisage des mines et le matériel roulant des chemins
de fer demandent 50,000 mètres cubes de chêne. Les
mines surtout ne peuvent se passer de chêne de premier

---

(1) *Revue des Deux-Mondes*, livraison du 15 septembre 1871.

choix et de grandes dimensions. Les puits, traversant des terrains perméables, doivent être revêtus de forts madriers parfaitement assemblés, afin de maintenir les terres et d'empêcher le suintement ; comme il s'agit ici de la vie des hommes et de la conservation de travaux très-coûteux, on ne recule pas devant les prix des premières qualités de chêne. Les revêtements seuls des puits de mine du département du Nord consomment 5,000 mètres cubes de chêne des plus fortes dimensions On tire ces bois de la forêt de Saint-Amand, on en va chercher jusqu'en Auvergne ; leur prix croit avec leur diamètre, il est de 30 fr. le mètre cube dans les arbres de 0,40 centimètres , de 60 fr. dans les arbres de 0,80 centimètres, etc.

Le génie et l'artillerie consomment, à l'estimation de M. Broilliard, 30,000 mètres cubes de bois de chêne. On sait que les travaux du génie, analogues en beaucoup de points à celui des mines, consomment beaucoup de bois de premières qualités. Un des soins constants de Napoléon 1er, quand il méditait une grande entreprise, était d'accumuler les bois, sur quelques points des canaux ou des grands cours d'eau. L'attaque et la défense des places, la création de remparts improvisés en demandent et en demanderont toujours.

Quant à l'artillerie, elle a, comme l'art des constructions navales, substitué beaucoup de fer au chêne, et l'apostrophe de V. Hugo aux canons des Invalides, à la mort de Charles X, ne serait peut-être plus exacte :

> Le roi de France est mort, d'où vient qu'aucun de vous
> Comme un lion captif qui secouerait sa chaîne,
> Aucun n'a tressailli sur sa base de chêne !

L'artillerie moderne emploie le noyer, le frêne, le hêtre, le charme et le cormier, mais surtout le chêne ; cette dernière essence forme les 5/6ᵉ de l'approvisionnement des arsenaux. Les pièces de 1ᵐ60 à 2ᵐ20 de circonférence sont les plus recherchées.

Ce n'est pas, Dieu merci, dans les œuvres de la guerre que la France dépense la plus grande quantité de bois de chêne. Notre pays est le plus grand vignoble du monde et les 70,000,000 d'hectolitres de vin qu'il produit par année exigent une énorme quantité de bois de chêne pour la fabrication des fûts, barriques, pipes ou feuillettes, destinés à le contenir. Il faut inscrire pour ce chapitre une consommation de 400,000 mètres cubes. En 1857, nous achetions déjà pour 20 millions de merrains à l'étranger ; en 1866, nous en avons acheté pour 46 millions. Une seule maison, la maison Pfeiffer, en Esclavonie, importait, en 1857, à destination de Cette et de Bordeaux, une valeur de 7 à 8 millions de bois de chêne pour tonnellerie. Ce qui prouve la nécessité du gros bois de chêne pour cet usage, c'est que dans le débit en merrain, le déchet qui, dans les plus beaux arbres, est de 40 à 45 p. 100, s'élève à 75 p. 100 dans les bois moyens (on nomme chêne de grande dimension celui qui mesure 0ᵐ70 de diamètre à hauteur d'homme).

En poursuivant cette statistique, l'auteur que nous avons pris pour guide porte à 1 million de mètres cubes par an la quantité de bois de chêne dont la France aura besoin dans un avenir peu éloigné ; c'est, ajoute-t-il, la quantité nécessaire pour faire de Marseille à Dunkerque un parquet continu de 20 mètres de large !

Il ne faudra pas compter longtemps sur la ressource de l'étranger ; là aussi les besoins augmentent et, comme chez nous, les grands chênes s'en vont.

L'Angleterre, qui en consomme énormément pour ses deux marines, ménage les vieux chênes de ses grands parcs, lesquels, d'après Mac Culloch, représentent encore une valeur de un milliard. En 1850, elle achetait en Bretagne d'énormes quantités de bois de cette essence ; tous les ans elle en tire 80 à 100 mille pieds cubes des forêts de la Toscane ; enfin elle supplée à ce qui lui manque par les chênes du Canada et de ses autres colonies. Jamais nous ne trouverons en Angleterre le bois qui nous manquera. La Belgique et la Hollande sont pauvres ; l'Allemagne du Nord exploite ses forêts avant cent ans, et ses besoins, surtout ceux de sa marine militaire, vont grandir. En Autriche, il existe de beaux chênes ; elle avait envoyé à l'Exposition de 1867 une pièce de 21 mètres de long sur 1 mètre de large ; mais aujourd'hui les trafiquants coupent à blanc les massifs naguère inexploités de l'Esclavonie et de la Gallicie. L'Espagne est très-pauvre : depuis 1859, l'Etat a vendu 5,553,000 hectares de forêts de chêne vert et de chêne liége. En Italie, il reste à peine 500,000 hectares de bois ; la Toscane et la Sardaigne produisent seules encore quelques chênes de valeur ; quant à la vaste forêt de 100,000 hectares qui ceignait autrefois l'Etna, elle a presque disparu. La Russie, privée de combustibles minéraux, dévaste ses forêts pour la construction de ses chemins de fer. La Suède ne produit de chênes que sur une zone très-restreinte de son territoire. Quant à l'Amérique, l'essor inouï de sa civilisation absorbe toutes ses productions forestières.

Enfin, n'oublions pas que l'impôt sur les matières premières, voté en 1872, a frappé d'un droit de 6 francs par stère l'importation du bois de chêne étranger.

Il faut donc ne compter que sur nous. En 1868, l'Etat possédait en France 1,160,000 hectares de forêts, et les communes 2,140,000 hectares. Du total 3,300,000 hectares, il faut en retrancher 500,000 perdus avec l'Alsace-Lorraine, c'est donc 2,800,000 hectares, auxquels il faut ajouter 5,000,000 possédés par les particuliers. Cette dernière part tend à disparaître ou à se convertir en taillis simple ; nous avons dit que la futaie ou le taillis sous futaie pouvaient seuls produire du bois d'œuvre.

Ceci établi, M. Broilliard recherche si, sur ce dernier débris de notre fortune forestière. il nous serait possible de trouver le million de mètres cubes de gros chênes dont nous aurons besoin dans un avenir peu éloigné : « Que nos chênes soient conservés jusqu'à complète maturation, et nos forêts s'enrichiront rapidement, et dans 30 ans, 50 ans, elles offriront une réserve inestimable. »

C'est en réservant les beaux chênes que se sont enrichies les futaies actuelles. Dans les forêts de Hagueneau, de Bourse, de Perseigne et de Bagnolet (Allier), on trouve des chênes de 3 à 400 ans ; ces vieux massifs rendent à l'hectare 630 mètres cubes de bois d'une valeur moyenne de 25,000 francs.

Voici comment M. Broilliard établit les résultats que donneraient la réserve générale des chênes d'avenir dans les futaies :

« Si, par exemple, dans une futaie de 800 hectares, exploitée à la révolution de 160 ans, on trouvait en moyenne une douzaine de chênes à réserver par hectare, il y en aurait 50 à garder chaque année. Dans trente ans, chacun de ces arbres ayant grossi, on pourrait alors, c'est-à-dire précisément à l'époque menacée de pénurie, disposer d'une partie de ces bois de première utilité , dont le volume total, pour cinquante chênes, serait de 150 ou 200, ou 250 mètres cubes peut-être. Ceci représenterait, pour 800 hectares, un quart de mètre cube par hectare. Pour nos 200,000 à 300,000 hectares de futaies de chênes, ce serait déjà 50,000 à 75,000 mètres cubes à précompter sur le déficit annuel de un million dont nous sommes menacés ; mais ce n'est là qu'un chiffre beaucoup trop faible, car, dans nos futaies irrégulières, il y a souvent bien plus de dix chênes à réserver par hectare ; puis ces arbres ont, en général, un avenir de plus de trente années, et le volume qu'ils auraient à maturité dépasserait souvent le chiffre de 3, 4 ou 5 mètres cubes. En réalité, c'est d'au moins 100,000 mètres cubes par an que l'avenir bénéficierait, grâce à une légère économie dans le présent. »

Outre les futaies, qui sont rares, on peut trouver en France d'autres ressources dans les taillis de l'État, que l'on convertit depuis quelques années en futaies pleines. Cette conversion se fait en remplaçant, peu après la coupe du taillis, les rejets de souche par des brins de semence.

M. Broilliard voudrait, quand on coupe ces taillis pour la dernière fois, que l'on réservât beaucoup de baliveaux encore éloignés de leur maturité, et dont l'avenir est presque assuré : suffisamment espacés, ils nuiraient peu au repeuplement. « La moitié des taillis appartenant à l'Etat est déjà en conversion sur une étendue de 270,000 hectares, et le surplus y entrera prochainement. La conversion exige toute une révolution de futaie, peut-être 150 ans en moyenne. Appliquée bientôt dans ces conditions à 400,000 ou 500,000 hectares, cette opération comportera des coupes définitives qui parcourront chaque année à peu près la 150ᵉ partie de l'étendue, soit environ 3,000 hectares. Que cette réserve nous permette de recueillir, dans une trentaine d'années, sur chaque hectare parcouru, six ou sept chênes d'un volume de 3 mètres cubes l'un, ce serait un supplément annuel de 60,000 stères de gros chênes. »

Quant au taillis sous futaie, M. Broilliard conseille d'y réserver le plus de chênes possible, sans s'occuper d'autre chose ; puis d'adopter une révolution de taillis assez longue pour que les chênes réservés , qui constitueront bientôt la futaie superposée au taillis, aient des cimes élevées incapables d'entraver la reproduction du taillis. Les forêts de Chaux et de Rambouillet appartiennent à ce mode d'exploitation. On travaille à convertir la première en futaie pleine , et l'on espère y trouver dans l'avenir de forts beaux arbres, qui constitueront une véritable richesse nationale. La forêt de Blois rapporte 118 fr. à l'hectare, ou 2 mètres cubes de bois d'œuvre dont on fait des merrains pour les vins du pays. De 1858 à 1867 inclusivement, nos forêts domaniales ont produit 35,300,000 fr. : c'est, tous frais déduits, un rapport de 29 fr. par hectare, obtenu sur des terrains qui, généralement, rapporteraient moins en céréales. De 1828 à 1837, le produit net n'était que de 15 fr. environ. Ainsi, en un tiers de siècle, l'augmentation du prix du chêne a doublé le produit des forêts de l'État.

Les communes possèdent encore 2,140,000 hectares de forêts, dont 1,000,000 d'hectares en taillis sous futaie, aptes à produire des chênes de belles dimensions, à la condition de suivre à la lettre l'ordonnance du code forestier. Cette ordonnance prescrit de réserver tous les sujets capables de prospérer jusqu'à la révolution suivante. Voici, d'après notre guide, quels seraient les résultats qu'on obtiendrait : « Sur un million d'hectares de forêts exploitées à la révolution de 25 ans, la coupe annuelle comprend 40,000 hectares. Epargne faite : par hectare, 5 chênes, mesurant en moyenne $0^m,55$ de diamètre et 8 mètres de hauteur en bois d'œuvre, cubant chacun 1^{mc},500, au total 200,000 arbres, donc trois millions de mètres cubes, et à 40 francs l'un, 12 millions de francs. Excédant disponible dans 25 ans : par hectare, 5 chênes mesurant en moyenne 0^m,70 de diamètre et 8 mètres de hauteur en bois d'œuvre, cubant chacun 2^{mc},500, au total 200,000 arbres, donc 500,000 mètres cubes, et à 50 francs l'un, 25 millions de francs. »

Les communes profiteront-elles de cette richesse ? C'est douteux, elles sont aussi besogneuses que les particuliers, moins conservatrices que l'Etat, leur intérêt passe avant tout ; qu'importe aux communes du nord-est que le merrain de chêne soit cher à Cette ou à Bordeaux ; elles coupent quand elles ont besoin d'argent, c'est cependant pour elles un placement facile sans risques, sans frais d'administration. On pourrait trouver des communes dont les bois ont doublé de valeur depuis 30 ans, et qui sont devenus pour elles la poule aux œufs d'or.

Les forêts de chênes, qui sont aux mains des particuliers, ont encore 5 millions d'hectares d'étendue. M. Broilliard montre que, le prix du chêne devant doubler d'ici 30 ans, c'est placer à 4 0/0 en conservant les chênes âgés de plus de 100 ans. Il conseille de porter à 30 ans au lieu de 20 ou 25 la révolution du taillis sous futaie. Il reconnaît toutefois, comme nous l'avons fait plus haut, que la différence entre le capital futaie et son revenu, jointe à la brièveté de l'existence humaine, sont un obstacle au maintien des forêts privées ; et il en arrive à reconnaître avec tous les sylviculteurs, que c'est à l'État, être impérissable, qu'incombe naturellement la production des gros chênes. Lui seul est intéressé à la prospérité générale, lui seul peut et doit pouvoir attendre l'heure de jouir ; peut et doit avoir l'esprit de suite indispensable à la prospérité des forêts, et lui seul enfin est capable d'en retirer le plus grand revenu possible, dans l'intérêt de la société qu'il représente.

Le bon marché du chêne favorise d'ailleurs la circulation des vins et augmente par conséquent le revenu des contributions indirectes, qui se chiffre par millions. Ce bon marché active les constructions navales du commerce et rend celles de l'État moins onéreuses. Aux 30 ou 40 millions versés au Trésor par les forêts, il faudrait donc ajouter d'autres sommes très-importantes. Mais enfin la question d'argent n'est ici que secondaire, l'État seul peut produire les chênes dont nous avons besoin, et lui seul peut empêcher la prédiction de Colbert de se réaliser. « La conservation des futaies constitue donc pour l'État, non seulement une grande richesse, mais encore l'accomplissement d'un devoir envers l'avenir. »

De grands efforts sont tentés en ce moment pour introduire dans notre colonie algérienne une essence forestière, l'*Eucalyptus globulus*, qui semble devoir rapidement mettre fin à la disette des bois. Nous désirons vivement la réussite de cette culture nouvelle, mais nous nous demandons si l'on ne laisse pas la réalité pour l'ombre. Le nord de l'Afrique, où notre race doit s'établir et faire prévaloir sa civilisation, n'est-il pas comme la vieille France, n'est-il pas aussi la terre du chêne ?

M. Carette, dans son ouvrage sur la Kabylie, M. V. Legrand, officier du génie maritime, dans un mémoire remarquable sur les forêts algériennes, nous montrent cette vaste région de l'Afrique septentrionale peuplée de chênes de la mer à l'Atlas, de Tunis au Maroc.

Au temps de l'ancienne régence, les forêts de la Kabylie

et du Djurjura donnaient de forts beaux produits. Le dey d'Alger avait un caïd-el-karesta, caïd des forêts, chargé de diriger, sur les ports d'embarquement, les bois que ces agents y venaient acheter, et qu'il revendait à la marine turque ; comme aujourd'hui, des chênes de différentes espèces composaient ces forêts ; et la plus importante était le *Quercus Lusitanica Mirbecki*, ou chêne zan. Le chêne-liége y est encore tellement abondant que la plupart des maisons des villages kabyles sont couvertes en liége.

Les chênes verts et ceux à glands doux et amers sont encore très-multipliés dans cette région.

Les chênes zans et les yeuses couronnent les montagnes de Tamgout, du côté de Dellys, et de Ak'fadou, du côté de Bougie. Quelques-unes de ces forêts sont consacrées par les marabouts ; les indigènes ne peuvent ni les brûler, ni les vendre.

D'après M. V. Legrand les forêts de zans ne se rencontrent jamais en plaine en Algérie, mais sur les versants nord des hautes chaînes ; les versants sud ne présentent que des peuplements clairs et languissants.

Les zans et les liéges ne se mêlent pas dans les forêts, mais y forment des bouquets séparés. Le zan choisit les ravins les plus frais, les versants les mieux abrités, les sols les plus profonds et laisse le reste au liége qui s'en arrange :

« Le zan semble avoir reculé devant les ravages des populations de la plaine, plutôt qu'obéi à une prédilection naturelle pour les hauteurs, parce que dans ce dernier asile les arbres les plus beaux recherchent les plis de terrains moins exposés aux injures atmosphériques. »

L'Algérie et la Kabylie renferment plus de 100,000 hectares de futaies de chênes zans. En 1854. M. Legrand estimait à 7,000 stères la possibilité annuelle en bois de marine ; à 45,000 stères la possibilité en bois d'œuvre.

Devant une pareille production, pourquoi ne pas favoriser en Algérie la multiplication des chênes, qui semblent faits pour ce sol et ce climat ? Pourquoi tenter l'acclimatation douteuse d'une espèce étrangère, qu'un rigoureux hiver, comme on en voit de temps en temps en Afrique, peut anéantir.

Laissons l'Algérie aux chênes, et que les descendants des Gaulois y trouvent encore l'arbre sous lequel leurs pères abritèrent leurs demeures. A la vue d'un palmier, l'Indien croit revoir sa patrie : pour nous le feuillage du chêne est et sera toujours aussi un souvenir de la terre natale !

CHAPITRE XIV

Habitants et ennemis du Chêne.

L'air est tiède, et là-bas, dans les forêts prochaines,
La mousse épaisse et verte abonde au pied des chênes.
V. H.

Comme tous les puissants de la terre, le chêne a ses parasites.

Toute une armée d'insectes xylophages, xylotomes, xylotroges, xylophiles, etc., etc., mangent, coupent, percent le roi des forêts à chaque heure de sa longue existence.

De nombreuses tribus de sporogames, mousses, lichens, champignons, fougères, lycopodes, grimpent le long de sa tige rugueuse et s'installent familièrement sur les épaules du vieux monarque.

Coups d'épingles, fardeau léger! Chaque année le géant étend les bras, se couvre de nouveaux feuillages, et les oiseaux, au printemps, gazouillent par milliers dans sa ramure.

Le dénombrement de tous les êtres liés pour ainsi dire à l'existence de l'arbre, vivant de sa vie ou se partageant sa dépouille, quand il est tombé, serait fort long : nous ne parlerons que des hôtes les plus importants de cette République étrange.

Nous nous occuperons d'abord des insectes, puis des plantes.

INSECTES DU CHÊNE.

La faune quercienne est riche ; pas une seule partie de l'arbre qui ne possède quelques-uns de ces locataires auxquels il fournit non-seulement le couvert, mais encore la subsistance. Tous les ordres à peu près ont leurs représentants dans cette hospitalité si large et si généreuse.

En voici le tableau :

Noms des Insectes.	Ordres.	Partie du Chêne.
	COLÉOPTÈRES.	
Buprestis	affinis	bois.
Idem	angustatus	écorce.
Idem	biguttatus	idem.
Idem	nocivus	idem.
Idem	tenuis	idem.
Idem	viridis	idem.
Idem	cyaneus	idem.
Lymexylon	navale	bois.
Anobium	tessellatum	bois.
Ptilinus	pectinicornis	bois.
Melolontha	fullo	feuilles.
Idem	hippocastani	feuilles.
Idem	vulgaris (hanneton vulgaire)	feuilles.
Idem	horticola	feuilles.
Lucanus	cervus (cerf-volant)	bois.
Curculio (Brachyderes)	incanus	feuilles.
Idem (Polydrosus)	micans	feuilles.

Noms des Insectes.	Ordres.	Partie du Chêne.
Curculio (Phyllobius)	calcaratus	feuilles et bois.
Idem	viridicollis	feuilles et bois.
Idem	argentatus	feuilles.
Idem	pyri	feuilles et bois.
Idem (Balaninus)	nucum	fruit.
Idem	villosus	fruit
Idem	turbatus	fruit
Bostrychus	villosus	fruit.
	dispar	écorce.
	monographus	écorce.
	dryographus	écorce.
Hylesinus	varius	bois.
Brontes	flavipes	feuilles et bois.
Hylurgus	piniperda	bois
Scolytus	intricatus	bois, écorce.
Idem	pygmœus	bois, écorce.
Hylœcetus	dermestoïdes	bois.
Eccoptogaster	intricatus	écorce.
Platypus	cylindrus	bois.
Colydium	elongatum	bois.
Prionus	coriarius	bois.
Hamaticherus	heros	bois.
Idem	cerdo	bois.
Callidium	rufipes	bois, écorce.
Idem	sanguineum	bois, écorce.
Idem	variabile	bois, écorce.
Clytus	arcuatus	bois, écorce.
Idem	arietis	bois, écorce.
Idem	detritus	bois, écorce.
Adimonia	capræ	feuilles.
Haltica	flexuosa	feuilles.
Idem	oleracea	feuilles.

Nom des Insectes.	Ordres.	Partie du Chêne.

LÉPIDOPTÈRES.

Nom des Insectes	Ordres	Partie du Chêne
Cossus	ligniperda	bois.
Idem	æsculi	bois.
Bombyx	quercus	bois.
Liparis	dispar	feuilles.
Idem	monacha	feuilles.
Idem	chrysorrhœa	fleurs et fruits.
Idem	auriflua	feuilles et fruits.
Gastropacha	processionea	feuilles.
Idem	lanestris	feuilles.
Idem	neustria	feuilles.
Orgyia	pudibunda	feuilles.
Pygœra	bucephala	feuilles.
Noctua	ceruleo-cephala	feuilles.
Fidonia	aurantiaria	feuilles.
Idem	defoliaria	feuilles.
Amphidaris	betularia	feuilles.
Acidulia	brunata	feuilles, fruits.
Cabera	pasaria	feuilles.
Elachista	complanella	feuilles.
Halias	quercana	feuilles.
Halias	viridana	feuilles.
Notodonta	chaonia	feuilles.
Metanema	quercivoraria (Amér. sept.)	feuilles.
Enomos	quercaria (Croatie)	feuilles.
Idem	quercinaria	feuilles.

HYMÉNOPTÈRES.

Nom des Insectes	Ordres	Partie du Chêne
Vespa	crabro	jeunes pousses.
Cynips	agama	pétiole.
Idem	exclusa	bourgeons.

Noms des Insectes.	Ordres.	Partie du Chêne.
Cynips............fecundatrix.........		branches.
Idem............ferruginea.........		bourgeons.
Idem..........aristata..........		fruits.
Idem..........tinctoriœ..........		branches.
Idem..........globuli..........		branches.
Idem..........inflata..........		bourgeons.
Idem..........longiventris.........		branches, pétiole.
Idem..........malpighi..........		pétiole.
Idem..........quercus calicis......		fruit.
Idem..........folii..........		feuilles.
Idem..........pedunculi.........		pétiole.
Idem..........reaumuri..........		pétiole.
Idem..........terminalis.........		jeunes pousses.

HÉMIPTÈRES. (1)

Chermes..........vermilio,	G. P...	petits rameaux
Idem..........emerici,	id....	idem.
Idem..........Brauhini,	id....	idem.
Coccus..........grammuntii,	id....	idem.
Idem..........pulvinatus,	id....	idem.

ORTHOPTÈRES.

Xylocope..........violacea..........		bois.
Forficularia.......auricularia.......		bois.
Gryllus..........vulgaris..........		racines.

Parmi ces hôtes nombreux du chêne, quelques-uns, sans compromettre l'existence de l'arbre, diminuent la valeur de son bois, retardent sa végétation, ou sont pour lui l'origine de productions morbides.

Les larves du Cerf-Volant creusent dans le tissu ligneux

(1) Propres aux Q. coccifera et ilex.

des vieux arbres de vastes galeries tortueuses. Les larves du Capricorne sont plus nuisibles encore, parce qu'elles s'attaquent aux chênes que leur âge et leur volume rendent précieux : ces larves ont la forme d'un gros ver blanc, mou, allongé, mamelonné, à quatre pans, et muni de six pattes courtes ; elles creusent des galeries longues et profondes, et si nombreuses que les bois qui en sont le siége ne peuvent plus être utilisés. La larve du hanneton ou ver blanc ravage aussi les jeunes plantations de *Quercus*.

On connaît assez les ravages des scolytes dans nos forêts pour que nous n'insistions par sur ces hôtes incommodes des chênes.

L'*Hylœcetus dermestoïdes*, très-voisin du *Lymexylon navale*, dont nous parlons ailleurs, est moins commun que ce dernier. Ses yeux sont moins gros, son abdomen à six segments, au lieu de cinq, sa larve moins allongée et moins lisse. Cet insecte attaque les chênes vivants dans les forêts du nord de l'Europe.

Les larves du *Cossus liquiperda* se rencontrent au printemps dans l'épaisseur des chênes. Elles en rongent d'abord l'écorce, puis se creusent dans le bois des galeries profondes et tortueuses. Ces larves se reconnaissent à leur couleur rougeâtre, aux lignes transversales couleur de sang qui les zèbrent : leur corps est muni de seize pattes et leur bouche de fortes mâchoires.

Le *Bombyx quercus*, ou minime à bandes, doit son nom spécifique au séjour fréquent qu'il fait sur les chênes. Le mâle a les ailes d'un brun ferrugineux, avec un point central blanc et une bande transversale jaune : la femelle, plus grande, a les ailes d'un jaune pâle, un point blanc, et la bande est de couleur fort claire. Les chenilles écloses au mois d'août se retirent dans les fissures de l'écorce des chênes jusqu'au retour des feuilles, qu'elles dévorent avec d'autant plus de facilité que celles-ci sont plus tendres,

Les chenilles du *Bombyx processionea* sont également très friandes des feuilles de chêne, et ceux du bois de Boulogne en souffrent souvent.

L'*Halias quercana*, ou chape verte à bandes, de Geffroy, roule les feuilles du chêne pour se transformer en chrysalide.

L'*Halias viridina* les roule également, et forme ainsi des tuyaux très-réguliers dans lesquels elle opère ses métamorphoses. Cette tordeuse est si abondante en certaines années, que, sur de vastes étendues, les chênes ont leur feuillage détruit.

Nous allons insister d'une façon toute particulière sur les Cynips, les Chermes et les Coccus : hôtes précieux des chênes, auxquels ils donnent une valeur particulière.

LES CYNIPS ET LES GALLES DU CHÊNE.

Parmi les habitants du chêne, les plus curieux à observer, et ceux dont le travail modifie le plus certaines parties du végétal qui les abrite et les nourrit. sont ces hyménoptères de la nombreuse tribu des cynips.

Ils produisent sur l'arbre ces excroissances, si variées de forme et d'aspect, auxquelles on a donné le nom de galles.

Un patient Allemand, M. Hammerschmidt, a trouvé plus de cinquante espèces différentes de galles sur le chêne seulement ; d'autre part, les entomologistes reconnaissent que l'insecte de chaque galle a un ennemi ou parasite qui le poursuit jusque dans ses retraites les plus profondes.

Ni la blessure du tissu, ni l'appel des sucs par l'animal ne peuvent rendre compte des excroissances ou galles que la piqûre des cynips déterminent sur les *Quercus*. M. Lacaze-Duthiers a constaté la présence d'une glande vénifique en rapport avec l'armure génitale femelle des cynips, et fait jouer à ce liquide un rôle principal dans la production des galles.

Malpighi admettait dans l'intérieur du chêne un acide vitriolique qui, par son contact avec le venin du cynips, entrait en fermentation : cette idée, conforme aux opinions du temps où elle était émise, est abandonnée depuis longtemps.

Il est bien constaté aujourd'hui, et M. Lacaze-Duthiers se range à cette doctrine, il est bien constaté que la piqûre d'un cynips n'est autre chose que le fait d'inoculation d'un virus dans un tissu vivant ; que les altérations produites par cette inoculation sont toujours identiques, quand elles sont dues au même virus, et diffèrent avec l'insecte et le virus ; enfin, comme pour tous les poisons, on sait que le venin de telle espèce de ces hyménoptères agira sur le chêne et sera sans influence sur un autre végétal, et réciproquement.

Le chêne est, par un triste privilége, hanté par un grand nombre de cynips, et leur venin semble avoir avec les tissus du premier un rapport intime, puisque tous sont actifs quand ils lui versent leur poison en lui confiant leur œuf.

Les galles du chêne sont externes, internes ou mixtes. Leur siége varie beaucoup, on les rencontre sur les bourgeons, les feuilles, les racines, etc.

Voici d'ailleurs la classification proposée par M. Lacaze-Duthiers, dans laquelle toutes les galles du chêne trouvent leur place :

CLASSIFICATION DES GALLES DU CHÊNE

D'après les Études de M. Lacaze-Duthiers.

1re Classe
Galles externes

UNILOCULAIRES

galles offrant une couche de tissu protecteur
- 1 parenchyme dur et spongieux. — Noix de galle indigène.
- 2 parenchyme dur. — Quatre espèces.
- 3 parenchyme spongieux
  - galle des feuilles.
  - galle de l'aisselle.
- 4 parenchyme cellulaire
  - *a* galles du bourgeon.
  - *b* galles lenticulaires.
  - *c* galles du pédoncule

galles sans tissu protecteur
- 5 galles complètement cellulaires.
- 6 galles des racines du chêne.

MULTILOCULAIRES
- 7 galles du bourgeon terminal du chêne.

2e Classe
Galles internes
- 8 galles des feuilles.
- 9 galles des tiges.

3e Classe
Galles mixtes
- 10 galles en artichaut.

I. — GALLES A PARENCHYME DUR ET SPONGIEUX.

Sur les *Quercus robur, cerris, pedunculata, rubra* et *fastigiata*, on trouve la noix de galle, dite du pays ; dans les bois soumis aux coupes régulières, les rejets des souches n'en portent jamais ; on les rencontre, au contraire, chez les pousses de l'année d'un chêne émondé. Les arbres rabougris des bordures et des clairières en portent un grand nombre.

Variables pour la forme et la grandeur, leur structure est toujours la même ; peut-être,sont-elles dues à différents insectes, ce qui n'a pas encore été recherché. A leur origine, elles sont couvertes de tubercules assez gros qui s'effacent peu à peu, et dont les traces sont rejetées vers le hile de la galle. Vertes d'abord, elles offrent plus tard une teinte qui se rapproche de celle de la *terre d'Italie*.

On les rencontre aux extrémités des petites branches du chêne au nombre de 2, 3, 4 et même plus, ou bien aux aisselles des feuilles, le long des branches. La galle occupe souvent la place de l'aisselle quand le bourgeon s'est effacé devant elle.

Assez tendres à la circonférence, ces galles sont très-dures au centre. Du dehors au dedans, elles offrent plusieurs couches concentriques de tissus différents. Ce sont : 1° l'épiderme ; 2° la couche sous-épidermique dont les cellules renferment de la chlorophylle ; 3° le parenchyme spongieux dans sa partie externe, plus dure dans sa partie centrale ; ce parenchyme est traversé par de nombreux vaisseaux ; 4° la couche protectrice, c'est de toutes les zônes celle qui offre le plus de résistance ; elle est vraiment une défense contre les ennemis extérieurs de la larve qu'elle renferme ; 5° la masse alimentaire formée de cellules pleines de fécule, sa quantité varie avec le développement de l'insecte auquel elle sert de nourriture. M. Lacaze-Duthiers admet, dans cette couche, la présence d'une petite quantité de matières azotées.

Telle est la demeure dont un cynips femelle a déterminé la formation en piquant l'aisselle d'une feuille de chêne pour y déposer son œuf ; cette demeure sera celle de la larve qui sortira de l'œuf, jusqu'à ce que, devenue insecte parfait, elle perce la prison qui est pour elle aussi une citadelle, et prenne son essor.

II. — GALLES A PARENCHYME DUR.

M. Lacaze-Duthiers a étudié quatre galles différentes de ce genre, toutes venues sur les feuilles d'un chêne sans distinction d'espèce, et souvent rencontrées sur le même arbre.

Première espèce. — De couleur jaune, quand elle a cessé de végéter, elle offre un diamètre de deux millimètres au plus, sa surface présente de petites éminences mousses qui lui donnent un aspect un peu chagriné ; on les rencontre au nombre de 2 à 4 sur des feuilles le plus souvent isolées. Forme analogue à celle de la pyxide de la jusquiame.

Deuxième espèce. — Les galles de cette espèce sont un peu plus grandes que les précédentes. Avant la dessication, leur couleur varie du rougeâtre au blanc verdâtre ; ces couleurs sont disposées ou en petites tâches, ou fondues et lavées avec le blanc et le vert ; on les rencontre en grand nombre sur une même feuille.

Troisième espèce. — Galles sphériques régulières : diamètre atteignant quelquefois un centimètre, leur teinte est blanche, lavée de verdâtre ou de rouge, et parfois elles présentent une transparence cireuse ; on les rencontre sur des feuilles isolées, au nombre de trois ou quatre et même plus, placées en ligne sur une même nervure.

Quatrième espèce. — Leur diamètre atteint souvent un centimètre et demi ; elles sont zébrées de rouge brique et de blanc, et couvertes d'aspérités, surtout dans les bandes blanches ; elles sont isolées sur les feuilles éloignées, quelquefois on en rencontre plus d'une sur une même feuille, mais cela est rare.

La structure de toutes ces galles se rapproche de celles de la galle de l'aisselle de la feuille du chêne, elles manquent toutefois de couche alimentaire. M. Lacaze-Duthiers l'admet cependant, car une cavité renfermant un insecte parfait implique développement et alimentation. Les cynips, constructeurs de ces galles, diffèrent les uns des autres par la taille.

III. — GALLES A PARENCHYME SPONGIEUX.

Ces galles, vulgairement désignées sous le nom de pommes de chêne, se distinguent facilement par l'état spongieux de leur substance qui n'offre aucune résistance.

On en distingue deux espèces : la première se montre sur les feuilles du *Quercus fastigiata*, chêne pyramidal, rien de plus élégant que ces productions d'un blanc verdâtre, souvent lavé de rouge.

Lorsqu'elles sont au nombre de 8 ou 10 sur les feuilles d'un petit rameau, elles le font fléchir et ressemblent alors à une grappe de beaux fruits ; leur diamètre atteint quelquefois 2 à trois centimètres.

La seconde espèce de galles spongieuses ressemble à la noix de galle indigène ; mais son volume est beaucoup plus considérable, sa légéreté et la régularité de ses tubercules, formant couronne autour d'une éminence centrale, suffisent encore pour l'en distinguer ; comme la galle indigène, elles naissent à l'aisselle des feuilles des jeunes rameaux , et ne proviennent pas du bourgeon. Leur couleur, verte pendant la végétation, devient d'un brun chocolat clair dès que l'insecte a atteint son développement complet.

IV. — GALLES A PARENCHYME CELLULAIRE.

Dans les galles de cette catégorie, le tissu cellulaire sous-épidermoïdal remplace le tissu parenchymateux qui fait défaut ; elles offrent trois espèces :

   a. — Galles du bourgeon du chêne ;
   b. — Galles lenticulaires de la face inférieure des feuilles ;
   c. — Galles du pédoncule et des nervures ;

   a. — La galle du bourgeon est sphérique ou ovoïde, et terminée par une éminence pointue ; sa coloration est d'un vert tendre piqueté de blanc, son volume atteint celui d'un pois. Elle se développe aux dépens du bourgeon dont elle occupe la place ; elle est entourée de bandelettes écailleuses qu'il est facile de reconnaître pour les écailles même du bourgeon, séparées et écartées par la déviation morbide de l'organe. C'est dans le bourgeon terminal des tiges que M. Lacaze-Duthiers l'a surtout observée , et spécialement sur le chêne rouge. La masse alimentaire, destinée à la nourriture de la larve, est très développée.

   b. — Les galles lenticulaires, si faciles à distinguer des autres productions de ce genre, sont très-répandues sur toutes les espèces de chênes de France à feuilles caduques. Elles couvrent souvent entièrement, en nombre considérable, la face inférieure des feuilles.

M. Lacaze-Duthiers signale quatre variétés de galles lenticulaires ; deux surtout lui semblent bien établies. Nous ne parlerons que de celles-là.

Les galles lenticulaires de la première variété ont une couleur terre d'Italie, elles sont creusées d'un ombilic central ou d'un godet. Elles apparaissent, dès le mois de septembre, lenticelliformes d'abord, elles se creusent ensuite ; elles sont couvertes de poils soyeux, leur diamètre ordinaire est de 3 à 4 millimètres.

Lorsque ces galles cessent de végéter, elles se détachent des feuilles de chêne comme un fruit mur, et tombent ; à ce moment la larve est à peine développée, ce n'est sans doute qu'après l'hiver qu'elle achève son évolution.

Le siége de ces galles est dans le parenchyme même des feuilles, c'est-à-dire en dehors des nervures un peu saillantes.

Les galles lenticulaires de la seconde variété sont assez grandes, très-aplaties, piquetées de points, couleur *Terre d'Italie*, et surmontées d'un cône obtus à leur centre ; elles sont couvertes de poils rameux et par petites houppes, leur structure interne ne les sépare pas des galles lenticulaires ombiliquées.

Longtemps on a douté que ces galles fussent dues à la piqûre des feuilles du chêne par des insectes. C'est que ces excroissances, au moment où elles se détachent, contiennent des larves rudimentaires ; pour retrouver celles-ci, il faut chercher pendant l'hiver les galles tombées au pied des chênes et les ouvrir : on constate alors la présence de l'insecte dans sa cavité élargie.

c. — Galles du pédoncule et des nervures.

Réaumur les nommait galles en gobelet, M. Lacaze-Duthiers, galles en urne. On les rencontre presque exclusivement sur le *Quercus robur* et surtout chez les jeunes pousses de l'année. Elles amènent le recroquevillement des feuilles terminales du rameau ; elles sont placées sur pétioles et la nervure médiane.

Remarquables par leur forme élégante, elles sont teintes de carmin sur le bord de l'urne ; plus tard elles deviennent brunes.

Pas de tissus protecteurs.

V. — GALLES COMPLÈTEMENT CELLULAIRES.

Cette espèce se rencontre sur le chêne rouge et le chêne pyramidal. Sa couleur est jaune, sa forme allongée, pyriforme. Ponctuée dans sa jeunesse de petites taches rouges, elle devient en vieillissant lisse, luisante et fort dure. L'épiderme présente des stomates. Cette galle est uniquement constituée par l'épiderme, et le tissu cellulaire placé sous lui.

GALLES EXTERNES (1re classe, *suite*)

MULTILOCULAIRES OU COMPOSÉES.

M. Lacaze-Duthiers pense que ce sont tantôt des galles uniloculaires enveloppées par un épiderme commun, tantôt des galles multiloculaires réelles.

Deux espèces de galles de cette dernière catégorie se présentent sur les chênes : les unes apparaissent sur les racines, les autres à l'extrémité des bourgeons.

VI. — GALLES DES RACINES DU CHÊNE.

On rencontre souvent sur ces parties des tumeurs pyriformes plus volumineuses qu'un œuf, et fixées par un hile assez large. Elles sont creusées d'un nombre considérable de cellules, pour la plupart ovoïdes, ayant leur grand diamètre parallèle à l'axe principal de la galle. Le nombre de cynips contenus dans ces galles est considérable. Pour sortir de l'enveloppe épaisse qui les contient, ces insectes sont obligés de se livrer à un travail considérable ; mais ils profitent de leurs tunnels, et passent de loges en loges, de façon que le nombre des trous de sortie est moins considérable que celui des cynips.

Pendant longtemps, ces étranges productions ont été prises pour des cryptogames. La présence des larves ne pouvait mettre sur la voie de leur nature, car les champignons aussi sont habités par beaucoup d'insectes.

VII. — GALLES DU BOURGEON TERMINAL DES BRANCHES
DE CHÊNE.

Réaumur et les anciens donnaient à ces tumeurs le nom de pommes de chêne. Ce sont bien des galles spongieuses, mais multiloculaires ; leur volume ne dépasse pas celui d'une noix. Un peu irrégulières et ondulées, elles sont plus larges que longues, Elles se montrent surtout sur les chênes élevés, et en si grand nombre, qu'elles jonchent la terre après leur chute : c'est une fructification d'un autre genre.

Les loges des insectes sont agglomérées vers le point d'attache : les unes sont très-petites, les autres plus grandes. M. Duthiers croit que les unes sont dues à la piqûre des cynips, les autres aux parasites de ces derniers. Sauf la multiplicité des loges, leur structure est la même que celle des galles spongieuses uniloculaires.

Deuxième classe.

GALLES INTERNES.

GALLES INTERNES VRAIES.

GALLES INTERNES VRAIES DES FEUILLES.

Les chênes présentent souvent des feuilles tordues et contournées. Si l'on observe le pétiole ou la nervure médiane de ces feuilles, on constate, sur les points déformés, des tumeurs blanches de la grosseur d'un pois et creusées d'une cavité. Elles sont produites dans l'intérieur des tissus , anormalement hypertrophiés par l'inoculation du venin et le dépôt de l'œuf de l'insecte.

GALLES INTERNES VRAIES DES TIGES.

Les *Quercus robur-pedunculata* portent dans l'enveloppe cellulaire herbacée de leurs ramuscules une galle analogue par sa structure à celle des galles externes. Elle se rencontre près des bourgeons ; grosse comme un pois, elle est verte et végète même après la sortie de l'insecte, et porte des bourgeons et des feuilles. C'est un rameau morbidement renflé. A la bifurcation des petites branches de chêne, on trouve des galles qui semblent dues à une hypertrophie du tissu médullaire.

Troisième Classe.

GALLES MIXTES.

Il est une galle du bourgeon du chêne qui présente ce caractère et que Réaumur avait nommée *Galle en artichaut.*

Guibourt avait étudié cette galle, et pensait qu'elle provenait de la piqûre d'une fleur femelle de chêne par un cynips. Les écailles de l'involucre, se développant anormalement, formaient les feuilles de la galle en artichaut ; leurs bases, soudées et tuméfiées, constituaient le torus ou cul de l'artichaut ; enfin au centre, au milieu des feuilles, on retrouvait souvent, d'après M. Guibourt, l'ovaire ou jeune gland atrophié, mais reconnaissable à la pointe qui le termine.

Pour M. Lacaze-Duthiers, les galles en artichaut du chêne proviennent de la piqûre d'un bourgeon ordinaire Ce sont les écailles de ce bourgeon qui forment les feuilles de l'artichaut en se développant, et entre elles apparaît une galle véritable offrant à l'intérieur une cavité habitée par une larve. Cette galle, M. Duthiers le reconnaît, a la forme d'un jeune gland, mais il conteste que, pour sa structure, elle puisse lui être assimilée. Débarrassée de son enveloppe d'écailles modifiées, cette galle a le caractère des galles externes complètement cellulaires. L'objection la plus importante opposée par M. Lacaze-Duthiers à la manière de voir de M. Guibourt, c'est que la galle en artichaut du chêne se forme sur des poussés de l'année et sur des bourgeons d'avril qui n'auraient pu fructifier en automne.

Réaumur confondait avec la galle en artichaut ce que Guibourt désigne sous le nom de galle corniculée. Celle-ci est assise par le milieu sur une très-jeune branche, et comme formée d'un grand nombre de cornes un peu recourbées à leur extrémité. Elle est creusée à l'intérieur d'un grand nombre de cellules entourées chacune d'une couche de substance rayonnée, s'ouvrant toutes à l'extérieur par un trou particulier, et chacune ayant servi de demeure à un insecte. Ces galles, qui n'ont pas été observées par M. Lacaze-Duthiers, nous semblent appartenir aux galles externes multiloculaires.

Guibourt décrit encore, sous le nom de gallon du Piémont ou de Hongrie, une excroissance très irrégulière de la cupule du gland chez le *Quercus robur*. Tantôt cette excroissance est latérale au gland, tantôt elle s'y substitue et remplit la cupule qu'elle déborde.

Nous avons dit que le nombre des galles observées était très-considérable. Quand nous parlerons de l'emploi en médecine ou dans l'industrie de ces demeures passagères d'hyménoptères, faites de la substance du chêne, nous verrons que le commerce en reconnaît un grand nombre de variétés.

Lorsqu'on examine une larve de cynips arrivée au terme de son développement, on est surpris de l'aspect gras et luisant de ce ver, et l'on se demande où il a pu puiser les éléments des corps gras qui remplissent ses cellules, ces derniers existant en quantités insaisissables dans la sève des chênes.

M. Lacaze-Duthiers a considéré que la larve des cynips, dans l'étroite prison dont elle ronge les parois pour vivre, se trouve dans les mêmes conditions que les animaux à l'engrais : repos, nourriture abondante, obscurité. C'est dans la couche alimentaire de la galle du chêne que la larve doit trouver tout ce qui lui est nécessaire. Voici la composition de cette partie comparée à celle du gland décortiqué :

		Galle.	Gland.	
1° Principe azoté..	azote	1,50	0,80	°/o
2° Principe carboné	amidon..	84,00	64,00	°/o
3° Principe hydrogéné..	graisse..	1,50	4,30	°/o

La larve du cynips renfermant, au terme de son évolution, une quantité de graisse supérieure à celle de la galle qui lui sert de prison et de nourriture, en forme, de toute pièce, comme les herbivores.

L'analogie de composition chimique, entre la galle et le gland, laisse entrevoir des analogies d'ordre physiologique. Ici, c'est un œuf animal qui devient le centre d'un développement de substances alimentaires jouant le rôle des cotylédons, avec une enveloppe protectrice jouant le rôle des tests du gland. Là c'est un œuf végétal, autour duquel se réunissent aussi une substance alimentaire, sous forme de cotylédons, et des enveloppes protectrices épisperme et péricarpe.

A l'éclosion de l'œuf animal, le rôle des substances alimentaires commence, et se termine à la sortie de l'insecte transformé.

A l'éclosion de l'œuf végétal, c'est-à-dire au début de la germination, le rôle des cotylédons commence, et se termine à la sortie de la jeune plante de ses enveloppes.

Le développement de la substance alimentaire, de la galle et du gland, est déterminé par l'action physiologique de substances spéciales ; là, c'est le venin d'un insecte, ici, c'est la substance pollinique.

Mais, par un merveilleux accord entre l'acte et son but, l'œuf animal s'entoure surtout de substances amylacées, qui lui sont nécessaires, et d'une assez forte proportion de matières azotées, aliment plastique ; tandis que l'œuf végétal s'entoure d'une moindre proportion de matière azotée, n'ayant besoin que de celle qui, sous forme de diastase, doit transformer en sucre la fécule des cotylédons.

LES KERMÈS DU CHÊNE.

Une grande confusion a régné pendant longtemps au sujet des insectes hémiptères dont les coques se trouvent dans le midi de l'Europe sur diverses espèces de chênes. M. Gustave Planchon, dans une monographie complète sur cet sujet (1), a reconnu cinq insectes bien différents, dont trois appartiennent au genre Chermes et deux au genre Coccus : tous n'ont pas la même valeur, au point de vue industriel ou médical, bien que tous habitent sur les chênes. Voici, d'après l'auteur que nous venons de citer, la description de ces hémiptères querciens.

I. — **Chermes** (Geoff.).

Coccus Lin., Fab. — Lecanium III., Burm.

Corps de la femelle globuleux, articles indistincts.

1° CHERMES VERMILIO (G. Pl.).

Cette première espèce est le Κοχχος φοινιχος de Théophraste, le Κοχχος Βαφιχη de Dioscoride, le Coccus infectorius de Pline, le Kermès des Arabes, le Coccus ilicis, le Chermes ilicis de quelques auteurs.

Elle est caractérisée par une coque à peu près globuleuse, de 6-7 millim. de diamètre, d'un brun rougeâtre, couverte d'une poussière cendrée. Les insectes jeunes sont elliptiques oblongs, de couleur rouge cramoisi, vivant exclusivement sur le *Quercus coccifera*.

Les coques de cette espèce sont complétement développées au commencement de mai, elles s'attachent aux

(1) Le *Kermès du chêne*, par Gustave Planchon. — Savy, Paris.

petits rameaux par une portion très-restreinte, débordée par une zône très étroite de duvet cotonneux et blanchâtre ; elles recouvrent alors plusieurs milliers d'œufs d'un rouge vif, plus petits que des graines de pavot. A la fin de mai, ou au commencement de juin, les petits insectes éclos sortent en foule de la coque, et celle-ci ne contient plus alors que les enveloppes des œufs ; elle se flétrit d'ordinaire, et dans cet état rappelle à s'y méprendre les baies trop mûres des asperges cultivées, les jeunes insectes se répandent aussitôt sur les branches avec une rapidité extraordinaire ; ils sont d'une belle couleur rouge, leur forme est celle d'un petit bateau renversé. La partie postérieure porte deux filets plus longs que la moitié du corps.

Après deux ou trois jours, les petits insectes se fixent sur une partie un peu tendre de la tige ou des rameaux, rarement sur les feuilles, plus rarement encore sur le gland. Ils deviennent alors immobiles sans changer sensiblement ; ils restent ainsi jusqu'au mois de mars. D'après Éméric, cependant, une seconde ponte a lieu quelquefois en août ou septembre. M. G. Planchon n'a pu reconnaître les mâles.

2° CHERMES EMERICI (G. Pl.).

Coque à peu près globuleuse, de 8 millim. à 1 centim. de diamètre, blanc, jaunâtre, couverte de dépressions punctiformes, développées régulièrement sur les flancs. — Insectes naissants d'un jaune orangé, un peu plus grands que les précédents, largement elliptiques dans leur contour ; extrémité postérieure arrondie et échancrée en son milieu, portant quatre filets, dont les deux intérieurs beaucoup plus courts que les autres ; se rencontre ordinairement sur le *Quercus coccifera*, peut-être aussi sur le *Quercus ilex*.

La coque, déjà développée en mai, est attachée aux rameaux par une surface étroite, allongée, non débordée par le duvet, elle a presque la grosseur d'un grain de maïs ; les ponctuations, marquées surtout sur les flancs, y forment des rangées régulières convergeant vers le point d'attache.

Les œufs qu'elle recouvre sont un peu plus gros que ceux du *Ch. vermilio* ; les insectes, qui en sortent au commencement de juin, ressemblent à de petits cloportes un peu aplatis, clypéiformes ; leur contour est très-largement elliptique, et leurs extrémités très-arrondies, surtout la postérieure. Cette dernière présente une échancrure au milieu de laquelle un tubercule saillant porte un court appendice en forme de T. On peut s'assurer par la pression, que cet appendice est formé de deux filets courbés à angle droit à leur extrémité, de manière à former chacun une extrémité latérale du T. En outre, les bords de l'échancrure portent deux filets plus longs que la moitié du corps, les pattes et les antennes sont relativement grêles. Ces insectes se fixent, comme les précédents, au bout de deux ou trois jours, et ont probablement les mêmes phases de développement, habitent les *Q. coccifera* et *Q. ilex*.

3° CHERMES BAUHINI (G. Pl.).

Coque globuleuse, légèrement ou fortement comprimée et presque disciforme, de 5-7 millim. de diamètre ; noire ou d'un noir rougeâtre, à la fin lisse et glabre : insectes naissants d'un jaune orangé, elliptiques dans leur contour, arrondis à leurs extrémités ; deux filets à l'extrémité postérieure échancrée ; vit sur le *Q. ilex*.

Ces coques sont attachées par une surface très-restreinte, garnie d'un duvet cotonneux qui ne la déborde point. La plupart sont déjà vides au commencement de juin ; elles restent parfaitement lisses et brillantes.

Les petits insectes se fixent après deux ou trois jours de courses, et restent dès lors immobiles.

Cette espèce paraît commune aux environs de Montpellier, M. G. Planchon l'y a souvent rencontrée ; il a observé que les coques sont tantôt sur les rameaux jeunes, tantôt sur les grosses branches, même sur le tronc, quelquefois sur les feuilles ; il n'est pas rare d'en voir trois ou quatre, ou même un plus grand nombre serrées les unes contre les autres.

II. — Coccus, L.

Corps presque globuleux ou oblong, articles toujours distincts.

1° COCCUS GRAMUNTII (G. Pl.).

Coque semi globuleuse, de 5-6 millim. de diamètre, brune ou rouge orangé, recouverte d'une poussière cendrée, marquée d'anneaux crénelés sur leurs bords, et portant sur leur partie convexe deux ou quatre ponctuations noires ; animalcules jaune-orangés, elliptiques oblongs ou obovales, à extrémité postérieure plus étroite et moins arrondie que l'antérieure ; vit sur le *Q. ilex*.

Les coques, développées en juin, sont attachées par une assez large surface et posées sur un petit coussinet de duvet cotonneux blanchâtre très régulier, de la dimension du point d'attache. Sept anneaux sont surtout en évidence : trois occupent la moitié antérieure, ils sont plus larges et plus saillants que les autres, et présentent de grosses dépressions punctiformes, noirâtres. Ils sont crénelés sur leurs bords antérieur et postérieur, et dans chaque crénelure se trouve une petite fossette. Des quatre anneaux postérieurs, le dernier limite une espèce d'écusson hexagonal très-symétrique.

2° COCCUS PULVINATUS (G. Pl.)

Coque en bateau, petite, brun rougeâtre, à anneaux peu distincts, couverts de petites plaques d'une sécrétion cireuse, dos convexe, contour ovale, bec développé à la partie antérieure. Duvet cotonneux abondant, se relevant sur les côtés de la coque et à sa partie antérieure, de manière à former une espèce de couronne très-haute en avant, diminuant de hauteur sur les côtés et ouverte en arrière. Carène saillante à la partie antérieure de la couronne, côtes très-visibles à la loupe, marquées sur les faces latérales.

Cette espèce a été découverte par le frère de M. G. Planchon, aux environs de Montpellier, sur un chêne vert.

Les espèces précédentes, dit M. G. Planchon, ne paraissent porter aucun dommage aux arbres sur lesquels elles se développent. Il n'en est pas de même d'une espèce de cochenille en forme de coquille, qui vit indifféremment sur les *Q. ilex* et *Q. coccifera* (chêne garouille), et qui s'y multiplie en telle abondance qu'elle en couvre les branches et finit par les faire périr (1).

Nous dirons ailleurs les usages des Kermes en médecine et en teinture.

————

Les insectes qui habitent le chêne sont nombreux, nous venons de le voir ; mais bien plus nombreuses encore sont les diverses plantes pour lesquelles le chêne vivant ou mort est un terrain de prédilection ; la surprise serait grande devant l'énumération de tous les végétaux qui le peuplent. Quelle riche herborisation à faire sur le

(1) M. Gustave Planchon annonçait en 1864 un travail sur les galles des chênes à feuilles persistantes.

tronc moussu de l'un des géants séculaires de nos bois, ou sur les épaves que les vents et les pluies arrachent à sa vieillesse !

La flore du chêne est encore à faire ; elle se composera de toutes les espèces épiphytes qui l'habitent, dans les pays et sous les climats les plus variés. On reconnaîtra alors, non sans étonnement, que la végétation de beaucoup de contrées est moins riche que la sienne.

Pour donner une idée de la fertilité du chêne, nous présentons le relevé de toutes les plantes qu'il supporte ou nourrit dans le département du Finistère. Quand nous disons toutes les plantes, nous entendons seulement celles qui se rencontrent le plus ordinairement sur le chêne vivant ou ses débris, car un grand nombre d'espèces vivent indifféremment sur tous les arbres. Cette recherche nous a été facile, grâce à la florule du Finistère, de MM. Crouan. Ces botanistes consciencieux, dont le nom est si connu des algologues, ont noté avec soin toutes les stations dans lesquelles ils ont rencontré les plantes. Celles qu'ils ont attribuées au chêne, par exemple, et rien qu'au chêne, appartiennent bien réellement à la flore quercienne ; celles que le chêne se partage avec deux ou trois autres végétaux peuvent encore y être comprises ; il n'en saurait être de même des épiphytes indifférents, puisque toute station végétale leur est bonne.

Nulle contrée peut-être n'offre autant d'avantages pour l'étude de la flore quercienne que la pointe armoricaine : la multiplicité du chêne dans toutes les situations d'isolement ou de groupement, la grande humidité du climat, la configuration accidentée du sol, tout contribue dans cette région au développement des végétations épiphytes.

Les champignons sont les plus nombreux. Nous en essayons l'énumération :

ÉNUMÉRATION DES CHAMPIGNONS
Trouvés sur le Chêne dans le Finistère.

NOMS DES ESPÈCES.	PARTIES DU CHÊNE SUR LESQUELLES ON LES RENCONTRE.
Uredo............quercus.......	feuilles.
Helminthosporium.velutinum.....	ramules morts.
Idem ... .nanum	vieilles barrières en bois de chêne.
Menispora ....ciliata........	écorces mortes.
Botrytis..........carnea........	chênes cariés.
Penicillium.......bicolor........	intérieur des capsules mortes de gland de chêne.
Fusidium.........flavovirem.....	feuilles mortes.
Idem.... .....,.griseum.......	idem.
Fusarium ....candidum.	ramules tombés.
Licea ....cyllindrica....	écorce d'un chêne mort.
Trichia...........fallax.........	troncs pourris.
Idem..........curreyi	écorce morte.
Stemonitis ....thyphoïdes ...	vieux troncs.
Dyderma.........testaceum	feuilles mortes.
Reticularia........umbrina......	vieux troncs.
Idém..........epidendron	idem.
Eresiphe..........guttata	feuilles.
Chœtosphœria.....innumera	troncs pourris.
Rosellina ....aquila........	branches mortes.
Sphæria.........punctiformis...	feuilles mortes et tombées.
Idem..........melanotes.....	bois de chêne pourri.
Idem.........querceticola ...	bois pourri d'un vieux chêne.
Idem.........hispida	idem.
Idem.........ovoïdea.......	bois pourri et cupule de gland.
Idem.........ligneola.......	bois de chêne pourri et spongieux.
Idem.........seriata........	idem.
Idem ....collabeus......	ramules morts.

NOMS DES ESPÈCES.		PARTIES DU CHÊNE SUR LESQUELLES ON LES RENCONTRE.
hæria	setacea	nervures et pétioles des feuilles mortes et tombées.
Idem	bufonia	ramules morts.
ytilinidion	incrustas	disques et parties fendues des ergots morts de chêne.
Idem	pulicare	écorce.
phium	unguiculatum	écorce de très vieux chênes.
ıssaria	bulliardii	ramules morts.
ılsa	ceratophora	idem.
Idem	quernea	branches mortes.
Idem	leiphœmia	ramules morts.
ʒlaospora	theleboïa	ramules morts et tombés.
Idem	talcola	écorce morte.
elanconis	longipes	rameaux morts et tombés.
atype	cincta	dans l'écorce.
ıtypa	flavovirem	ramules morts.
ictosphœria	stigma	branches mortes.
ypoxylon	succenturiatum	écorce des branches mortes.
Idem	serpens	bois mort.
Idem	udum	bois pourri et spongieux.
ectria	ditissima	écorces mortes.
Idem	cinnabarina	branches et troncs morts.
ypomyces	albus	cavités des troncs.
Idem	gelatinosa	chênes pourris.
ictis	cinerasces	bois mort.
ıacidium	coronatum	feuilles à demi pourries.
ıblidium	quercinum	ramules morts.
ınangium	ligni	ergots morts.
Idem	caliciforme	ramules morts.
ıryne	sarcoïdes	troncs morts.
ecanidion	atratum	branches pourries.
atellaria	plumbea	partie coupée des troncs.
Idem	montagnei	ramules tombés dans les fossés.
Idem	rivularis	branches mortes dans un ruisseau.

NOMS DES ESPÈCES.	PARTIES DU CHÊNE SUR LESQUELLES ON LES RENCONTRE.
Pastellaria........lignyota.......	bois pourri de branches tombées.
Helotium.........lenticularis....	vieux troncs.
Idem..........ferrugineum...	idem.
Idem.........agyrioïdes.....	bois pourri spongieux.
Idem.........aciculare......	cavités de vieux chênes couverts de mousse
Peziza............infixa.........	ramules morts.
Idem.........cinerea	idem.
Idem.........firma.........	branches pourries.
Idem.........cerina	branches mortes.
Idem.........bicolor........	ramules morts.
Idem.........bruneola......	face inférieure des feuilles.
Idem........ciliaris........	feuilles mortes.
Idem.........virginea	branches mortes.
Idem.........minutissima...	feuilles à demi pourries.
Bulgaria.........inquinas......	troncs abattus.
Ditiola..........chrysocomus...	ergots morts de chêne.
Idem.........torta.........	idem.
Idem........ .albida	branches tombées.
Idem.........foliacea	vieux troncs décortiqués.
Idem.........frondosa	vieux troncs.
Exidia...........glandulosa	branches mortes et tombées.
Cyphela ....ferruginea.....	écorces des vieux chênes.
Guepinia ....cyphella	branches mortes et tombées.
Corticum ....corrugatum....	vieux troncs.
Idem.........cinnamomum..	écorce.
Idem.........sanguineum...	vieille souche.
Idem.. ....quercinum	rameaux morts.
Hymonechæte.....rubiginosa.....	vieux troncs.
Stereum.........disciforme	troncs morts.
Idem.........spadiceum.....	idem.
Idem.........hirsutum......	vieilles souches.
Telephora.........laxa..........	mousses des vieux troncs.
Craterellus........sinuosus......	sous les chênes.
Radulum.........quercinum	écorce pourrie.

NOMS DES ESPÈCES.	PARTIES DU CHÊNE SUR LESQUELLES ON LES RENCONTRE.
ydnum.........membranaceum	troncs pourris.
Idem..........erinaceus......	branches mortes et tombées.
Idem.........zonatum	sous les chênes.
istulina.........hepatica	vieux troncs.
lerulius...........pallens	branches mortes et tombées.
Idem.............corium..........	idem.
œdalea ....quercina	vieux troncs.
rametes ....gibbosa........	idem.
olyporus ....reticulatus.....	bois et branches pourries.
Idem..........contiguus	chêne pourri.
Idem...........ignarius.......	troncs de chêne (amadou).
Idem...........applanatus	troncs de chêne.
Idem...........dryadeus.......	idem.
Idem...........euticularis	idem.
Idem..........hispidus	idem.
Idem..........adustus.......	idem.
Idem...........croceus	vieux troncs cariés.
Idem..........sulphureus....	vieux troncs.
Idem...........intybaceus	idem.
Idem............frondosus	poutre pourrie de chêne.
Lenzites............betulina.......	troncs.
Lentinus............tigrinus.......	parois extérieurs d'une barque en chêne.
Cortinarius...........ochrolocus.....	bois de chêne.
Agaricus...........variabilis	branches mortes.
Idem..........hirsutus	sous les bois de chêne.
Idem...........spectabilis.....	troncs.
Idem...........plateus........	base des vieux troncs.
Idem...........volvaceus	tannée.
Idem...........niger.........	bois de chêne pourri.
Idem...........septicus.......	feuilles et ramules pourris.
Idem...........dictyorhisus ...	tannée.
Idem...........armoricanus...	branches mortes.
Idem...........galerculatus ...	vieux troncs.
Idem...........fusipes........	base des vieux troncs.
Idem..........albus.........	sous les chênes.

Les lichens se fixent aussi sur les troncs et les branches du chêne. On trouve dans le Finistère , sur cet arbre , le *Lecanora punica* et l'*Opegrapha prosodea* , de l'Amérique septentrionale. Le *Ricasolia herbacea* applique sur les vieilles écorces ses thalles de plus de 40 centimètres de diamètre , et les *Parmelia perlata* et *Caperata* tapissent souvent entièrement les troncs des vieux chênes. Le *Lecanora sophodes* , le *Stigmatidium obscurum* , les recouvrent encore , et ce dernier est tellement abondant sur leurs tiges rugueuses qu'il les colore en gris brun , tandis que l'*Athronia leucostigma* leur donne une teinte d'un joli gris-blanc.

Le *Sticta pulmonaria* et *Aurea* vêtissent encore très-fréquemment les chênes de l'Armorique. Voici d'ailleurs la liste des lichens qui se rencontrent sur notre arbre celtique :

Thelopsis . . . . rubella.		Thelotrema . . lepadinum.
Verrucaria . . . subintegra.		Phlyctis . . . . . agelæa.
Idem . . . . . longispora.		Pertusaria . . . leloplaca.
Idem . . . . . farrea.		Idem . . . . . melaleuca.
Idem . . . . . gemmata.		Idem . . . . . multipunctata.
Idem . . . . biformis.		Idem . . . . . communis.
Idem . . . . . chlorotica.		Idem . . . . . globulifera.
Athronia . . . . . minutissima.		Lecanora . . . . . punicea.
Idem . . . . . Astroïdea.		Idem . . . . . varia.
Idem . . . . . pruinosa.		Idem . . . . . turneri.
Idem . . . . . cinnabarina.		Idem . . . . . nylandery.
Stigmatidium obscurum.		Idem . . . . . sophodes.
Opegrapha . . . lyncea.		Idem . . . . . ferruginea.
Idem . . . . . prosodea.		Idem . . . . . vitellina.
Idem . . . . . atra.		Pannaria . . . . rubiginosa.
Idem . . . . . vulgata.		Physcia . . . . . obscura.
Idem . . . . varia.		Idem . . . . . stellaris.
Graphis . . . . . sophistica.		Idem . . . . . chrysophtalma.

Graphis......dendritica.
   Idem.....elegans.
   Idem.....lyellii.
Lecidœa.....premnea.
   Idem.....myriocarpa.
   Idem.....disciformis.
   Idem.....dubia.
   Idem.....æraginosa.
   Idem.....parasema.
   Idem.....canescens.
   Idem.....pachycarpa.
   Idem.....luteola.
   Idem.....laurocerasi.
   Idem.....quernea.
   Idem.....erisiboïdes.
   Idem.....atropurpurea.
   Idem.....querceti.
   Idem.....lutea.
   Idem.....carneola.

Parmelia ....aleurites.
   Idem.....exasperata.
   Idem.....caperata.
Ricasolia ....herbacea.
   Idem.....glomulifera.
Sticta ....aurata.
   Idem.....pulmonacea.
Stictina......scrobiculata.
Nephromium.lævigatum.
Ramalina....pollinaria.
Cladonia.....macilenta.
   Idem.....delicata.
Calicium.....quercinum.
   Idem.....curtum.
   Idem.....trachellinum.
Leptogium...chloromelum.
   Idem.....hildenbrandii.
   Idem.....lucerum.

Parmi les hépatiques, nous citerons le *Lophocolea heterophylla*, que l'on rencontre sur l'écorce et le bois pourri, dans le creux des vieux chênes.

Les mousses affectent des préférences moins marquées pour telles ou telles espèces arborescentes. On trouve sur le chêne, assez fréquemment, le *Leptodon smithii*, le *Neckera pumila*, l'*Anomodon viticulosus* ; mais les vieux sujets supportent une grande variété d'espèces que l'on rencontre également sur d'autres arbres, sur la terre, les rochers ou les murs.

Les fougères offrent peu d'espèces épiphytes : seul, le *Polypodium vulgare* se rencontre souvent sur les vieilles souches de chêne.

Dans cette énumération des hôtes du chêne, nous n'avons pas parlé des oiseaux qui peuplent son feuillage, et dont quelques-uns préfèrent son abri pour y établir leurs nids.

De petits crustacés isopodes, des genres *Oniscus* et *Armadillo*, connus sous le nom de cloportes, hantent ses tiges creuses.

Lemery et Johnston nommaient *Dryinus* un petit reptile qui habite les vieux chênes, et Scaliger le désignait sous le nom de *Querculus*.

LE GUI.

Parmi les hôtes les plus remarquables du chêne, nous ne saurions oublier le *Gui*.

Ce parasite enflé de la sève des chênes, dont la vie, la substance et la célébrité sont intimement liées à son existence, à ses tissus et à son histoire.

Druide, dit M. H. Martin, signifie chêne, homme-chêne, homme du chêne ; peut-être, ajoute-t-il, dans sa forme kimrique la plus usitée, *Derwydd, Derwyddon*, on trouverait à côté du nom du chêne celui d'un autre végétal qui, associé au chêne, devient l'élément fondamental de la religion druidique. Le gui, appelé en kimrique *gwydd* ou *wydd* (c'est-à-dire plante par excellence), plante vivace d'une nature singulière, ne se contente pas de s'élancer aux arbres, comme les autres parasites, mais ne touchant jamais la terre, il enfonce ses racines dans l'écorce des arbres, et se nourrit de leur sève.

De même que le chêne était l'arbre d'Esus, le gui était la plante de Guyon. Il réunissait toutes les vertus des six plantes du chaudron de Koridwen, la Fée blanche. Pour les Gaulois, il avait la propriété de guérir tous les maux quand on buvait l'eau dans laquelle on l'avait fait infuser (Pline, XVI — XLIV). C'était enfin le rameau d'or qui prenait, dit Taliesin, une vertu fécondante quand le brasseur qui préside à la fameuse chaudière des plantes, au nombre desquelles figurait la verveine, l'avait fait bouillir.

Le mysticisme qui pénétrait la religion druidique ne permet pas d'admettre que l'estime et la vénération accordées au gui tenaient à ses propriétés physiques ou médicales.

Chez les Grecs, le gui était déjà autre chose ; le rameau d'or consacré à Proserpine, rameau brillant comme le gui de chêne pendant l'hiver, ouvrait magiquement les portes des Enfers, séjour de l'immortalité.

Chez nos pères, le gui sacré était plus qu'une plante médicinale et purifiante : — Que veut dire cette association entre l'arbre reconnu comme l'emblême du Dieu force et cette plante vivace et toujours verte, qui ne vit pourtant par elle-même et ne subsiste que de la sève qu'elle puise dans l'arbre où elle prend racine. Le dogme théologique n'éclate-t-il pas ici à travers le symbole transparent dont il l'enveloppe ? Peut-on voir là autre chose que le mystère supérieur de la création ; que la créature unie au Créateur, et distincte du Créateur ; que l'être particulier puisant perpétuellement la vie dans le sein de l'Être universel qui le supporte. — (H. Martin).

Le gui serait donc le symbole de l'immortalité communiquée à l'âme humaine.

Le gui, dont nous ne ferons pas la description botanique, appartient à la famille des *Lanothracées* ; les genres les plus remarquables sont les genres *Viscum* et *Loranthus*. Le gui qui croît si fréquemment sur les pommiers, est le *Viscum album*.

Cette espèce, d'après plusieurs auteurs, croîtrait rarement sur le chêne, et jamais suivant quelques autres. Le gui des *Quercus* serait le *Loranthus Europœus*, qui ressemble beaucoup au précédent, avec lequel on l'a très-longtemps confondu. Rare dans les forêts de la Gaule, il est plus commun dans le nord de l'Italie, à Pise, et jusqu'en Calabre. D'après Belon, il était très-abondant sur les chênes du Mont-Athos.

Le gui est nauséeux, un peu acre ; on le considère comme une plante active, susceptible de produire le vomissement et la purgation, les baies surtout. On le regarde particulièrement comme un puissant antispasmodique.

Mathiole est le premier qui ait employé le gui contre l'épilepsie. Il fut imité par Paracelse, Daléchamps, Cartheuser, etc.; Dehaën ne parle qu'avec enthousiasme des effets du gui de chêne contre cette maladie. Bouteille l'associait à la valériane, et Henri Fraser au camphre. Cullen, Tissot, Desbois de Rochefort, Peyrilhe, etc, le déclarèrent impuissant contre cette terrible affection. Enfin, Bradley en fit usage contre l'hystérie ; Koeldera contre l'asthme et Colbath contre la chorée, la goutte, etc.

Tantôt, c'était la plante entière, tantôt l'écorce sèche et pulvérisée que l'on employait à la dose de 24 grains à 3 gros par jour.

Le gui est aujourd'hui complétement délaissé par la médecine.

Depuis Pline, tous les auteurs ont avancé que l'on fabrique de la glu avec les baies du gui. Savi a montré qu'elles en contenaient fort peu, tandis que celles des *Loranthus* en renferment.

LIVRE III

LE CHÊNE ET LA MARINE.

CHAPITRE XV

Importance et place du chêne dans les constructions navales.

Il dit, bientôt le fer qu'un des canots recèle,
De son fils empressé seconde les travaux,
Et d'un chêne touffu dépouille les rameaux :
Dédale les assemble, et, d'une main savante,
Unit le bois flexible à la toile mouvante.

ESMÉNARD (*Poême de la Navigation*).

Que ce soit Dédale ou un autre qui ait le premier fait entrer le chêne dans la construction des navires, nous savons fort peu de chose sur les matériaux qui les composaient.

Les écrivains, qui se sont occupés de la marine des anciens peuples, ont recherché surtout quelle avait été la forme de leurs navires, et ils sont très-sobres de détails sur la nature des bois avec lesquels ils étaient bâtis.

Les populations qui se livrèrent les premières au commerce maritime, habitant les bords de la Méditerranée, avaient à leur disposition des arbres d'essence très-variées, pins, mélèzes, chêne, frêne, aune, peuplier, etc. ; il est probable que, suivant les localités, tel bois était en usage de préférence à tel autre. Il est permis de penser aussi que plusieurs espèces ligneuses étaient mises à contribution pour la construction des vaisseaux.

Dans un passage d'Ezéchiel sur la ruine de la superbe Tyr, par Nabuchodonosor, le prophète la compare, au temps de sa prospérité, à un navire, et s'écrie :

« Ils ont fait tout le corps et les divers étages de votre vaisseau en sapin de Sanir ; ils ont pris un cèdre du Liban pour vous faire un mât.

« Ils ont mis en œuvre les chênes de Basan pour faire vos rames ; ils ont employé l'ivoire des Indes pour faire vos bancs, et le bois qui vient des îles d'Italie pour faire vos chambres et vos magasins. »

Ce passage nous montre le chêne, là où nous ne nous attendions pas à le trouver. Les rames ou les avirons de chêne devaient être d'un poids qui les rendait peu maniables. Nous savons au contraire que les béquilles avec lesquelles on soutenait les vaisseaux d'alors sur le rivage, étaient en chêne ; nous savons également, et c'est Homère qui nous l'apprend, que les Grecs défendaient leurs navires avec des pieux du chêne le plus dur, et terminés par une tête d'airain ; ils donnaient à ces engins le nom de ξυστον.

Un fait qui semble incontestable, c'est que les anciens cherchaient, pour la coque de leurs barques, les bois les plus légers. Il ne pouvait en être autrement, puisque nous savons que, pendant leurs relâches, ils hâlaient à terre leurs vaisseaux, et que la flotte des Grecs, pendant le siége de Troie, était tout entière à sec sur le littoral.

Les mots *pinus*, *abies* étaient synonymes de navires :

Peliaco quondam prognatæ vertice pinus
Dicantur liquidas Neptuni nasse per undas.

L'aune était même préféré au chêne, et passait pour très-propre aux constructions navales :

Fluctibus aptior alnus.

LUCAIN, liv. III.

Les rames n'étaient plus en chêne comme on pourrait le croire, d'après le passage d'Ezéchiel.

Cerula vertentes abiegnis æquora palmis.

CATULLE.

Verrons-nous encore une preuve que le chêne était exclu de la coque des navires dans ce passage du cinquième livre de l'odyssée ?

« Calypso conduisit Ulysse à l'extrémité de son île, où croissaient les plus grands arbres : on y voyait des aunes, des peupliers, des sapins, dont la tête semblait se perdre dans le ciel, ils étaient d'une grande beauté et très-propres à construire des navires légers, étant entièrement dépouillés de leur humidité. »

Si le chêne ne constituait pas la masse principale de ces nefs antiques, il est probable cependant qu'il y entrait en petite proportion pour former la partie dont la solidité était la plus essentielle, ce qu'on nomme maintenant les fonds d'un navire.

Les Grecs nommaient δρυοχος, la sentine ou la cale de leurs vaisseaux. Le chêne s'y rencontrait donc.

D'un autre côté, d'après un passage du quatrième livre de l'Enéide, 697, on pourrait aussi admettre que quelques pièces de chêne figuraient à la base de la carcasse :

. . . .*Semiusta madescunt*
robora . . . .

Avec le perfectionnement de la science nautique, le chêne se fit peu à peu une place importante dans les carènes.

Au combat de Marseille, Brutus avait des vaisseaux très-grands, d'une construction très-solide, où dominait le chêne.

> *Tunc quœ cum que ratis robora Bruti*
> *Ictu victa suo percussæ capta cohæsit.*
>
> LUCAIN, liv. III, v. 57-65.

Le mot *transtra*, employé pour désigner les poutres ou baux allant d'un bord à l'autre, me semble indiquer que ces pièces étaient en chêne. *Transtra* ne vient pas de *transire*, traverser, comme on l'a cru, mais du celtique *treust*, qui veut dire poutre de chêne, et qui lui-même dérive de Δρυσ, chêne.

Les flottes romaines ne devaient avoir qu'une durée très-éphémère. L'association de divers bois est une mauvaise condition de conservation, et de plus, les anciens n'ayant pas de dépôts de bois de constructions, bâtissaient avec du chêne récemment coupé. En 45 jours, dit Pline, une flotte de 220 galères fut construite, équipée et envoyée contre Hiéron, tyran de Syracuse.

César se plaignait de galères construites avec des bois coupés seulement depuis 30 jours.

> Livre I, *Des Guerres civiles.*

La quantité de bois de chêne nécessaire, de nos jours, à la construction d'un navire est très-considérable, surtout quand on la compare à la proportion des autres essences ligneuses qui en font partie.

A une époque où le fer ne s'était pas encore glissé dans la charpente des vaisseaux, vers 1826, voici, d'après un savant ingénieur, le nombre de stères de chêne employés pour les différents types de navires de guerre (1):

---

(1) C'est la dimension des pièces qui établit parmi elles les catégories nommées espèces, et dont le prix varie.

	1re ESPÈCE.	2e ESPÈCE.	3e ESPÈCE.	4e ESPÈCE.	5e ESPÈCE.	TOTAL.
Vaisseau de 120, ancien 118...	2730	1110	382	146	56	4424
— ancien 110...	2626	1054	339	142	54	4215
Vaisseau de 100.............	2225	1061	408	141	40	3875
— de 90......	2025	1064	443	140	33	3705
Vaisseau de 90, ancien 80...	1778	1066	486	140	25	3495
— de 82, ancien 74...	1385	1082	385	73	22	2947
Frégate portant du 30........	925	1076	300	48	21	2370
— 24........	640	850	486	60	50	2086
— 18........	206	579	534	90	44	1453
Corvette à gaillards de 32...	60	236	210	100	58	664
— sans gaillards de 24...	10	80	225	110	78	503
Brick de 20	9	75	209	119	78	490
Prix de chaque espèce d'unité, en l'année 1826, ou prix du stère de chêne à cette époque..	138	123	108	77	64	

Voici, d'après le même auteur, les quantités de bois de chêne nécessaires à la construction de bâtiments de commerce de 300 et de 600 tonneaux.

COQUE D'UN NAVIRE DE 300 TONNEAUX SANS FAUX-PONT :

Bois de chêne coubrant, net..........	53,55 st.	65,33 st.
0,22 de déchet	11,78	
Bois de chêne de futaie, net........	89,07	100,20
1/8 de déchet.................	11,13	
Total...............	165,53 st.	

COQUE D'UN NAVIRE DE 640 TONNEAUX :

Bois de chêne courbant, net	144,55 st.	180,69 st.
0,25 de déchet..............	36,14	
Bois de chêne de futaie, net........	249,98	281,22
1/8 de déchet..............	31,24	
Total...............	461,91 st.	

Dans le navire de 300 tonneaux, le sapin nécessaire n'est que de 38,72 stères, dans celui de 640 tonneaux, 63,43 stères de bois résineux sont adjoints au chêne.

La quantité de bois de chêne nécessaire à la construction d'un navire de guerre est très-considérable et les déchets y sont plus grands que dans la construction pour le commerce. On peut dire que le cube du chêne, dans la coque d'un bâtiment, n'est tout au plus que la moitié du cube des bois pris au dépôt. Ainsi, le déchet du chêne est au moins égal à la moitié de la quantité consommée. Il faut observer de plus que les bois délivrés par le dépôt ne sont pas bruts, mais ont été déjà équarris sur le parterre de la forêt afin de diminuer la dépense des transports. Le déchet peut être considérablement augmenté dans les arsenaux par un défaut d'assortiment des pièces.

Ce déchet, produit par l'appropriation du chêne aux constructions, varie d'ailleurs avec l'espèce du chêne. Smith le fixe de la manière suivante :

Chêne d'Angleterre	200 0/0
d'Afrique	100 »
de Dantzic	50 »
de Québec	10 »
Planches de chêne d'Angleterre	50 »
Idem de Dantzic	50 »

Ces proportions sont bien plus élevées que celles du déchet du chêne appliqué aux travaux de menuiserie et qui ne dépasse pas 15 0/0.

Le déchet varie d'ailleurs avec la grosseur du chêne, ce qui est utile à connaître, quand on met en œuvre du bois en grume. Ainsi, dans le cas où l'épaisseur totale de l'écorce et de l'aubier est de 4 centimètres, le calcul montre que le bois réellement utile n'est guère, dans une bille de trente centimètres de diamètre, que la moïtié du volume total, et dans une bille de 45 centimètres, que les deux tiers environ. Avec un diamètre de 60 centimètres, il s'élève aux trois quarts, et quand ce diamètre est de 75 centimètres, le bois parfait forme les 4/5 du volume de la bille.

Les sciages de choix pour bordages, etc., n'admettent pas le cœur, qui, dans le bois débité, peut se séparer de la pièce en éclatant. Comme, dans les chênes, le cœur forme une ligne flexueuse, il en résulte, quand on l'enlève, un déchet considérable.

La quantité de bois de chêne nécessaire à la construction des vaisseaux, indiquée dans le tableau ci-dessus, a été dépassée pour des types comme celui de la *Bretagne*, par exemple. On peut sans exagération porter à 12,000 stères de chêne sur pied, la masse de bois qui entra dans cet édifice flottant. A 5 stères de chêne par hectare, c'est la production annuelle d'une futaie de 2,400 hectares. Il faut ajouter encore le bois nécessaire à l'entretien du navire pendant 20 ans environ.

L'importance du bois de chêne pour les constructions navales est telle que les mots qui, dans diverses langues signifient bois de construction, dérivent du nom sanscrit du chêne *deru*, ou du slave Δρεβ *(drev)*.

Bois de construction se dit en Serbe, Bulgare et Valaque, *dereck*.

En Russe Дерево *(derevo)*.

En Illyrien et en Dalmate, *dárveto, dárvo, derevo*.

En Polonais, *Drzewo*.

Le mot navire en Illirien est *Drjëvo*.

Dans la langue des Magyars, *dereck-hajo* signifie coque de navire.

En Russe, Дубка veut dire embarcation en bois de chêne, et Дубасъ auge en chêne.

En Turc, le mot *kerasli* veut dire bois de construction et dérive aussi de l'un des noms celtiques du chêne *ker* ou *quer*.

Les autres bois admis concurremment avec le chêne, mais dans une faible proportion, sont le hêtre pour bordé de carène (rarement). Le hêtre, le frêne, le sapin, pour avirons. L'orme pour pompes, poulies, etc. Le gaïac pour réas et rouleaux. Le peuplier pour sculpture. Le noyer et l'acajou pour meubles, étagères, etc. Le pin et le sapin pour mâtures.

PLACE DU BOIS DE CHÊNE DANS LA CHARPENTE D'UN NAVIRE.

Le bois de chêne forme presque entièrement la coque des navires. Voici l'énumération des pièces qui doivent être en essence de chêne :

La pièce principale de toute construction navale, celle qui est justement considérée comme la base de l'édifice est la quille. Comme elle s'étend dans toute la longueur du vaisseau, on comprend qu'elle doit être formée de plusieurs parties élémentaires placées les unes à la suite des autres. L'importance de cette pièce maîtresse, les difficultés et les dépenses qu'entraîneraient son remplacement en cas d'altération, exigent que le bois qui la forme n'ait aucun défaut local qui en compromette la solidité ou l'étanchéité.

L'étrave est une pièce courbante placée au-dessus de l'extrémité avant de la quille et tournant sa convexité en dehors. Entre la quille et l'étrave s'interpose le brion dont le pied s'écarve avec la quille et la branche avec l'étrave.

L'étambot est une pièce droite qui s'implante à l'extrémité arrière de la quille et forme avec elle un angle droit ou plus ou moins obtus. Comme une de ses fonctions principales est de soutenir le gouvernail, qui lui transmet les ébranlements qu'il reçoit lui-même dans les mauvais temps, elle doit, plus encore que la quille et l'étrave, être exempte de tous les défauts qui, diminuant sa résistance, nuiraient à sa durée. Pour consolider l'assemblage de la quille et de l'étambot, on place entre ces pièces la courbe dite d'étambot.

La quille, l'étrave et l'étambot, constituent dans un même plan les trois arêtes principales de la coque du navire et forment pour ainsi dire la colonne vertébrale de l'édifice.

La membrure est constituée par les couples de levée, qui se placent sur la quille, ainsi que les côtes sur l'épine dorsale.

Un couple se compose de deux plans de bois juxtaposés, chaque plan est formé de pièces placées bout à bout, de telle sorte que le joint de deux pièces successives d'un des plans tombe dans le plein de l'une des pièces de l'autre plan. Le tout est réuni par des chevilles en fer nommées goujons.

La pièce principale d'un couple est la varangue, dont les extrémités s'élèvent et s'écartent de part d'autre symétriquement par rapport au plan diamétral. Les varangues ont des formes différentes au centre et aux extrémités de la coque : au centre elles sont plates, et vers les extrémités elles sont dites acculées, c'est-à-dire qu'elles ressemblent à un V dont les branches s'écartent de moins en moins. Ces varangues acculées, étant difficiles à trouver en un seul morceau de chêne, sont formées de deux demi-varangues.

La varangue est doublée au second plan par les deux genoux, puis ces diverses pièces sont prolongées successivement ; les deux branches de la varangue par les 1er, 3e et 5e allonges ; et chaque genou par les 2e 4e et 6e allonges.

Une des principales fonctions de la membrure est d'offrir un point d'appui aux bordages, revêtement extérieur ou intérieur du navire. Les bordages sont fixés sur les couples par des chevilles en métal, ou en bois de chêne, nommées gournables.

On comprend de quelle importance il est de ne faire usage pour membrures que des bois de chêne les plus sains et les plus en état de résister aux causes puissantes de destruction auxquelles toutes les parties d'un couple sont inévitablement soumises, étant constamment plongées dans un air chaud, humide et stagnant. Elles se trouvent dans les conditions les plus favorables à la fermentation, que suit bientôt la pourriture. Quelques vices locaux, qui peuvent être purgés, des défournis sur les arêtes, des fentes longitudinales même assez prononcées, sont sans importance lorsque le bois est de bonne qualité ; mais on doit proscrire le chêne d'essence grasse, et celui surtout qui présente le grave défaut de la lunure. Cependant, la rareté croissante des bois courbants nécessaires en si grande quantité, oblige à plus de tolérance qu'aux époques où les richesses forestières du pays permettaient d'user de plus de sévérité dans la recette des pièces de chêne.

Les revêtements extérieurs (bordé) et intérieurs (vaigrage) de la membrure, se composent de virures de bordages placés à se joindre les uns au-dessus des autres. Chaque virure est formée d'une suite de bordages élémentaires.

Les virures les plus importantes du revêtement extérieur sont les préceintes qui correspondent à chaque pont du navire, elles sont plus épaisses que les autres bordages. Les préceintes du centre, ayant peu de courbure, se tirent des plançons : celles de l'arrière sont dites préceintes de tour, elles ont une courbure prononcée.

Comme les préceintes constituent une des principales liaisons de la coque, elles sont fixées sur la membrure par des chevilles qui traversent toute l'épaisseur des murailles, ce qui en rend le remplacement laborieux et dispendieux. On doit donc se montrer difficile sur la nature des bois d'où ces préceintes devront être extraites. On peut être plus tolérant pour les autres virures de bordages tout en excluant les plançons à fibres torses ou trop couverts de nœuds.

Pour border les extrémités dont les courbures sont si prononcées, on remplace les bordages et les préceintes par les pièces de tour, pièces fort difficiles à trouver, et pour lesquelles il faut user de quelque tolérance.

Les virures principales du revêtement interne sont les bauquières, qui recoivent l'extrémité des baux ; elles correspondent aux préceintes, et doivent être en chêne de première qualité. Ces pièces, et en général tout le vaigrage de la cale, doivent être prises dans les bois les moins tendres de l'approvisionnement (lorsque dans les dépôts il se trouve des bordages tirant sur le gras, on les réserve soit pour le bordé de la carène au-dessus de l'exposant de charge, soit pour les radoubs et les refontes).

Les baux sont des poutres courbes dans un seul sens, placées transversalement dans le plan des couples et destinés à soutenir le plancher des ponts. Les baux s'opposent à la déformation du navire, en épaulant ses murailles. Ils doivent avoir la force de résister aux ébranlements de l'artillerie. On devra donc, dans le choix des pièces de chêne, exclure celles qui présenteraient des défauts de nature à diminuer leur résistance spécifique, les fibres torses par exemple. Ces baux, dont les extrémités sont très-exposées à la pourriture, devront être aussi en bois très-sain.

Les courbes de pont, que l'on remplace souvent par des pièces en fer, qui tiennent moins de place, reliaient les baux à la muraille, et étaient en chêne.

La mèche du gouvernail est une pièce à laquelle se marie, sous le nom de *safran*, le plan de bois qui constitue la partie effective du gouvernail. Cette pièce, qui doit résister à tous les efforts de torsion, doit être en chêne de première qualité.

Pour compléter cette énumération des pièces en bois de chêne, il faudrait citer encore les garnitures d'écoutilles, les bittes, la guibre, les jotteraux, les seuillets et sommiers de sabords, les porte-haubans, les rateliers de manœuvre, etc.

Le chêne entre pour un quart dans les installations intérieures, tous les barreaux de plates formes, les montants des cloisons et des étagères, l'archipompe et les puits aux câbles-chaînes et aux boulets, ainsi que les cloisons entourant les soutes à poudres et à légumes, les corps-morts des caisses de la cale, etc.

Le lecteur se sera dit, sans doute, déjà plus d'une fois, que nous insistons bien inutilement sur l'importance du chêne dans les constructions navales, puisque le fer tend de jour en jour à se substituer au bois.

Cette observation est juste. Nous pourrions répondre : qu'importe, ceci est une histoire du chêne, et l'amoindrissement de son rôle dans le présent n'est pas un motif pour oublier et taire ses services.

En sommes-nous, véritablement, suivant l'expression

de l'amiral Paris, en sommes-nous à l'âge de fer de l'architecture navale ? Faut-il dès lors laisser nos grands approvisionnements de chêne s'épuiser sans les renouveler, le soin des forêts est-il devenu indifférent à la marine ?

Il est bien certain que l'art moderne, dans ses gigantesques conceptions, a laissé dans plusieurs circonstances le bois pour le fer : « On n'aurait pas plus fait passer des voitures dans un pont tubulaire de Menai, en bois, qu'on n'aurait osé faire sortir du port un *Great-Eastern* formé des mêmes matériaux. »   (Amiral PARIS).

Il ne faudrait cependant pas trop préjuger de l'avenir, et croire par exemple que les flottes en bois ont fait leur temps. Ce qui s'est passé à la fameuse bataille de Lissa, où l'on vit un ancien vaisseau, en vieux bois de chêne, couler un monitor italien revêtu de sa cuirasse, peut faire hésiter sur le choix des matériaux à employer pour le navire de guerre.

Beaucoup d'hommes très-compétents, et dans le nombre nous pourrions citer M. de Lapparent, ancien inspecteur général des constructions navales, ne croient pas au navire de guerre de la coque duquel le bois serait totalement exclu. Nous sommes trop incompétents, dans ces hautes questions, pour insister davantage sur ce point. Le navire en fer est-il ou n'est-il pas militaire ?

En 1861, le Parlement anglais votait encore 25 millions, pour achat de bois de chêne, et le Gouvernement français passait quelques marchés importants, entre autres pour un lot de 25,000 stères de chêne.

Le fer cependant devenait de plus en plus en faveur. Sur 20 navires construits au port de Greenock, en Écosse, 14 étaient en fer ; et dans les chantiers de la Tyne, la proportion était de 38 sur 42.

Dans les arsenaux militaires, on avait déjà construit

plusieurs vaisseaux en fer, l'*Hector*, par exemple ; d'autres, comme le *Royal-Oak*, étaient en chêne et en fer.

En 1862, le Parlement votait encore 15 millions pour achat de bois de chêne : la question était loin d'être vidée entre les deux systèmes, d'autant plus que les constructions de vaisseaux blindés, exécutées avec du fer, coûtaient plus cher que celles dans lesquelles le bois formait les coques. D'après un rapport de l'amiral Robinson (*Times*, 11 mars 1863), le prix d'un vaisseau blindé, tout fer, était de 5,350,000 fr., et celui d'un vaisseau blindé, fer et bois, de 4,675,000 fr. En cette même année, la question des deux modes de construction fut longuement débattue dans les Chambres anglaises, et ce qui prouve que rien n'était décidé, c'est qu'à cette date l'Angleterre avait à flot ou en construction 10 frégates cuirassées, toutes en fer, et 10 frégates cuirassées en bon bois de chêne.

Le chêne n'a jamais été d'ailleurs totalement exclu même des navires cuirassés en fer. Le blindage chez l'*Achilles*, par exemple, et bien d'autres navires, repose sur un matelas tantôt en chêne, tantôt en bois de teck. L'*Achilles*, dont nous venons de parler, a 14 pouces de membrure en fer, 3/4 de pouce de bordé de fer, 18 pouces de bordé de bois, 4 pouces 1/2 de cuirasse. Le bois, on le voit, a encore une large place même chez les vaisseaux en fer.

En 1864, on construisait encore, en Angleterre, des cuirassés en bois aussi bien qu'en fer. M. Reed avait en chantier les corvettes rapides en bois, cuirassées, *Pallas*, *Favorite*, *Zealous*, et d'autres bâtiments en fer du même type, tels que le *Bellerophon*, etc.

Ainsi, l'amirauté ne croyait pas encore à cette époque la question jugée et n'abandonnait pas ces murailles flottantes en bois de chêne, derrière lesquelles l'Angleterre avait jusqu'alors trouvé sa meilleure défense.

Le commerce maritime n'ayant pas les mêmes raisons

de suprématie militaire à conserver, adoptait de plus en plus le fer pour la construction de ses nombreux navires, dont les vastes dimensions et la rapidité exigent du fer de préférence au bois.

En 1867, dans les chantiers de la Clyde, il y avait en construction :

	bois.	fer.	composite.
Navires à roues......................	»	26	
Id. à hélice....................	»	77	1
Chalands à hélice	»	4	
Dragues à vapeur	»	2	
Navires à voiles	13	44	9
Yachts............................	9	»	
Bateaux de charge	»	56	

La création d'une partie de la flotte anglaise en fer, a dû ralentir la consommation du bois de chêne ; aussi en 1869 et 1870, il n'a point été fait d'achats de cette matière ligneuse. Des circonstances toutes différentes ont aussi ralenti dans les arsenaux français la consommation du chêne ; les dernières livraisons des marchés en cours d'exécution, ont eu lieu en 1868 ; depuis lors peu de chêne est venu s'ajouter à celui qui existe encore en proportions très considérables dans nos dépôts.

Qui pourrait dire que les flottes n'auront plus besoin de chêne. Il est notoire aujourd'hui que les cuirasses ne sont plus suffisantes pour protéger les flancs des vaisseaux ; on est obligé de leur donner de telles épaisseurs qu'il est devenu nécessaire de réduire le blindage au réduit, ou de donner, comme on le fait en Russie, de telles formes et de telles dimensions aux navires, qu'ils ne peuvent plus naviguer.

Aussi le décuirassement est-il à l'ordre du jour ; il en est question dans tous les ouvrages qui traitent des armées navales. Il s'agit alors de savoir s'il faut continuer à construire en fer ou revenir au bois. Quand un boulet traverse une muraille en fer, quand il projette à l'intérieur une énorme masse de fonte réduite en milliers de fragments anguleux, ses ravages sont incalculables. Les murailles de chêne n'offrent pas les mêmes dangers.

Un blindage en fer de 0^{m}50 d'épaisseur pèse autant qu'une muraille pleine en chêne de 4^{m}50 d'épaisseur. On annonce des pièces d'artillerie pouvant briser le premier, traverseraient-elles la seconde ? Ces graves problèmes sont à l'étude, nul ne peut savoir quels seront les matériaux de construction dans 10 ans.

Il semble cependant que pour permettre aux navires de supporter l'énorme poids de leurs armures on ait l'idée de revenir aux matériaux de construction les plus légers.

M. Barnaby, chargé tout récemment en Angleterre d'examiner une proposition de sir William Thomson, partage l'opinion de ce dernier et pense que la substitution de 500 ou 600 tonneaux de liége à poids égal de cuirasse peut être tentée sur la *Fury*, ce qui permettra d'augmenter les plaques du réduit.

M. Micheli, directeur des constructions navales italiennes, propose aussi de faire une large part au liége dans les nouveaux navires.

Qui jamais aurait pensé que la substance légère qui forme nos bouchons trouverait son emploi dans les formidables engins de destruction que les peuples les plus civilisés se ruinent à construire ?

Il y a dans tous ces faits, dans toutes ces incertitudes, quelque chose qui annonce que l'âge de fer pour les marines ne s'est pas établi d'une manière définitive.

Entretenons donc nos approvisionnements en bois de chêne, ne coupons pas nos futaies. Le chêne redeviendra peut-être encore la véritable substance à vaisseaux, et les murailles de bois leur meilleure défense.

CHAPITRE XVI

———

Les Approvisionnements de bois de chêne de la Marine.

———

> Prenez les mesures nécessaires pour
> avoir toujours dans l'arsenal une bonne
> provision de bois à bâtir.
>
> COLBERT à Desclouseaux, 28 mars 1678.

> Un pays qui a 400 lieues de côtes, d'ex-
> cellents ports, et qui est la patrie des
> Jean-Bart, des Duguay-Trouin, des Tour-
> ville, des Forbin, des Suffren, ne doit
> négliger aucun moyen pour assurer dans
> l'avenir, sur notre sol forestier, les res-
> sources de la marine française.
>
> Mᵘ DE VILLEFRANCHE, Chambre
> des Pairs, 1827.

I.

C'est du règne de Louis XIV que date la marine militaire en France. Avant cette époque glorieuse, il y eut
sans doute des entreprises sur mer, où des embarcations,
des nefs, et même des vaisseaux de haut bord (1) figu-
rèrent comme instruments de transports ou machines de

---

(1) Le vaisseau nommé *Charente*, armé sous Louis XII, portait 200
canons et 1,200 hommes. La célèbre *Cordelière*, brûlée près du Cap
Saint-Mathieu, au temps d'Anne de Bretagne, portait 2,000 hommes et
2,000 pièces d'artillerie. Le *Caracon*, sous François 1ᵉʳ, était aussi un
vaisseau de très haut bord.

combat ; mais la conception d'une armée navale permanente, de vastes ports, de grands approvisionnements, d'une institution maritime enfin, représentant une des forces de la nation, appartient incontestablement à deux hommes, Louis XIV et Colbert.

Ils comprirent qu'il y avait dans le matériel de navigation dispersé dans les hâvres de France, et dans les ressources de nos forêts, un élément considérable d'influence et de prestige extérieurs ; de leurs vues fécondes sortit cette marine royale dont notre histoire garde les impérissables souvenirs.

Sous sa protection se forma bientôt une autre marine plus intimement liée encore à la grandeur de l'Etat, et qui ne pouvait croître aussi qu'à la condition de trouver chez nous ses deux éléments essentiels : des hommes et du bois.

Nous n'avons pas à dire ici comment Colbert fit surgir les hommes de mer, la plus grande difficulté n'était pas de ce côté. Lorsque le grand ministre, pour accomplir ses desseins, jeta les yeux sur l'état forestier de la France en 1660, il comprit que c'était là surtout qu'il rencontrerait les plus sérieux obstacles à ses projets.

Il ne s'agissait pas seulement, en effet, de trouver de suite la quantité de bois nécessaire à un établissement naval, il fallait songer à doter la France d'une production forestière suffisante pour qu'il devînt possible à nos deux marines de se développer avec nos propres ressources.

Les bois de constructions navales sont essentiellement des bois de chêne : la proportion d'orme, de frêne, de châtaignier ou de résineux qui entre dans la charpente d'un navire est bien faible en comparaison de la quantité de chêne qui la constitue. Colbert eut donc à se préoccuper surtout de la production du chêne, c'est-à-dire de l'essence ligneuse qui demande le plus de prévoyance, parce qu'il lui faut des siècles, et que nulle autre ne saurait la remplacer.

Toutes les lois, ordonnances, décrets, etc., qui depuis Louis XIV ont été promulgués pour assurer à la marine les quantités de bois qui lui sont nécessaires, ont eu surtout pour objectif le bois de chêne, et presque exclusivement le bois de chêne. Nous ouvrons donc ici une des pages les plus importantes et les plus intéressantes de cette histoire.

C'est dans les sombres futaies de la Gaule que nos pères trouvèrent les remparts les plus solides et les plus sûrs contre l'invasion romaine ; c'est derrière des murailles de chêne que pendant la première moitié de ce siècle se sont décidées plus d'une fois les destinées de la France. Nous ne saurions dire si les murailles flottantes auront dans l'œuvre du retour de notre prépondérance le rôle qu'elles remplirent dans le salut d'Athènes. Il est cependant possible de prévoir que les citadelles de chêne bardées de fer tiendront encore une grande place dans les conflits internationaux.

Avant Colbert, des tentatives avaient été faites pour fonder des rapports de services entre les forêts et la marine.

En 1318, Philippe-le-Long promulgua une ordonnance qui servit de base à celle de 1388 et de 1402, et par laquelle les bois propres au service du roi étaient réservés.

Au mois de juillet 1376, nouvelle défense de disposer des bois avant d'avoir vu ceux qui convenaient aux services publics ; en septembre de la même année, il est prescrit de prendre les chênes pour les navires, dans un seul endroit de la forêt de Roumare.

En mars 1515, François Ier règle aussi ces rapports nécessaires : « Art. 54. Pour ce que de jour en jour, il convient de prendre du bois, tant pour nos navires que pour nos chasteaux et édifices ; et qu'au temps passé ce qui en a été prins et couppé sans mesure et ordonnance, endommageant les forêts en grande lésion et destruction d'icelles : Ordonné est : que quand il conviendra ouvrer, ceux qui seront chargés des œuvres n'en pourront rien prendre tant que les dits maistres, ou l'un d'eux, avec les vicomtes et receveurs des lieux, et leurs lieutenants, et les verdiers et gruyers, gardes ou maistres, sergents, soient appelez, les quels par bonne délibération avec les ouvriers adviseront combien de bois et quel bois il faudra pour chasteaux, navire ou édifice, et au lieu plus aisé et moins domageable : escriront les places où les chesnes ou autres arbres, selon que le mestier sera, et si une place ne suffit, on nombrera les arbres, et seront martelez du marteau du verdier, gruyer, garde ou maistre, sergent ou autre, qu'ils aviseront pour le mieux ; les quels arbres ainsi marquez, en place pour ce livrée seront justement prisez. »

Le peu d'importance des constructions navales jusqu'en 1650 rendit cette ordonnance peu nécessaire, elle n'en établit pas moins la date des premières relations actives, entre la marine et le service forestier pour le choix des bois de chêne.

La célèbre ordonnance de 1669 eut une autre portée. Fruit de huit années d'enquêtes et de méditations, elle assura le présent en conférant à la marine des priviléges spéciaux, et prépara l'avenir en créant une législation forestière savante, aussi bien appropriée à la conservation des bois qu'à leur production.

L'ordonnance précitée conférait à la marine le droit de marquer, dans les propriétés particulières, les bois nécessaires à ses constructions.

Elle interdisait aux possesseurs de bois de haute futaie

situés à dix lieues de la mer, et à deux lieues des rivières navigables de vendre leurs chênes et de les abattre, à moins d'en avoir prévenu, six mois d'avance, le contrôleur général des finances, ou le grand maître, sous peine de 3,000 livres d'amende, et de confiscation des bois vendus ou coupés.

L'ordonnance allait même plus loin. En cas d'insuffisance des chênes pour les travaux ordonnés, — le grand maître les fera choisir et prendre dans les bois de nos sujets, tant ecclésiastiques qu'autres, sans distinction de qualités, à la condition de payer la juste valeur qui sera réglée par experts. —

Nous allons voir se succéder maintenant les arrêts et ordonnances destinés à fixer ou à rappeler les points litigieux ou inobservés de la loi.

16 Novembre 1683. — Les limites dans lesquelles les propriétaires ne peuvent librement disposer de leurs chênes sont portées à 15 lieues de la mer et à 6 des rivières.

10 Mars 1685. — Ordre de remettre gratis aux commissaires de la marine les déclarations de coupes.

15 Aout 1689. — Défense de couper avant la visite des agents de la marine.

26 Aout 1692. — Ordre au grand-maître de faire rechercher les chênes de marine.

24 Février 1693. — Renouvellement de la défense de couper les futaies de chênes.

2 Mai 1693. — Arrêt du Conseil prescrivant de nouveau aux propriétaires de ne couper ni baliveaux ni arbres de futaies avant la visite des officiers du roi.

24 Novembre 1695. — Même prescription. Il est décidé que les visites aux coupes déclarées seront faites par des agents de la marine.

28 Septembre 1700. — Arrêt prescrivant de faire parvenir les déclarations de coupes au ministre de la marine, qui dépêche des commissaires sur les lieux pour reconnaître les chênes convenables aux constructions.

12 Mars 1701. — Il est prescrit de rechercher dans la vallée d'Aure (Pyrénées), les bois propres aux arsenaux.

30 Janvier 1725. — Arrêt du conseil qui fait défense au sieur Francy, chargé de la reconnaissance des bois de marine, d'accorder aux propriétaires la permission de couper des bois de futaies, etc.

15 Janvier 1726. — Arrêt du même genre, interdisant au sieur Disson, écrivain de marine, de donner ces autorisations.

18 Septembre 1738. — Le roi de Pologne, duc de Lorraine, permet de marquer pour la marine les chênes de ses forêts.

21 Mai 1739. — Renouvelle ces dispositions.

23 Juillet 1748. — Interdiction nouvelle de couper des arbres qui auraient été marqués pour le service actuel ou futur de la marine.

1er Mars 1757. — Faisant disparaître les limites posées pour déclarations de coupes.

1766. — On rappelle que les adjudicataires sont tenus de livrer aux fournisseurs de la marine les bois marqués de son marteau, pour être le prix réglé de gré à gré.

3 Février 1767. — Les adjudicataires ne peuvent disposer des chênes marqués par la marine et refusés par les fournisseurs, sans l'assentiment du ministre.

16 Décembre 1786. — Règlement royal déterminant les rapports des agents et fournisseurs de la marine avec les maîtrises des forêts et les propriétaires, au sujet du martelage. Il fut défendu, à moins de réelle nécessité, d'abattre, pour le service maritime, des chênes ou autres arbres n'ayant pas été mis en déclaration de coupe.

L'œuvre du génie de Colbert, ainsi complétée, durait depuis 122 ans, lorsqu'une loi du 29 septembre 1791 restreignit le droit de martelage aux forêts de l'Etat, disposition qui fut confirmée plus explicitement encore par un arrêt du 27 juillet 1793.

Après deux années seulement de liberté, une loi du 20 septembre 1793 replaça de nouveau, sous forme de réquisition, la propriété privée sous le joug des servitudes maritimes. Le 4 octobre suivant, le martelage fut entièrement rétabli, et le 4 février 1794, un arrêté réorganisa le service général ; enfin, l'autorisation accordée en 1796 aux particuliers d'aliéner tous les bois de 300 arpents et au-dessous, fit malheureusement disparaître une énorme quantité de chênes.

Le rétablissement des priviléges de la marine lui profita peu, tant le désordre était grand à cette époque. « Au moment du réveil de la liberté, disait en 1799, aux Cinq-Cents, le rapporteur d'une commission chargée de préparer un nouveau code forestier, au moment du réveil de la liberté, la licence se plaça à côté d'elle pour défigurer son image. On vit des citoyens se servir des armes de la liberté pour dévaster les forêts : nulle partie de l'administration publique n'a autant souffert de la Révolution. »

Ce ne fut pas d'ailleurs sans luttes que le martelage des chênes fut rétabli dans les bois des particuliers ; il fallut le confirmer de nouveau par la loi du 29 avril 1803, et l'arrêté du 18 mai de la même année.

Le décret de 1811 compléta la législation forestière touchant l'exploitation des bois privés ; il apporta quelque soulagement à la servitude du martelage en autorisant (art. 15) les propriétaires à pouvoir abattre leurs chênes en cas de besoins urgents (1).

____

(1) En 1809, la guerre avait été associée au même droit de martelage que la marine sur les chênes des propriétés privées,

On abusa bientôt de ces concessions ; dès le 5 novembre 1811, le ministre de la marine appelait l'attention des préfets de l'intérieur sur les facilités avec lesquelles les maires attestaient l'urgence : — sans qu'un examen préalable ait constaté la légitimité des demandes. Tel maire de commune (disait ailleurs le ministre), souvent peu instruit dans la partie des bois, accordera à un propriétaire des arbres de cinq pieds de tour ou au-delà pour des réparations et constructions qu'on eût facilement exécutées avec des pièces de moindres dimensions. —

En 1814, sous la pression de nécessités cruelles, la Restauration ayant aliéné quelques forêts de l'État, voulut se réserver les chênes des propriétés privées par une réglementation rigoureuse.

L'ordonnance royale du 28 août 1816 accusait la loi de 1803 d'avoir, sous le prétexte d'interpréter la législation de 1669 et d'adoucir ses sévérités, dénaturé son principe : elle accusait aussi le décret de 1811 d'avoir affranchi le domaine de quelques propriétaires de toute obligation envers la marine. Voici d'ailleurs comment elle aggrava les charges imposées en 1811 aux propriétaires de chênes :

1811	1816
Art. 2. — Les propriétaires ne sont assujettis à comprendre dans leurs déclarations que les chênes de futaies .et ormes ayant 13 décimètres de tour.	Art. 6. — Tous les bois des particuliers, baliveaux sur taillis, avenues, parcs ou arbres épars, destinés à être abattus . . . . sont susceptibles d'être martelés pour le service de la marine s'ils ont les dimensions nécessaires.
Art. 3. — Les contrevenants	Art. 47 du règlement annexé

seront condamnés pour la première fois à l'amende, à raison de 45 fr. par mètre de tour, pour chaque arbre passible de la déclaration ci-dessus. En cas de récidive, l'amende sera doublée.

Art. 6. — L'abattage des arbres se fera par le propriétaire avant le 15 avril.

Art. 9. — Six mois après l'abattage, si l'administration de la marine ou ses fournisseurs n'ont pas payé la valeur de ces bois, les propriétaires pourront disposer à leur gré des arbres marqués.

Art. 15. — Les propriétaires qui voudront faire usage de la faculté qui leur est accordée pour les cas d'urgente nécessité, ne pourront procéder à l'abattage des arbres qu'après en avoir fait préalablement constater l'urgence.

à l'ordonnance. — Les propriétaires de bois futaies, etc...... se conformeront exactement à cette disposition, à peine de 3,000 fr. d'amende et de confiscation des bois.

Art. 58 du règlement. — L'abattage des arbres martelés devra être fait avant le premier avril.

Art. 67 du règlement. — Un an après l'abattage des arbres martelés................... le propriétaire aura le droit d'en obtenir la main levée, s'ils n'ont pas été acquis par la marine.

Art. 69 du règlement. — Si dans les trois mois qui suivront la demande (de la main levée), la marine n'a pas fait enlever les bois, le propriétaire sera libre d'en disposer sans autre formalité.

Art. 54 du règlement. — Les arbres au-dessus de un mètre de circonférence ne pourront être concédés à titre d'urgence.

Art. 52 du règlement. — Ils pourront (les ingénieurs et

agents de la marine), par de nouvelles visites, avant, pendant et après l'abattage, marteler les arbres qui auraient échappé à leur premier examen, et qu'ils reconnaîtraient propres au service, dans quelque lieu qu'ils se trouvent.

Afin d'appliquer cette ordonnance dans toute sa teneur, les forêts du royaume furent partagées en quatre directions pour l'exploitation des bois destinés aux constructions navales (1).

Nous venons de montrer combien la nouvelle législation aggravait, pour les particuliers, les servitudes du martelage, au point de vue des pénalités comme à celui des formalités. Près de deux années pouvaient s'écouler entre les déclarations d'abattage et l'enlèvement et le paiement des chênes par les fournisseurs de la marine. Quinze mois après l'abattage, les arbres pouvaient encore être laissés aux propriétaires.

Cette sévérité allait à l'encontre du but à atteindre. « J'ai vu, écrivait à cette époque M. le baron de Monville, j'ai vu des particuliers planter en hêtre préférablement

____

(1) La répartition des circonscriptions maritimes du martelage avait déjà souvent été modifiée.

Le règlement du 16 décembre 1786 avait créé 4 arrondissements.

»	4 février	1794	»	9	»
»	28 juin	1805	»	7	»
»	28 août	1816	»	4	»

Enfin en 1819 on créa 4 directions forestières :

Bassin de la Seine,	siége de la direction,	Paris.
» Loire,	»	Tours.
» Garonne,	»	Angoulême.
» Saône-et-Rhône,	»	Lyon.

au chêne , pour laisser une plantation exempte du marteau de la marine. Ce marteau est depuis longtemps une cause qui nuit à la production de la matière qu'il est destiné à frapper. » M. Noirot disait de son côté : « Si nous avions à craindre que nos moissons nous fussent enlevées, nous ferions peut-être manger nos blés en herbe. »

Le concert de plaintes qui s'éleva en France fut tel, que, peu de temps après, le 22 septembre 1819, une ordonnance royale révoquait celle du 28 août 1816 ainsi que le règlement y annexé.

— « Les représentations qui nous ont été adressées, (disait le roi), par divers particuliers et même par des conseils généraux de départements, sur l'extension donnée aux amendes qu'avait établies le décret du 15 avril 1811, et sur la suppression de plusieurs dispositions prescrites par le même décret, dans l'intérêt de propriétaires de bois.. En conséquence, les propriétaires de bois ne seront plus assujettis désormais qu'à se conformer aux dispositions des lois antérieures et notamment au décret du 15 avril 1811. » —

Le ministre de la marine adressa, le 15 octobre 1819, aux directeurs du service forestier, des instructions relatives à la nouvelle ordonnance. Le ministre insistait d'une façon toute spéciale sur l'accélération des formalités qui empêchaient les propriétaires, soit de disposer de leur terrain encombré par les arbres marqués, soit de ces arbres eux-mêmes quand la marine les abandonnait.

Ces lenteurs étaient quelquefois calculées de la part des agents subalternes de la marine, dans le but de se faire accorder des rétributions par les propriétaires pour accélérer leur travail, rétributions contre lesquelles toutes les

instructions ministérielles relatives au martelage s'élevaient avec la plus grande vivacité.

La multiplicité des lois et ordonnances, les plaintes des
particuliers sur les servitudes forestières, celles de l'industrie et de la marine sur la difficulté croissante de se procurer du bois de chêne, prouvent en quelle pénurie se
trouvait, vers 1820, l'état forestier du royaume.

M. Bonnard rapporte qu'à cette époque, sur 1,270 hectares de forêts très diverses, on ne trouva que quatre
bonnes pièces de chêne pour la marine ; à ce compte, il
eût fallu couper annuellement plus de 13,000 hectares de
futaie pour approvisionner les arsenaux. Les chênes de
marine étaient, suivant l'expression du savant ingénieur,
« des espèces d'enfants de hasard, des bâtons dans les
roues d'une administration que l'Etat stimule dans l'accroissement des prix de vente. » C'est pour cela qu'il pré-
voyait des conflits prochains entre l'administration forestière, uniquement soucieuse de la question d'argent, et les
ingénieurs chargés des intérêts de la flotte, et dans un
avenir plus ou moins éloigné, l'évincement de ceux-ci des
exploitations forestières.

Ce fut pour conjurer ces prévisions, qu'il demanda l'affectation aux constructions navales d'une superficie des
forêts de l'Etat, suffisante pour produire annuellement
34,000 stères de bois de chêne.

D'après le volume que donnent moyennement les arbres
façonnés en bois de marine, ces 34,000 stères supposaient
45,000 pièces admises dans les ports.

Le quart des arbres qui restent à la dernière éclaircie,
ne convenant pas aux constructions, les 45,000 pièces devaient exiger que l'affectation renfermât 60,000 chênes sur
pied lors de la coupe finale.

Comme un hectare (d'après Varennes, de Feuille, et de

Perthuis), ne peut contenir à l'aise que 140 chênes dans la plénitude de leur développement pour fournir 60,000 arbres, 421 hectares étaient donc nécessaires.

En fixant à 160 ans l'âge de la plus-value des chênes, il fallait donc 160 fois 421 hectares ou 67,360 hectares pour fournir annuellement 60,000 chênes.

En tenant compte des chemins, pertes, etc., M. Bonnard estimait que la superficie de la dotation devrait être portée à 80,000 hectares.

M. Bonnard terminait en demandant, pour cette dotation, l'application de la méthode des futaies cultivées par éclaircies et réensemencements naturels.

Affranchissement des servitudes du martelage pour les particuliers ; suppression des entraves apportées par la marine dans les forêts de l'Etat, approvisionnements réguliers successifs, au lieu des entassements de bois sujets à dépérir, que le martelage faisait entrer dans les arsenaux, tels étaient les avantages principaux du procédé Bonnard.

M. le baron de Monville, pair de France, défendit ces idées. « Je soutiens, écrivait-il en 1824, que 40,000 hectares de bois en fonds choisis, suffiraient un jour à une marine militaire double de ce qu'elle est actuellement et à une réserve pour les cas imprévus. Je soutiens que dans 30 ans l'administration s'apercevrait déjà d'un changement notable à la difficulté de son approvisionnement assorti, et que dans 60 ans, elle serait bien près de se suffire à elle-même. »

En 1824, l'administration forestière fut créée ; aux agents choisis jusque-là parmi les vétérans ou les invalides de nos grandes guerres, succédèrent des hommes vraiment capables de régir nos forêts. L'influence de la marine rencontra bientôt un antagonisme fâcheux, là où elle était presque souveraine. L'administration des eaux et forêts ne voulut point de partage dans son empire et se montra parfois jalouse et taquine. La proposition de M. Bonnard, bien qu'elle limitât l'action de la marine dans une sorte de cantonnement, trouva chez les forestiers d'ardents adversaires.

Les plaintes qui s'élevaient contre le martelage grossissaient toujours ; elles devinrent telles, en 1825, que la marine, prévoyant sa suppression prochaine, ne fit plus usage de ce privilége que pour les pièces de chêne de premier choix, et passa même quelques marchés sans martelage préalable. L'empressement des fournisseurs fut très modéré ; heureusement que les réserves des ports étaient en ce moment très considérables, et que les chênes d'Italie étaient offerts aux mêmes prix que ceux de France.

Pour montrer une dernière fois ce qu'était le martelage, bien adouci cependant alors, et ce qu'un chêne amenait de contestations et de protestations avant de passer du bois d'un propriétaire sur les chantiers d'un arsenal, nous allons transcrire ici *les doléances d'un martelé*, en l'an de grâce 1826. Cette pièce appartient à l'histoire du chêne.

Evran, 10 mai 1826.

Mon cher ami,

Si je ne vous ai écrit depuis bien longtemps, c'est que je viens de passer par une série d'ennuis dont vous n'avez aucune idée. Vous savez le proverbe *qui terre a guerre aura*, il est non moins juste de dire *qui chênes a guerre aura*.

Vous connaissez, au couchant de ma propriété, ce bois de chênes qui servit si souvent de but à nos promenades : j'ai dû songer à y porter la hache, malgré de bien chers souvenirs. Ce bois, planté par mon bisaïeul, avait vu les meilleures journées de notre enfance ; chaque arbre nous était familier, et mes enfants à leur tour avaient trouvé sous ces ombrages, déjà séculaires, la joie et la santé. Hélas, les années de droit de mon fils, et surtout le mariage de Marie, m'obligèrent à des sacrifices : je résolus de vendre mes chênes.

J'avais trouvé un excellent acquéreur qui consentait même à me faire les avances d'une partie de la valeur de mes arbres ; mais ayant constaté que mes plus beaux chênes seraient assurément marqués par la marine, il a renoncé à cette affaire. Je trouvai bien un autre acheteur, mais celui-ci ne voulut rien couclure avant le martelage et l'enlèvement des arbres marqués : les conditions qu'il me faisait espérer étaient d'ailleurs bien moins avantageuses que celles que j'aurais obtenues, si j'avais été *le maître* des chênes dont j'étais *le propriétaire.*

Comme la plupart de mes arbres mesuraient plus de 13 décimètres de tour, je fis donc à la sous-préfecture la déclaration légale qui doit précéder de six mois l'abattage.

Voulant profiter de cette occasion pour les réparations de mon usine, je priai le maire de ma commune de venir dresser procès-verbal de l'âge et de la grosseur des chênes qui m'étaient nécessaires, ainsi que de l'urgence des travaux auxquels je les destinais. Vous savez que ce digne fonctionnaire n'a pas l'esprit très ouvert, et vous n'avez pas oublié le mauvais vouloir dont il a toujours usé à mon égard. Je dus solliciter sa bienveillance ! L'urgence ne lui paraissait pas évidente à ce bonhomme, qui se connaît en machines, autant qu'un aubergiste enrichi peut s'y connaître. J'en fus réduit à le menacer du préfet. Il s'exécuta, mais lentement. Pour plus de précautions, je fis parvenir une expédition du procès-verbal au sous-inspecteur forestier.

Je me croyais quitte de soucis de ce côté, mais j'avais compté sans notre maire. Il m'avait été impossible d'évaluer exactement la quantité de bois qui serait nécessaire à mes réparations ; quand on s'y met, on ne sait jusqu'où cela peut aller. Aussi, pour ne plus revoir M. le maire, j'avais demandé plus que moins. Mes travaux finis, un chêne restait ; pour ne pas le perdre, je le compris sans malice dans la vente ultérieure de mes bois. Le maire me guettait, et cette fois il verbalisa plus facilement que la première. Je me trouvai en face de poursuites légales, pour avoir détourné mon chêne de l'emploi pour lequel j'avais demandé l'urgence.

Grâce à quelques amis qui voulurent bien s'employer pour moi près de l'inspecteur forestier, grâce aussi à un petit voyage à la sous-préfecture, j'ai pu arrêter les choses, mais mon chêne pourrira sur terre ; n'ayant pu lui trouver place dans mon moulin, il m'est interdit d'en faire des bûches !

Cinq mois après ma déclaration d'abattage, les agents du service forestier de la marine se présentèrent chez moi. Mes chênes étaient superbes, l'exploitation facile, le canal d'Ille-et-Rance à proximité ; ces messieurs daignèrent en marteler un bon tiers. Dans ces conditions, mon acquéreur refusa tout marché. Que faire ? La loi m'autorisait bien à renoncer à l'exploitation, mais j'avais besoin d'argent ! Cette raison suprême me décida, et j'entrepris moi-même l'abattage de mes arbres.

Ne pouvant être au bois et au moulin, je payai, pour surveiller cette opération, un ancien garde forestier, mais n'étant pas intéressé à cette entreprise, ainsi que l'eût été un acquéreur de la coupe, il laissa mutiler de beaux arbres, qui perdirent ainsi à mon détriment une partie de leur valeur.

Après avoir couché mes pauvres chênes, je cherchai à vendre ceux que la marine n'avait pas marqués ; mais celle-ci pouvant, en vertu de droits exorbitants, me faire attendre encore six mois, pour me prendre ou me laisser mes arbres, aucun marchand ne voulut les acheter, tant il eût été difficile de les enlever au milieu de ceux de la marine.

J'attendis donc, le plus patiemment possible, le fournisseur général ou ses représentants. L'Etat choisit les arbres qui lui conviennent, mais il ne les achète pas directement aux propriétaires. Pour ne pas avoir autant de marchés que de détenteurs de bois, il interpose entre eux et lui un fournisseur qui est tenu, moyennant gros bénéfices, d'acheter tous les chênes marqués et de' les revendre à la marine. Ce qui est plus singulier, c'est que l'Etat vend ainsi ses propres bois à ce fournisseur, et lui rachète ceux qui sont nécessaires à ses constructions navales.

Comme une valeur de plus de 100 stères avait été marquée chez moi, j'aurais pu les livrer moi-même en les flottant jusqu'à Saint-Malo, et les embarquant pour Brest. Mais c'était une avance de fonds que la perspective de bénéfices certains m'aurait bien décidé à faire si je les avais eus à ma disposition.

Un beau matin, le représentant du fournisseur, un sous-fournisseur, je crois, se présenta chez moi. Quatre mois s'étaient écoulés depuis l'abattage, dix depuis ma première déclaration. Ce personnage me demanda d'abord si j'userais de mon droit d'équarrir mes arbres et de les transporter à mes frais jusqu'au premier port flottable. C'était courir les chances et les consé-quences de la recette provisionnelle. Je savais que mes plus beaux chênes avaient été mal coupés, et portaient le vice désigné sous le nom de trou d'abattage, qui est souvent une cause de refus. J'avais exploité pour avoir de l'argent, et non pour en tirer de ma poche, je résolus de passer immédiatement marché de mes chênes dans la situation où ils se trouvaient, et j'en réclamai l'estimation d'office. Il fut entendu que mon expert et celui que désignerait le fournisseur fonctionneraient tel jour.

J'avais fait venir de Rennes un homme plus consciencieux qu'habitué à ces sortes d'affaires. Les deux experts ne s'enten-dirent pas. Le fournisseur, forcé d'acheter mes arbres, avait fait la leçon au sien ; celui-ci prétendit que bon nombre de mes chênes seraient rebutés par la commission particulière et que le fournisseur, après avoir eu tous les frais de l'enlèvement jusqu'au premier port flottable, trouverait difficilement à se défaire des rebuts. Bref, il y eut un tel écart entre les deux estimations, qu'il fallut recourir à un troisième expert. Ce dernier pouvait difficilement mettre d'accord des prétentions si directement opposées ; je dus m'estimer heureux qu'il voulût bien partager la différence. J'y perdais plus que le fournisseur, mon premier expert n'ayant pas autant élevé ses demandes que le sien n'avait abaissé ses offres.

Six mois après l'abattage, les arbres de la marine n'étaient ni payés, ni enlevés ; j'étais bien en droit de recourir aux tribunaux, mais quels ennuis, je n'en avais ni le cœur ni le loisir. Chaque jour, le fournisseur prétextait de nouveaux délais. J'avais intérêt à le ménager pour que lui-même, en faisant enlever ses chênes, respectât les miens, qui gisaient pêle-mêle avec ceux de la marine sur le sol de mon bois.

Ce ne fut que dix mois après l'abattage, que je pus toucher quelqu'argent, et qu'il me fut possible, les arbres martelés étant enlevés, de chercher à traiter des miens.

Ces dix mois, passés en grume sur le sol, n'avaient pas profité à mes arbres : les prix se trouvaient alors en baisse par suite du retour, sur le marché, de nombreuses pièces en essence de chêne, rebutées par les sous-commissions, et que les marchands de bois acquéraient à de meilleures conditions. Ainsi, une partie de mes arbres mal vendus au fouruisseur venait faire concurrence à ceux qui me restaient ; les prix qui m'en ont été offerts, et auxquels il a fallu les donner, ne me consoleront jamais de la brèche faite dans mon bel horizon de verdure et de la perte de mes frais ombrages.

Voilà, mon cher ami, ce que c'est que le martelage : et vous croyez que je vais replanter des chênes ? Le ciel me garde de léguer à mes petits-enfants les embarras que j'ai subis.

Venez donc, nous vous attendons.

De Querodi.

Post-Scriptum. — Je viens de lire, dans la feuille d'annonces du département, une circulaire du ministre de la marine aux préfets de l'intérieur, en date du 1ᵉʳ de ce mois : il s'agit précisément du martelage. Après en avoir énuméré les formalités, Son Excellence ajoute : « Le martelage opéré pour le service de la marine ne peut être, comme quelques propriétaires semblent le croire, une cause de dépréciation pour les arbres sur lesquels il a lieu. » Je vous ai mis en état de comprendre l'impression que ce document m'a causée !

II.

Le 21 mai 1827, la propriété privée voyait l'aurore de son affranchissement. On lit à cette date dans le Code forestier, titre premier, article premier, paragraphe 2.

— Les particuliers exercent sur leurs bois tous les droits résultant de la propriété, sauf les restrictions qui seront spécifiées dans la présente loi. —

Ces restrictions, les voici, au titre 9, section 1, paragraphe 124.

— Pendant dix ans, à compter de la présente loi, le département de la marine exercera le droit de choix et de martelage sur les bois des particuliers, futaies, arbres de réserve, avenues, lisières et arbres épars.

Ce droit ne pourra être exercé que sur les arbres en essence de chêne, qui seront destinés à être coupés, et dont la circonférence, à un mètre du sol, aura 15 décimètres de tour. —

Il est nécessaire de relever ici les ménagements que le
nouveau Code apportait dans les formalités du martelage
destiné à réserver, pendant dix ans encore, des chênes, et
des chênes seulement, à la marine.

Les établissements publics, les communes, les particuliers étaient admis à traiter de gré à gré avec la marine
à des prix débattus. Ils pouvaient espérer par là
pouvoir obtenir de meilleurs prix de leurs arbres, livrés
précédemment sur le taux d'un tarif fort inférieur à la
véritable valeur du chêne.

Le délai de six mois après l'abattage, pour payer et
enlever les arbres, fut réduit à trois.

Le martelage des chênes était désormais limité aux
départements où la marine jugeait et déclarait pouvoir
l'exercer utilement.

Les propriétaires, on le comprend, attendirent pour faire
des déclarations de coupes et pouvoir disposer librement
de leurs chênes, que les dix années de prolongation du
martelage fussent écoulées. De son côté, la marine re-
nonça, dès 1827, à ce droit de prescription sur les bois
privés. Le martelage, condamné dans un certain délai,
n'était plus exécutable. « Un droit dont on voit la fin,
disait M de Chabrol, a perdu sa force morale, tout devient
contestable et contesté. »

Il ne resta donc plus à la marine, pour approvisionner
ses arsenaux, en bois de chêne, que le privilége ancien
maintenu par les articles 122 et 123 du nouveau Code.

— Dans tous les bois soumis au régime forestier, lorsque
des coupes devront y avoir lieu, le département de la
marine pourra faire choisir et marteler par ses agents les
arbres propres aux constructions navales, parmi ceux qui
n'auraient pas été marqués en réserve par les agents
forestiers.

Les arbres, ainsi marqués, seront compris dans les adjudications et livrés par les adjudicataires à la marine aux conditions qui seront indiquées ci-après. —

La marine sentit cruellement le coup qui l'excluait en quelque sorte des forêts. Lors de la discussion du Code, le ministre, M. Chabrol de Croussol, fit entendre à la Chambre ces paroles empreintes de tristesse et de regrets : « Ces mêmes considérations n'existaient pas pour les bois de l'État ; ici c'était un service qui aidait un autre service, personne n'avait le droit de se plaindre, mais on a fait valoir le principe général de l'ordre et de la comptabilité, qui veut que les dépenses de chaque ministère soient consenties par les lois de finances. On a établi que le privilége accordé à la marine de prendre dans les forêts de l'État les bois nécessaires à son service, à un prix inférieur au prix ordinaire, influait d'une manière désavantageuse sur l'adjudication des coupes : que les obligations imposées aux adjudicataires d'abattre, d'équarrir, de transporter aux ports flottables les arbres de la marine, amenait la vileté du prix ; elle a dû céder à cette considération, car les services publics ne doivent pas s'isoler. Ils doivent au contraire se prêter un appui mutuel. La marine n'a donc point insisté sur les dispositions qui la placent, à l'égard des bois royaux, dans la même position où elle se trouve à l'égard des particuliers ou des établissements publics. »

Le ministre ferma facilement la bouche aux orateurs qui, dans cette discussion, prétendaient que les bois régis par l'administration forestière suffiraient à l'approvisionnement de la marine. Il prouva que les 3/5 des bois fournis alors à nos arsenaux provenaient des propriétés particulières, et 2/5 des forêts de l'État.

A cette époque, en effet, les particuliers possédaient

3,500,000 hectares de forêts ; les communes, etc., 1,966,000 hectares, et l'État 1,120,000 En 1824, les bois privés du bassin de la Loire avaient fourni 23,000 pièces de chêne, ceux de l'État 3,122. Le bassin du Rhône, 11,200 pièces de la première provenance, 3,500 de la seconde. Le bassin de la Garonne, 9,000 pièces des premiers, 450 des seconds, et le bassin de la Seine seul un nombre égal de pièces des uns et des autres.

La marine ne cachait donc pas ses appréhensions sur les suites du nouveau Code, au moment où il allait être voté. Ce parallèle entre les produits des forêts particulières et celles de l'État aurait dû frapper les législateurs.

Il n'en fut rien, et l'ombre de privilége maintenu à la marine, dans les forêts domaniales, fut entourée de telles difficultés qu'elle en usa rarement, ainsi que nous le montrerons bientôt.

En résumé, la loi de 1827 avait, en supprimant le martelage chez les particuliers, privé l'État de l'une des sources les plus abondantes du bois de chêne nécessaire à sa flotte ; et par des formalités sans nombre, elle interdisait à la marine les réserves des grandes forêts du domaine public.

Malgré son utilité relative pour la marine le martelage chez les particuliers, avait, il faut le reconnaître, de réels inconvénients. « A côté de l'avantage d'avoir un moyen assuré de s'approvisionner sans embarras, se trouvait le très-grave inconvénient d'être forcé de recevoir et de payer tous les bois dont le marteau de la marine avait empêché l'émission dans le commerce : non-seulement, on était exposé à faire des achats surabondants, qui ne concordaient pas avec les prévisions du budget de chaque année, mais on se trouvait, en outre, dans l'impossibilité de régler l'assortiment des exploitations. Il fallait accepter

les arbres qui en provenaient, tels que la nature les avait
contournés. De là résultait souvent que dans les ports où
les bois droits faisaient défaut, on ne voyait arriver que
des bois courbants : et que parmi ces derniers on cherchait vainement les pièces dont les courbures et les dimensions auraient été le plus nécessaires pour l'exécution des
travaux ordonnés (1). »

Dans le premier moment, la suppression du martelage
fit renchérir le bois de chêne ; mais un peu plus tard les
prix fléchirent, et, chose curieuse, redevinrent inférieurs
à ce qu'ils étaient sous le régime de 1669.

Si donc, en privant la marine du martelage chez les
particuliers, la loi lui avait offert d'autres ressources, la situation nouvelle aurait été acceptée sans trop d'appréhensions. Malheureusement, ainsi que nous l'avons dit plus
haut, les forêts de l'Etat elles-mêmes ne lui furent plus
accessibles tant on y mit d'entraves.

Ne cherchons pas l'explication de ces difficultés dans des
nécessités d'ordre financier ; la véritable raison des obstacles semés sous les pas de la marine, M. Bonnard la
donnait dès 1824, lorsqu'il disait : « La matière argent opprimant la production navale, et l'immixtion d'agents de
la marine dans les forêts opprimant la matière argent,
d'inévitables conflits naîtront entre deux ordres de services publics. »

La situation de jour en jour prépondérante de l'administration sortie de l'école de Nancy, son influence dans les
Chambres, les conflits incessants qui s'élevaient entre elle
et la marine, tout cela se traduisit dans le nouveau code
par un évincement complet de cette dernière, sous prétexte d'ordre administratif et de nécessités fiscales.

---

(1) Ces lignes sont de M. Tupinier, un des hommes de cette époque
les plus compétents dans les choses de la marine.

Ce fut encore l'influence de la conservation des forêts qui fit échouer, devant les Chambres, le projet de M. Bonnard qui était un moyen terme entre les besoins de la flotte et les susceptibilités autoritaires des Eaux-et-Forêts.

Ce projet, connu dès 1824, fut, dans les Chambres, l'objet d'une dissussion très vive, au moment même où le code forestier était sur le tapis.

Dans la séance du 15 mai 1827, M. de Monville le défendit chaleureusement. Après avoir exprimé le regret que la nouvelle loi n'offrît qu'une régularisation de choses communes, et fût restée dans les voies battues, l'orateur montrait d'abord les contradictions de l'exposé des motifs, disant ici que le système de cantonnements, dans les bois de l'Etat, méritait d'être examiné et essayé, et demandant plus loin à quoi servirait une affectation spéciale, puisque la totalité des forêts du domaine allait être ouverte aux besoins de la marine.

Répondant ensuite à cette dernière fin de non recevoir, l'honorable pair cherchait à prouver que si l'administration forestière est incapable de satisfaire la marine en bois de chêne, tant au point de vue de la quantité que de la qualité, une dotation seule y parviendrait.

Si la marine n'avait souvent trouvé que cinq chênes par hectare dans les forêts de l'Etat, comment, disaient ses adversaires, en trouverait-elle 140 sur son affectation?

C'est que, répondait M. de Monville, la marine ayant part à la direction des forêts, n'y laisserait pas opprimer par les autres espèces celle qui lui est indispensable et ne demandant que du chêne à une futaie, elle ne serait plus exposée à n'y trouver que du hêtre. Elle réaliserait ainsi ce que l'administration devrait entreprendre, si la marine, privée de ses ressources ordinaires, lui avait demandé tous les chênes dont elle a besoin. Elle eut en outre exploité les espèces envahissantes parvenues à un degré marchand, elle n'en eût laissé que ce qui pouvait être la protection du chêne contre les vents, la gelée et le soleil. Plus tard, elle aurait éclairci le chêne lui-même, pour arriver à récolter 140 beaux pieds par hectare.

Quant à la qualité, ajoutait M. de Monville, la marine aurait encore à demander qu'une partie des forêts lui fût confiée : « Il lui faut telle gradation de formes et de volumes, des quantités fractionnelles dans la quantité générale, selon le genre de bâtiment projeté ; il lui faut tout de suite une de ces quantités en plus grande abondance, que l'administration ne peut la livrer, parce qu'elle est assujettie à un aménagment régulier. Ce n'est pas la conservation que la marine demande, c'est la faculté de production. C'est au service qui dispose d'une consommation très délicate et très savante qu'il convient de confier l'art d'une production qui lui soit appropriée. »

Une autre raison de doter la marine d'une des forêts domaniales, c'était, d'après M. de Monville, l'avantage d'avoir une partie de l'approvisionnement de réserve sur pied, à l'abri de la détérioration et des dangers d'incendie.

M. de Martignac, tout en approuvant l'idée du cantonnement, avoua qu'en présence de la diversité d'opinions à son sujet, le gouvernement avait reculé devant une loi qui l'eût consacré, préférant, après les épreuves tentées par l'État, le mettre en vigueur à l'aide d'ordonnances.

Ce fut le comte Roy qui donna à la Chambre des pairs la véritable raison pour laquelle la marine était exclue, même pour une part de la régie des bois de l'État. « Si les ingénieurs de la marine ont toutes les connaissances que l'on peut désirer pour le choix des arbres propres à leur service, c'est au moment de l'abattage de ces arbres et de la mise en exploitation des coupes que leurs connaissances doivent s'exercer ; jusque-là et dans tous les systèmes d'exploitation, c'est à l'administration forestière à diriger toutes les opérations. »

Pendant toute la discussion de cette loi de 1827, la conservation des forêts eut constamment en vue d'empêcher l'immixtion de la marine dans ses affaires. Cette pensée s'accusa significativement à propos d'un amendement de l'article 15, qui pouvait forcer l'administration forestière à des aménagements destinés à procurer à nos arsenaux des bois de chêne pour leurs constructions. Le ministre des finances le repoussa catégoriquement en disant : « Si l'amendement était inséré dans la loi, il faudrait en ce cas un ministre des forêts ou les remettre en totalité au ministre qui serait chargé de la marine. »

Non-seulement le code de 1827 resta dans les anciens errements et repoussa tout ce qui pouvait contribuer à améliorer le service des bois de marine, mais il changea fort peu de chose au mode de cession, à ce département, des arbres marqués par elle dans les forêts domaniales.

D'après l'ordonnance du 28 août 1816, les chênes des bois de l'Etat et des communes étaient livrés par adjudication au fournisseur à un prix inférieur à ceux du commerce ; le fournisseur était ensuite forcé de les revendre à la marine d'après un tarif spécial.

La nouvelle législation supprima le tarif uniforme, et les chênes de marine, compris dans l'adjudication des coupes, durent être vendus de gré à gré par le fournisseur à l'administration des ports.

Ainsi, suivant la spirituelle remarque de M. d'Argout, l'Etat vendait en gros, par conséquent bon marché, des chênes qu'il rachetait en détail, par conséquent fort cher. La marine en martelant, approvisionnait les fournisseurs avant d'être approvisionnée par eux.

M. Révélière exprimait la même idée, en disant: « L'Etat, *conservation des forêts*, bénéficie de trois à quatre cent mille francs, tandis que l'Etat *marine* débourse trois à quatre millions de plus. »

C'était ce que M. le baron Tupinier nommait une absurdité légale, et c'est à propos de ce système qu'il écrivait : « Il faudrait faire interdire un particulier qui administrerait ainsi sa fortune. »

Les raisons officielles pour lesquelles on maintenait cette méthode étaient les suivantes :

1° Si le gouvernement autorisait deux exploitations simultanées, l'une par les adjudicataires, l'autre par la marine, où serait la responsabilité ?

2° La marine ne prend que le corps de l'arbre ou même une partie du corps de l'arbre ; que deviendraient toute la découpe et toute la dépouille ? Les grands propriétaires doivent toujours tout vendre et tout acheter.

Ainsi quatre ou cinq chênes au plus par hectare, marqués pour la marine, compliquaient donc considérablement les marchés, et il était impossible de les livrer directement à ce service !

Tous les avantages que l'Etat pouvait trouver dans une affectation de ses forêts à son matériel naval, dans un nouveau système de marchés, dans un nouveau mode d'aménagements, tout cela venait se heurter contre l'omnipotence du ministre des finances redoutant l'intervention de la marine dans les forêts, dont elle eût dérangé les combinaisons fiscales.

Plus que jamais on put dire avec M. Bonnard : — La matière argent opprime la production navale. —

Dans ce grand débat, le savant ingénieur ne voulut pas laisser seulement aux partisans de ces idées dans les Chambres le soin de les défendre. Bien que sans espoir de succès, il répondit à toutes les objections soulevées contre la dotation avec sa vigueur habituelle.

La marine, disait-il, ne pouvant plus compter ni sur les bois des particuliers, destinés par le mouvement du siècle à être coupés en taillis, ni sur les bois des communes dont les besoins incessants détruisaient l'effet des quarts de réserve, la marine n'a donc plus d'autre ressource que les forêts de l'Etat. Ce point établi, M. Bonnard définissait les conditions forestières de la production navale et démontrait d'une façon lumineuse que ces conditions étaient incompatibles avec la question des forêts, considérées comme branche de revenu public. La marine n'ayant qu'un but, la taille et la qualité unies à une conformation navale spéciale et réalisées dans une seule essence, le chêne, doit résoudre un problème supérieur à la production de nombre et de cube. Il lui faut l'élite des terrains qui conviennent au chêne, des massifs sans mélange sensible d'essences étrangères. Il est nécessaire que la futaie dont on veut faire de la substance à vaisseaux ne soit point mêlée de hêtres, comme dans toutes les forêts de l'Etat. La conduite des futaies navales doit se faire par coupes d'éclaircissements. Les tranchées et les clairières doivent être multipliées pour favoriser les inflexions des plants.

Comme toute denrée marchande n'a pas un moment exact de maturité et d'à-propos, marquant la convenance industrielle de son exploitation, c'était par la simplicité des règles qu'on devait déterminer au contraire, au point de vue forestier, la périodicité dans le but dominant de rendre à peu près égales chaque année les recettes du Trésor.

C'est ainsi que M. Bonnard établissait dans tout son jour — l'impossibilité de concilier, sur le même terrain, deux systèmes tellement différents que l'un réclame précisément tout ce que l'autre rejette ou néglige. —

Une dernière et pressante raison d'un cantonnement de la marine dans les forêts de l'État, c'était la considération des variations que le climat, le sol, le mode d'exploitation apportent au tempérament individuel de chaque chêne, et les conséquences fâcheuses qui peuvent en résulter pour la construction navale « Malgré toutes les précautions imaginables dans les ports, rien ne fera que les navires qui ont été construits avec un mélange de pièces provenant de mauvais fonds, d'arbres sur le retour ou exploités mal à propos, ou prédisposés à l'altération par un traitement vicieux dans la forêt, ne durent considérablement moins que ceux dont les matériaux auraient été recueillis dans des conditions différentes. »

Ces inconvénients deviendront encore plus considérables, disait M. Bonnard, si l'état forestier de la France forçait nos ports à recourir à des bois étrangers, ainsi que le prévoyaient quelques-uns des orateurs qui avaient pris part aux débats relatifs à la loi de 1827 (1). Il rappelait que beaucoup de constructions exécutées dans la marine anglaise avec des chênes d'Allemagne, du Canada et de quelques autres parties de l'Amérique du nord avaient constamment été hors de service au bout de quatre ou cinq années. Les constructions faites, au contraire, en chêne des provinces méridionales de la Grande-Bretagne se conservaient plusieurs fois autant. A cette époque, l'Angleterre tirait de son propre sol les 3/4 du bois de chêne nécessaire à ses arsenaux. Après le blocus continental, l'amirauté, frappée de la nécessité de trouver sur le sol anglais tout ce que réclamait la marine, évalua qu'il lui fallait annuellement 60,000 londs de chêne (environ trois millions de pieds cubes anglais). On estima

(1) Déjà, en 1825, un ingénieur avait été envoyé en Géorgie pour y étudier les ressources du pays en bois de chêne de cons'ruction.

qu'un âcre donnerait 60 londs en bois de service et qu'une affectation de 100,000 âcres suffirait à la marine. Les idées de M. Bonnard était alors très en faveur chez nos voisins.

Le savant ingénieur montrait aussi que nos arsenaux offraient de pareils contrastes, quand on comparaît leur durée. Les vaisseaux bâtis à Toulon, en bois de Provence et d'Albanie, étaient réputés durer le double de ceux de Brest, auxquels Duhamel, en son temps, n'attribuait qu'une existence de dix ans. Il rappelait qu'il était d'expérience dans les ports, que les dépérissements des coques sont hâtés par l'usage de bois recueillis dans les forêts humides, ou dont les aménagements sont trop prolongés.

M. Bonnard cherchait en terminant à prouver que, sans exclure l'administration forestière de cette affectation maritime, on verrait cesser les froissements au milieu desquels jusqu'alors s'était fait l'approvisionnement des arsenaux. Il demandait que l'on donnât la direction aux représentants de l'ordre financier : pour la raison qu'une direction, dans l'intérêt naval, serait continuellement arrêtée au nom de l'ordre financier, ce qui n'arriverait pas avec une association inverse des deux administrations dans une circonscription précise portant le sceau de la spécialité maritime.

Il est douteux que cet arrangement eût porté de bons fruits. La conservation des forêts n'y aurait jamais consenti. La suite prouvera que l'idée de partage, même avec la part du lion, n'était pas dans ses vues ; réduire la marine au choix des chênes abattus, tel était son but.

III.

Nous avons dit plus haut que la marine n'avait pas usé

de son droit de martelage chez les particuliers, prolongé pendant dix ans encore, depuis 1827 ; et que les formalités créées par le nouveau Code l'avaient même amenée à renoncer à ce privilége dans les forêts de l'État.

Une ordonnance du 7 septembre 1832 avait réduit le personnel de la surveillance des fournitures des bois à 29 agents, et laissait entrevoir la possibilité de le réduire encore.

Cette ordonnance supprimait les quatre directions créées en 1816, et fondait une direction de surveillance pour les fournitures de bois de la marine. — Art. 1er. — A dater du 1er janvier 1833, la surveillance des fournitures de bois de chêne de construction exploités en France, pour le service des arsenaux maritimes, ne sera plus exercée que par un directeur ayant sous ses ordres un secrétaire de direction et des maîtres charpentiers entretenus. —

Le 14 décembre 1838, au moment où le privilége, dont la marine n'usait plus sur les bois des particuliers, expirait, le ministre, M. de Rosamel, proposa une nouvelle diminution du personnel, en raison du nouveau système adopté pour la fourniture des bois.

Voici d'abord quel était ce nouveau système : pour chacun des ports de la Manche et de l'Océan, il n'y avait qu'un marché unique, et faculté était laissée aux titulaires de ce marché de prendre les bois où ils l'entendraient sur tout le territoire de la France, à l'exception des bassins de la Saône et du Rhône.

Le seul concours obligatoire des agents de la marine dans l'exécution de ces marchés, était de constater au port d'embarquement par mer, que les bois provenaient du sol français, afin qu'il n'en fût point introduit d'étrangers dans les fournitures.

Pour le port de Toulon, les bassins de la Saône et du

Rhône devaient être exploités par six entreprises différentes, mises séparément en adjudication C'était l'ancien système; des maîtres charpentiers devaient visiter les bois exploités, les marteler pour en établir l'origine (sur ces six circonscriptions, cinq échurent au même entrepreneur).

Il fallait donc peu de monde pour surveiller ces fournitures, et le ministre pouvait dire : « Pour assurer l'approvisionnement des ports en bois de chêne de construction, rien ne s'oppose à la suppression du personnel qui surveillait les exploitations et l'exécution des fournitures. »

D'ailleurs, ajoutait le ministre, la France a plus de la moitié de sa flotte sur les chantiers, et assez avancée pour être terminée avec une faible consommation de bois. La consommation annuelle est de 25,000 stères, et les marchés courant pour quatre ans, depuis le 1er janvier 1838, n'en procureront que 18,000 stères par an, ce qui ramènera l'approvisionnement des dépôts de 148,000 stères à 120,000 au 1er janvier 1842. Tout en reconnaissant que l'état actuel des choses permet de supprimer ce qui reste du service forestier de la marine, il faut réserver le cas où une guerre maritime de quelque durée forcerait à reprendre l'usage du droit de martelage.

En terminant, le ministre exprimait des craintes sur la concurrence de plus en plus grande que les chemins de fer, qui consommaient 800 stères de chêne par voie et par lieue, allaient faire à la marine.

« Cette circonstance, disait-il, deviendrait calamiteuse : si les constructions navales reprenant le développement que réclamerait un état de guerre, venaient à faire remonter la consommation des arsenaux maritimes à 55,000 ou 60,000 stères par an, force serait alors de rétablir le privilége au moyen duquel la marine mettait en réquisition tous les bois dont elle avait besoin pour ses travaux. Mais c'est à la législature qu'il faudrait demander le rétablissement de cette faculté, et si elle était accordée, il en résulterait la nécessité de réorganiser le service des martelages. »

L'ordonnance du 14 septembre, qui fait suite à l'exposé ministériel dont nous venons de citer quelques passages, disait aussi que « le département de la marine avait pu s'approvisionner depuis quelques années en bois de chêne pour les constructions navales, en laissant aux adjudicataires des fournitures le soin de rechercher eux-mêmes les arbres nécessaires à leurs exploitations, tant dans les bois soumis au régime forestier que dans ceux des particuliers, et que ce mode pourrait être continué sans inconvénient *pendant la paix*. »

Ainsi, d'après le ministre lui-même, ce nouveau mode d'approvisionnement ne pouvait suffire qu'en temps de paix, et la différence entre la consommation et l'approvisionnement de chaque année étant de 7,000 stères, sans compter le dépérissement naturel dans les dépôts, on pouvait aisément prévoir l'époque où, la paix durant, on serait dans l'impossibilité, faute de bois, de soutenir une guerre maritime.

Ce n'était pas là mettre à exécution le fameux adage — *si vis pacem para bellum.* — On comprend les cris d'alarme poussés alors par les hommes qui voulaient pour la France une marine de guerre, au lieu d'une flotte de parade ; on comprend que plus d'une fois dans leurs angoisses patriotiques, ils entendirent comme un autre *mane thecel phares,* la sombre prédiction de Colbert :

LA FRANCE PÉRIRA FAUTE DE BOIS !

On n'avait pas oublié d'ailleurs ce qui arriva en 1804 pendant la guerre entre la France et l'Angleterre. L'Amirauté se trouvant dans la nécessité de prendre des bois frais pour les constructions, on contracta des marchés à des prix très-élevés ; la hache se mit à l'œuvre, et les chênes qui cette année poussaient dans les forêts, flottaient l'année suivante sur l'Océan : des désastres immenses furent la conséquence de ces armements précipités.

Il était donc évident en 1838 que l'approvisionnement du bois de chêne des arsenaux se faisait difficilement, incomplètement, et que la marine souffrait de la suppression presque totale de ses rapports avec l'administration forestière. En 1840, la marine décida qu'elle ne ferait plus de cession de bois de construction aux services étrangers, puisque le commerce seul, disait-elle, était devenu sa voie d'approvisionnement, et que tout le monde pouvait faire de même.

Les alarmes atténuées du ministre n'étaient que l'écho très-affaibli des craintes que manifestaient alors tous les hommes préoccupés des destinées de notre puissance navale, et dont les documents de cette époque sont remplis.

Il y eut comme une explosion de plaintes sur la suppression du martelage. On rendit également l'administration forestière responsable des embarras de la marine.

Dans un écrit sur les rapports de la marine militaire avec la défense du pays, on remarqua beaucoup les lignes suivantes : « On croyait que les prévisions ne pouvaient aller trop loin en fait de bois, puisqu'il faut des siècles pour former un chêne dont la hache dispose en quelques heures. Aujourd'hui la marine, deshéritée de ses priviléges, est sur la même ligne que les particuliers pour ses achats ; il n'est pas nécessaire d'une grande perspicacité pour voir où nous allons. »

Quelques mois après, M. Tupinier, directeur des ports, écrivait de son côté : « Pendant qu'on discutait dans les Chambres les articles du Code forestier, la marine a cru sincèrement que l'approvisionnement serait compromis ; mais cette opinion n'a pas empêché de faire des essais et de chercher de bonne foi à vérifier si, en effet, la marine pouvait se passer du privilége dont on allait la priver. Les quantités de bois livrées annuellement ont, il est vrai, notablement diminué, mais si l'administration avait pu y consacrer des sommes plus considérables, il eût été facile d'obtenir des livraisons plus étendues (1).

Peut-être cependant les ressources du martelage seraient-elles à regretter en temps de guerre. Alors il serait facile d'obtenir des Chambres quelques mesures exceptionnelles, il n'y aurait à leur demander pour cela que la révocation des formalités inextricables dont on a embarrassé la livraison des bois martelés dans les forêts royales, pour les constructions navales. »

En 1841, dans un livre sur la même question, M. Tupinier rejetait sans réticence sur l'administration forestière toutes les difficultés de l'approvisionnement. A propos de l'opération si importante de la désignation des arbres, « il faudrait, disait-il, que cette opération ne fût jamais entravée par le mauvais vouloir d'agents secondaires qui, sous le vain prétexte des réserves faites dans l'intérêt du repeuplement des bois, excepteraient du martelage les bois les plus propres aux travaux des ports. »

Il demandait aussi la suppression d'intermédiaires dans la cession des bois à la marine, chose facile en faisant passer le prix convenu de l'une des caisses dans l'autre, ce qui faisait bénéficier le Trésor de l'élévation des prix.

Le génie maritime se plaignait surtout :

(1) Grâce au martelage, de 1820 à 1828, la marine avait élevé son approvisionnement en bois de chêne de 77,000 stères à 192,000, malgré l'emploi annuel de 49,000 stères pour travaux.

1° D'être obligé de prendre tous les arbres martelés par lui, qu'ils soient ou non reconnus propres au service ;

2° D'enlever et de payer les bois dans les trois mois qui suivaient l'abattage ;

3° En cas de contestation, de se soumettre à la décision d'un tiers expert nommé par le tribunal de commerce.

L'administration forestière, attaquée dans ses errements les plus chers, releva le gant. Au mois d'août 1843, la direction des *Annales maritimes*, pour montrer la faiblesse des arguments opposés à MM. Bonnard et Tupinier, publia la réponse de l'administration des eaux et forêts à l'accusation formulée par ces derniers.

« Cette accusation, partie d'une plume semi-officielle, est grave : si elle était fondée, l'administration attaquée aurait à rendre un compte terrible, en présence de la force et de la dignité nationale compromises ainsi par elle. » Puis avouant que le Code forestier de 1827 avait apporté de sérieuses entraves aux opérations de la marine, l'auteur ajoutait cependant : « Nous sommes portés à croire que la marine exagère ces entraves, et que pour s'en débarrasser plus sûrement, elle néglige à dessein de faire usage de toutes les ressources qui sont à sa disposition. Aurait-elle pensé qu'en jetant l'alarme dans les esprits elle ferait naître une préoccupation générale, à la faveur de laquelle il lui serait facile de glisser un projet qu'elle nourrit depuis longtemps avec complaisance, nous voulons parler du projet Bonnard. Il a été démontré jusqu'à l'évidence qu'avec les 80 000 hectares de dotation qu'elle réclamait, la marine aurait été moins riche qu'elle ne l'est sous l'empire de la législation actuelle. Nous pensons que même avec la législation présente, la marine pourrait faire des approvisionnements, si elle le voulait sérieusement. »

On rejetait ensuite sur la forme des ventes et marchés
tout le mal, et l'on proposait d'en revenir au tarif.
« Quant à demander pour la marine le droit de martelage
avant le balivage, c'est demander qu'el e reçoive l'autorisation d'exercer son privilége d'une manière presque absolue : ce serait jeter le trouble dans les opérations forestières, en détruire l'économie. »

L'antagonisme, on le voit, se révèle ici dans toute sa passion : qu'en conclure, sinon que la dotation était le seul
remède à une situation pareille.

En 1845, M. Estancelin publia un mémoire sur la question des bois de construction. Il signalait lui aussi les
difficultés que le nouveau système forestier avait suscitées;
il parlait de l'inexécution fréquente des marchés, en présence de l'impuissance croissante des fournisseurs à trouver des chênes de marine. Il indiquait les inconvénients
sérieux résultant de l'ignorance où l'on était de l'âge et de
la provenance des chênes : de la nécessité fâcheuse, faute
de petits fournisseurs, de centraliser les commandes (1),
ce qui, en 1841, avait entraîné l'adjudication de 118,394
stères de chêne, au prix de 15,832,176 francs, et porté la
valeur du chêne à 140 francs le stère, valeur qui s'était
même élevée à 184 francs !

M. Estancelin concluait en demandant : 1° le rétablissement du martelage comme avant 1827 ; 2° l'affranchissement de l'action du génie maritime de toutes les formalités dans lesquelles on l'avait immobilisé, et au lieu
d'empêchements trop évidents au succès des opérations

______

(1) Cette centralisation ne semble pas avoir eu les mêmes inconvénients en Angleterre où, pendant 30 ans, une seule maison, celle de
MM. Morrice, a eu l'entier monopole des fournitures de chêne de provenance anglaise, toutes les tentatives faites pour réveiller la concurrence ayant échoué.

de la marine, le concours des conservations forestières à ces mêmes opérations. A l'appui de ces demandes, il rappelait que la République de Venise, au temps de sa prospérité commerciale et militaire, avait livré à l'autorité maritime l'administration des bois de la Carniole et de la Dalmatie.

A la même époque, M. Tupinier demanda la gestion et l'exploitation des forêts de la Corse par la marine. Ces forêts étaient tellement riches en beaux chênes, qu'aux environs de Bastia on avait pu compter, en 1811, plus de 3,000 pieds de 0^m,50 à 0^m,60 de diamètre.

Le ministre de la marine lui-même exprima son opinion sur cette grave question. Le 20 octobre 1845, M. de Makau disait aux chambres : « Pour assurer l'approvisionnement en bois de chêne, le concours des pouvoirs législatifs ne saurait faire défaut à mon département. Sans élever contre le régime forestier introduit par la loi du 21 mai 1827, des réclamations tardives, sans prétendre faire revivre le privilége du martelage sur les propriétés privées, dont 17 années ont consacré l'abrogation, la marine demande qu'une révision éclairée des articles 123, 126, 127, 129, 135 du Code forestier, permette d'exercer la faculté que la loi de 1827 a laissé subsister à perpétuité de choisir, dans les forêts domaniales et communales, les bois propres aux constructions navales ; faculté que les conditions impraticables d'exploitation imposées par ces articles ont rendu jusqu'à ce jour improductives pour la marine. »

Lors de la discussion du budget de 1846, l'amiral Grivel insista sur les difficultés croissantes de l'approvisionnement en bois de chêne : il démontra l'urgence des mesures à prendre pour les faire cesser, et indiqua le système Bonnard qui lui semblait offrir toute garantie.

Le baron Charles Dupin, un des directeurs les plus autorisés du génie maritime, parla dans le même sens.

M. Nozereau, ingénieur de la marine, et membre de la chambre des députés, fit ressortir, avec sa compétence dans la question, les difficultés créées par la suppression du martelage. Avec cette institution, disait-il à la chambre, toute espèce de bois arrivait dans les arsenaux droits et courbants ; depuis, les bois courbants seuls arrivent encore, les droits sont vendus pour merrains. De là, la nécessité de payer fort cher les bois droits indispensables pour plançons, quilles, étambots.

La diminution des bois de chêne de 1re espèce reçus dans les arsenaux depuis la suppression du martelage, a été bien démontrée par M. Cros, inspecteur du génie maritime, dans les tableaux suivants :

BOIS DE CHÊNE DE 1re ESPÈCE (1)

Reçus annuellement avant la suppression du martelage.

Années.	Quantités.	
1821	40 p. 0/0 de la quantité totale reçue dans l'année.	
1822	40	Idem.
1823	37	Idem.
1824	35	Idem.
1825	35	Idem.
1826	38	Idem.
1827	30	Idem.

BOIS DE CHÊNE DE 1re ESPÈCE

Reçus annuellement depuis la suppression du martelage.

Années.	Quantités.	
1835	26 p. 0/0 de la quantité totale reçue dans l'année.	
1836	31	Idem.
1837	22	Idem.

(1) Ce sont les pièces du meilleur bois et des plus fortes dimensions.

Années.	Quantités.	
1838	21 p. 0/0 de la quantité totale reçue dans l'année.	
1839	25	Idem.
1840	18	Idem.
1841	26	Idem.
1842	24	Idem.
1843	34	Idem.
1844	33	Idem.
1845	30	Idem.
1846	34	Idem.

De 1820 à 1827, le prix moyen du stère de bois de chêne était de 121 francs ; il s'éleva à 133 francs en 1843, à 135 en 1844, et retomba à 127 francs en 1845, puis revint à 132 en 1846. M. Cros signalait une diminution dans les bois de chêne en Angleterre à la même époque. D'après un marché passé en 1839 pour faire arriver les bois d'Italie dans les ports anglais, le prix moyen du chêne provenant des États romains était de 12 livres sterling 8 sh., le load (un stère 4). A partir de 1845, ce prix moyen subit une baisse sensible.

En somme, rareté des espèces de choix, élévation des prix, telle était la situation ; elle se compliquait d'une façon inquiétante par la décroissance rapide du bois de chêne de nos approvisionnements.

Le baron Portal, ministre de la marine, avait demandé en 1820 un approvisionnement de prévoyance de 168,000 stères de chêne. Grâce au martelage, nos ressources s'élevaient à 192,000 stères en 1828. En 1830, nous n'avions plus que 150,000 stères. En 1833, il en restait seulement 141,000. A la faveur d'un ralentissement dans la consommation, tombée à 30,000 stères, de 1830 à 1837, notre approvisionnement pendant cette dernière année s'était relevé à 163,000 stères ; mais la construction d'une flotte de transatlantiques pendant les années 1840, 1842 et 1843, réduisit le stock de nos dépôts à 100,000 stères de bois de chêne.

Pénétré du danger de cette situation, M. de Makau demandait, le 20 décembre 1845, que l'approvisionnement fût porté dans un délai de cinq ans à 180,000 stères : 36,000 stères manquant alors au nécessaire des arsenaux. C'était, au prix officiel de 135 francs l'unité, une dépense de 4,800,000 francs.

En 1845, lors de la fameuse discussion au sujet de la demande d'un crédit de 93,000,000 pour constructions navales et approvisionnements, la question se représenta devant les Chambres.

« Il y a dans les approvisionnements, disait le contre-amiral Le Ray, il y a quelque chose qui doit nous toucher beaucoup, c'est la grande quantité de bois de chêne que nous sommes obligés d'employer dans les constructions navales. Dans beaucoup de parties de ces constructions on a pu avec avantage remplacer le bois de chêne par la tôle et le fer, mais pour la construction des grands navires, il nous faut du bois de chêne, et du bois de chêne de grandes dimensions, du bois de chêne que la nature met des siècles à produire. Avec de telles exigences, j'avoue que pour ma part je ne suis pas rassuré en voyant la manière dont le bois disparaît tous les jours de notre sol. Le gouvernement a proposé pour le bois de chêne un approvisionnement de 180,000 stères : beaucoup de personnes l'ont confondu avec celui qui est voté tous les ans au budget. Ces 180,000 stères constituent un approvisionnement de prévoyance, auquel il ne doit pas être touché. Puisqu'il faut environ 3,000 stères de chêne pour construire un vaisseau, 2,000 pour une frégate, 180,000 stères donneront 26 vaisseaux et 26 frégates : donc un approvisionnement de cette importance peut déjà pourvoir à de grands besoins. »

Une des difficultés de ces grands entassements de bois, c'était à cette époque le défaut de moyens de conservation du chêne dans les arsenaux : aussi le commissaire du roi déclara que les dépôts existants ne permettaient pas une augmentation de plus de 10 à 12,000 stères.

M. Thiers et d'autres députés demandèrent que sur les 93,000,000 il en fût prélevé treize pour le bois. « J'imagine, disait le futur président de la République, que ces treize millions seront employés à acheter celle de toutes ces matières qui semble la plus précieuse, celle qui disparaît le plus sensiblement tous les jours : le bois de chêne. »

Le ministre adhéra à cette proposition ; ces treize millions représentaient environ 100,000 stères de chêne qui, ajoutés aux approvisionnements courants, réalisèrent dans nos arsenaux une réserve importante. Elle permit de satisfaire aux mouvements considérables de notre matériel flottant pendant les dix années qui suivirent.

En proie à cette préoccupation continuelle de maintenir nos approvisionnements à la hauteur de nos besoins et des éventualités, le département de la marine avait fait rechercher à cette époque de quelles ressources pourraient être pour lui les immenses forêts de nos possessions algériennes. Un officier du génie maritime fut chargé de parcourir notre colonie africaine et d'apprécier l'importance des bois de construction qui pouvaient s'y trouver.

Dans un mémoire publié en 1854, dans les *Nouvelles Annales maritimes*, M. V. Legrand, ingénieur des constructions navales, rendit compte au ministre d'une mission dont les difficultés et les labeurs avaient demandé une grande expérience des choses forestières, et beaucoup de patience.

M. Legrand estimait que l'Algérie et la Kabylie possédaient 100,000 hectares de forêts en essence de chêne-zan.

D'après ses évaluations, les forêts des diverses provinces de l'Algérie offraient une superficie exploitable de 30,000 hectares dont le rendement, en bois de marine, serait, par an, de 10,000 stères ; pour arriver à ce chiffre, il faudrait aménager ces forêts suivant la méthode des éclaircies périodiques et du réensemencement naturel.

En admettant, sur ces 30,000 hectares, la contenance en chêne de marine de la forêt de l'Edough, on pouvait juger qu'ils renfermaient sur pied 225,400 stères de bois de chênes propres aux constructions navales. Par des calculs très-précis, M. Legrand établissait que, sans dépasser l'accroissement annuel et sans engager le produit des coupes futures, ces 225,400 stères pourraient fournir annuellement 6,197 stères de chêne de marine. Estimation très-modérée, puisque ces 6,197 stères étant la production de 30,000 hectares, il suffirait de récolter 1 stère par 5 hectares pour les réaliser.

Avec la possibilité de faire arriver facilement dans nos arsenaux ces 6,000 stères, on créait une ressource précieuse pour nos ports de la Méditerranée, en admettant que le chêne-zan fût propre aux constructions navales.

Ce point fut résolu en 1846 par une commission réunie à Toulon, sous la présidence de M. Dumonteil, ingénieur de la marine. Divers échantillons de chênes provenant des forêts de la Calle et de l'Edough furent examinés, et l'on reconnut que le chêne-zan est une espèce analogue au *farnia* de Sardaigne, et par suite qu'il est propre aux constructions navales.

Au port d'Alger, le service de l'artillerie fait usage de ce bois depuis bien des années, il l'applique à tous ses travaux et le considère comme excellent.

M. V. Legrand ajoute que les approvisionnements qu'il a visités dans les magasins, le grand nombre de pièces qu'il a examinées en forêt, l'ont conduit à partager l'opinion de la commission, et à reconnaître que le chêne-zan présente toutes les qualités et tous les défauts des bons chênes d'Italie. Il est comme eux fibreux, bien lié et susceptible de se gercer par le desséchement, peut-être même est-il plus lourd, plus résistant et plus dur à travailler.

L'aubier est très-épais chez les jeunes arbres ; il ne dépasse pas chez les gros les proportions ordinaires.

Les qualités de l'essence ne suffisent pas pour assurer un bon emploi dans la construction des vaisseaux, il faut pouvoir trouver chez elle toutes les pièces conformes au tarif pour leurs formes et leurs dimensions.

Les forêts algériennes présentent d'assez grandes différences au point de vue des zans qu'elles renferment.

« Dans l'Edough, dit M. Legrand, les arbres sont bien proportionnés quant au rapport qui doit exister entre la hauteur du tronc et le diamètre. Ils se prêtent rarement à la confection des courbes, mais un grand nombre d'entre eux sont cintrés de manière à présenter l'arc des allonges de varangues, et même des genoux. Une recette provisionnelle opérée dans cette forêt a donné 29 courbes, 5,801 pièces courbantes, 1,731 pièces droites, sur un nombre total de 7,201 pièces examinées.

Dans les Beni-Salah, les arbres, beaucoup plus élancés et par suite d'un diamètre plus grêle, sont rigoureusement droits ; ils ne produiront que très-exceptionnellement des bois courbants. Les pièces pourront être conservées très longues parce que les fûts étant peu garnis de branches, c'est la diminution du point de diamètre qui en limitera la longueur.

J'ai mesuré à Kalif-Gouléa des arbres de 4 m. 50 de circonférence qui s'élevaient à plus de 30 mètres de hauteur. Ces colosses étaient entourés de plusieurs centaines d'arbres de 2 à 3 mètres de circonférence, admirablement beaux. L'un d'eux, au pied duquel les maraudeurs avaient allumé un grand feu, était abattu pour une circonférence de 3 mètres ; il avait 21 mètres de longueur sous branches.

Les produits de la partie boisée qui s'étend de Bône au Cap-de-Fer figureront principalement comme bois de membrure dans la construction des vaisseaux. Les bois des forêts de l'Ouad-Iroug, des Beni-Salah....... seront particulièrement employés comme quilles, étambots, carlingues, bittes, épontilles, baux, et seront débités en bordages.

Le chêne-zan a, pour se gercer, une tendance qui fera peut-être hésiter à l'employer au bordé extérieur des bâtiments, cette exclusion sera motivée pour les œuvres mortes des vaisseaux ; mais je ne saurais trop recommander de n'y avoir point égard pour les œuvres vives. Un vaisseau en chantier, revêtu d'une partie ou de la totalité de son bordé de carène, ne sera pas d'un aspect agréable à l'œil, si ce bois est gercé ; mais cet inconvénient sera compensé par l'avantage d'obtenir un meilleur calfatage...

Le chêne-zan est un excellent bois de fente, ce qui permettra d'employer les rognures à fabriquer en forêt des gournables et peut-être même du merrain. »

C'est l'éloignement des forêts de zans des centres de civilisation et le manque de routes qui ont rendu cette richesse improductive. A propos de martelage, l'auteur de cette étude conseille à ceux qui en seront chargés de ne pas oublier qu'en Afrique, les vices qui atteignent les chênes extérieurement sont moins dangereux, moins compromettants pour la pièce, qu'en France ; car ces vices, ces altérations, étant peu plongeants, sont ordinairement faciles à purger.

Il adopte la période de novembre à janvier pour la coupe des zans, et prescrit les plus grands soins pour l'abattage de ces arbres, qui se déchirent et se brisent facilement. Il voudrait qu'en façonnant les pièces de marine conformément au tarif, on conservât le plus de bois possible, l'équarrissage à vive arête diminuant la résistance des bois, par la section des fibres des angles. Les chênes de l'Edough et de l'Ouad-el-Kébir, rendus à Toulon, ressortiraient à un prix inférieur d'environ 25 pour cent à ceux du marché.

Le chêne-liége, mêlé au précédent dans les forêts algériennes, pourrait, d'après M. Legrand, avoir son utilité pour la marine, en raison des nombreuses courbes qu'il présente. Sa dureté augmenterait cependant le prix de la main-d'œuvre.

L'auteur établissait ainsi la contenance, la richesse des principales forêts de l'Algérie, en essence de chêne-zan :

NOMS DES FORÊTS.	MATÉRIEL sur pied en bois de marine.	RENDEMENT annuel en bois de marine.	BOIS D'ŒUVRE
Edough.............	6.401[st]	167st	1.700[st]
Beni-Salah..........	57.750	1.877	»
Ouad-Iroug	90.000	2.900	24.000
Beni-Tour'hal	13.000	440	3.600
Ouad-Taza..........	»	292	240
Kalf-Goulea.........	7.000	244	2.000
Fedj-el-Macta........	15.000	287	3.000
Ouled-Beschia	11.250	366	3.000
Beni-Zoudaï.........	15.000	487	4.000
Djebel-Mecid........	»	146	1.200
Ouled-Dyah.........	»	187	4.000

IV.

L'industrie commençait à faire à cette époque une terrible concurrence à la marine, et à lui disputer les chênes l'argent à la main. Le développement considérable des voies ferrées, l'agrandissement des travaux de mines, et particulièrement le développement de notre commerce de vins exigeaient d'énormes quantités des meilleures pièces de chêne. Les fournisseurs rencontraient donc des difficultés de plus en plus grandes à se procurer des bois de marine.

L'enquête faite, en 1849, sur les dépenses de la marine anglaise, signalait aussi la difficulté des approvisionnements en bois de chêne ; le rapport disait : « La contribution du chêne anglais, propre à l'usage de la marine royale, est bornée; si tout ce qui est annuellement coupé dans les forêts de l'Angleterre était envoyé dans les ports du royaume, cette quantité serait tout au plus suffisante pour alimenter les besoins de la marine dans la même année. »

Il vint un moment où l'attention du gouvernement français se porta de nouveau sur cette question, liée si étroitement à notre état naval.

Le 16 octobre 1858, un décret impérial rappela à l'administration forestière que les futaies de l'État étaient autre chose qu'une des sources des revenus du public, et qu'il fallait des chênes à la marine. Comme en 1827, toute intervention de la marine dans les forêts était encore écartée, mais une amélioration considérable était cependant réalisée. L'État se cédait à lui-même les bois dont il avait besoin sans intermédiaires onéreux. Voici du reste les passages les plus importants de ce décret au point de vue où nous nous sommes placé.

Décret du 16 octobre 1858.

— Considérant que les lois et ordonnances sus-énoncées entourent l'exercice de l'ancien droit de martelage possédé par la marine de difficultés pratiques telles que ce département a cessé de faire usage de ce droit, se réservant d'y recourir si cela devenait nécessaire ;

Considérant qu'il est aujourd'hui démontré que même dans les circonstances ordinaires, les marchés de bois par adjudication ne suffisent plus pour assurer à la marine des approvisionnements bien assortis ;

Considérant enfin que les forêts domaniales contiennent un grand nombre des arbres spéciaux que le département de la marine ne réussit pas toujours à racheter des adjudications des coupes vendues par l'administration des forêts, et qu'il importait par conséquent à l'État de ne pas aliéner ces arbres ;

Art. 1er. — Notre ministre des finances est autorisé à faire réserver et livrer directement chaque année par l'administration des forêts, à la marine impériale, les bois extraits des forêts dépendant du domaine de l'État et propres aux constructions navales.

Les articles suivants réglaient le mode de cession des arbres. Chaque année la direction des forêts devait faire connaître à la marine le lieu des coupes. La marine indiquait les coupes sur lesquelles elle désirait qu'on lui réservât les arbres dont elle fournissait le nombre et les signaux. Ces arbres dès lors n'étaient compris dans les ventes que pour les houpiers, etc. Les adjudicataires étaient chargés de l'abattage et du transport hors de la forêt sur un point déterminé. C'est alors seulement que les ingénieurs devaient intervenir pour choisir les arbres. La marine ne devait que le prix des pièces équarries admises pour son service ; mais elle était tenue à des indemnités pour le dépérissement causé par le sondage des pièces rebutées.

Cette dernière clause, qui rendait pour la marine l'acquisition des bois de l'Etat très onéreuse, ou l'exposait, faute d'examen suffisant, à de graves mécomptes, indique bien l'esprit nécessairement fiscal d'une administration ressortissant du ministre des finances.

C'est cependant à elle seule qu'était dévolu désormais le soin de choisir dans les forêts les arbres propres aux constructions navales. S'il s'était seulement agi de bois de mâtures, cela eût été possible, mais il était surtout question de bois de chêne, celle de toutes les essences ligneuses qui importe le plus aux constructions. « Le décret du 16 octobre 1858, écrit M. Burger, inspecteur des forêts, ne s'occupe que de l'arbre propre à la formation de la coque d'un navire et non de l'arbre propre à sa mâture ; par conséquent, l'arbre propre au service de la marine, dans l'esprit du décret, est uniquement l'arbre essence chêne, ou celui essence orme, mais plutôt la première de ces deux espèces. »

L'incompétence des agents forestiers, en pareille matière, était évidente ; rien ne le prouve mieux que la nécessité où fut conduite l'administration forestière de remplacer l'action du génie maritime et de ses agents par une instruction technique.

En 1859 parut en effet une instruction sur les bois de marine et leurs applications aux constructions navales, publiée par ordre du ministre de ce département.

« Un décret du 16 octobre 1858, disait cette instruction, a autorisé l'administration des forêts à livrer directement, à l'avenir, à la marine impériale, les bois extraits du domaine de l'Etat, et reconnus propres à entrer dans la construction des vaisseaux. Aux termes de l'article 1 de ce décret, les agents forestiers étant chargés du choix de ces arbres sur pied, une instruction technique leur était nécessaire. »

L'administration forestière était donc devenue maîtresse absolue dans son domaine. Cette nouvelle situation lui créait des obligations envers la marine. On ne saurait dire si la responsabilité qui allait lui incomber la préoccupa beaucoup ; marquer et réserver les chênes que ses agents, guidés par l'instruction dont nous venons de parler, croiraient pouvoir contenir les pièces demandées par les ports. Voilà peut-être à quoi, dans sa pensée, se borneraient désormais ses rapports avec la marine.

Personne n'a mieux compris et mieux exprimé ce que l'État entendait exiger désormais des forêts domaniales, que l'un des officiers de cette administration, M. Burger. Il est nécessaire de placer ici les observations de ce savant forestier. Elles montreront combien l'État se trompait en pensant que le décret de 1858 allait faire arriver les belles pièces de chênes de ses forêts dans nos arsenaux ; elles montreront encore que, pour atteindre ce but, la conservation forestière avait à modifier profondément ses méthodes. Nous allons donc suivre cet excellent juge dont personne ne récusera la compétence (1).

En affectant dorénavant les forêts domaniales au service de l'approvisionnement de nos ports, et en chargeant directement le forestier de choisir et de fournir les arbres qui y sont propres, c'est une source normale que le gouvernement met en présence d'une consommation normale, c'est une fourniture régulière, soutenue, progressive, en rapport avec les besoins de la flotte, qu'il demande à nos forêts maintenant et pour toujours.

_____

(1) Le travail de **M.** Burger a été publié par ordre du ministre dans la *Revue maritime et coloniale.*

Il devient donc nécessaire, pour que les forêts domaniales puissent donner une certaine quantité de bois propres aux constructions navales, que le forestier y cultive spécialement le chêne dit de marine.

La culture du chêne de marine n'est donc plus facultative et accessoire, mais obligatoire et principale ; jamais le problème sylvicole, que cette création entraîne, n'a été posé aussi nettement au forestier.

Dans les forêts actuelles, le chêne de marine est représenté par quelques arbres d'un avenir douteux, éparpillés çà et là dans les coupes définitives, pour parcourir une deuxième révolution, par quelques chênes oubliés sur les lisières ou sur le bord des routes, dans un petit nombre de forêts seulement. Telles sont, disait M. Burger, inspecteur des forêts, telles sont les traces que j'aie jamais trouvées de nos préoccupations à l'endroit du type d'arbres dont nous nous occupons.

Le chêne de marine est un arbre d'une forme toute particulière ; cette forme, il faut la trouver, il faut la produire.

On pourrait se demander si c'est bien l'affaire du forestier, si ce n'est pas plutôt l'office de l'arboriculteur. Le forestier élève des massifs et non des arbres ; son idée dominante est d'arriver à la plus grande somme de production utile dans le plus petit espace et le moins de temps possible. C'est la forme élancée qui réalise le mieux ces combinaisons, c'est elle qu'il favorise dans les massifs.

Aujourd'hui on laisse la question économique de côté, on lui demande un arbre d'une forme, d'un volume et d'une constitution toute particulière, et dont l'introduction dans ses massifs contrecarre radicalement ses idées. Nous croyons qu'en distribuant inégalement l'air et la lumière, on pourra créer dans les forêts un grand nombre d'accidents de formes, car ces situations génératrices du chêne de marine existent déjà dans les forêts, seulement elles n'y sont que des anomalies fort rares et fort combattues.

Avant d'indiquer comment on produira un chêne de marine, M. Burger le décrit ainsi :

C'est un arbre de semis ; il tire de cette bonne origine ses qualités de durée et de solidité.

C'est toujours un arbre vieux, entre 150 et 200 ans : c'est un arbre de l'autre siècle, le produit d'errements forestiers autres que les nôtres. C'est un étranger dans nos forêts modernes (1).

La grosseur est de 1^m,80 au moins, 4 mètres de tour au plus à 1^m,33 du sol.

La hauteur du chêne de marine est faible par rapport aux arbres du même âge élevés dans nos massifs.

Sa forme est trapue et irrégulière, sa tige est droite ou courbe jusqu'aux premières branches.

Il a communément un fort houpier. Quand il arrive que ce houpier est fortement membré, c'est-à-dire qu'il offre des branches assez grosses pour pouvoir faire avec une portion de la tige ce que la marine appelle une courbe, alors cet arbre est une bonne fortune en raison de la rareté de pareils accidents.

D'après tout ce qui précède, le chêne de marine a bien l'aspect d'un végétal vigoureusement constitué, il donne bien l'idée de la force, de la résistance et de la durée. Voilà pour l'extérieur. Quant à l'intérieur, la marine n'est pas moins exigeante. Le chêne ne doit pas avoir de défauts capitaux. Comme tissu, sa fibre doit être résistante et élastique. Comme produit de culture, le chêne de marine est plutôt un arbre d'isolement qu'un arbre de massif.

De ces qualités résultent des conditions de culture spé-

____

(1) C'est un enfant de hasard, disait M. Bonnard.

ciales. D'abord il lui faut un sol fertile et profond. Il n'est pas de développement complet de cette belle essence sans sol en dehors d'un massif serré. Il est vrai qu'on peut citer de belles futaies, telles que celles du Spessart, du Tronçais, de Blois, qui prospèrent sur des sols de peu de profondeur ; ces exemples prouvent seulement que la fertilité peut être créée par le couvert permanent du sol. Il faut au chêne de marine de l'air et de la lumière : de l'espace en bas pour que ses racines puissent s'étendre, de l'espace en haut pour que la cime s'accroisse en proportion des racines et qu'il y ait corrélation entre les organes de la succion et de l'élaboration.

Quant au mode de traitement qui conviendra le mieux au chêne de marine, M. Burger consulte la marine elle-même. Son expérience est incontestable, dit-il, son jugement doit être décisif.

On lit dans l'instruction du ministre de la marine, publiée à l'occasion du martelage des chênes dans les bois de l'État, et de leur emploi dans les constructions navales :

« Les chênes peuvent vivre en futaie pleine ou isolée, et placés sur le bord des héritages ou en taillis sous futaie.

Dans le premier cas, le besoin d'air les force à filer ; leur bois est franc de droit fil, éminemment propre à être débité à la scie ou à la fente. Comme ils ne portent de branche qu'à l'extrémité de leur tige, ils ne sont point sujets aux maladies qu'entraîne la rupture desdites branches.

Dans cet état, ils sont propres à toutes les pièces droites ou légèrement courbes de la coque des vaisseaux, ou à être débités en planches ou bordages. Mais ayant végété constamment dans un air froid ou humide, n'ayant reçu que fort indirectement l'impression des rayons solaires, leur bois est presque toujours tendre et durerait peu de temps, si,·comme les pièces de la membrure, il était exposé à des causes actives de destruction.

La membrure se travaille presque en entier avec des arbres de la seconde catégorie, qui croissent sur le bord des héritages ou en simples bouquets, et qu'on désigne pour cette raison sous le nom de bois champêtres et de bois de fossés.

L'isolement de ces arbres, auxquels des produits similaires ne disputent pas la nourriture, fait qu'ils prennent un développement énorme, en même temps que leur bois acquiert des qualités tout à fait supérieures. La constance et l'intensité des vents régnants leur communique dès leur naissance des courbures extrêmement précieuses pour la marine. Enfin les grosses branches, qui peuvent se développer sans obstacle sur leurs tiges, procurent les courbes de liaison si recherchées et devenues si rares aujourd'hui.

Malheureusement ces arbres qui possèdent tant de précieuses qualités, sont soumis à de nombreuses causes d'avaries. Sans défense contre l'intempérie des hivers, la gelée, la pluie, l'impétuosité des vents, les changements brusques de température, surchargés de branches souvent énormes, étêtés la plupart du temps, sans soins ni discernement, ils contractent les maladies les plus variées, qui en rendent la recette extrêmement difficile.

Quant aux arbres extraits de taillis sous futaie, on conçoit qu'ils doivent en quelque sorte participer de la nature des deux premières catégories, mais on ne peut se dissimuler que la suppression périodique du taillis protecteur ne leur soit préjudiciable. »

Des trois modes, c'est celui de la futaie en massif qui concorde le moins avec la culture du chêne de marine, et celui du taillis sous futaie qui s'en rapproche le plus.

Quant aux arbres isolés, leurs forêts sont possibles. Ce sont des forêts d'isolement ayant pour but utile et tout spécial la production marine : c'est l'antipode de la forêt en massif. Si la forêt en massif serré nous donne une production maxima sur une surface donnée, et par groupes d'arbres, la forêt d'arbres isolés procurerait une production maxima sur le sujet pris isolément, des formes ramassées, courbes et droites, la dimension grosseur poussée aussi loin que possible.

M. Burger, après avoir démontré la possibilité de futaies d'arbres isolés, cherche comment on pourrait modifier les modes de culture des forêts domaniales, pour se rapprocher le plus possible des conditions de la production du chêne marine.

Dans le système de la futaie pleine, les arbres sont de semis, ce qui assure leur longévité ; ils sont en massif serré, ce qui détermine leur forme. Iis sont exploités au point de vue de leur maxima de rendement pris en bloc.

Le point de départ est bon pour le chêne marine, mais l'éducation ne le réalisera jamais ; il n'en résultera que des bois droits ou courbants de la hauteur desquels on n'a jamais besoin, et dont les diamètres sont insuffisants. Les bois à courbures n'y viendront pas ; les lisières même n'en pourront fournir, les arbres y étant mutilés par un élagage vertical exigé par les voisins : il en sera de même sur le bord des chemins.

Le chêne de marine s'obtiendra dans les grandes futaies de plaines, sur de bons fonds. De fréquentes éclaircies amèneront l'air et la lumière dans la futaie ; l'accroissement en hauteur se ralentira au bénéfice de l'accroissement en diamètre. Lors du balivage on réservera de préférence les brins courbes, fourchus et branchus.

Voilà, avoue M. Burger, tout ce que le forestier pourra

faire. Quant aux autres circonstances qui déterminent la forme spéciale du chêne marine, on les fera naître, *quand cela pourra se faire sans sacrifices marqués*, à défaut *du hasard* des clairières et des lisières.

On arrivera ainsi à un type d'arbres qui aura déjà des qualités propres au service de la marine, mais qui souvent encore pêchera par la principale, celle de la grosseur voulue : 1^m,80 est la grosseur minima demandée par la marine. Les chênes des futaies pleines donneront rarement, dans les bons sols, de 160 à 180 ans, les pourtours moyens et maxima de la marine, 2^m, 2^m,50, 3^m et 4^m.

Peut-être en abandonnant le principe économique de l'exploitabilité composée, admis dans les forêts domaniales, pour les futaies pleines, et en adoptant une exploitabilité correspondant à l'apogée de la puissance végétative, on y arrivera.

Le taillis sous futaie ou composé s'agençant mieux que celui de la futaie en massif avec les exigences culturales du chêne de marine, ainsi que le reconnaît la marine elle-même, ses produits sont préférés.

Le taillis composé a deux éléments qui se contredisent, ce sont deux forêts enchevêtrées l'une dans l'autre, le taillis et la futaie. La futaie procède du taillis, dont les brins sont presque tous des rejets de souche. C'est fâcheux pour l'avenir du chêne de marine, type d'arbre dont la bonne origine est la condition *sine quâ non* de la longévité et de la saine croissance. Ce n'est pas une des moindres causes de la rareté de cette sorte dans les forêts où elle devrait être abondante.

Sur 50 baliveaux réservés au moment de la coupe du taillis, 10 au plus sont destinés à parcourir une carrière plus ou moins longue. Telle est la ressource fortuite en chêne de marine du taillis composé : et encore il faut supposer que ces 10 baliveaux se soient trouvés placés dans la forêt de manière à ne pas contrecarrer la règle d'espacement.

Ainsi sur 50 arbres choisis, 10 arrivent à 150 ans, limite de l'exploitabilité forestière. Ces arbres ont donc été élevés dans de toutes autres conditions que dans le régime précédent. A partir de 30 ans, âge auquel ils ne sont plus taillis et sont devenus futaies, ces arbres ne croissent plus en massif : placés de 8 à 20 mètres les uns des autres, la situation de chacun, par rapport à ses voisins, est l'état d'isolement.

Le taillis qui se reformera sous ces arbres devenus futaie, sera protégé par eux. Chaque 30 ans, les troncs de la futaie seront de nouveau découverts, mais la cime ne sera plus ni pressée ni gênée. L'effet périodique de la croissance du taillis sur les troncs de la futaie sera de les isoler et de les pousser en grosseur.

Il résultera de ce mode d'éducation, à cause de la plus large part donnée à l'action de l'air et de la lumière, que le chêne de marine y trouvera plus que dans la futaie pleine en massif ses principes de culture.

Malheureusement, dans les forêts de l'État, à 150 ans a lieu la coupe définitive, et le chêne ainsi élevé n'a guère à cet âge, dans les taillis sous futaie, que 2 mètres au plus de grosseur, et le plus souvent $1^m,60$. La marine se voit donc enlever, par le terme de cette exploitabilité, 20 ans, 60 ou 90 ans trop tôt, les chênes qui, à 180, 210, 240 ans, lui eussent donné des pièces de $2^m,50$, 3 mètres, et même 4 mètres de tour. Il faut donc substituer à l'exploitabilité ordinaire l'exploitabilité physique, qui consiste à laisser les arbres sur pied jusqu'aux premiers signes de dépérissement.

L'espacement des arbres, règle uniforme suivie par les

forestiers sans tenir compte de la nature du sol, produit partout des formes régulières. C'est un obstacle à la production du chêne de marine qui croît surtout sur les lisières dans les clairières, dans les situations anormales, en un mot.

Il faudrait donc créer dans les taillis sous futaie, dit M. Burger, les mêmes contrastes : opposer le vide au massif et rapprochant, si le sol le permet, les arbres les uns des autres pour former des groupes, accouder l'obstacle au libre essor, la lumière à l'obscurité, contrastes d'où pourraient sortir les formes contournées, les courbes si variées dont a besoin la marine.

M. Burger établit sur ces données un ensemble de modifications au traitement du taillis sous futaie, d'où devra sortir pour lui le chêne de marine.

Quelques temps après le décret du 16 octobre 1858, M. Clavé estimait à 40,000 mètres cubes de chêne équarri les besoins annuels de la marine militaire, ou si l'on veut 80,000 mètres cubes de bois de chêne en grume.

Le même auteur, dans ses études forestières, dit : « Dans la situation où se trouve aujourd'hui le domaine forestier de l'État, on estime qu'il peut fournir annuellement 10,000 mètres cubes équarris de bois propres à la marine. » C'est le quart de ce qui serait nécessaire.

En 1859, 1860, 1861, on martela pour la marine dans sept forêts du bassin de Paris, d'une contenance de 5,767 hectares, et où l'étendue des coupes annuelles était de 242 hectares. Sur cette dernière contenance, il a été trouvé par an en moyenne 265 chênes propres aux constructions navales; 5 pour cent environ des arbres marqués a été rebuté par la marine. En somme, 679 mètres cubes de chênes en grume ont été livrés à la marine par ces 5,767 hectares, ce qui fait 2,80 mètres cubes par hectare.

Cette superficie en taillis sous futaie présentait des forêts irrégulières et des forêts régulières. Les premières ont fourni à la marine 2,49 arbres par hectare et les secondes 0,53, ce qui fait 1,03 chêne par an sur l'ensemble.

Ainsi donc la pénurie à cette époque était grande ; forestiers et agents de la marine s'accordaient à reconnaître que, dans 30 ans, à la révolution suivante, elle serait encore plus considérable.

Ce sont les forêts irrégulières, celles où la futaie l'emporte sur le taillis, et où les arbres ne sont pas tous par groupes réguliers au point de vue de l'âge, qui produisent le plus de chênes de marine : cette remarque est une leçon pour le forestier.

Les bois fournis par ces forêts domaniales du bassin de Paris ont offert à la marine, en bois droits, d'excellents chênes comme tissus et comme longueur ; et parmi, on trouvait les neuf dixièmes en plançons ou bois de bordages.

Les bois courbants n'étaient que dans la proportion de un trentième, et encore composés des signaux les plus communs.

Les bois courbes ont totalement fait défaut.

Dans l'état actuel de notre matériel futaie, M. Burger, dans le travail que nous analysons, se proposait de savoir sur quelle étendue de forêts pareilles à celles dont il vient d'être question, il faudrait chaque année exercer le martelage de la marine pour réaliser 40,000 stères équarris.

Ce calcul conduit à une impossibilité.

En effet, ces 40,000 stères correspondent à 80,000 stères en grume, qui représentent 29,411 chênes !

Dans les forêts types précédentes, la production moyenne à l'hectare de chênes reçus par la marine a été 1,03, et si l'on veut 1,09, en y ajoutant les 6 pour cent qui, bien que martelés, ont été refusés par la marine,

A 1,09 chênes par hectare, les 29,411 seront donc un choix fait parmi 31,175 chênes, lesquels se rencontreront sur une superficie de 28,600 hectares. Cette superficie serait la possibilité ou la coupe annuelle d'une forêt de 681,554 hectares.

C'est cette étendue que, dans l'état actuel de nos forêts, il faudrait affecter aux martelages de la marine.

Mais sur les 1,077,046 hectares de forêts gérées par l'administration forestière, au moment où ces calculs étaient faits, on trouvait seulement :

Futaie pleine .... 193,091 hectares
Taillis sous futaie en conversion..... 96,528
Taillis sous futaie.................. 493,874

TOTAL............ 783,493 hectares

de forêts feuillures.

Dans cette étendue, la proportion de l'essence chêne ne pouvait être évaluée qu'à 38 pour cent au plus.

En réfléchissant, en outre, à l'inégalité de la croissance du chêne, suivant la nature du sol, on réduisait tellement le chiffre de 783,493 hectares, qu'on n'y trouvait même plus les 661,554 hectares indiqués plus haut.

Il faudrait donc, au moins, affecter toutes les forêts à la marine.

Ainsi, de l'aveu même d'un officier de la conservation forestière, la marine ne saurait trouver sur le domaine de l'État les chênes nécessaires à la construction de ses vaisseaux, ni en quantité ni en qualité. Ce qu'il y a surtout d'intéressant dans le débat, c'est de voir un esprit aussi pratique et aussi judicieux que M. Burger amené aux mêmes conclusions que celles de M. Bonnard, l'affectation à la marine d'une certaine étendue de forêts aménagées spécialement.

Voici, d'après le savant forestier, sur quelle étendue de forêts il y aurait lieu d'exercer le martelage, en admettant que ces forêts aient été aménagées comme il l'a indiqué pour la production du chêne marine, et amenées à leur maximum de production ; il arrive par le calcul à fixer à 176,000 hectares de taillis sous futaie aménagés à 30 ans : et, sur cette étendue, 5,800 hectares fourniraient annuellement les 29,411 pieds nécessaires à la marine.

Il faudrait 120 ans pour créer, sur cette superficie, cette possibilité annuelle qui affranchirait la marine du recours à l'étranger et aux particuliers.

120 ans! « C'est long pour une individualité , dit M. Burger, ce n'est pas long pour une société, c'est une phase de sa vie , c'est le temps d'une expérience. Prenons ce chiffre sans effroi, habituons-nous à cette pensée de prévoyance, réalisons-la sans plus tarder, et nos petits-neveux, maîtres de leur flotte, seront dégagés d'une idée qui n'aura cessé d'être, pendant des siècles, la préoccupation et le souci de leurs ancêtres. »

M. Burger demande une affectation double de celle que M. Bonnard jugeait nécessaire : c'est que ce dernier choisissait lès fonds de cette affectation , et en raison de sa fertilité, pouvait en réduire l'étendue.

Qu'importent d'ailleurs ces différences le jour où l'on sera d'accord sur la nécessité d'une affectation, le reste sera réglé expérimentalement.

Un jour peut-être, lorsque la succession des sottises politiques, qui est le mal chronique de la France, aura réduit plus qu'il ne l'est encore le domaine de l'État; lorsque le morcellement des héritages aura fait disparaître les bois des particuliers , peut-être le dernier lambeau de notre richesse forestière sera donné à la marine pour y produire le chêne, symbole disparu de notre force et de notre puissance !

V.

Nous avons démontré que le décret du 16 octobre 1858 laissait la marine à la merci de l'administration forestière, et n'améliorait pas beaucoup la situation précaire où elle se trouvait quand il s'agissait pour elle de trouver du bois de chêne.

L'instruction qui devait servir de guide aux forestiers fut complétée par un nouveau tarif pour le bois de chêne, qui modifiait celui du 2 juin 1852 dans le sens des corrections qui se trouvaient déjà insérées dans les cahiers des charges pour les fournitures de bois. Ce nouveau tarif et l'instruction furent adressés aux ports le 19 décembre 1859.

On entend par tarif des bois de marine la dimension de chaque pièce et la configuration qu'elle doit avoir après la mise en œuvre.

La marine admet trois catégories de bois de chêne : les bois droits, les bois courbants et les courbes.

Les bois droits peuvent avoir une légère courbure, comme les demi-baux, les barrots de gaillard, etc.

Parmi les bois courbants, les uns ont une seule courbure dans un même plan, les autres en ont deux (genoux de revers, allonges de revers). Un petit nombre est courbe dans deux sens, ce sont les bois dits à deux bouges. Tous ces bois, quelle que soit leur destination, sont astreints à un minimum de flèche qui, tantôt placée au milieu de la pièce, entraîne la symétrie des courbures, comme dans les varangues plates, mais qui le plus souvent peut être située en un point variable entre le milieu et les extrémités.

Les courbes peuvent être considérées comme des pièces droites qui en un certain point de leur longueur se relèveraient brusquement, et dont les deux parties, à l'intrados seulement, seraient raccordées par un congé. Plus celui-ci a d'étendue, plus la courbe a de force et se trouve dans de bonnes conditions. Les courbes provenant en général de l'union d'une branche maîtresse avec l'extrémité du tronc de l'arbre, on a été conduit à distinguer le pied de la courbe de la branche.

Dans chacune des trois catégories précédentes, il y a plusieurs genres de pièces au point de vue de leur configuration et de leur emploi. Dans les bois droits par exemple, la quille, l'étambot, etc., sont des pièces de même catégorie, mais de genre ou, comme on dit, de *signal* différent. Dans les bois courbants on distingue aussi plusieurs signaux, varangues, allonges, genoux, etc. Dans les courbes, celles d'étambot et de pont constituent également des signaux différents.

L'assortiment du bois de chêne nécessaire aux constructions serait composé d'un certain nombre de pièces de chacun de ces signaux, si les navires avaient tous les mêmes dimensions. Mais il n'en est pas ainsi : l'étambot ou la quille d'un vaisseau n'auront pas les mêmes proportions que celles d'une frégate ou d'un brick ; il faut donc, dans chaque signal ou dans chaque genre de pièce, des dimensions très-variées, correspondantes à la taille des navires que l'on est appelé à construire. C'est ce que l'on nomme *espèces ;* la marine en admet sept. Cela veut dire que l'approvisionnement d'un port, en pièces pouvant fournir des étambots, devra comprendre sept dimensions différentes.

Le tarif des bois de chêne en usage dans la marine indique les flêches de courbure des bois courbants, la forme des pièces de chaque signal et les dimensions des sept espèces de pièces du même signal.

Dans la charpente humaine, qui a bien des analogies

avec celle d'un vaisseau, nous trouvons aussi des catégories, des signaux et des espèces.

Les fémurs et les tibias sont des pièces droites, de même
catégorie ; les côtes sont des pièces courbantes ; le maxil-
laire inférieur est une courbe. Les tibias et les fémurs sont
de signaux différents. Le fémur d'un enfant et celui d'un
adulte sont de même catégorie, de même signal, mais
d'espèce différente, de même que l'étrave d'une chaloupe
et celui d'un vaisseau.

Les fournitures de bois de chêne à la marine se font
conformément au tarif dont nous venons de parler.

Dans ses marchés, la marine a abandonné l'ancien système, d'après lequel les différentes espèces de chaque
signal et de chaque catégorie étaient payées suivant un
prix déterminé. Aujourd'hui elle fixe les assortiments qui
doivent constituer une fourniture et achète en bloc, à un
prix unique, le stère de chêne de chaque adjudication.

Pour encourager cependant la recherche des pièces hors
ligne, telles que les quilles et étambots de vaisseaux, les
courbes de première et de deuxième espèce, recherche
qui demande du temps, pièces dont l'acquisition est onéreuse, la marine établit des primes rémunératrices. Ainsi
elle accorde 15 pour cent en plus des prix généraux aux
quilles, étambots de 1re espèce, 30 ou 40 pour cent aux
courbes de 1re et de 2e espèce, enfin 15 à 20 pour cent à
celles de 3e espèce.

On voit qu'en admettant, par exemple, un prix moyen
de 140 fr., le stère des pièces de choix peut s'élever à
près de 200 fr.

Nous avons déjà dit que le prix du bois de chêne avait
beaucoup varié en France ; la marine l'a toujours payé
fort cher. Aux époques où sa valeur n'était pas très-élevée, les transports étaient onéreux, ce qui établissait une
sorte de compensation.

Au prix de 130 fr. le stère des marchés les plus récents, comparons celui du même volume de chêne, en 1784. Telles d'Acosta, grand-maître des eaux et forêts, disait que le roi payait au moins 4 livres 10 sols de prix commun le pied cube de chêne rendu dans tous les ports de construction de l'Océan et de la Méditerranée. Ce prix ajoutait-il, qui paraîtrait exorbitant par la suite n'est cependant pas suffisamment rémunérateur pour les fournisseurs. Cela tenait aux mauvaises conditions d'exploitation des bois, et il croit qu'on aurait pu avoir le chêne à 30 sous le pied cube ; ce qui, sur un approvisionnement annuel de 120,000 pieds cubes (environ 5,000 mètres cubes), coûtant 5,400,000 livres, ferait 3,600,000 livres d'économie. Voici le calcul du savant forestier :

20 chênes produisant 300 pieds cubes, ou un cent de bois, sont évalués, avec les frais d'adjudication à... 300 liv.

Exploitation, déduction des copeaux........	10	
Transport de la Champagne à Brest.......	192	
Frais de régie à 1 sol 6 deniers par p. cube.	22	10 sols
Frais imprévus	5	10
	530 liv.	»
A déduire le houpier	80	»
	450	»

Voilà le prix de 300 pieds cubes, ce qui fait 30 sols le pied cube. Dans ce total il n'est pas tenu compte du droit que les bois de chêne de la marine payaient alors en traversant Paris, et dont le chiffre s'élevait annuellement à 200,000 livres !

En 1784, au prix de 4 livres 10 sols le pied cube de chêne, cela faisait 110 liv. 50 le mètre cube, prix qui se rapproche beaucoup de celui de nos derniers marchés, et lui est même supérieur, quand on tient compte de la valeur de l'argent.

CHAPITRE XVII

Conservation du bois de chêne
des constructions navales.

Si l'on pouvait assurer à nos vaisseaux
l'âge du *Montagu*, on diminuerait de
moitié les dépenses de notre marine.
United service magazine, mars 1843.

Au chapitre XI nous avons parlé de la durée du chêne et donné des exemples extraordinaires de l'inaltérabilité de son bois. Il ne faudrait pas en tirer la conséquence que la nature a doué cette matière ligneuse de propriétés qui lui permettront de résister au temps dans toutes les conditions, et qu'il est inutile de se préoccuper de sa conservation.

Le chêne est corruptible, comme toutes les substances d'origine organique, et c'est un art très-difficile que celui de le conserver, surtout dans les arsenaux de la marine.

Là, il faut agir sur d'énormes masses placées dans des conditions très-diverses, soumises à des influences très-variées.

La conservation du chêne, pour les nations qui possèdent une marine marchande et militaire, est une question de la plus haute importance. La diminution de cette essence ligneuse, la rareté et la cherté des qualités supérieures obligent à une grande vigilance, pour faire durer le plus longtemps possible une matière si précieuse.

Ce n'est pas seulement une affaire de dépenses, des intérêts plus grands sont attachés à la conservation du chêne. La sûreté de nos armements, la sécurité même de l'État y sont liées. Combien de fois, dans nos guerres maritimes, les conceptions militaires les plus profondes n'ont-elles pas été déjouées par des avaries dans la coque des vaisseaux construits avec de mauvais bois ? quelques bordages de chêne à changer, temps perdu, occasion manquée, et souvent un désastre au lieu du succès !

La conservation des bois dans les ports de guerre a, depuis longtemps, attiré l'attention ; non-seulement, on s'est enquis des moyens les plus propres à l'assurer, mais on a recherché quelles étaient les conditions antérieures à la recette des bois qui pouvaient avoir une influence sur cette durée.

Nous allons donc diviser ce qui suit en deux parties :

1° Conditions antérieures à la recette du chêne dans les ports qui peuvent avoir une action sur sa conservation ;

2° Moyens employés pour conserver le bois de chêne de construction.

I.

Le bois de chêne n'est pas toujours une matière identique ; elle porte en elle-même, avant d'être mise en œuvre, les éléments de sa conservation ou les germes de sa décomposition.

Sa durée tient à deux ordres de circonstances, les unes physiologiques et les autres chimiques ; celles-là ont agi sur la matière ligneuse pendant la vie du végétal, celles-ci après.

Il est bien entendu que nous ne parlons en ce moment que du bois de chêne qui sert ordinairement aux constructions navales des marines européennes, et qui provient soit du *Quercus robur pedunculata*, soit du *Quercus robur sessiliflora* (1).

Examinons d'abord les circonstances physiologiques qui peuvent influer sur la durée du chêne, en lui communiquant des qualités spéciales : elles tiennent aux influences de sol, d'exposition, de climat, etc.

« On sait, dit M. de Lapparent dans son Mémoire sur le dépérissement des coques, on sait que selon leurs qualités, les bois de chêne de construction sont classés en bois maigres ou rouvres, et bois tendres ou gras.

Les premiers ont leurs couches annuelles bien développées, très-serrées et très-dures ; l'enveloppe cellulaire qui entoure chaque couche est étroite et percée de trous très fins : leur densité, même après dessèchement, est considérable, et ce sont ceux qui résistent avec le plus d'énergie aux causes de dépérissement........

Dans les bois gras au contraire, les couches annuelles sont étroites, lâche- et enveloppées d'un tissu cellulaire à pores très-ouverts. Enfin leur densité, quoique très-considérable à l'origine, devient très-faible après un dessèchement prolongé. »

Ainsi voilà des bois dont les tissus ligneux sont constitués différemment, quant à la proportion de leurs élé-

---

(1) En Italie on désigne sous le nom de *Farnia*, *Ischia*, *Vera quercia*, *Cerro*, différentes sortes de chêne de construction. Nous ignorons de quelles espèces botaniques proviennent ces bois. Le *Farnia*, dit M. Garraud, est bon pour la membrure, mais ses vices sont difficiles à extirper. L'*Ischia*, qui provient des Marennes, de Toscane, est préférable au précédent ; c'est un arbre de haute futaie, propre à fournir des bordages. La marine française l'emploie peu ; en Angleterre il est utilisé comme bordure : ses gournables sont excellents. Le *Vera quercia* est le meilleur chêne que l'on puisse employer pour membrure. Le *Cerro* fournit, en Italie, des pièces de quille ; il est repoussé par la marine française.

ments, et dont par suite la densité n'est pas la même :
leur durée variera nécessairement.

« Ces bois, dit M. de Lapparent en parlant des premiers,
proviennent presque en totalité d'arbres qui ont vécu
isolément ou en bouquets. L'Italie produit les meilleurs.
On en rencontre aussi d'excellents dans la Provence, le
Midi et l'Ouest de la France : on les connaît sous le nom
de bois de fossés. Les seconds proviennent de futaies
pleines ou de futaies sur taillis. »

Les circonstances culturales ont effectivement cette action
sur la qualité du chêne. Dans les sols maigres ou humides, la partie de la couche annuelle formée au printemps,
et la plus lâche, reste prédominante. Dans les terrains
fertiles et aux bonnes expositions, la zone du printemps
est cernée par une zone automnale large, à tissu dense et
résistant. Les chênes qui croissent le plus rapidement en
diamètre sont donc les meilleurs pour les constructions
navales ; ceux qui s'effilent sous le couvert des futaies
conviennent moins.

Les deux especes querciennes citées plus haut peuvent
donner, suivant ces circonstances, des bois maigres ou
gras. En général, le *Q. r. pedunculata*, ou chêne blanc, est
préféré au *Q. r. sessiliflora*, ou rouvre, parce que le premier croissant plus rapidement, la zone automnale, qui
est proportionnelle à la rapidité du développement, est
bien plus développée chez lui que chez le second.

Les qualités différentes des bois leur assignent des
places distinctes dans la construction des navires. Les bois
maigres forment exclusivement les pièces de membrures.
Ces pièces sont aussi plus exposées à la pourriture, car
elles sont renfermées entre deux plans de chêne. Or, les
bois nerveux offrent sous une surface couverte de nœuds
provenant des branches, une substance ligneuse très-dure,

élastique , chez laquelle la pourriture qui endommagerait la surface n'a pas de profondeur.

Convenable pour la membrure, ce chêne n'aurait pas la même valeur pour bordages. Sa longueur serait insuffisante, et le retrait considérable qu'il prend par la dessiccation amènerait une prompte détérioration de la coque du navire.

On trouvera au contraire les qualités nécessaires aux bordages chez les bois gras : grande longueur, changements de dimension peu considérable sous les influences d'humidité et de sécheresse. En même temps, les vices plus ou moins plongeants, provenant de frottures ou d'écorchures ; auront moins d'inconvénients chez les pièces placées à l'extérieur, et dès-lors faciles à changer. Ils conviendront surtout pour les radoubs, leur durée pouvant égaler celle des anciens bois.

Des variétés intermédiaires nombreuses viennent se placer entre les bois nerveux et les bois gras. Le constructeur doit en faire usage avec intelligence pour réaliser la durée la plus considérable du navire.

Le choix du bois destiné à la marine doit donc être fait avec le plus grand discernement. En Angleterre, cette opération n'est pas abandonnée au hasard. En 1612, sous le règne de Jacques Ier, une compagnie, désignée sous le nom de *Maîtres gardiens et communauté de l'art des constructions navales*, était chargée de veiller au chêne employé dans les constructions. Plus tard, la surveillance de cette partie des approvisionnements revint aux chefs des constructions navales de chaque arsenal. En 1847, l'amirauté institua dans chaque port des inspecteurs des bois (*timber inspector*). Les bois ne pouvaient être admis que sur un certificat du *timber inspector*, qui, dans le cas d'une erreur dans les marchés, ou d'une tentative faite pour introduire dans les arsenaux du chêne de mauvaise qualité, devait en informer le chef suprême du port et même l'amirauté, avec laquelle il correspondait sans intermédiaire.

On sait, en Angleterre, quelle est la valeur des chênes de tel ou tel comté, au point de vue de leur durée. Ceux de Sussex et de Kent sont les plus estimés ; ceux de la principauté de Galles sont aussi très-durables, mais de faibles dimensions. Les chênes des mauvais terrains du Nord et ceux de l'Irlande sont de qualités inférieures, leur bois est rougeâtre et n'a pas la teinte jaune pâle, de plus en plus foncée, à mesure qu'on approche de l'aubier.

En France, aussi, on sait que le chêne de Provence a plus de durée, c'est pour cela que Colbert recommandait surtout ces bois pour la construction des vaisseaux.

Ces qualités et la durée qui en est le résultat sont en rapport intime avec la densité du bois.

Ces densités changent, d'ailleurs, pour une même localité, avec le mode de culture ; elles varient, comme nous l'avons dit, du centre à la périphérie, de la base au sommet. Deux bordages sortis du même chêne pourront donc avoir des durées différentes.

ABATTAGE DES CHÊNES.

La conservation du chêne tient encore à une autre cause d'ordre physiologique ; nous voulons parler de l'époque de l'abattage.

La question est très-controversée : les uns, et c'est le plus grand nombre, pensent que la saison la plus convenable est celle qui, suivant la chute des feuilles, correspond au temps où la sève cesse de circuler ; d'autres, et Duhamel particulièrement, ayant fait en Espagne et en Italie l'observation que les bois coupés en été durent longtemps, pensent que l'époque de l'abattage est au moins indifférente.

En Amérique, dans quelques États de l'Union, on a reporté de mars en juin l'époque de l'abattage, et l'on obtient, dit-on, des bois plus durs et plus durables. Sur les bords du Delaware, d'après le capitaine de frégate Garraud (1), des clôtures, faites avec du bois de chênes abattus en mai, durèrent 22 ans, tandis que celles faites avec des bois abattus en février durèrent seulement 12 ans. Enfin, le docteur Rainn affirme que sous le climat de Dresde, c'est au commencement de juin qu'il faut abattre, quand on veut avoir des bois de longue conservation.

Cette dernière observation peut faire penser qu'il existe pour chaque climat une saison favorable à l'abattage : on comprend que dans les pays très-secs, très-chauds, où les arbres sont entrés en végétation dès février, la sève, d'ailleurs peu aqueuse, ait suspendu presque complètement son mouvement en juin.

Si l'on voulait cependant tracer une règle applicable à toutes les localités ou au plus grand nombre, il faudrait reconnaître que c'est à la fin de l'automne ou en hiver que les chênes destinés aux constructions doivent être abattus.

Hésiode recommandait d'abattre en cette saison. Columelle, Caton, Vitruve, Palladius, conseillaient de ne porter la hache sur les chênes avant l'automne, et d'attendre plutôt en décembre. Jules César se plaignait de la mauvaise qualité des vaisseaux construits avec des bois abattus au printemps.

Plott, devant la Société royale de Londres, insistait pour que les forêts ne soient exploitées que l'hiver, et que pour

<hr>

(1) V. *Études sur les bois de construction.* — Arlus BERTRAND, Paris.

quelques tanneurs on ne sacrifie pas la qualité des bois de construction. (Le Parlement avait ordonné de couper les chênes du 1er avril au dernier jour de juin).

Leuvenhœck soutenait la même opinion ; mais pour lui les arbres abattus l'hiver se conservaient mieux parce que l'écorce durcie n'était pas aussi facilement attaquable par les vers. Evelyn, Hunter, étaient du même avis.

Le savant physiologiste Knight, écrivant dans les *Transactions philosophiques*, attribuait la durée des arbres abattus l'hiver, non pas à la moindre quantité de la sève, mais à quelque substance conservatrice déposée pendant l'été dans les cellules ligneuses.

Knowles, imbu des idées de Buffon et de Duhamel, à l'erreur desquels il avait peine à croire, reconnaît cependant la supériorité des bois abattus l'hiver. Il assure toutefois que l'amirauté anglaise ne fait aucune différence entre les bois de chêne d'hiver ou d'été , quand on a pu les maintenir quelque temps sous des hangars avant l'emploi.

Il sera peut-être plus difficile de comprendre qu'on ait attaché une grande importance à la concordance de l'abattage avec certaines phases de la lune.

Hésiode prescrivait d'abattre le 14e jour de l'âge de la lune.

Caton fixait cette opération au 4e jour, par tous les vents, sauf ceux du nord.

Pline recommandait le déclin de cet astre et les époques où souffle le *favonius*.

Vegèce préférait abattre du 15e au 23e jour ; sans cette précaution, dit-il, le bois pourrit dans l'année même.

L'empereur Napoléon Ier, dont le génie pénétrait dans les moindres détails, donnait ordre aux conservateurs des forêts de ne faire abattre les chênes qu'au déclin de la lune et quand le vent est au nord : cette pratique a toujours été d'ailleurs observée en Corse.

« L'expérience a prouvé, écrit le commandant Garraud (*loc. cit.*), que les bois coupés de jeune lune sont plus sujets à la piqûre des vers que ceux qui ont été abattus pendant le décours de l'astre : ce que l'on appelle couper de vieille lune. Cela tient sans doute à l'état de la sève, sur les mouvements de laquelle on sait que les phases lunaires ont une grande influence. »

ÉCORCEMENT PRÉALABLE DES CHÊNES.

Knight se trompait quand il attribuait à quelque principe spécial, élaboré l'été, la conservation du chêne abattu en hiver. Cette conservation est due à la concentration de la sève, car tout ce qui peut diminuer son abondance ou augmenter sa densité, tend à donner de la durée au bois. Voilà pourquoi à la pratique d'abattre les arbres en hiver vint se joindre celle de les écorcer avant l'abattage.

Plott, en 1686, conseilla, pour ne rien perdre, d'écorcer au printemps et d'abattre en hiver. Sutherland proposa d'écorcer deux ou trois ans avant l'abattage : Buffon et Duhamel préconisèrent le même système. En 1770, les Hollandais commencèrent à dépouiller leurs arbres avant l'abattage.

Dans une expérience de décortication, faite ainsi sur dix chênes, on constata que si l'aubier résistait à la hache et était sec, le plus souvent le cœur de l'arbre était encore très-humide et très-tendre.

Si l'écorcement durcit l'aubier, il ne saurait lui communiquer les qualités du bois parfait, et le chêne entier perd de son élasticité ; comme chez les arbres sur le retour, le cœur devient aussi plus léger.

La perte d'élasticité due à l'écorcement provient de l'augmentation de dureté du bois ; la dureté à son tour engendre la résistance ; ces qualités peuvent avoir leur utilité dans un grand nombre de circonstances, cependant, comme elles ne sont pas toujours accompagnées de la durée des bois qui les possèdent, les constructions navales peuvent y attacher moins d'importance.

On a cru pouvoir conserver les avantages de l'écorcement et en éviter les inconvénients par le procédé suivant, dû à M. Boullay. On enlevait au pied des chênes une couronne d'écorce, et par un trou de tarière pénétrant jusqu'à la moelle, on facilitait l'écoulement de la sève. Ces arbres, employés vingt jours après l'abattage, se conservèrent bien, mais le chêne avait encore un peu perdu de son élasticité ; il était difficile de le courber par les moyens ordinaires. D'après l'observation du comte Gallawin, officier général de la marine russe, cet effet serait dû à la *mort lente* de l'arbre ainsi traité.

MM. Becker et Laurop, forestiers allemands, ont également condamné cette méthode. M. Baudrillart croit que les arbres, ainsi écorcés, doivent à la dureté de leur aubier une plus grande résistance aux vers, mais qu'ils pourrissent plus vite, l'opération ayant emprisonné la sève dans le cœur de l'arbre.

Enfin, pour tarir la sève on a encore proposé de pratiquer au pied des chênes une entaille circulaire de façon à ne laisser, entre l'arbre et la souche, qu'un très-court pivot. Il y a une déperdition considérable de sève, mais c'est une opération dispendieuse et qui très-souvent fait périr les souches, et par suite tout espoir de rejets. La perte d'élasticité qui en résulte encore rend ce procédé impraticable pour les chênes destinés à la flotte.

Cette expérience, tentée plusieurs fois sans succès, en Angleterre, est renouvelée de Vitrune.

Quelques faits, plus ou moins bien établis, et gravés profondément dans le souvenir des constructeurs anglais, assurèrent une certaine vogue aux méthodes d'abattage et d'écorcement citées plus haut.

On racontait, par exemple, que le *Montagu*, de 74 canons, avait été construit avec du bois d'hiver à Chatam, en 1779. les bois, examinés en 1815, 35 ans après sa mise à l'eau, étaient encore d'une conservation parfaite. Le *Royal-William*, qui dura aussi fort longtemps, fut construit avec des arbres laissés sans écorce d'avril en décembre. La corvette *Hawke* reçut, d'un côté, des arbres écorcés avant l'abattage, de l'autre des chênes ordinaires : l'expérience ne fut qu'imparfaitement concluante. Un autre vaisseau de longue durée, l'*Achilles*, fut construit sur les chantiers Barnald, à Harwick, avec des arbres abattus en hiver, et son constructeur préconisait beaucoup la décortication préalable.

TRAITEMENT DES CHÊNES APRÈS L'ABATTAGE.

Tout ce qui précède s'applique aux arbres encore sur pied. Lorsqu'ils sont couchés, le traitement qu'on leur fait subir alors n'est pas indifférent à leur conservation future.

Dans plusieurs localités, on laisse pendant quelque temps aux arbres abattus leurs feuilles, afin que la transpiration dont celles-ci demeurent le siége contribue à dissiper dans l'atmosphère une partie de la sève.

Les chênes, dans les pays chauds, doivent être équarris ou du moins écorcés aussitôt après l'abattage. On réalise ainsi un double avantage : on évite la fermentation de la sève, la piqûre des vers, et on utilise l'écorce pour le tannage. Cette pratique est d'usage en Italie, où l'on déracine les chênes au lieu de les couper.

Dans les pays froids, il est au contraire utile de laisser

les chênes dans leur écorce ou en grume. La dessiccation se fait lentement et sans gerçures, une partie de la sève emprisonnée s'utilise même à l'entretien de pousses éphémères.

Le maintien dans leur écorce des chênes abattus n'est pas avantageux aux fournisseurs, qui ne peuvent en employer l'enveloppe : il faut donc les surveiller quand on croit à l'utilité de cette méthode.

On voit, par ce qui précède, de quels soins la recette des bois destinés aux constructions navales doit être entourée. Climat, terrain, mode de culture, temps d'abattage, traitement consécutif, toutes ces choses font de bons ou de mauvais bois, d'excellents ou de détestables navires, des flottes prêtes à tout ou sans cesse en réparation.

Toutes ces circonstances, antérieures à l'introduction du chêne dans nos arsenaux, ont plus d'influence sur sa conservation, quand il est en œuvre, que les précautions nombreuses que l'on prend dans les ports pour assurer sa durée. Que de mécomptes, que de surprises en marine n'ont pas d'autre cause que l'ignorance où l'on est le plus souvent de l'origine et du traitement antérieur des bois que l'on emploie. Pourquoi telle frégate, tel vaisseau, construits avec le plus grand soin, ont-ils dû être classés à démolir au retour de leur première campagne ? Il y a là des causes qui peuvent sembler de peu d'importance, et qui ont pour résultat bien des millions perdus.

VICES ET MALADIES DES BOIS DE CHÊNE.

C'est surtout au moment de leur recette définitive que l'on ne saurait apporter trop d'attention à la qualité des bois. Non-seulement un défaut d'examen introduirait dans les dépôts de mauvaises pièces, mais pourrait même compromettre celles qui s'y trouvent, les altérations des bois étant souvent contagieuses.

Il s'agit donc d'une enquête minutieuse. Des charpentiers commencent par sonder à la gouge, ou avec la tarière, tous les nœuds et tous les trous de la surface ; ils parent avec l'herminette, ou ils tronçonnent avec la scie, s'il en est besoin, chacune des têtes de la pièce et les portions de la surface dont la couleur leur fait soupçonner quelque vice.

Ce travail précède celui de la commission qui prononce sur l'admission ou le rejet de chaque pièce. Elle peut faire reprendre les sondages, décider si la portion viciée d'une pièce peut en être séparée et le reste reçu : prononcer la déchéance ou le classement à un rang inférieur des bois dont les qualités laisseraient à désirer. Enfin, après avoir dressé un état de recette des bois, la commission les fait marquer. Les rebuts sont souvent en grand nombre, leurs causes sont, avons-nous dit, les vices ou les maladies des bois qui pourraient en diminuer la valeur, en empêcher l'emploi, et surtout en compromettre la conservation.

Voici les principales altérations du bois de chêne qui en déterminent le rebut, lors des recettes . et qui peuvent hâter son dépérissement, dans les ports, quand elles passent inaperçues ; reconnaître ces altérations n'est pas toujours facile : — cette recherche, dit M. de Lapparent, est pleine de hasard, les plus habiles y sont trompés. —

Le chêne destiné aux constructions navales est atteint de vices et de maladies. Les premiers peuvent être organiques ou accidentels ; les secondes peuvent être physiologiques, accidentelles ou naturelles.

Le tableau ci-dessous indique ces divisions :

VICES	ORGANIQUES.....	Aubier — double aubier — chênes rabougris, tordus, noueux, loupes, — fibres inégales.
	ACCIDENTELS....	Gélivure — lunure — gerçure, fentes — frottures — roulures — cadranure — trous d'abattage — coups de foudre.
MALADIES	PHYSIOLOGIQUES.	Bois en retour — bois passé — bois mort — bois gras.
	ACCIDENTELLES..	Bois piqué — lymexylon — limnoria terebraus — tarets.
	NATURELLES.....	Bois échauffé — bois brûlé — pourriture — pourriture sèche — carie sèche — pourriture humide — grisette — chênes ferrés — huppe — jaunisse — œil de perdrix.

VICES ORGANIQUES.

Aubier. — L'aubier est le bois de nouvelle formation qui, sous l'écorce, entoure le cylindre ligneux. L'aubier n'est pas, à proprement parler, un vice du bois : cependant, si sa proportion sur les angles des pièces dépassait 15 0/0 des faces adjacentes, les pièces de chêne devraient être refusées.

L'aubier, de nature molle et spongieuse, se pourrit promptement et communique cette maladie au bois sous-jacent. On le distingue très bien sur le chêne à sa coloration moins foncée que celle du cœur.

Double Aubier. — Des influences extérieures ou des accidents de végétation empêchent parfois la transformation de l'aubier en bois sur des portions plus ou moins étendues de la périphérie des tiges. De là, ces veines de bois blanc intercalées entre deux plans de bois fait ou contiguës à l'aubier précédent. Les pièces qui présentent ce vice ne sauraient être utilisées pour les constructions navales, là où leur humidité ne pourrait se dissiper.

D'autres causes organiques amènent encore dans l'intérieur des pièces la présence d'une certaine quantité d'aubier. C'est d'abord ce que les charpentiers appellent *branche recouverte*. Dans ce cas, une branche assez forte, pressée contre le tronc, s'est soudée à lui, puis, débordée par les couches ligneuses, s'est trouvée recouverte, et son aubier propre apparaît intercalé dans le bois fait. J'ai vu des pièces, sur lesquelles on avait voulu purger ce vice, présenter des cavités très profondes.

Une autre circonstance peut encore intercaler l'aubier dans les profondeurs du bois et le porter même jusqu'à la place de l'étui médullaire. J'ai remarqué ce vice plus fréquemment que je ne pouvais m'y attendre à la scierie du port de Brest : il se manifeste chez les pièces de chêne qui présentent deux cœurs. Lorsque les zones concentriques, qui s'éloignent en s'élargissant de ces centres, se rencontrent, elles se trouvent séparées par une couche de bois blanc, spongieux, lequel est constitué par l'aubier de ces deux tiges intimement soudées.

Chênes rabougris — tordus — noueux — loupes — fibres inégales. — Ces vices se trouvent souvent réunis sur les mêmes pièces de chêne. Ils donnent au bois une pesanteur spécifique anormale, une consistance inégale, une élasticité douteuse, une résistance incertaine. Ils rendent leur conservation limitée : ils sont donc impropres aux constructions navales. Les chênes qui présentent ces défauts sont ces arbres chétifs ou tetards si fréquents sur les fossés des départements de l'Ouest, où tous les ans on les émonde sans merci. Ils arrivent grossièrement équarris dans nos petits ports et entrent dans la construction des navires du petit cabotage dont la durée n'est jamais longue.

VICES ACCIDENTELS.

Gélivure. — Les bois présentent souvent des fentes en forme de V. Ces crevasses commencent dans l'écorce, traversent l'aubier, et pénètrent dans le bois en s'amincissant. Quelquefois ces fentes se remplissent d'une matière ligneuse, imparfaite, sorte d'aubier intercalé dans le bois franc, qui semble ainsi entrelardé. La gélivure est une cause de rebut ; elle compromet la résistance et la conservation des bois. Ce vice est causé par la congélation de la sève dans les vaisseaux ligneux, qui perdent sous cette influence leur vitalité et leur élasticité : on comprend qu'il se manifeste surtout à la circonférence.

Lunure ou Gélure. — On donne le nom de bois lunés ou gélifs à ceux qui présentent, sur la tranche, une couronne ou un simple croissant de tissu ligneux altéré, d'une couleur blanchâtre, d'une consistance faible. Quelquefois c'est le cœur même du bois qui se trouve ainsi transformé : et comme les portions de lunées s'altèrent facilement, un cylindre entier de bois se détruit au centre de la pièce. M. de Lapparent signale ce vice comme très fréquent chez les pièces de chêne rebutées par la marine : il croit à la possibilité de les utiliser ailleurs que dans les constructions navales, en les injectant. La lunure est un accident de la végétation, une mortification du tissu ligneux par le froid ou une autre cause.

Gerçure. — Les bois gercés sont fendus transversalement à la direction des fibres. Ces gerçures ne sont une cause de rebut que lorsqu'elles atteignent une certaine profondeur.

Fentes. — Ce sont des fissures dans la direction des fibres.

Elles proviennent d'une dessiccation trop rapide ; les meilleurs bois en présentent. Elles peuvent nuire, quand elles sont larges et étendues, à la conservation du chêne, ou forcer à débiter les pièces.

FROTTURES. — Plaies de l'écorce ou du bois produites par le frottement des branches, la chute d'un arbre, le heurt d'une roue de charette, etc. Ces blessures, que l'écorce recouvre parfois, sont des points par lesquels commence l'altération des bois.

ROULURES (*cap shake*). — Solution de continuité circulaire qui divise la pièce en deux cylindres concentriques, lui enlève sa force et l'expose aux influences extérieures jusque dans ses profondeurs. La roulure est circulaire ou semi-circulaire ; elle s'étend plus ou moins en longueur. C'est un vice grave qui entraîne le rebut, à moins qu'on ne puisse réduire la pièce au cylindre intérieur, ou l'ébouter de façon à retrancher la partie roulée.

La roulure est due à la destruction de zones imparfaitement lignifiées dans l'intérieur des tiges. D'après Deslandes, l'hiver de 1709 détermina la roulure chez presque tous les chênes.

CADRANURE. — Elle accompagne la roulure. Elle est caractérisée par des fissures rayonnant du centre vers la circonférence, où elles disparaissent en diminuant de largeur. La cadranure est un vice grave, un avant-coureur de la destruction des bois, car il ne se manifeste que chez les arbres qui approchent du retour.

TROUS D'ABATTAGE. — Les bois entaillés circulairement tombent avant que les fibres centrales soient coupées, et celles-ci formant pivot se brisent par arrachement, laissant un trou plus ou moins profond dans le cœur des tiges renversées. L'éboutage des pièces fait disparaître ce vice, dû à la maladresse des forestiers. En Italie, on déracine les chênes isolés, ce qui permet souvent d'obtenir certaines courbes avec les maîtresses racines, et un fut un peu plus long.

Coups de foudre. — L'action du fluide électrique sur les chênes a été tout récemment étudié en Allemagne par Fr. Buchenan (1). L'auteur montre que les lésions sont différentes suivant l'époque de l'année à laquelle les chênes ont été frappés, et suivant l'intensité du courant. Quand la foudre tombe au commencement d'un printemps humide, le fluide trouve un excellent conducteur dans l'aubier gonflé par la première sève chargée de l'amidon et de la gomme élaborés pendant l'été précédent. L'aubier donc peut être profondément lésé, désorganisé même, et devenir très apte à former plus tard, dans l'intérieur des tiges, ces zones blanches qu'on désigne sous le nom de lunures.

Quand le courant électrique ou la décharge ont été très faibles, le cambium devient le tissu conducteur, et les déchirures intéressent alors seulement l'écorce soulevée par la tension de la vapeur d'eau développée.

MALADIES PHYSIOLOGIQUES.

Retour. — Bois passé. — Les chênes dont la cime est couronnée quand on les abat donnent des bois sans force, sans élasticité, et d'une conservation difficile : c'est ce qu'on appelle le retour. Les bois de ce genre ont perdu de leur densité et doivent être exclus des constructions navales. Il est souvent difficile de reconnaître cette manière d'être. Cependant l'odeur, la coloration, la présence de bois mou au fond des gerçures, un commencement de cadranure, mettent sur la voie.

Bois mort. — Provient des arbres morts sur pied, et dont

(1) *Mitheilungen neber einen interessanten blitzschlag in mehrere stieleichen*. Rapport sur les dégâts causés par la foudre sur plusieurs chênes pédonculés par Fr. Buchenan. Dresde, 1868.

le tissu ligneux a, par suite, perdu une partie de son élasticité naturelle. Les bois de cette sorte se décomposent aussi avec la plus grande facilité, il faut donc les exclure. Lorsque ce bois mort est localisé dans les pièces, y forme des veines plus ou moins étendues, ces portions doivent être extraites avec soin.

Bois gras. — Nous avons dit plus haut dans quelles conditions se développaient les bois de chêne dits gras D'après l'opinion des ingénieurs les plus compétents, les bois gras doivent être exclus de certaines parties des constructions, mais non des approvisionnements des arsenaux. « Un ingénieur judicieux, dit M. de Lapparent, n'emploiera les bois d'essence plus ou moins grasse qu'aux parties les moins importantes de la construction et là où les chances d'altération sont les moins à redouter. »

Ce n'est donc plus une question de rebut, mais de proportion à établir entre les bois maigres et les bois gras. Il sera toujours facile de distinguer les uns des autres.

Bois maigres.	**Bois gras.**
La finesse du grain des bois maigres permet de leur donner un beau poli.	Leur couleur est pâle, brune ou rougeâtre.
La varlope en détache de longs rubans pleins, quoique d'une ténuité extrême, ayant une grande ténacité longitudinale et transversale , ce qui annonce que les faisceaux de fibres sont bien unis et comme soudés ensemble.	Si on y passe la varlope, à la place de longs rubans, on n'obtient que des enlevures courtes, écailleuses, sans ténacité, et se rompant brusquement sous le moindre effort.
Si on détache un de ces faisceaux, on peut le rouler en hélice entre les doigts, dans toute sa longueur, sans le rompre.	Si on essaie de rouler une fibre entre les doigts, elle se réduit en poussière.

Enfin, un pareil bois possède le maximum de résistance, et sa section de rupture n'est jamais nette, mais présente de longues esquilles, indice du liant du bois.

Enfin, les sections de rupture, au lieu de présenter de longues esquilles, sont nettes, et le bois, selon l'expression pittoresque des ouvriers, casse comme un navet (1).

MALADIES ACCIDENTELLES.

Nous donnons ce nom à des altérations du bois de chêne, provoquées généralement par l'envahissement du tissu ligneux par des larves d'insectes ou des mollusques qui dévorent sa substance. C'est en quelque sorte un parasitisme dont la matière organisée devient le siége.

En général, les bois n'offrent que rarement ces maladies avant leur entrée dans les approvisionnements. Ils peuvent en avoir le germe, mais ce n'est que dans les dépôts que ces altérations, se communiquant de proche en proche, amènent de véritables désastres. C'est contre elles que sont dirigées les moyens de conservation nécessaires pour préserver les grands entassements de chêne, moyens dont nous ferons l'étude plus loin.

Bois piqués et Bois vermoulus. — Les chênes sont moins sujets que les autres arbres à ces altérations. Les bois piqués sur pied n'ont rien perdu de leurs qualités, les bois vermoulus ont été pénétrés plus profondément par les larves d'insectes différentes de celles qui piquent les arbres vivants. La vermoulure se manifeste surtout chez les bois de retour et chez ceux dans le tissu lesquels la sève a fermenté. La dessiccation prévient ces altérations, l'immersion des pièces attaquées peut la combattre.

Lymexylon. — Genre d'insectes de la famille des Lymexylones caractérisé par des yeux gros et saillants surtout chez les

(1) De Lapparent, *Instruc. sur les bois, etc.*

mâles, et assez fortement séparés sur le front surtout chez les femelles.

La larve du *Lymexylon naval* est grêle , filiforme et à peau lisse. Les larves de cet insecte attaquent les bois abattus ou debout mais plus ou moins malades, y creusent des galeries horizontales, souvent profondes de plusieurs pouces, dont elles élargissent l'entrée au moment de se changer en nymphes, afin d'assurer une sortie facile à l'insecte parfait. Elles paraissent se nourrir exclusivement du bois qu'elles rongent.

C'est surtout dans les ports du midi que le Lymexylon exerce ses ravages. Connu depuis 1814, nos dépôts du Mourillon en ont parfois beaucoup souffert. En 1824, plus de 100,000 pièces de chênes furent mises hors de service à Toulon par cet hôte dangereux. M. Garraud décrit ainsi ses effets : « Il perce les bois jusqu'au cœur perpendiculairement aux fibres, de sorte qu'il en détruit le nerf et les rend faciles à être traversés par l'eau. On a remarqué que toutes les pièces qui étaient attaquées par ces vers, arrivaient promptement à un état de fermentation acide sensible à l'odorat. Les bois de Provence et de l'île de Sardaigne sont moins attaqués. Les ravages ont lieu principalement sur les bois des autres parties de la France et sur ceux d'Italie. » . . . .

On combat cet ennemi des bois de chêne par une dessiccation parfaite des pièces, ou en débitant celles-ci en bordages afin de tuer les larves qu'elles contiennent. Malheureusement le mal est déjà grand quand on s'en aperçoit, les trous faits à sa sortie par l'insecte étant excessivement petits.

Limnoria terebrans. — Crustacé de l'ordre des Isopodes, de la famille des Asellotes. Les trous creusés par cet animal dans les bois les plus durs ont 1/15 à 1/20 de pouce anglais de diamètre, et près de 2 pouces de profondeur. Il forme ainsi des galeries cylindriques, lisses et tortueuses, dirigées en tous sens et surtout de bas en haut. C'est avec ses mandibules que l'animal ronge les bois de chêne immergés.

Robert Stevenson l'a signalé pour la première fois sur le bois de support d'un fanal au phare de Bell-Rock. Depuis, on l'a rencontré sur d'autres points du littoral de la grande Bretagne ; au pont de Montrose, aux écluses du canal de Crinau, à Leith, à Port-Patrick, à Dublin, etc.

M. Garraud rapporte que des bois imprégnés de créozote, traités par le bi-chlorure de mercure ou le proto-sulfate de fer, n'ont point été préservés des perforations de ce crustacé, perforations suivies d'une destruction plus ou moins rapide de la matière ligneuse.

Le *Limnoria terebrans* n'est pas le seul crustacé qui attaque le bois de chêne M. Hesse, le savant et patient carcinologiste des côtes de Bretagne et particulièrement de la rade de Brest, a découvert, mêlée à la précédente, une autre Limnorie, le *Limnoria xylophaga.*

C'est à l'aide de mandibules, terminées les unes par des dents, les autres par des scies et des rapes propres à creuser, que les Lymnories xylophages forent leurs galeries. Des antennes, démesurément larges et couvertes de poil lango, servent de balais à l'animal pour chasser les déblais de son travail.

« Une fois, dit M. Hesse, qu'ils se sont établis sur une pièce de bois, ils ne la quittent que lorsqu'il n'en reste plus de vestiges ; ils la réduisent en peu de temps en poussière, en la creusant en tous sens et en la criblant de trous, lesquels aboutissent à des galeries qui, généralement, suivent le fil du bois. C'est par la surface périphérique qu'ils commencent, et, à l'aide de petits trous verticaux, ils pénètrent graduellement, par couche parallèle, jusqu'au centre. Le bois attaqué de cette manière a l'aspect d'une éponge, l'eau pénètre avec facilité dans toutes les galeries qui y sont creusées. Ils attaquent la carène des navires dont ils diminuent successivement l'épaisseur, et finissent par les rendre perméables, en les criblant de trous. »

Tarets. — Il est fort rare que l'on ait à constater la présence des tarets chez les bois admis en recette : nous aurons au contraire à signaler le mal que ces êtres font à ceux de nos bois d'approvisionnement que l'on conserve dans l'eau de mer et à la coque de nos navires.

Le taret est un genre de mollusques acéphales, rangé par Georges Cuvier dans sa famille des *Enfermés*, par Blainville dans celle des *Adesmacés* et par Deshayes dans les *Pholadaires*.

M. Laurent, chirurgien en chef de la marine, fut chargé, en 1845, par le gouvernement, de la direction d'un laboratoire de zoologie au Mourillon où devaient être faites toutes les recherches nécessaires pour connaître les animaux terrestres ou marins qui attaquaient nos approvisionnements de bois , et signaler les moyens les plus propres à les combattre.

Nos bois et nos navires, d'après cet observateur, seraient attaqués, dans les ports de l'Europe, par au moins trois espèces de tarets, qui seraient, dans la Méditerranée, l'Océan et la Manche, le *Teredo navalis*. La Méditerranée, outre ce dernier, posséderait encore le *Teredo bipalmulata,* et l'on trouverait au Havre, dans quelques circonstances, le *Teredo sénégalensis*.

M. de Quatrefages, en 1850, a fait paraître un mémoire sur les tarets. Dans l'incertitude où l'on est encore sur le nombre des espèces qui peuvent attaquer le bois de nos vaisseaux sur différents points du globe , il s'est borné à la description des animaux qu'il a pu étudier vivants dans les ports de l'Océan, ou entiers dans les collections du Muséum. Il abandonne l'expression de *Teredo navalis*, de Linné, comme se rapportant à plusieurs espèces ; il décrit seulement :

1°	Teredo	fatalis.....	Le plus commun en Europe et particulièrement à la Rochelle, aux Passages, dans nos ports de guerre, etc.
2°	»	pedicellatus.	Ces deux espèces habitent aussi les
3°	»	bipennata..	mers de l'Europe.

4°	»	Deshaii	Fréquent à Alger.
5°	»	Truncata ...	Mers d'Amboine (QUOY et GAYMARD).
6°	»	Elongata ...	Mers de l'Inde (GAUDICHAUD, EYDOUX, SOULEYET).
7°	»	Palmata ...	Mers de l'Inde.
8°	»	Itachburgii.	

Le taret est un animal allongé, vermiforme, terminé à sa partie antérieure par un pied tronqué ; sa coquille, épaisse et courte, est annulaire, ouverte en avant et en arrière, équivalve et inéquilatérale. Cette coquille est en partie finement striée, et les stries sont hérissées de dentelures aiguës.

La sexualité, le mode de génération des tarets n'est bien connu que depuis les travaux de M Quatrefages, exécutés à Saint-Sébastien et à la Rochelle (1)

Les tarets sont ovipares : la ponte est successive et dure un temps assez considérable. Les œufs pondus par les femelles s'arrêtent dans le canal branchial où ils sont fécondés par l'eau chargée de spermatozoïdes qu'y introduit la respiration. Il est possible aussi que les œufs soient chassés au dehors, où ils sont fécondés, et se changent en larves. Celles-ci, entraînées par les courants respiratoires, reviendraient se loger dans le lieu où elles doivent passer une première phase de leur vie ; leur sortie ultérieure a pu faire croire que le taret était ovo-vivipare.

Ces faits montrent que la fécondation chez les tarets se fait d'autant mieux que ces animaux vivent dans des eaux plus tranquilles : leur propagation, dans les grands chantiers de bois immergés soumis à des courants, est moins facile que dans les fosses à eau dormante. La nature, il est vrai, par l'incroyable multiplication des spermatozoïdes et des œufs, a compensé ces chances de destruction.

(1) *Annales des Sciences naturelles*, 3ᵉ série. Tomes IX, XI, XIII.

M. de Quatrefages a remarqué que la vie des tarets était assez courte. D'après la remarque du garde-magasin du chantier des Passages, ils périssaient presque tous l'hiver. M. de Quatrefages en conclut que là, comme chez certains insectes, la perpétuité n'est assurée que par les quelques individus qui résistent aux rigueurs de la mauvaise saison

Le point le plus intéressant de la vie du jeune taret est le moment où, sous forme d'une larve, il cherche le bois dans lequel il veut pénétrer. Après quelques tâtonnements, il se fixe dans une des sinuosités de la surface ligneuse, et surtout dans les sillons formés par les rayons médullaires. Par un mouvement alternatif de droite et de gauche, il s'y creuse un petit godet où il se niche. Il se couvre alors d'une substance muqueuse au centre de laquelle se montrent deux trous pour le passage de deux siphons. Cette couche, qui devient calcaire le 3e jour, est le commencement du tube de l'animal. Le taret sécrète en même temps une nouvelle coquille à dentelures fines, laquelle dépasse promptement la coquille embryonaire qui était lisse.

Hancock croyait que le taret perfore le bois avec son pied. Deshayes pensait que ce mollusque creuse ses galeries avec un sphincter agissant comme ventouse et sécrétant un liquide susceptible de ramollir le tissu ligneux. M. de Quatrefages croit avoir observé que dans cette opération le taret ne fait pas usage de sa coquille, mais de son capuchon céphalique.

En 1858, l'académie des sciences d'Amsterdam, justement préoccupée des ravages causés par les tarets, nomma une commission pour étudier cette grave question. L'un des membres, M. Harting, étudia les moyens employés par le taret pour creuser les bois les plus durs, celui du chêne, par exemple.

L'animal, dit cet observateur, se sert de sa coquille à peu près comme si les deux valves étaient des mâchoires mobiles ou les deux bouts d'une pince ; seulement avec cette différence que leur mouvement se fait successivement sur deux plans verticaux, l'un par rapport à l'autre.

Les petites dents sur les deux portions principales de chaque valve sont placées de la sorte qu'à chaque coup, de la substance est tranchée en particules quadrangulaires d'une petitesse extrême. Le pied fait l'office d'un suçoir attirant la coquille de façon à la forcer à se mettre en contact avec le bois.

Les dents sont peu usées par ce procédé, d'abord parce qu'elles ne grattent pas le bois, mais le coupent, comme le feraient autant de petits couteaux très aigus, et ensuite parce que chaque rangée de dents ne sert que pour un temps limité.

Les dents occupent le bord supérieur des lignes d'accroissement de la valve, le reste est lisse. Chaque ligne d'accroissement, et il y en a plus de 40 dans la coquille, d'individus âgés de plusieurs mois, indique un temps d'arrêt pendant lequel le taret a cessé de travailler pour ne recommencer son forage qu'après la réparation de son outil, c'est-à-dire après la formation d'une nouvelle rangée de dents.

Les galeries creusées par les tarets envahissent tout l'intérieur d'une pièce de bois sans indices extérieurs de ces ravages ; elles se dirigent dans tous les sens. Le taret change de route dès qu'il rencontre un sillon creusé par un de ses voisins ; aussi les galeries se multiplient sans communiquer.

MALADIES NATURELLES.

Bois échauffé. — Bois brulé. — On indique sous ces noms des états d'altération plus ou moins avancés chez lesquels les éléments organiques, le carbone surtout, se transforment par oxydation, et subissent cette action que les chimistes désignent sous le nom d'érémacausie ou combustion lente. Les bois échauffés ou brûlés sont parsemés de taches rouges ou noires, ils exhalent une odeur acide et se réduisent facilement en poussière. C'est le commencement de la fin naturelle de la substance ligneuse.

Pourriture. — C'est la suite de la décomposition dont l'échauffement est le commencement. Les forestiers et les ouvriers connaissent plusieurs sortes de pourritures. Identiques au point de vue des résultats, ces altérations offrent des caractères distincts les uns des autres dans la même espèce de bois. Rien de plus vague que ce nom de pourriture appliqué avec des adjectifs spéciaux aux aspects variés que prend le bois de chêne en subissant les dernières phases de sa décomposition.

Si nous constatons d'une façon précise les modifications chimiques dont les bois pourrissants sont le siége, nous savons peu de chose sur l'agent de ces modifications. Est-ce un ferment ? Est ce une végétation mycodermique qui détermine ces phénomènes. Depuis que nous savons que le tannin des chênes ne se transforme en acide gallique que sous l'influence de la végétation de champignons particuliers ; depuis que M. Trécul a reconnu, dans la sève en circulation dans les vaisseaux des plantes, la présence de spores de champignons, il est permis de penser que la pourriture est une transformation chimique ayant pour cause la végétation de protophytes divers. Il est aussi rationnel d'admettre que les caractères variés que prend la pourriture chez une même essence ligneuse sont dus à la diversité spécifique de ces protophytes.

L'humidité est une condition indispensable de toute végétation ; aussi favorise-t-elle la pourriture, soit que cette humidité vienne de la sève enfermée dans le tissu, soit qu'elle provienne du dehors.

Nous allons examiner les caractères des diverses espèces de pourriture du bois de chêne.

Pourriture sèche — ou Bois cannelle — ou Tabac d'Espagne. — Ces noms sont donnés à la même altération. La pourriture sèche se développe souvent à l'intérieur des pièces sans qu'un indice extérieur la révèle. Le bois devient cassant, offre la couleur de la cannelle et sa poussière ressemble à du tabac d'Espagne. Cette pourriture, lorsqu'elle a pour siége quelque portion du bois déjà prédisposée à cette altération par des vices de constitution, ou des vices accidentels, peut être limitée par le retranchement de la partie malade. Il n'en est pas de même quand la pièce entière y est prédisposée par son grand âge ou d'autres circonstances.

Comme s'il avait soupçonné que le germe de la pourriture sèche pouvait bien avoir été porté dans toutes les profondeurs du tissu par les liquides nourriciers, John Barow désignait la pourriture sèche sous le nom de *sap-rot,* ou pourriture de la sève. Eu Angleterre on l'attribue à ce que l'évaporation de la sève n'a pas été poussée assez loin pour que les germes privés d'eau aient perdu leur propriété germinative. L'attention du gouvernement anglais a souvent été attirée sur cette maladie par les ravages immenses qu'elle a exercés dans la flotte et dans les chantiers.

En 1771, le vaisseau l'*Ardent,* de 64 canons, fut détruit par la pourriture sèche. De 1804 à 1825, la flotte anglaise construite avec des bois mal séchés, fut visitée par cette maladie. Près de quarante vaisseaux, nommés les *quarante voleurs* (pour l'argent qu'ils avaient coûté en pure perte), furent mis hors de service. Parmi eux la *Reine Charlotte,* lancée en 1810, était condamnée en 1811 sans avoir pris la mer. Le *Bembow,* de 74, construit en 1813, était infecté de la pourriture sèche en 1818 et refondu avant d'avoir servi. Le *Dublin,* de 74, laucé en 1812, était désarmé en 1813 et ses réparations coûtaient 500,000 francs.

CARIE SÈCHE. — Ce n'est qu'une pourriture sèche plus avancée et caractérisée par le développement de nombreuses espèces de champignons à la surface des bois décomposés. La *chair de poule* ou *blanc de chapon*, est une pourriture sèche, mais distincte par la couleur blanche et la mollesse du bois.

Pourriture humide. — Les chancres, les gouttières, les nœuds pouilleux, les blessures causées par un élagage mal fait ou la rupture des branches, la mort d'une racine maîtresse, toutes ces causes déterminent souvent une pourriture extérieure plus ou moins localisée. Les chênes provenant de souches en sont fréquemment atteints à leur pied. Commencée sur les arbres vivants, la pourriture humide étend son action sur les arbres coupés : la séparation des parties malades arrête souvent le mal lorsque l'âge des bois ne les y prédispose pas.

Grisette. — Une couleur d'un brun plus ou moins foncé, quelquefois tirant sur le jaune, et une odeur de tabac prononcée la caractérisent ; sur les branches elle présente des taches noirâtres ou jaunâtres : sur le corps de la pièce, ce sont des veines de même coloration, suivant le sens des fibres ligneuses ; on les désigne sous le nom de flammes de grisette. Lorsque la maladie s'est encore plus développée, les veines sont parsemées de points ou de filets blancs. Ce dernier symptôme accuse nettement la grisette une des maladies les plus dangereuses du bois de chêne.

La grisette qui descend des branches vers les racines est plus grave que celle qui suit une marche inverse : la première atteint le cœur, et la resection des parties compromises sauve rarement la pièce : on peut au contraire ébouter les tiges qui en offrent l'indice inférieurement, et conjurer ainsi le développement ultérieur de l'infection.

Les ouvriers distinguent trois sortes de grisettes, qui ne sont sans doute que les diverses phases de la maladie : grisette blanche, noire et jaune.

La grisette des chênes d'Italie serait, d'après M. Garraud, moins dangereuse et plus facile à purger que celle des chênes de France.

CHÊNES FERRÉS. — Le bois est parfois noirci par le suintement de la sève, et prend une couleur analogue à celle du chêne dans lequel on a enfoncé des clous en fer. Ce sont souvent les arbres sur le retour qui présentent cette altération.

HUPPE. — Maladie assez rare et dont la description nous semble coïncider avec celle désignée sous le nom de *chair de poule*. La huppe serait décélée par une coloration plus foncée dans la teinte d'un nœud : les nœuds, indices de la huppe, sont désignés sous le nom d'*œil de perdrix*.

JAUNISSE. — Taches jaunes annulaires autour du cœur. C'est une maladie des chênes ayant dépassé leur maturité, et une cause de rebut (1).

D'après Mazaudier, les chênes des différentes contrées seraient plus sujets à telles maladies qu'à telles autres. Les bassins de la Seine et de la Loire offriraient fréquemment la pourriture sèche : le bassin du Rhin, le bois mort et la gélivure ; la Saône, la grisette. Chez les bois de Provence, les maladies seraient moins prononcées, moins rapides. Ceux de la Sardaigne et de Naples seraient aussi favorisés, quoique de qualité inférieure. Les chênes de la Romagne, supérieurs à ceux du nord de la France, offriraient les mêmes maladies, à cause de la nature humide du sol.

Le chêne verdoyant de la Floride (*Q. virens*), semble presque incorruptible. Knowles en donne pour preuve la frégate l'*Essex* ; sur 507 pièces qui étaient à bord, depuis 12 ans, 6 seulement furent trouvées en mauvais état.

Le chêne blanc (*Q. alba*) d'Amérique serait bien différent : les bordages du *Devonshire*, construit en 1812, étaient en chêne blanc ; ils étaient pourris, en 1817, sans que ce vaisseau eût pris la mer.

---

(1) Dans l'instruction sur les bois de la Marine, M. de Lapparent a figuré les principales maladies du bois de chêne. L'exagération du coloris est le seul reproche qu'on puisse leur faire.

II.

C'était, nous l'avons dit, un des inconvénients du martelage, que de faire affluer dans nos ports d'énormes quantités de chêne, pour ne pas laisser aller à l'industrie les pièces qui en provenaient.

De là ces entassements de bois dont la conservation était bien difficile. Il est souvent arrivé que, faute de pouvoir les loger dans les ports, les sommes allouées pour leur achat ne pouvaient être dépensées, à moins de s'exposer à des pertes considérables.

Malgré la précaution d'écarter les bois présentant des germes d'altération, les maladies propres à la substance ligneuse ne tardent pas à se développer. C'est alors que l'art de la conservation doit intervenir, art difficile qui doit prévenir et combattre les causes de destruction de ces matériaux coûteux.

Dans nos arsenaux, le chêne existe en dépôt ou en œuvre : en dépôt, dans les magasins ou dans des fosses ; en œuvre, à l'état de navires en construction ou à flot. Suivons-le dans ces quatre situations, et voyons leur influence sur sa conservation.

Autrefois les pièces de chêne destinées aux constructions navales étaient abandonnées en grume aux intempéries, dans le voisinage des chantiers. Lorsque le besoin d'un approvisionnement plus considérable se fit sentir, les bois équarris furent entassés en piles. La détérioration des pièces fut plus rapide encore que lorsqu'elles étaient isolées sur le chantier où elles séchaient plus vite, sans se communiquer leurs altérations.

D'après M. Nozereau, au bout de 15 ans, il fallait déclasser les bois conservés en plein air, et le dépérissement du chêne, dans ces conditions, était égal à celui des bâtiments à flot.

On recouvrit alors les piles d'une toiture, on les établit sur des pentes pavées. Des piles plus soignées encore furent soutenues au-dessus du sol sur des traverses de fer.

Knowles constatait que les vaisseaux construits de son temps avec des bois bien empilés, se conservaient beaucoup mieux, mais il signalait en même temps les inconvénients de cette méthode, et regrettait qu'on ne pût placer tout l'approvisionnement dans des hangars.

Le savant ingénieur recommandait de reformer les piles tous les ans, et de placer les pièces de la base au sommet du nouvel édifice. Il conseillait aussi de disposer les bois verticalement plutôt qu'horizontalement, précaution singulière qui avait cependant donné de mauvais résultats à Venise.

Des piles à toits mobiles on passa aux hangars. Le bois était mieux protégé contre le soleil et les vents qui le font fendre, et contre les pluies qui le pourrissent. Cependant l'arrimage de grosses pièces, la difficulté de déplacer celles qui conviennent, quand elles supportent les autres, la nécessité de refaire les piles pour visiter les bois, enfin les dangers de l'incendie rendaient ce mode de conservation difficile et onéreux.

Il faut donc de grands soins pour conserver les bois sous hangars. De grands dégâts y ont été souvent causés par les diverses maladies que nous avons énumérées ; c'est surtout dans les ports du Nord, où l'air est froid et humide, que les différentes sortes de pourritures sont à redouter. Dans les ports du Midi, à Toulon, où la plus grande partie de l'approvisionnement en bois de chêne est encore sous des hangars, la conservation est satisfaisante. Cependant il est arrivé que le *Lymexylon navale* a failli compromettre les dépôts de bois. Pour ne pas propager le mal, on fut obligé de renoncer à envoyer aux ports de l'Océan les bois courbes dont ils avaient besoin.

BOIS DE CHÊNE IMMERGÉ.

Un autre moyen de conserver les grands approvisionnements de chêne consiste à les immerger.

Cette pratique n'est pas toute nouvelle, puisque Vitruve conseillait une immersion de 30 jours, et qu'Evelyn attribuait au flottage la qualité des bois du nord. Elle ne s'est perfectionnée que lentement.

A l'origine, l'immersion fut de courte durée et se faisait indifféremment dans l'eau douce et dans l'eau salée.

En Angleterre, dès la fin du XVIIᵉ siècle, on plongeait les bois dans l'eau douce, pour les empêcher de se fendre; on les plongeait aussi dans l'eau salée pour prévenir la fermentation de la sève et faciliter sa dissolution.

En Suède, Linné proposa aussi de plonger les bois dans l'eau de mer pour détruire les œufs des insectes.

En Hollande et en Amérique on employait l'eau douce ou l'eau de mer.

Cette immersion ne donna pas partout de bons résultats; Strange, consul anglais à Venise, signalait en 1792 les mécomptes obtenus dans les ports de l'Adriatique par ce procédé.

Il semble que, vers cette époque, on y avait renoncé en Angleterre, mais on y revint vers 1822, et en 1825 les bois séjournaient trois mois dans l'eau douce à Deptford et à Wolwich, tandis que dans les autres ports on les plongeait dans l'eau salée.

Jusqu'ici l'immersion passagère n'est qu'un moyen de

préservation contre les insectes, ou bien un procédé destiné à hâter la dissolution de la sève, c'est-à-dire le désevage ; ce n'est pas encore un système d'emmagasinage. De nos jours, l'immersion, devenue permanente, doit être envisagée au triple point de vue de l'emmagasinage, de la préservation des animaux xylophages et du désevage.

Le séjour permanent des approvisionnements dans l'eau, et particulièrement dans l'eau salée, a été pratiqué en France depuis longtemps. On avait constaté, sans s'en rendre compte, que le chêne se conservait bien ainsi.

Cette méthode, qui permettait de réunir dans le voisinage des arsenaux de grandes quantités de bois à l'abri de l'incendie, jugée fort avantageuse, fut mise à exécution sur une vaste échelle, dès la fin du 17e siècle à Brest d'abord, dans les dépôts de l'anse Saupin, et plus tard dans tous nos arsenaux.

C'est longtemps après que l'on reconnut que la conservation du bois n'était pas due seulement à l'eau de mer, mais au mélange de l'eau douce et de l'eau salée, qui se produit près de l'embouchure des petits cours d'eau.

C'est pour n'avoir pas eu connaissance de cette particularité, que M. Thiers recevait du ministre de la marine, en 1846, une leçon sur la conservation du bois de chêne et le meilleur moyen à suivre pour le préserver. « Je n'ai, disait le ministre, qu'une rectification à faire à l'avis que nous donnait hier l'honorable M. Thiers pour la conservation du bois. Il paraît croire que la meilleure manière est de le mettre à la mer. Non, c'est de le mettre à l'eau et non pas à la mer. S'il s'agissait seulement de mettre le bois à la mer, on ne comprendrait pas comment l'espace pourrait manquer dans un port ; mais par celà même que la carène des vaisseaux qui flottent est exposée à ce ver qu'on appelle taret, si nous mettons nos approvisionnements dans cette eau de mer, il est évident qu'ils seraient très mal placés pour être conservés. Les locaux les plus propres pour la conservation des bois sont des fosses, dans lesquelles on a soin d'avoir de l'eau douce et de l'eau de mer, cette eau saumâtre qui tue le ver destructeur de la coque des vaisseaux et en préserve les bois de construction. »

Les premiers bois mis dans la Penfeld n'en furent pas préservés ; mais en l'an xi, M. Tarbé de Vauxclairs, pour reméd ier à l'insuffisance des dépôts des bois, fit entreprendre les travaux de l'île factice. Ce barrage réalisa le mélange des eaux douce et salée qui assurait la préservation des bois.

En 1835, M. Tupinier avait assisté à l'examen de pièces de chêne retirées des vases de la Penfeld, à Brest, et constaté le parfait état de ces bois placés là depuis un nombre considérable d'années.

Dans les autres ports, on avait, dès cette époque, entrepris des travaux considérables pour réaliser les conditions favorables de la Penfeld, des fosses d'immersion venaient d'être terminées à Rochefort, plusieurs autres étaient en cours de préparation.

A Lorient, les essais d'immersion n'avaient pas réussi, et comme à Cherbourg et à Toulon, les bois étaient encore sous des hangars ou ensablés.

De nos jours, l'immersion s'est généralisée comme méthode d'emmagasinage.

Les fosses sont naturelles à Brest, dans la Penfeld ; à Lorient, dans le Scorf, les marées y déterminent le mélange nécessaire.

A Kerhuon, on a utilisé une anse naturelle, un fort ruisseau y apporte l'eau douce. Les voyageurs qui arrivent à

Brest par la ligne de l'Ouest, sont frappés du spectacle étrange que leur offre, des hauteurs du viaduc, ce vaste rassemblement de bois de chêne qui représente une valeur de 8 à 10 millions.

Le bois de chêne est encore conservé dans des fosses artificielles. A Rochefort, on a creusé neuf fosses dans la prairie de la Gardette, elles offrent une superficie de plus de 400,000 mètres carrés et contiennent 50,000 stères de bois de chêne. Un canal les fait communiquer avec la rivière, et le mouvement des marées fait varier ainsi le degré de salure des eaux

A Toulon, pour suppléer aux fosses d'immersion du Mourillon, on en a établi deux nouvelles à l'entrée de la rivière Vauban, l'une d'elles, réservée au bois de chêne, offre une surface de 5 hectares 1/2.

M. de Quatrefages, dans ses études embryogéniques sur les tarets, a constaté l'action de certaines substances sur la vitalité des spermatozoïdes de ces mollusques. Quelques traces de sels de cuivre ou de plomb dans des solutions excessivement étendues suffisaient pour les foudroyer.

« En partant de cette idée, dit le savant observateur, le problème de la conservation des bois de marine se transformerait en une question toute physiologique qu'on peut énoncer ainsi : — Empêcher la transformation du germe en animal, et pour cela empêcher la fécondation des œufs, ou en d'autres termes, tuer les spermatozoïdes. »

L'action d'une solution métallique est moins considérable sur les larves et les adultes que sur les germes. M. de Quatrefages croit que 500 grammes de bi-chlorure de mercure tueraient tous les spermatozoïdes de tarets contenus dans 20,000 mètres cubes d'eau de mer.

M. Vrolick, rapporteur de la commission hollandaise

dont nous avons parlé, a remarqué que la propagation du taret dans nos bois rencontre un obstacle naturel. C'est un annélide de 0ᵐ10 à 0ᵐ15 de long, le *lycoris fucata*, qui détruit et suce les viscères du taret. M. Kaster a vu un *lycoris* saisir un taret libre avec ses pinces, le dévorer et n'en laisser que les valves. Que de quantités de chênes on économiserait si l'on pouvait propager cet adversaire du taret.

Ce ne sont pas seulement les bois bruts que l'on a placés sous l'eau. Colbert voulant donner à Louis XIV, dans un voyage projeté à Brest, un spectacle digne du grand roi, avait conçu l'idée de faire construire sous ses yeux, en quelques heures, une frégate de 30 canons. Toutes les pièces étaient prêtes, il ne restait qu'à les réunir. Le voyage ayant été différé, Colbert écrivit à du Seuil de mettre sous l'eau tous ces bois travaillés.

L'immersion des grandes quantités de bois de chêne ne supprime pas la nécessité de vastes hangars comme ceux du Mourillon et de l'île factice dans la Penfeld. En 1865, lors de la discussion du budget, M. Dupuy de Lôme en donnait la raison. « Si nos magasins, disait-il, ne sont pas suffisants, c'est que nos bois ont besoin d'être conservés à sec avant leur application. Autrefois on les tirait directement des fosses d'immersion, excellentes pour la conservation du bois qu'on n'emploie pas à bref délai ; mais pour les constructions qui ne restent pas, comme autrefois, dix ans sur les chantiers, il faut avoir des bois secs qui soient sortis des fosses depuis deux ans, trois ans avant la mise en œuvre. »

Un emmagasinage peu dispendieux, une préservation des altérations ordinaires du chêne, tels sont les premiers avantages de l'immersion. Nous avons dit qu'il en existait un troisième, c'était le désevage.

Cet avantage sera surtout réalisé dans les eaux courantes et plus facilement dans les eaux douces.

M. de Lapparent voudrait pouvoir traiter nos bois de la manière suivante : un an dans l'eau douce courante, — deux ans dans l'eau douce souvent renouvelée, — trois ans dans l'eau saumâtre se renouvelant sans cesse.

L'eau douce ou l'eau de mer se substituent-elles à la sève dans les chênes immergés ? Ce qui est certain, c'est que quoique vert, le chêne augmente encore du treizième de son poids, quand on le met dans l'eau.

On a peine à cromprendre que la pénétration des bois par l'eau de mer devienne pour eux un avantage ; ils doivent en effet difficilement sécher sous les hangars, et le pourraient-ils, les sels hygrométriques de l'eau de mer restés dans le tissu ligneux tendraient à reprendre de l'eau.

Un de nos collègues, M. Benou, longtemps chargé des analyses de la marine au port de Cherbourg, a fait une série d'expériences qui l'ont conduit à reconnaître que le désevage n'était pas dû à la pénétration de l'eau de mer.

Huit cubes de bois de chêne désevés lui ont fourni des cendres identiques, par leur composition, à celles du bois de chêne ordinaire : l'eau de mer n'y avait introduit aucun élément marin.

Ainsi ces cendres ne contenaient que des traces imperceptibles du chlorure de calcium et des autres sels qui dans l'eau de la Manche entrent dans la proportion de 3,67 pour cent.

La pression seule ou un acte physiologique, l'endosmose, peuvent faire pénétrer des liquides denses dans les vaisseaux des bois d'essence dure.

Tableau des expériences faites par M. Benou

Sur des échantillons de bois de Chêne, immergé dans la mare de Tourlaville

N° D'ORDRE	DURÉE de L'IMMERSION.	PARTIE de LA PIÈCE.	POIDS DU CUBE avant dessiccation.	POIDS DU CUBE après dessiccation.	EAU ÉVAPORÉE par l'étuvage.	QUANTITÉ DE SEL de l'eau de mer correspondante.	POIDS de la CENDRE.	POIDS de LA CENDRE normale.	PROPORTION DE L'EAU au bois sec 0/0.
1	Conservé à l'air.	Extérieur	97,50	79,10	18,40	—	0.13	0,32	23,26
2		Cœur	106,00	85,10	20,90	—	0,50	0,34	24.54
3	4 ans	Extérieur	143,50	82,80	60,70	2 20	0,32	0,33	77,30
4	—	Cœur	136,70	79,20	57,50	2,08	0.27	0,32	72.56
5	6 ans	Extérieur	134,00	73,20	60,80	2,21	0,13	0,28	82,90
6	—	Cœur	137,90	81,00	56,90	2,03	0 13	0,32	70.02
7	9 ans	Extérieur	146,30	88,30	58,00	2,05	0,22	0,35	65,70
8	—	Cœur	139,60	84,20	55.40	2,01	0,22	0,34	65 80
9	12 ans	Extérieur	146,65	84,60	62,05	2,25	0,33	0.34	73.36
10	—	Cœur	133,50	77,80	55,70	2,02	0,29	0,31	71,73
			1321.65	815.30	506,35	16.85	2,54	3,25	62,71°/.

Les chiffres de la 9e colonne ont été calculés en se basant sur la proportion moyenne de quatre millièmes de cendre, admise par M. Violette pour les différentes essences de chêne.

Ainsi l'eau évaporée lors de la dessiccation des cubes immergés n'était pas de l'eau de mer, car cette eau eût laissé ses sels parmi les cendres, et eût augmenté la proportion de ces dernières.

Les 16,85 de sels de l'eau de mer (7e colonne du tableau), représentent 11 gr. de sel marin, ou 25,45 de chlorure d'argent. Le résidu 2,54 total des sels contenus dans les cendres, a donné des carbonates de chaux et de potasse. Repris par l'acide azotique, il n'a fourni que des millièmes de chlorure d'argent, tandis qu'un poids égal de sels de l'eau de mer en aurait offert 1,25. L'eau de mer n'a donc pas pénétré.

Il y aurait peut-être un autre moyen de prouver que l'eau de mer ne pénètre pas les bois immergés. M. Péligot a démontré que le bois de chêne ne contenait pas de sels de soude. L'eau de mer introduisant, si elle y pénètre, du chlorure de sodium, et ce chlorure de sodium devant être retrouvé dans les cendres, il est évident que la plus minime proportion de composés sodiques retrouvés dans les bois devra être mise au compte de l'eau salée. M. Benou, sans que son attention ait été dirigée sur ce fait, a reconnu cependant que les cendres des bois immergés ne contenaient que des carbonates de potasse et de chaux.

L'eau de mer ne pénétrant pas les bois, il est possible d'admettre qu'elle les imbibe en se débarrassant de ses matériaux salins. Il y aurait là peut-être aussi un phénomène de dialyse. On sait que dans une solution contenant des principes cristallisables et non cristallisables séparés d'un liquide par une membrane, il se produit un triage entre les principes dissous : les uns traversent les membranes et les autres non. Dans le cas qui nous occupe, les cellules ligneuses jouent peut-être un rôle analogue à la membrane du dialyseur, une partie des matériaux de la sève les traverse pour se dissoudre dans l'eau, ou bien l'eau de la mer est désalée en y entrant.

CONSERVATION DU BOIS DE CHÊNE OEUVRÉ.

Dans les ports de construction, la plus grande masse du bois de chêne mis en œuvre est à l'état de navires en chantier ou de navires à flot : étudions sa conservation dans ces deux circonstances.

1° NAVIRES EN CONSTRUCTION.

Dès les premiers développements de la marine française et jusqu'à une époque qui n'est pas très-éloignée, il était d'usage de monter un grand nombre de vaisseaux sur les chantiers, et d'en poursuivre l'achèvement par 24ᵉ avec lenteur.

On trouvait dans ce système l'avantage d'avoir une réserve que l'on pouvait rapidement disposer en cas de guerre : de plus, une partie du bois de chêne se trouvait logée de cette façon. Enfin l'art des constructions estimait que les membrures construites ainsi avec du chêne qui avait le temps de sécher avant d'être revêtu intérieurement et extérieurement, se conservaient plus longtemps après la mise à flot.

Toutes les puissances maritimes construisaient ainsi : en 1790, il y avait à Venise 22 vaisseaux conservés sous des cales couvertes. En 1784, le vaisseau *Royal-Charlotte* fut remonté sur cale ; il y demeura sans altération durant 13 années, et après sa remise à flot, en 1797, il rendit de longs services.

M. Nozereau, officier du génie maritime, expliquait en

1846, à la chambre des députés, l'influence de ce séjour en chantier, sur la conservation des navires. « Les plus anciens bois des bâtiments en construction éprouvent une espèce de calcination qui leur donne une dureté à laquelle les outils les mieux trempés ne peuvent résister. Les navires depuis 30 ans sur le chantier auraient pourri deux fois s'ils avaient été à flot; mis à la mer ils dureront 20 ans. »

Lors de la discussion du budget en 1837, M. Le Déan disait aux chambres : « Toutes les expériences ont appris qu'un des moyens les plus assurés de conserver le bois de chêne, est de le monter sur les chantiers sous forme de carcasses préservées des injures de l'air. »

M. Tupinier disait aussi : « La réparation des navires en construction est de trois à quatre mille francs par an, celle des vaisseaux à flot de 40,000 francs.

Rien ne prouve mieux la différence de conservation entre le chêne demeurant un certain temps sur les chantiers et celui qui ne fait qu'y passer, que le fait suivant. En 1852 on mit à l'eau à Cherbourg l'*Austerlitz*, resté 20 ans en chantier. A peine lancé, le vaisseau fut transformé et son arrière refondu reçut une hélice. En 1861, cet arrière neuf était complètement pourri, tandis que le bois de chêne de la coque était admirablement conservé. Ce fait établit catégoriquement l'avantage des constructions lentes.

Cette méthode devait tomber, non pas sous les critiques, mais devant les modifications incessantes du navire de guerre à notre époque. Que de types se sont succédé sur nos cales en peu d'années; toute réserve en chantier, toute construction lente devenait impossible. La conservation sous des hangars des bois retirés des fosses d'immersion, procurait d'ailleurs aux pièces une partie des bénéfices du séjour prolongé sur les chantiers à l'état de coques inachevées.

D'autres précautions sont prises encore pour hâter la dessiccation du chêne des navires montés sur les cales. On borde à claire-voie; vis-à-vis des mailles au-dessus de la virure des baux du faux-pont, on enlève une virure pour aérer cette partie du navire. Après avoir paré la charpente à l'herminette, on laisse la nouvelle surface sécher avant le placement des bordages. Enfin l'usage de toitures mobiles a remplacé les cales couvertes; cet usage a été imposé en 1860 aux constructeurs des ports de commerce pour les navires de l'Etat.

La rapidité de nos constructions dans ces dernières années a été telle, que les moyens ordinaires n'ont pas paru suffisants pour hâter la dessiccation du bois de chêne des navires en chantier. On a cherché à produire cette dessiccation sur les pièces travaillées et avant leur assemblage.

A Londres, on a tenté de dessécher les bois dans des étuves traversées par un courant d'air chaud, mais des gerçures nombreuses se produisaient à la surface.

Plus tard, en 1811, on essaya de dessécher les baux de chêne par la fumée et le gaz provenant de la distillation d'un mélange de houille et de sciure de pin. Le bois était contenu dans une étuve, en communication avec des cornues ou les matières précédentes étaient soumises à une haute température. Une première expérience manqua, les baux étaient brûlés : une seconde amena la déformation, et la gerçure des bois. A la troisième tentative, l'étuve sauta et six hommes furent tués.

M. de Lapparent a fait essayer à Tourlaville, près de Cherbourg, un procédé analogue, celui de Guibert. Le bois était soumis dans une étuve à l'action de la fumée produite par la distillation de la sciure de bois, du tan ou de la houille : cette fumée, accompagnée de vapeur d'eau, ne produisait pas de gerçures. Cette méthode fut appliquée à une pièce d'équarrissage de 33 centimètres de côté, de $4^m,10$ de long et du poids de 410 kilog. Au bout d'une semaine la pièce ne pesait plus que 306 kilog., la perte avait donc été supérieure à 25 p. 0/0. La température avait oscillé entre 50 et 110°. Malheureusement, des gerçures s'étaient produites ; M. de Lapparent pense qu'en ne dépassant pas la température de l'eau bouillante on les éviterait.

Les anciens aussi avaient voulu hâter la dessiccation du chêne : ils essayèrent divers moyens, la fumée entre autres :

Et suspensa focis explorat *robora* fumus.

PLINE LIV. XXIII CH. 1.

La résistance du chêne des navires à flot ne dépendra pas seulement des méthodes mises en œuvre pour le préserver au milieu des épreuves de cette dernière phase de son existence, elle sera la conséquence des soins pris pendant la construction.

La pourriture du bois de chêne a pour conséquence, dans un grand nombre de cas, le développement de champignons nombreux. La présence de ces derniers peut donc indiquer sur les points ou ils se montrent, le concours des causes d'altération.

Lorsqu'on démolit un navire, on remarque que les champignons sont beaucoup plus fréquents entre la membrure et les pièces du bordage intérieur ou extérieur, qu'entre les mailles de cette membrure elle-même : en uu mot, c'est plutôt sur les faces du tour que sur les faces du droit qu'on les rencontre.

Il est d'expérience que les bois pourrissent surtout aux points de contact. Cela est-il dû à l'interposition d'une couche d'air qui, ne se renouvelant pas en ces endroits, se charge de l'humidité des bois, tandis qu'entre les mailles il y a un peu de circulation et par suite une dessiccation normale.

Faire circuler l'air là où c'est possible, le chasser des cavités closes ou il serait confiné, tels sont les moyens essayés pour lutter contre la pourriture. M. de Lapparent a indiqué les dispositions à prendre pendant la construction pour faciliter la circulation, diminuer l'étendue des cavités des assemblages imparfaits, chasser l'air aux points de contact entre le bordé et la membrure par l'interposition de mastics.

Nous n'avons pas à juger s'il est facile et toujours possible de réaliser ces conditions : mais nous doutons de leur efficacité. Lorsque les mycéliums apparaissent chez le chêne pourri non-seulement dans les espaces intercellulaires, mais encore dans les vaisseaux les plus déliés, il est difficile d'admettre qu'une circulation d'air, ou un remplissage des cavités seront suffisants pour arrêter leur développement.

Depuis longtemps on a observé que les bois carbonisés à la surface se conservaient indéfiniment quand ils ne portaient pas déjà des germes de décomposition.

La carbonisation semble avoir été pratiquée en Angleterre avec des succès divers. Le *Royol-William* dut sa longue durée à ce procédé, tandis que le *Dauntless* dont les couples et les bordages de chêne avaient été carbonisés, présentait, six ans après sa mise à l'eau, une altération profonde des mêmes parties.

Tout en attribuant les insuccès à une carbonisation imparfaite, Knowles pensait que les bois ainsi modifiés, frottant les uns contre les autres par suite du jeu du navire, la partie superficielle charbonnée se réduisait en poussière et qu'il en résultait une disjonction des faces.

C'est un ingénieur français, M. de Lapparent, qui le premier a rendu la carbonisation facile et pratique, en y appliquant la combustion du gaz inflammable comprimé dans un appareil spécial, et dirigé dans des tubes en caoutchouc terminés par une lance.

On flambe ainsi non-seulement les surfaces du bois, mais les trous, les joints, les tenons et les mortaises ; on carbonise aussi et surtout les faces de contact, et, dans les radoubs et refontes, les parties nouvellement parées et celles qui sont suspectes.

La carbonisation est aidée par le bouchonnage des surfaces avec un peu de goudron. Les produits empyreu-matiques pénètrent dans les pores du chêne et contribuent aussi à sa conservation.

C'est en 1862 que le flambage des carènes a été appliqué dans tous nos arsenaux.

M. de Lapparent a proposé encore, pour prévenir l'alté-ration des membrures, l'usage d'une peinture additionnée de soufre. Il pensait que le soufre ainsi employé donnerait lieu à un dégagement d'acide sulfureux par l'oxydation lente, et que ce gaz agirait sur les végétations inférieures des bois altérés, comme il agit sur les parasites de la peau.

Dans les arsenaux anglais, on a essayé un compost qui avait pour base un minerai d'étain arsenical de Cor-nouailles. On pensait que l'arsenic tuerait aussi les végé-tations mycodermiques des bois. Application fut faite à la *Reine-Charlotte* ; mais les ouvriers chargés de ce travail furent tous malades, et deux moururent empoisonnés. L'essai ne fut pas recommencé, la conservation du chêne important moins que celle des hommes.

Les anciens appliquèrent les huiles végétales à la conservation des bois. En Angleterre, d'après les conseils de Hales, on fit tremper dans l'huile les bordages de quelques navires, et cette opération prolongea la durée de ces pièces. Quelques constructeurs avaient l'habitude de pratiquer un trou dans l'extrémité des baux et d'y verser de l'huile de baleine. Les baux du vaisseau le *Fame* furent soumis à cette expérience. Après plusieurs années, on constata que le bois de chêne était sain jusqu'à 12 ou 18 pouces de profondeur, limite de la pénétration de l'huile, mais qu'il était altéré plus loin.

La chaux fut aussi employée pour conserver les pièces de chêne entrant dans la charpente des navires.

En 1798, la frégate l'*Améthyste* fut construite en Angleterre avec moitié de couples et de baux chaulés. On constata plus tard que les pièces, soumises à ce traitement, s'étaient altérées rapidement.

Le goudron a aussi été essayé en France, pour l'imprégnation des pièces de construction. Dans la séance du 27 mars 1848, le ministre de la marine transmit à l'Académie des sciences un travail de M. Gemini sur ce sujet. L'auteur proposait l'imprégnation des bois par le goudron minéral ou végétal pur. Les pièces étaient préalablement desséchées presque complètement dans des cylindres.

Nous ne dirons rien des procédés de conservation des bois inventés par M. Boucherie, ils n'ont malheureusement réussi que très-imparfaitement pour le chêne dont le tissu dense et serré se laisse difficilement pénétrer.

La kyanisation, inventée en Angleterre par Kyan, consistait à faire entrer dans le tissu ligneux du deuto chlorure de mercure. C'était cher et dangereux. L'emploi du chlorure de zinc, tenté par Barnett, était moins nuisible pour les hommes, moins coûteux aussi. Les essais faits de l'autre côté de la Manche ont montré que le bois de chêne, imprégné de cette substance, avait résisté dans la fosse aux champignons de Wolwich : cependant l'usage ne s'en est pas généralisé. L'injection au protosulfate de fer, par la méthode de Payne, n'a pas eu plus d'applications.

Parmi les circonstances qui peuvent avoir de l'influence sur la durée du chêne des navires, il en est une que la plupart des constructeurs ont signalée, c'est la juxtaposition d'éléments ligneux divers dans les parties essentielles de la coque d'un bâtiment.

Un des exemples les plus intéressants du mélange des bois d'essences diverses dans la coque d'un navire est celui de la corvette *Halifax*, construite à Halifax, en 1806, avec du bouleau, du pin rouge et du chêne ; 6 ans après, quand on la démolit à Portsmouth, on constata que le pin et le bouleau étaient pourris, et le chêne en voie de dépérissement.

Les bois étant doués de propriétés physiques diverses, éprouvant des dilatations et des retraits inégaux sous les mêmes influences, on comprend que leur association amène dans la coque des navires des jeux irréguliers qui ne peuvent être favorables à leur conservation.

2° DURÉE DU CHÊNE CHEZ LES NAVIRES A FLOT.

Les navires ont une durée limitée qui est plus considérable que celle du chêne qui les compose.

La durée du corps de l'homme est également plus grande que celle des matériaux qui constituent sa charpente osseuse.

Chez le navire, comme chez l'être humain, la substance usée doit être remplacée. Ce remplacement se fait chez le premier par le soin du constructeur, chez le second par la nature. Dans le navire, le renouvellement est partiel, irrégulier, variable : on sait que l'homme renouvelle sa charpente tous les 7 ans.

Les réparations de l'édifice humain ont une limite, et la durée de l'être est bornée, malgré cette rénovation incessante ; de même, la restauration par 20e, 24e, 25e, etc., du bois des coques, ne peut être prolongée indéfiniment. Il y a, pour le navire comme pour l'homme, un terme physiologique à la réparation.

Deux choses sont donc à considérer dans la conservation du bois de chêne des navires à flot : la conservation relative et la conservation absolue : l'une indiquée par l'importance successive des radoubs, l'autre ayant pour mesure l'existence du navire lui-même. Elles sont influencées par les mêmes causes : qualité du bois, bonne construction, etc. La durée relative est dépendante de circonstances spéciales, telles que la place des pièces dans l'édifice flottant, et la durée absolue a aussi ses conditions particulières, comme la nature et l'activité des services du vaisseau, et les soins pris pour le conserver dans son ensemble.

La durée absolue est très-variable Le *Montagu* et le *Royal-William*, vaisseaux anglais, durèrent plus de 40 ans, tandis qu'à la même époque, comme nous l'avons dit, ce qu'on nomma la bande des 40 voleurs n'eut qu'une existence des plus brèves, après des réparations onéreuses.

Les perfectionnements apportés dans les constructions navales et surtout le choix des matériaux ont augmenté de nos jours la durée moyenne des navires de guerre. En Angleterre, les vaisseaux à hélice durent fort longtemps, de 30 à 35 ans. Le *Nelson* a eu une existence de plus de 45 ans. Le *Prince-Régent*, lancé en 1812, était assez bien conservé en 1860 pour pouvoir être transformé. Le *Rodney*, construit en 1833, transformé en 1866, a été désarmé en bon état.

W. Petty, dans sa philosophie navale, porte à 25 ou 30 ans ce qu'il appelle un règne de vaisseau.

En 1850, M. Cros, inspecteur général du génie maritime, estimait à 20 ans au moins la durée des coques de nos bâtiments de guerre.

L'usure de la coque des bâtiments, causée par le dépérissement du chêne de leur charpente, n'est pas interrompue, que le navire soit armé ou désarmé. Cette usure exige des radoubs et même des refontes fréquentes, dont les prix, pendant toute la durée du vaisseau représentent à peu près celles des bois de première mise. L'enquête anglaise de 1850 établit que l'usure annuelle de la coque d'un vaisseau de 80 représentait une dépense de 91,500 fr. En admettant une durée de 20 ans, c'est une somme de 1,830,000 francs, qui représente presque exclusivement la valeur du bois de chêne des radoubs.

C'est là l'usure normale de navires bien construits : c'est autre chose lorsque les matériaux laissent à désirer. La *Reine-Charlotte* lancée, en 1810, entra au bassin l'année suivante, et exigea 756,300 fr. de réparation. L'*Illustrious*, construit en 1803, et dont la coque valait 939,800 fr., avait besoin quatre ans après d'une refonte de la valeur de 1,850,000 fr.

La cause destructive du chêne des navires à flot est cette maladie des bois désignée sous le nom de pourriture sèche. Elle a pour symptômes la présence de champignons sur les surfaces ligneuses. Chez nos voisins d'Outre-Manche, où cette maladie a fait à plusieurs reprises des ravages immenses, on a cherché à la combattre par mille moyens : chaulage, résines, huiles, sels de plomb, sels de fer, noix de galle, couperose, alun, asphalte créosote, tout a été essayé sans grand succès ; il fallait toujours en arriver à remplacer le chêne pourri.

L'eau de mer ayant la propriété de conserver les pièces de chêne, on pensa que le sel marin pourrait arrêter la pourriture sèche. La *Floride*, construite à Charlestown, en 1813, avait été apprêtée au sel ; il fallut la démolir en 1819 ; les bordages et les pièces de la membrure en contact avec le sel étaient couverts de champignons.

En 1699 un charpentier de Portsmouth proposa, pour combattre la pourriture sèche, de remplir les mailles d'eau salée à l'aide de pompes. En 1720, on laissa entrer 6 à 7 pieds d'eau dans la cale de quelques vaisseaux. En 1818, Bowden proposa le même remède contre le même mal.

En 1816, la *Résistance* et le *Saint-Fiorenzo*, coulés par accident dans le port de Mahon, furent laissés quelque temps sous l'eau, afin de détruire les germes de pourriture sèche qu'ils présentaient. Le premier de ces bâtiments retourna en Angleterre et fit longtemps encore un bon service.

L'*Eden*, de 26 canons, était totalement couvert de champignons : on le submergea à Barnpool, près de Plymouth, en novembre 1816 : quand on le releva, toute trace de pourriture avait disparu. Il existait encore en 1833, après avoir navigué aux Indes-Orientales et dans l'Amérique du Sud.

En 1815, les Américains coulèrent une flotte dans le lac Erié pour la conserver.

La pourriture sèche étant causée par l'humidité, la ventilation, l'aération sont les meilleurs moyens à lui opposer. La destruction du chêne est surtout rapide là où il est en contact avec une atmosphère stagnante et chargée d'humidité.

C'est parce que l'aération est extrêmement difficile chez les navires cuirassés que leur conservation présente tant d'obstacles, et que leur durée est si courte. L'hygromètre

y accuse la saturation de l'atmosphère par la vapeur d'eau :
et si l'eau de mer ronge leurs coques, l'air humide décompose leur bois. Moins de deux ans après la dernière guerre, le *Rochambeau*, l'un des deux monitors, payés 14 millions aux Etats-Unis, était condamné.

Pendant l'hiver 1872-1873, j'ai suivi avec le plus grand intérêt la démolition de ce monitor. Il était construit avec des bois résineux et du chêne : La juxtaposition de ces matières ligneuses différentes aura sans doute été pour quelque chose dans le rapide dépérissement de ce navire.

J'ai remarqué là une altération du bois de chêne trèscurieuse et semblable à celle que présente un fragment de la même espèce de bois provenant des grands transatlantiques construits à la hâte en 1840, et déposé au Musée de l'Ecole de Médecine de Brest.

Cette altération est caractérisée par la présence de vacuoles allongées ou sphériques, nombreuses et disposées en lignes régulières parallèlement aux fibres longitudinales du bois de chêne. La substance ligneuse est criblée dans toutes ses parties de ces vides anormaux. Ils sont tapissés d'un feutrage blanchâtre fait de fibrilles ligneuses altérées, mais chez lesquelles on reconnaît encore au microscope des ponctuations ou des rayures.

Un grand nombre de ces cavités présente une substance d'un beau jaune orangé qui révèle au microscope sa nature mycodermique : ce sont des granulations ovoïdes disposées en forme de chapelet ; les vaisseaux les plus grands du bois en sont eux-mêmes tapissés. Ce n'est pas seulement à la surface des pièces de chêne du *Rochambeau*, c'est aussi dans leur profondeur que cette singulière modification du tissu ligneux se révèle. En criblant les bois de ces espaces vides, elle les rend plus perméables à l'eau, et détermine plus rapidement leur altération.

Cette maladie dont l'origine est antérieure peut-être à

la construction de ce navire, ne modifie pas sensiblement la dureté et la ténacité du chêne, mais les navires faits de ce bois sont voués à une destruction rapide.

Les flancs du *Rochambeau* offraient au mycologue une curieuse collection de champignons les plus divers. J'en ai compté au moins douze espèces.

On sait que les bois altérés absorbent l'eau comme une éponge, et qu'ils sont d'autant plus hygrométriques qu'ils sont plus avancés vers le terme de leur décomposition.

Le tableau ci-dessous donne les résultats de quelques observations que j'ai faites au port de Brest sur les quantités d'eau que peuvent contenir ou prendre des morceaux de chêne provenant de la démolition des navires.

Ces fragments après avoir été pesés ont été placés dans une étuve marquant environ 25° c, et ils y sont restés pendant une année. Des pesées successives nous ont donné la certitude qu'après ce laps de temps la dessiccation était parfaite.

POIDS DU BOIS DE CHÊNE de démolition.	POIDS au bout d'une année de séjour à l'étuve.	TOTAL DE L'EAU perdue.	POIDS DE L'EAU ABSORBÉE par kil. de chêne sec.	ÉTAT D'ALTÉRATION du bois.
2.605	1.665	940	564	altéré.
4.255	2.700	1.555	576	altéré
4.835	2.780	2.055	742	très altéré.
4.946	3.405	1.541	453	sain.
3.708	3.245	1.463	651	altéré.
6.368	4.320	2.048	473	peu altéré.
3.168	2.080	1.088	523	altéré.
5.000	3.472	1.528	440	peu altéré.

Il ne faut pas oublier que, dans ces recherches, la question de masse a une grande importance : la quantité d'eau perdue ou absorbée est d'autant moindre que les dimensions des bois sont plus considérables. Mais quand on compare des poids égaux de bois de chêne, la quantité d'eau absorbée par unité de substance varie comme l'altération. Ainsi, le troisième échantillon, très-altéré, avait absorbé, par kilogramme, 742 d'eau, tandis que, sous un poids à peu près identique, le quatrième échantillon n'en avait absorbé que 453.

Les fragments mis en expérience avaient des origines très-diverses au point de vue de la place occupée par eux dans le navire démoli ; mais tous avaient été en quelque sorte saturés d'humidité par un séjour prolongé, sans abri sur les quais. On peut donc attribuer à l'inégale altération du chêne les inégales quantités d'eau absorbées. En résumé le kilogramme de chêne sain absorbe moins d'eau à saturation que le kilogramme de chêne altéré.

Quand la saturation s'est produite, le kilogramme de chêne des grosses pièces pèse autant que celui des petites. Il en résulte un état physiologique tout particulier du bois, sa surface ne sèche plus à bord des navires, c'est alors que ces derniers deviennent insalubres et dangereux à habiter. Nous pourrions citer sur nos rades tel vaisseau qui, après 18 ans de service, s'est trouvé dans ces conditions ; les affections que les hommes y contractaient y prenaient un caractère de gravité que les médecins ne pouvaient méconnaître.

La durée du chêne des navires à flot a une limite avons-nous dit, limite que les raboubs et l'entretien dans les ports ne peuvent reculer que d'un assez petit nombre d'années. La fin de ce grand corps arrive ; un jour vient où désemparé, sans agrès, abandonné, ce n'est plus qu'un cadavre, une carcasse.

L'heure de la dissolution, je veux dire de la démolition, arrive pour le triste navire, et ses matériaux disjoints vont bientôt joncher de leurs débris informes et noircis le terre-plein des bassins. Ce n'est pas sans résistance que la robuste charpente cède aux efforts qui l'attaquent : qu'il est encore solide et beau le bois de chêne de quelques-uns de ces couples ou de ces bordages que tant de climats ont éprouvé, et contre lesquels tant de flots ont battu !

Du bois de démolition, voilà ce qui reste d'un noble vaisseau, d'une fière frégate. Ce bois sera brûlé : triste combustible après tout que ce chêne plein d'eau et de sels déliquescents. Il brûle sans chaleur et sans éclat, laissant un résidu rougeâtre ; parfois cependant le foyer s'illumine : des flammes, teintes de pourpre ou de bleu d'azur par les chlorures de fer ou de cuivre dont ces bois sont imprégnés, courent comme des feux follets sur les charbons qui s'affaissent.

Que de fois, spectateur mélancolique de ces lueurs dernières, mes yeux sont demeurés fixés sur ces cendres rougies, pendant que mon esprit remontant les âges évoquait l'histoire de ce morceau de chêne. Que de place entre le gland, qui fut son origine, et cette poussière encore chaude ! Je voyais les grands bois où pendant des siècles se forma cette solide et saine substance dont plus tard un constructeur fit un vaisseau. Je pensais aux existences humaines que ce morceau de chêne avait soutenues sur l'abîme profond des mers, aux routes immenses qu'il avait parcourues sur tous les océans, je songeais que la grandeur de mon pays, l'honneur de son pavillon avaient été liés à la destinée de ce fragment de bois, et que, sous les pieds de nos marins, il représentait partout le sol de la patrie. . . . .
et pendant ce rêve, la cendre s'était refroidie ; la cendre ! dernier mot des plus belles et des plus nobles choses !

LIVRE IV

CHAPITRE XVIII

Le Chêne et la Médecine.

Tout chêne a vertu de restreindre.

MATHIOLE, *Commentaires sur le Livre Ier
de Dioscoride.* MDLXXIX.

La vénération ou l'estime dont le chêne a joui dans tous
les temps ont eu pour conséquence de faire croire qu'il
possédait aussi des propriétés médicinales à la hauteur de
sa grande renommée.

Des applications des différentes parties de l'arbre ont
été faites depuis des temps très reculés à la guérison des
maladies. Nous pouvons dire à l'honneur du chêne qu'en
descendant dans la matière médicale, il n'est devenu ni
vulgaire ni banal. Sa place modeste, il est vrai, a du moins
été bien marquée, et, grâce à cela, il a pu échapper au dé-
dain et à l'oubli dans lequel sont tombées tant de plantes
dont les vertus devaient guérir tous les maux.

L'histoire médicale du chêne peut se résumer encore
aujourd'hui dans ces mots écrits par Mathiole en 1579 —
tout chêne a vertu de restreindre — toutes les parties de
l'arbre et toutes les espèces du genre sont en effet douées
de propriétés astringentes, et par suite de propriété toni-

ques. En dehors de là, les progrès de la thérapeutique ont réduit à peu de chose les autres vertus du chêne dont Mathiole continuait ainsi l'énumération :

« Tout chêne a vertu de restreindre, spécialement la peau qui est entre la grosse écorce et le bois : la peau aussi qui environne le gland par dessous la première écorce. On ordonne de leur décoction à ceux qui crachent le sang, et aux dyssentériques ; on les broie pour mettre en pessaires à restreindre les trop grands flux. Le gland fait même opération, il provoque l'urine ; si on en mange, il fait douleur de teste, et engendre des ventosités. Toutefois, ainsi prins résiste aux pointures des bêtes venimeuses. La décoction de glands beüe avec du lait de vache sert de contre-poison : mêlés avec graisse de pourceau salée guérissent les duretés et ulcères malins.

L'eau des feuilles du chêne, tendrettes, distillée par un alambic, arrête les défluxions du foie : rompt la pierre des reins, restreint les flux blancs ; elle est bonne en breuvage aux dyssentériques et à ceux qui crachent le sang. Les feuilles fraîches guérissent l'ardeur de l'estomac, les tenant sur la langue. L'eau qu'on trouve dedans les chênes qui pourrissent, guérit toute gale ulcérée. »

Galien, Tragus, prescrivaient le chêne dans les mêmes circonstances. Le gland, l'écorce du gland, étaient fréquemment administrés dans les dyssenteries, ou en gargarismes avec du lait contre les maux de gorge. Galien, n'ayant pas d'autres remèdes, guérit une blessure de tête avec des feuilles de chêne. Tragus combattit un empoisonnement par les cantharides avec l'eau distillée de tendrons de chêne.

De nos jours, les feuilles de chêne infusées dans du vin rouge avec addition de miel, forment un gargarisme efficace contre le relâchement des gencives, l'angine chronique, etc. (Cazin, *plantes indigènes*).

La poudre de *Glands torréfiés* a été prescrite ous forme
de café dans les diarrhées et engorgements mésentériques
des enfants, les hémorrhagies passives. les affections scro-
fuleuses, le carreau, l'atomie des organes digestifs, l'ané-
mie générale. (Bossu, 1850, *Plantes médicinales indigènes*).
Howison prescrivait en injection dans les narines, contre
l'épistaxis, une infusion de glands torréfiés ; 2 à 4 gram.
de poudre de glands dans du vin ou en électuaire étaient
aussi donnés comme toniques aux enfants.

La *cupule du gland* pulvérisée a été employée par Sco-
poli et plus tard par Cazin, dans du vin rouge contre l'hé-
morrhagie déterminée par l'avortement. Les anciens pré-
féraient celle de l'yeuse (Mathiole).

C'est principalement l'*écorce du chêne* qui est employée
en thérapeutique ; elle doit ses propriétés au tannin et à
l'acide gallique dont elle renferme des proportions plus
grandes que les autres parties de l'arbre. Les meilleures
écorces sont prises au pied des tiges, sur des individus de
12 à 15 ans, avant la floraison. Desséchées et pulvérisées,
elles constituent le *tan* ; cette poudre grossière, passée au
tamis de soie, donne la fleur de tan.

L'écorce de chêne a passé pour un de nos meilleurs fébrifuges indigènes. Un mélange d'écorce de chêne et de
gentiane a porté le nom de quinquina français. Dans les
hôpitaux militaires de France, on a longtemps administré
le chêne sous cette formule :

Ecorce de chêne.......	120	Camomille...........	20
Noix de galle........	30	Lichen d'Islande.......	5
Gentiane	25		

Doses : 30 gr. avant l'accès ; 15 après. — 30 avant l'accès
suivant.

Ce qui avait fait croire aux propriétés anti-périodiques
du chêne, c'est le bruit fait par Barbier, à propos de l'im-

munité prétendue des ouvriers des moulins à tan contre les fièvres. M. Trousseau ne croit pas que l'écorce de chêne puisse être maintenue parmi les fébrifuges.

A l'extérieur, la décoction d'écorce de chêne est employée en lotions contre la pourriture d'hôpital, les ulcères de mauvaise nature. Elle fait la base de gargarismes, injections, etc., contre les angines couenneuses, les phlegmasies des muqueuses, les fistules diverses. Crussel pansait les solutions de continuité avec de la charpie trempée dans cette décoction et séchée. L'eau hémostatique de Naples et celle de Léchelle admettent l'écorce de chêne dans leur formule.

Le *tan* sert à saupoudrer les ulcères atoniques ; pendant les guerres du premier empire, il a rendu sous ce rapport de grands services dans les hôpitaux pour remplacer le quinquina.

Les débardeurs, écrit Trousseau, saupoudrent leurs souliers avec le tan ; ils empêchent ainsi le développement d'une maladie du derme, qu'ils appellent grenouille.

Le docteur Loiseau a préconisé le tannage de la gorge comme moyen préventif du croup.

Une observation faite à l'école vétérinaire de Lyon établit d'une façon remarquable les propriétés antiputrides de l'écorce de chêne. On en fit prendre une dose considérable à des chevaux. Un d'eux, qui en avait consommé 10 kilog. dans un mois, fut abattu et présenta à l'autopsie un sang plus visqueux et plus consistant ; pendant deux mois son cadavre ne donna pas de signes de putréfaction. Ce fait conduisit à l'emploi de fortes doses de tan à l'intérieur, chez les chevaux menacés de la gangrène à la suite de grandes blessures. En présence de ces résultats, Trousseau pose la question de l'utilité du tan dans les fièvres typhoïdes.

Nous avons parlé plus haut d'une médication indirecte par le tan chez les ouvriers des moulins, qui seraient ainsi préservés de la fièvre. On a cru voir un autre effet de l'écorce de chêne chez les tanneurs.

M. Beaugrand a fait, en 1862, dans les *Annales d'hygiène*, l'historique des opinions qui ont eu cours à ce sujet.

Au moyen-âge, on pensait que le tan ne pouvait contrebalancer l'action de l'infection des tanneries.

Cirillo, plus tard, croit que les écorces de chêne, ou le tan, produisent chez les ouvriers une sorte d'embaumement.

Akerman, en 1780, observe que les tanneurs, malgré leur profession, ne sont pas sujets aux affections putrides ! Fodéré ne croit pas à cette préservation. Patissier l'admet.

Thackrah regarde les tanneurs comme exempts de phthisie. Richter attribue la santé des tanneurs au tan, et cite deux jeunes gens qui, menacés de phthisie, se sont guéris en deux ans, en devenant tanneurs.

En 1829, Andrews Dodd n'a pu observer de tuberculisation pulmonaire chez les tanneurs. Les plus favorisés sont ceux qui reçoivent les émanations des fosses des établissements où l'on tanne avec l'écorce de chêne. Il obtint de bons résultats de l'inhalation de vapeurs chaudes de tan contre la bronchite.

Le docteur Egelin constate les bons effets de cette même médication chez une femme que le phellandrium n'avait pu soulager. M. Nasse attribue à la poussière de l'écorce de chêne seule la préservation de la phthisie chez les tanneurs.

M. Baugrand n'admet pas que les tanneurs soient exempts entièrement des atteintes de la tuberculisation ; mais il croit que chez eux cette affection est plus rare que dans les autres professions, et particulièrement que chez les corroyeurs, où la manipulation des peaux n'exige pas l'emploi de l'écorce de chêne.

Pour faire bénéficier les malades de l'action des substances que les tanneurs manient, des médecins ont prescrit la jusée aux phthisiques. La jusée contient les principes enlevés à l'écorce de chêne par la macération, et les matières cédées par les peaux. Est-ce au tannin, aux principes aromatiques, ou à l'acide tannique qu'elle contient que la jusée doit son action ? Peu d'expériences ont été faites, et ce médicament tombe dans l'oubli (1).

L'écorce de chêne fait partie de préparations destinées à la conservation de pièces anatomiques, ou à l'embaumement des corps. La poudre, pour l'embaumement du codex de 1837, contenait cette écorce pulvérisée associée à la noix de galle et à de nombreuses substances aromatique. La poudre siccative, destinée au même usage, contenait 20 kilogr. de sulfate de zinc pour 50 kilogr. d'écorce de chêne pulvérisée.

Les anciens avaient observé les excroissances variées du chêne. Voici une page curieuse des *Commentaires de Mathiole sur Dioscoride*, lequel l'avait empruntée lui-même au livre 3 chapitres 8 et 9 de l'histoire des plantes de Théophraste.

— C'est une chose merveilleuse que le chêne produise plusieurs autres choses outre le gland. Car il produit une petite noix galle, une autre résineuse et noire, puis je ne sais quelle autre chose comme une masse dure et difficile à rompre. Toutefois, bien peu souvent produit, outre ce, une autre chose qui, étant crue en sa perfection, produit en dessus quelque

(1) Le liége lui-même a été employé en médecine ; son décocté était considéré comme astringent, et son charbon comme anti-hémoroïdal ; ce dernier fait partie du cérat noir de Powel contre la teigne.

chose dure et percée, ressemblant aucunement la tête d'un toreau. Davantage il porte ce qu'aucuns appellent le poil de chesne : c'est une pelotte plus dure qu'un noyeau, chargée de certaine laine molle de laquelle ont fait du lumignon pour les lampes et brûle fort bien. Il porte aussi une autre pelotte chevelue mais inutile ; toutefois au printemps on y connaît, au goûter, quelque liqueur de miel. Item au creux, entre le tronc et la source des rameaux, produit autres pelottes sans queue, creuses, et par leur creux même attachées propres à soy et de diverses couleurs, et ça et là, semées de tâches noires : elles montre une moitié luisante, et comme teinte de vermillon. Il produit souvent une pierre rouge, pour la plus grande part, mais peu souvent. — Item une autre petite pelotte plus rare et comme faite de feuilles repliées, en soy et serrées, longuettes.— Il porte une pelotte sur le dos des feuilles, blanche aigueuse, quand elle est tendre ; on trouve quelquefois des mouches au dedans. —

La noix de galle du *Q. infectoria* est rarement employée directement en médecine, cependant elle sert à la préparation de gargarismes astringents vineux, contre la salivation mercurielle, et à celle de liqueurs astringentes pour lotions, etc.

L'extrait aqueux de noix de galle faisait partie d'un électuaire tœnifuge abandonné et de préparations fébrifuges préconisées par Renéaume.

La noix de galle, en médecine, a une importance majeure, comme source principale du tannin, qui tient une place si importante dans la thérapeutique. Répandu dans les principaux organes des chênes, écorces, jeunes pousses, feuilles, fruits, etc., cet astringent précieux s'est en quelque sorte concentré dans les galles sous l'influence physiologique de la piqûre d'un cynips.

Le tannin est une substance très-active qui représente

les propriétés des écorces de chênes à leur plus haut degré d'intensité. Il décolore et flétrit les tissus, les durcit, et son action prolongée peut produire l'escharification, quand il est appliqué sur la peau.

ACIDE GALLIQUE.

Existe dans les écorces de chêne et la noix de galle en très-petites quantités, mais peut être obtenu par la fermentation du tannin.

Ses propriétés sont analogues à celles du tannin, seulement moins énergiques. Il ne précipite pas les matières protéiques, et doit être en conséquence préféré pour l'usage interne. Astringent assez puissant, utile contre la diathèse hémorrhagique. C'est aussi un bon diurétique toutes les fois qu'il y a un peu d'hyperennie rénale. — 30 cent. à 1 gr. par jour, en poudre, en pilules ou en capsules. (E. FERRAND).

KERMES.

Le Kermes peut être considéré comme un produit du chêne, sur lequel il vit et meurt, au contact duquel il acquiert des propriétés astringentes et toniques.

Employé d'abord comme topique sur les blessures récentes ou pour la préparation de certains collyres, ce ne fut que vers le IXe siècle que ses propriétés fortifiantes furent utilisées.

Il fit partie, et partie essentielle, de la fameuse confection Alkermes de Mésué, qui n'a cessé d'être en vogue jusqu'à la fin du dernier siècle.

Dans le primitif électuaire, la matière active du Kermes de chêne était introduite sous forme de soie teinte au kermes, dans un sirop de sucs de pommes douces. La soie était retirée quand elle avait cédé au sirop sa matière colorante. De l'ambre, de l'or, du lapis-lazuli, du bois d'aloës, du musc, etc., venaient s'ajouter à cette étrange mixture.

Au xvi⁰ siècle, dit M. G. Planchon, son usage était singulièrement étendue. La France et l'Italie ne trouvaient pas de meilleur remède contre l'avortement que le suc de Kermes additionné de mastic et d'encens : et dans les parturitions difficiles on ne connaissait pas de moyen plus efficace pour soutenir les forces qu'une dose de la confection Alkermes.

Le Kermes ou sa coque faisait encore partie de la confection d'Hyacinthe, des pilules de Becher, de la poudre de perles rafraîchissantes. Tous ces médicaments sont justement oubliés.

USAGES DU CHÊNE DANS LA MÉDECINE VÉTÉRINAIRE.

Il est peu de médicaments indigènes appelés à rendre autant de services à la médication des animaux que ceux empruntés au chêne. L'abondance de cet arbre réalise une des conditions les plus essentielles de la médecine vété rinaire, en plaçant entre les mains des éleveurs un remède énergique et presque sans valeur. Nous emprunterons à M. le professeur Tabourin un résumé des indications du chêne pour le traitement des animaux.

C'est principalement le tan ou écorce de chêne pulvérisée que l'on emploie dans la médecine vétérinaire sous forme de poudre, décoction, etc.

Les doses sont, pour l'usage interne, de 16 à 64 grammes chez les grands herbivores ; de 4 à 16 grammes chez les petits ruminants et le porc, et de 1 à 4 grammes chez les carnivores ; ces doses peuvent être répétées plusieurs fois par jour. Pour l'usage externe, la dose est de 16 à 32 gr.

par litre d'eau en infusion ou décoction, pour injections, lotions etc

L'action de l'écorce de chêne est très-énergique : sur la peau, son effet est presque nul, mais sur les surfaces dénudées et les muqueuses, elle flétrit et décolore les tissus, les durcit et peut même les mortifier. A l'intérieur, ses effets astringents sont rapides : elle fortifie d'abord l'estomac et l'intestin ; mais à dose élevée, elle arrête la digestion, détermine la constipation, rétrécit le canal intestinal, racornit ses membranes.

A l'extérieur, l'écorce de chêne est employée : 1° Comme astringent, 2° comme dessiccatif ; 3° comme anti-putride :

1° La décoction de tan mélangée à de l'essence de térébenthine a été employée contre les larges œdèmes du ventre. M. Mazure a injecté avec avantage la décoction de tan pour empêcher chez une vache le renversement de la matrice ; les contractions expulsives cessèrent. M. Tabourin croit que l'on préviendrait par le même moyen le retour du renversement du rectum et le renouvellement des hernies réduites. M. Buer emploie les bains prolongés de décoction de tan contre les distensions articulaires récentes et les décollements du sabot. M. Tabourin a rarement vu des engorgements non spécifiques des membres résister aux bains d'écorce de chêne. Ces bains sont très-utiles aussi aux chevaux qui, comme ceux du halage, restent les pieds dans l'eau.

2° En poudre ou en décoction, l'écorce de chêne convient pour dessécher les vieilles plaies, les crevasses, les eaux aux jambes, etc. ; la décoction seule ou mélangée à des solutions métalliques astringentes est très-efficace pour tarir les écoulements purulents des muqueuses apparentes. Favre y mélange de l'infusion de fleur de sureau, pour laver les ulcères aphteux du pied chez les grands ruminants.

3° La poudre du tan est un antiputride énergique. On y associe du charbon, du camphre, de l'essence térébenthine, des hypochlorites, etc. Elle convient contre les plaies gangreneuses, charbonneuses, etc.

A l'intérieur, sa décoction est administrée contre la diarrhée et la dyssentérie chroniques : on y associe souvent du vin, du laudanum, de l'amidon. Dans les affections putrides, Gohier fait usage du tan associé à la poudre de gentiane ; dans le cas de pourriture chez le mouton, il l'associe dans les provendes, avec des baies de genièvre ; dans les cachéxies des grands ruminants, M. Didry ajoute à chaque breuvage de décoction d'écorce de chêne 12 à 16 gr. d'essence de térébenthine : mêlée avec l'alun, c'est un bon médicament contre les hémorrhagies passives, les affections vermineuses, les maladies lymphatiques, comme le farcin, la ladrerie, etc.

La noix de galle rend à la médecine vétérinaire des services analogues à ceux de l'écorce de chêne.

CHAPITRE XIX

—

Le Chêne et la Truffe.

—

> Si vous voulez des truffes, semez des glands.
> Comte DE GASPARIN.

C'est un des phénomènes les plus étranges du monde végétal que ces sympathies ou ces antipathies des plantes, d'où naissent des associations bizarres, dont le chêne et la truffe sont un des exemples les plus singuliers. De ces deux êtres placés aux extrémités du règne auquel ils appartiennent : l'un, le chêne, élance à 25 mètres au-dessus du sol sa cime majestueuse, tandis que l'autre, informe, noirâtre, fuyant la lumière, disparaît entre les racines du grand arbre qui l'abrite.

Le chêne austère des forêts celtiques, fait pour porter les trophées des vainqueurs et la dépouille des vaincus, m'apparaît sous un nouveau jour ; les disciples d'Épicure peuvent tresser son feuillage et s'en couronner avec plus de raison que le sauveur de la cité ou le druide inspiré : c'est au pied des chênes que naît la truffe savoureuse et parfumée dont Brillat-Savarin a dit — qu'elle rendait les femmes plus tendres et les hommes plus aimables — et j'ajoute, c'est dans les vieux fûts de chêne que le bon vin devient meilleur.

L'homme de l'âge d'or, le front levé vers la cime des

chênes, convoitait les fruits mûris par le soleil : le civilisé d'aujourd'hui, penché vers le sol, flaire à leurs pieds des tubérosités noirâtres, filles de l'obscurité : l'humanité commence et finit au chêne.

Nous n'avons pas l'intention de faire ici une monographie de la truffe, mais de montrer à quel point sa production est liée aux chênes. C'est là un fait démontré.

On admet aujourd'hui que la truffe est un champignon non parasite, dont la production est toujours liée à certaines essences forestières, parmi lesquelles un certain nombre d'espèces querciennes priment toutes les autres.

Il y a bien encore d'autres conditions de développement pour la truffe, telles que la nature calcaire du sol et un climat analogue à celui qui convient à la vigne : cependant on peut dire que c'est de la connaissance des affinités du chêne et de la truffe que sont sortis les premiers essais de la culture. Semer des glands dans les sols qui conviennent au chêne et à la truffe, c'est multiplier cette dernière.

Bien que ce champignon comestible se montre souvent sous le noisettier et le charme, les grandes exploitations des truffes se font presque exclusivement au pied des chênes.

Il s'est élevé, au sujet de la production truffière, un conflit d'opinion entre deux savants qui se sont livrés d'une manière particulière à cette étude. Y a-t-il chez les chênes une sorte de disposition particulière, devenant héréditaire et se transmettant ainsi par semences, de sorte que dans la même espèce quercienne il y ait des individus truffiers et des individus non truffiers ?

M. Chatin, sans expliquer ce fait étrange, l'admet sur la foi de l'expérience. M. H. Bonnet, et avec lui M. L.-R. Tulasne, considèrent cette doctrine comme une *théorie téméraire* susceptible d'enrayer la production trufflère. Nous ne pensons pas que l'idée des chênes trufliers puisse avoir d'aussi graves conséquences ; mais donnons quelques explications sur ce débat.

Les Rabassiers de la Provence et du Poitou, dit M. Chatin, sèment depuis longtemps des glands pour récolter des truffes ; mais au lieu de prendre les glands au hasard, ils ont soin de choisir pour leurs semis les glands venus sur les chênes déjà producteurs de truffes ; et comme il y a des degrés dans la fertilité des chênes, ils distinguent même entre ceux-ci les bons trufliers et les trufliers ordinaires.

Les raisons par lesquelles M. Bonnet combat cette théorie ne nous semblent pas de nature à infirmer ce qui n'est qu'un fait d'observation plutôt qu'une théorie démontrée, quand il dit : « D'autres chênes, qui ne sont point trufliers d'ordinaire, voient des truffes croître à leurs pieds pendant les années favorables. » Il admet donc qu'en dehors des années favorables, il y a des chênes bons trufliers quand même, bons trufliers d'ordinaire. Et plus loin, convenant d'avoir vu maintes fois, à côté d'arbres fruitiers, certains autres de la même espèce et dans des conditions identiques, au pied desquels on n'a jamais trouvé de truffes ; il nie l'hérédité, et attribue ce fait aux conditions techniques et climatériques. « Nous n'admettons pas, dit M. Bonnet, que la proximité de deux arbres de la même essence établisse l'identité des conditions. Il serait préférable d'analyser le sol dans lesquels ils végétent ; nous sommes convaincus que d'un examen comparatif de ce genre résulterait l'explication du phénomène. »

Il y a du vrai dans cette interprétation, et le marronnier du 20 mars est un exemple classique de ces anomalies ; mais il sera toujours difficile de présenter des faits analogues autrement que comme des exceptions assez rares. Si les chênes non truffiers sont communs sur le même hectare, parmi les chênes truffiers, il faudra bien admettre et chercher une cause à ce phénomène en dehors des conditions techniques ou climatériques (1).

Il y a plus de 50 ans, dit M. Bonnet, que Talon, cultivateur et chercheur de truffes, à Saint-Saturnin-les-Apt (Vaucluse), inaugura la culture de la truffe sans truffes. — Devenu propriétaire d'une petite ferme, il acheta quelques hectares pour ménager un parcours à son troupeau : voulant ensuite se pourvoir de bois de chauffage, il y sema dés glands de chênes rouvres et de chênes verts. Huit à dix ans après, traversant avec sa laie le petit bois né de ce semis, il la vit mettre à découvert un certain nombre de truffes. Dès lors, il soigna ce bois : les récoltes augmentèrent chaque année.

En 1849, M. Rousseau, de Carpentras, établit des peuplements de chêne sur des terres presque stériles, et bientôt 7 hectares furent mis en culture et donnèrent de belles récoltes de truffes. M. Ravel sema plus tard des glands sur une surface de 6 hectares sur le plateau de Montagnac, et de proche en proche a fini par créer une exploitation truffière de 30 hectares. Aujourd'hui, la culture du chêne, au point de vue de la production de la truffe, prend une extension considérable, non-seulement dans le Périgord et le Poitou, mais en Provence, dans le Vaucluse, la Drôme, l'Ardèche, l'Aveyron, etc., etc.

Des terrains stériles, tels que les flancs du Mont-Ventoux, se couvrent progressivement de chênes truffiers ; des sols calcaires, sans valeur, acquièrent une production égale numériquement aux meilleurs prés, et l'aisance pénètre

(1) *La Truffe, études des conditions générales de la production truffière,* par Ad. Chatin. — Paris, 1869. — Bouchard-Huzard.

La Truffe, études sur les truffes comestibles au point de vue botanique, entomologique, forestier et commercial, par Henri Bonnet. — Paris, 1869. — Adrien Delahaye.   31

dans des régions déshéritées. Grâce à cette amitié de la truffe pour le chêne, le reboisement se fait là où l'Etat n'aurait pu le produire qu'à grands frais. Avec le reboisement disparaît peu à peu l'aridité des pentes et le fléau des inondations. Dans ce cortége de bienfaits, la truffe elle-même perd de son importance spéciale ; on peut se passer de truffes, le bois est nécessaire. Qu'importe la truffe, si les vallées sont préservées du ravage périodique des eaux et si tous les terrains abandonnés sur les bords du Rhône peuvent être rendus à la culture.

Nous n'oublierons pas cependant que *la* France, pays truffier par excellence, produit pour 16,000,000 fr. de ces champignons délicieux. Estimons-nous donc heureux que le chêne et la truffe aient donné un aussi formel démenti au proverbe :

Qui se ressemble s'assemble.

La truffe a des préférences pour certaines espèces à feuilles caduques ou persistantes. Parmi les premières nous citerons d'abord le chêne pubescent, il est désigné sous le nom de chêne gris ou de chêne noir, dans le Poitou , le Périgord, et de chêne blanc en Provence.

Il faut, dit M. Chatin, rapporter à cette variété tout ce qu'on a dit du chêne rouvre (*Q. R. S. vulgaris*), comme chêne truffier ; jamais il n'a vu cette dernière espèce en produire, tandis que le chêne pubescent est, avec l'yeuse et le kermes, l'arbre des garigues et des galuches. Dans le Loudunois, toutes les truffières sont sous cette essence.

Parmi les espèces à feuilles persistantes, la truffe préfère le *Q.* ilex et quelques espèces voisines. Le chêne vert donne beaucoup de truffes en Provence et forme la base des cultures truffières de Carpentras ; il produirait des truffes préférables à celles du chêne à feuilles caduques; cette opinion est contestée en Périgord.

Le *Quercus coccifera vera* produit aussi des truffes d'un diamant encore plus fin que celles de l'yeuse ; il aurait sur l'yeuse l'avantage de produire dès la quatrième année, tandis que celle-ci exige cinq à six ans et le chêne pubescent sept à huit.

M. Chatin pense que la truffe se rencontre encore sous les espèces suivantes :

Q. toza. *Q.* cerris. *Q.* occidentalis.
Q. appenina. *Q.* suber.

Parmi les trufficulteurs, les uns préfèrent les chênes verts, les autres ceux à feuilles caduques, tout dépend de la nature du sol et du climat.

La question du rendement est à considérer. A Carpentras, M. Chatin a vu des truffières donnant sous chênes verts 800 fr. à l'hectare, et 600 à 700 fr. seulement sous chênes pubescents à Montagnac. Il est vrai qu'à Sorges, sous ces derniers quercus, le rendement s'est élevé à 2,000 fr. pour 2 hectares.

Pour obtenir une truffière par semis de glands, on procède à l'opération, soit en automne soit au printemps. Quand le sol n'est pas trop rocailleux, on laboure à l'araire par bandes espacées de trois à six mètres. Le sillon du milieu reçoit tous les mètres deux ou trois glands, puis on herse.

Lorsque l'on doit ensemencer des sols pierreux à pentes raides, on emploie la pelle ou la pioche et l'on sème dans des trous suffisamment espacés.

Un an après on bine les jeunes chênes ; deux ans après on commence à les espacer. Cette opération se continue plusieurs années, de façon à ce que le sol ne soit pas trop couvert. Il faut calculer que vers l'âge de 25 ans une touffe d'yeuse ou un chêne pubescent ont 3 mètres de diamètre. Comme cet espace varie suivant les individus, on est souvent obligé de sacrifier la régularité à la condition essentielle de la production.

Pendant les cinq ou six premières années, il faut deux labours par an ; aussitôt que les truffes se montrent, on ne conserve que les labours du printemps qui devront ne pas être très profonds. Dans le Poitou, où l'on ne laboure pas sous les chênes, la truffe ne marque que plus tard, vers 10 et 12 ans, au lieu de 6 ou 8 ans.

Tout ce qui favorise d'ailleurs la bonne venue des chênes est favorable à la truffe.

L'abattage des chênes truffiers, ou leur récepage, fait disparaître pour longtemps ou pour toujours les truffes qui existaient autour d'eux. L'élagage des branches maîtresses a des résultats analogues. Il s'ensuit que la taille définitive des chênes doit être faite avant l'apparition des truffes.

A mesure que les chênes truffiers grandissent, la truffière s'en éloigne en décrivant autour d'eux un cercle qui va en s'agrandissant parallèlement à la couronne des branches ou à celle des racines Il y a là un fait curieux qui peut mettre sur la voie de la relation des arbres avec les champignons.

Dans le Poitou et le Loudunois, les chênes cessent de donner des truffes à 25 ou 30 ans. Partout ailleurs, on croit que leur production n'a d'autres limites que celle de leur vitalité. M. Chatin a vu de bons chênes truffiers, très vieux, sur les bordures des bois en Provence, dans le Dauphiné et même dans le Poitou.

Le même auteur cite des yeuses deux fois séculaires, abritant des truffières.

Nous terminerons en répétant que la production de la truffe pour la truffe elle-même, tout en constituant une des richesses de notre sol, peut avoir des résultats d'une plus haute portée, en accroissant notre domaine forestier, et en apportant un remède puissant au fléau des innondations : En résumé, nous pensons que — ce qu'il y a de meilleur dans la truffe, c'est le chêne.

CHAPITRE XX

Usage des glands comme substance alimentaire.

> En ce saint âge, toutes choses étaient com-
> munes ; pour se procurer l'ordinaire soutien
> de la vie, personne parmi les hommes, n'avait
> d'autre peine à prendre que d'étendre la main
> et de cueillir sa nourriture aux branches des
> robustes chênes, qui les conviaient libérale-
> ment au festin de leurs fruits doux et murs.
>
> *Don Quichotte*, CERVANTES.

Il fut un temps, décoré par les poëtes du beau nom de l'âge d'or, où la simplicité et la frugalité semblent avoir été pour l'homme la source d'un bonheur que notre planète n'est plus destinée à connaître, et que les raffinements de la civilisation moderne sont impuissants à faire revivre.

Ovide, le chantre immortel de ces félicités primitives, nous raconte, dans le livre premier de ses *Métamorphoses*, de quels mets nos pères faisaient leurs délices :

Ipsa quoque immunis, rastro que intacta, nec ullis
Saucia vomeribus, per se dabat omnia tellus :
Contentique cibis nullo cogente creatis,
Arbuteos fœtus montana que fraga legebant,
Corna que et in duris hœrentia mora rubetis,
Et quœ deciderant patulâ Jovis arbore glandes.

Ainsi, c'étaient des glands tombés au pied des chênes que les hommes et les pourceaux, également friands de ces fruits, se partageaient paresseusement, pacifiquement, car, au sein d'une telle abondance, la bataille pour la vie n'était pas encore la dure condition des espèces.

Que les temps sont changés ! nous laissons le gland aux porcs et nous les mangeons. N'en soyons pas trop fiers : ainsi qu'aux premiers âges, nous avons encore une conformité de goûts avec ces vulgaires quadrupèdes, et nous leur disputons la truffe. ·

Il paraît que les glands de chêne ne constituaient pas le seul plat de l'âge d'or. Tous les fruits, surtout les fruits durs, d'après Pline, étaient désignés sous ce nom. — *Glandis appellatione omnes fructus continentur*. Le grand compilateur désigne la faine du hêtre sous le nom de *glans fagi*. On donnait à la noix le nom de *Jovis glans*, gland de Jupiter, d'où, par abréviation *Juglans*, nom latin du noyer.

Pareille chose se rencontre encore en Amérique, où de nos jours on désigne sous le nom de *the mast* la faine, ainsi que tous les fruits des forêts (gland en breton se dit *mez*).

Non-seulement le nom de gland s'appliquait à tous les fruits durs des forêts, mais on désignait aussi par un même mot tous les arbres portant des fruits durs. C'est ce qui ressort du passage suivant des commentaires de Dioscoride, par Mathiole. « Il faut noter que par le mot Δρυσ il comprend en général tous les arbres portant glands, sachant bien non-seulement que le mot signifie toutes ces sortes d'arbres, mais aussi voulant être plus bref : par quoy il dit aussi tout chesne, etc., qui vaut autant à dire tout arbre portant glands. »

On peut donc admettre qu'aux débuts de l'époque histo-

rique, les glands de chêne et quelques autres fruits des
forêts entraient dans l'alimentation.

La tradition grecque reconnaissait que les premiers habitants de cette contrée, venus des environs de la mer
Caspienne, et établis dans la partie montagneuse de l'Epire
appelée Chaonie, y avaient mangé des glands pendant
longtemps. L'expression virgilienne de *glandem chaoniam*
a cette origine.

Comme pour les céréales, les dieux étaient intervenus
et avaient révélé aux arcadiens, en en mangeant eux-
mêmes, sans doute, la délicatesse du gland. Le premier
balanophage fut Pélasge, fils de Jupiter et de Niobé.

Laissons l'antiquité et voyons ce que valent les glands,
par ce temps de concurrence vitale, où la subsistance se
fait rare (1).

Ollivier, rapporte, dans son voyage en Orient, que sur
les marchés de toutes les villes de la Morée et de l'Asie
mineure, on vend une espèce de gland de chêne comestible. Le même fait a été constaté par Michaux, dans le
Liban et dans le Kurdistan.

Les arabes, au dire de Desfontaines, mangeaient crû le
fruit du quercus ballota, ou le faisaient cuire dans l'eau
et sous la cendre. Ce fruit était vendu sur les marchés de
Bône et de Constantine. Les Maures savaient en retirer
une huile fort douce qu'on expédiait à Marseille.

En Italie, en Portugal, on mange encore les glands des
Quercus suber, Q. ballota, Q. hispanica. Il en serait de même
pour les fruits du chêne vert ou yeuse (*Q. ilex*). Un fait
assez singulier a été constaté pour les glands de l'yeuse,
c'est qu'ils sont tantôt doux et tantôt amers, non-seulement sur des pieds différents, appartenant à la même variété, mais quelquefois sur le même arbre.

(1) Les Romains mangeaient des souris grises, assaisonnées aux glands.

M. Lapeyrouse a remarqué que les glands des yeuses sont d'autant plus doux que les arbres croissent à une exposition plus chaude, de telle façon qu'à mesure qu'on s'enfonce dans la Catalogne, les glands sont progressivement plus sucrés.

Ainsi, ce sont les fruits des chênes dont les espèces croissent dans le Midi qui présentent des qualités comestibles. On comprend peu le dire de Springel, assurant qu'en Ecosse et en Norwége les glands sont aussi alimentaires ; ce sont cependant les *Q. sessiliflora* et *Q. pedonculata* qui croissent dans ces régions froides, et leurs fruits, même chez nous, sont très-amers. C'est que le chêne n'a pas la souplesse du poirier ou du pommier, dont nous avons fait tout ce que nous avons voulu : il est resté le fier et sauvage roi de la forêt.

En Amérique, ce sont les glands des *Q. prinus monticola, Q. alba, Q stellata,* qui servent à la nourriture de quelques populations. Parkinson rapporte que les indiens font bouillir le gland du *Q. alba* pour en retirer une huile avec laquelle ils préparent leurs aliments.

Au Japon, ce sont ceux du *Q. glabra* et du *Q. cuspidata*, qui sont vendus sur les marchés ; ils ont le goût de nos marrons avec une certaine âpreté, ils sont mangés crus ou grillés sur la braise.

Il paraît que très-anciennement on a essayé de panifier les glands. D'après Pline, on connaissait de son temps l'art de les transformer en pain. « *Glandes opes esse multarum gentium etiam pace gaudentium constat, nec non et inopia frugum arefactis mollitur farina , spissatur que in panis usum.* (PL. Liv. 16, ch. 3).

Des essais de panification ont été tentés en Europe, dans les temps de disette. Galien, dans son pays, fut témoin de l'usage du pain de glands comme suprême ressource.

Simon Paulli rapporte qu'on fut réduit à la même extrémité dans le Mecklembourg, après la guerre de Bohême.

En France, pendant la disette de 1709, de pauvres gens essayèrent encore de faire du pain avec la farine de glands communs. Quoique ce pain fût détestable, on en consomma de grandes quantités. Il est probable que la farine de glands était associée à de la farine de froment, autrement la panification eût été difficile. Murray conseillait de ne la mélanger que pour un tiers à la farine ordinaire.

Linné conseillait de les torréfier avant de les moudre. Bosc parvint à diminuer leur âcreté, en les faisant cuire dans une lessive alcaline. En Turquie, on prive les glands de leur amertume en les enfouissant pendant quelque temps dans la terre.

Dans beaucoup de fabriques de chocolat, la poudre de glands doux, provenant d'Alger, est mélangée au cacao. Une quantité minime de cette substance, 10 à 15 p. 0/0, ne saurait se reconnaître à la saveur dans les chocolats. Cela constitue une fraude véritable. Les chocolats ainsi mélangés, doivent porter le titre de Chocolat aux glands doux, titre que lui donnent, d'ailleurs, certains fabricants, qui le présentent tel quel au public, espérant ainsi en rehausser la valeur analeptique et alimentaire.

Le racahout des arabes était une préparation alimentaire dans laquelle la farine de glands doux torréfiée était associée à du sucre et du chocolat. Ce mélange eut une grande vogue. On le vendait fort cher, 16 fr. le kilogr. On s'aperçut bientôt que les fabricants substituaient aux glands doux toutes espèces de fécules, arrivant ainsi à vendre au public un chocolat falsifié et indigeste.

Le palamoud était encore un aliment léger et aromatique du même genre. Il ne différait du racahout que par un peu de farine de maïs en plus. Voici comment, dans son *Hygiène alimentaire*, le professeur Fonssagrives juge ces deux préparations : « Elles constituent, dit-il, des aliments peu nourrissants et peu propres à restaurer les forces des convalescents. »

Le palamoud a joui en Turquie d'une grande réputation, pour donner aux femmes cet embonpoint qui, aux yeux des turcs, est un agrément de premier ordre. Un français nommé Bourlet, ayant vu les bons effets de cette farine aux glands doux dans l'engraissement des sultanes, eut l'idée d'en doter sa patrie. L'Académie royale de médecine ayant déclaré qu'il n'y avait dans le gland de chêne rien de nuisible, Bourlet offrit son mélange aux dames de Paris, désireuses d'augmenter de volume ; dans les hôpitaux mêmes, les préparations du sieur Bourlet furent expérimentées. On les trouva détestables, mais faciles à digérer, par suite sans danger. Quant à leurs propriétés engraissantes, nul ne put les constater.

Ces faits prouvent que c'est à tort que Daléchamp avait cru que les glands doux pouvaient déterminer une sorte d'ivresse analogue à celle qui est causée par les fruits du hêtre ou par le mélange de l'ivraie au pain.

Bien des tentatives ont été faites pour substituer les glands au café : en 1775 et 1799, le café de glands fut annoncé partout. Le *Publiciste* de Saint-Pétersbourg informa la population que l'Académie des sciences avait trouvé un succédané du café, c'était le gland moulu torréfié, puis enrobé dans le beurre pendant la torréfaction.

M. A. Chevallier a relevé les brevets d'invention qui ont été pris en France pour le café de glands de chêne. Voici quelques-unes de ces singulières préparations :

1808. LEGRAS, de Bruxelles. — Préparations de glands privés de leur enveloppe, macérés pendant plusieurs jours, séchés, puis torréfiés. Cette poudre était ensuite mélangée avec des poudres de racines de fougères, de girofles, de feuilles de menthe, et additionnée de mélasse et d'essence de térébenthine !

1837. Monet. — Glands, badiane, safran, gaïac, orge, fèves, café. Le tout, grillé et moulu !

1841. Dupuy. — Glands torréfiés, 1/2 ; café, 1/4 ; chicorée, 1/4.

1819. Honoré. — Glands, chicorée, pois chiches, haricots, café, semoule.

Nous laissons à penser le parfum qui devait s'exhaler de ces pot-pourris.

Pour cette imitation de café, les glands doux sont associés généralement avec du maïs et autres fruits de céréales torréfiés.

La loi n'en défend pas la vente, quand ils ne sont pas susceptibles de porter atteinte à la santé publique, et quand ils sont vendus pour ce qu'ils sont.

Il y a quelques années, des marchands furent poursuivis pour avoir vendu sous le nom de Caféïde, du café de glands doux d'Espagne : on les obligea à changer leur étiquette.

Aujourd'hui, à la quatrième page de tous les journaux, on voit annoncer divers cafés aux glands doux :

Voici quel est leur mode ordinaire de préparation : des glands d'Espagne débarrassés de leur péricarpe, sont privés de leur amertume par des macérations à l'eau froide. Après dessiccation, on les torréfie avec partie égale de racine de fougère ; quatre clous de girofle ; une poignée de feuilles de menthe par kilogramme complète le mélange, que l'on rend très intime en le réduisant en poudre. Cette poudre sert comme celle de café grillé à la préparation d'un infusé que l'on prend aussi avec du lait.

« Le café de glands doux, écrit M. Fonssagrives, constitue un aliment excellent, qui se digère bien et qui trouve son application dans les diarrhées chroniques du sevrage, comme dans les cas si nombreux où les convalescents conservent une susceptibilité intestinale qui rend l'alimentation difficile. »

M. Stan. Malingre, de Séville, dit qu'en Espagne on mange les glands d'un grand nombre de variétés de *Quercus bellota*, et qu'on en expédie en France de très grandes quantités qui sont mélangées aux cafés torréfiés.

Les animaux sont moins difficiles que l'homme : toutes les espèces de glands peuvent leur servir de nourriture.

Le cerf, le chevreuil, le sanglier, en Europe, vivent pendant tout l'hiver du gland des chênes.

Les porcs en sont très-friands, et dans certaines régions les glands constituent une précieuse ressource pour l'alimentation de ces animaux.

Chez nous, les animaux de basse-cour tels que les oies et les dindons, recherchent les glands quand on les laisse vaguer dans les campagnes, et leur chair contracte, à cette alimentation forestière, un fumet particulier.

En Asie, beaucoup de bêtes fauves et des oiseaux, tels que faisans, pigeons ramiers, s'en nourrissent.

Dans l'Amérique septentrionale, l'ours, l'écureuil, le pigeon, la dinde sauvage sont friands des glands de chêne, les dindons, dit M. Gayat, émigrent tous les ans vers le pays des glands. Il en est de même de certains quadrupèdes qui se rendent par troupes innombrables dans les régions où ces fruits sont le plus abondants.

Pendant longtemps, en France, les riverains des forêts pouvaient conduire leurs porcs dans les forêts de l'État ou des communes : c'était ce que l'on nommait la glandée.

La glandée, dit Dalloz, figurait parmi les grands usages forestiers ; c'était le droit pour des communes et des particuliers d'introduire des porcs dans les forêts, pour s'y nourrir de graines ou de fruits sauvages. Ce droit était désigné aussi sous le nom de panage et paisson. — La glandée comprend quelquefois une faculté plus considérable qui est celle de recueillir à la main et d'emporter les glands pour les faire manger à l'étable. — Suivant un arrêt, le droit de glandée ne peut être réduit à celui d'arrière-glandée, lorsque le propriétaire s'est réservé le concours avec l'usager dans l'exercice de ce droit et qu'il n'en use pas.

PRODUCTION ET RÉCOLTE DES GLANDS.

Les chênes, et particulièrement nos chênes *sessile* et *pédonculé*, ne commencent à fructifier dans nos futaies qu'à l'âge adulte, c'est-à-dire vers 100 ans. Les arbres isolés fructifient à 60 ans, et les rejets de vieilles souches à 20 ans. En Bretagne, sur les fossés, des chênes chétifs et rabougris ayant cette origine se couvrent de glands.

Les bonnes récoltes de glands, les bonnes glandées, suivant l'expression consacrée, ne sont pas annuelles. Dans les hautes futaies de 150 à 200 ans, où l'air et la lumière pénètrent facilement, elles se présentent de quatre ans en quatre ans à peu près. Dans les plantations plus serrées, les bonnes glandées ne reviennent que tous les dix ans. La production ne cesse pas dans les intervalles, elle manque rarement, surtout sur les arbres isolés ou à la lisière des bois.

On recueille les glands tombés ou on les gaule, pour éviter d'en voir une partie devenir la pâture des animaux sauvages. L'opération du gaulage a l'inconvénient de briser une grande partie des bourgeons à fruits.

Dans un poids de 30 kilogr., il y a environ 13 à 14,000 glands.

COMPOSITION DES GLANDS.

Il est nécessaire pour compléter cette étude du gland de chêne, au point de vue alimentaire, de donner sa composition chimique ; la voici :

Lœvig (1829).		Braconot (1849).	
Huile fixe............	4,30	Huile fixe...........	3,27
Extractif amer.......	5,20	Matière extractiforme .	5,00
Amidon	38,50	Amidon	36,94
Ligneux...........	31,50	Lignine	1,90
Tannin............	9,00	Tannin combiné avec	
Gomme	7,00	légumine..........	15,82
Résine	5,20	Sucre incristallisable..	7,00
Potasse, chaux, alumine.............	traces	Sucre de lait.........	traces
	100,70	Acide citrique........	traces
		Eau................	31,80
		Potasse	0,38
		Sulfate de potasse....	0,19
		Phosphate de chaux..	0,27
		Phosphate de potasse.	0,05
		Chlorure de calcium..	0,01
		Silice et oxide de fer...	traces
			102,63

On voit que les chimistes sont d'accord sur la proportion d'amidon qui donne aux glands leur principale valeur alimentaire. Quand aux sels minéraux, nous pouvons en demander l'énumération à un autre chimiste, Leuchten-Weiss, qui a analysé les glands décortiqués et incinérés. Voici ses résultats :

Potasse..............	51,7	Magnésie.......	4,5
Soude..............	0,3	Fer et Manganèse oxidés	0,9
Chaux	5,4		

Acide carbonique...	14,3	Chlore	8,5
Acide phosphorique.	13,7	Silice	0,8
Acide sulfurique ...	2,3	Charbon..........	5,6 %

La faible proportion de la soude nous frappe ; cette substance semble manquer dans toutes les parties du chêne, et constituer ainsi un des caractères les plus remarquables de ce végétal.

Une étude plus approfondie de la composition du gland y a fait découvrir une matière sucrée, propre aux fruits du chêne, et que les chimistes ont désignée sous le nom de *Quercite.*

Les cristaux de quercite sont des prismes inaltérables à l'air, durs et croquants, d'une saveur légèrement sucrée, comme terreuse.

La composition de ce sucre de glands est, d'après M. Wurtz :

$$C^{26} H^{10} O^{12}.$$

Mélangé avec la levure de bière, ce sucre ne fermente pas. C'est de la mannite moins deux équivalents d'eau.

Ainsi le gland de chêne contient de l'amidon, du sucre, de la matière grasse, et, parmi ses matières salines, du phosphate de chaux ; la légumine y représente l'élément azoté : c'est donc une substance alimentaire complète, et l'on comprend qu'en Espagne, dans l'Estramadure, par exemple , l'engraissement des porcs soit rapide par les glands. Disons cependant que le tannin de ces fruits ne saurait convenir à tous les animaux : on dit que les chèvres qui en mangent urinent du sang.

CHAPITRE XXI.

Le Chêne et la Teinture.

Si l'art de l'impression sur tissu était obligé de renoncer aux produits tirés du chêne, ou aux dérivés de ces produits, les difficultés que l'on trouverait à les remplacer seraient la mesure de l'importance du chêne dans la teinture.

Nous allons essayer de résumer les services des végétaux dont nous faisons l'histoire, dans une branche d'industrie qui intéresse si directement la France. Ce sont surtout les *quercus tinctoria* et *quercus infectoria* qui sont précieux à ce point de vue.

QUERCUS TINCTORIA.

Depuis plus de 60 ans, Bancroof a fait connaître les applications d'une écorce de chêne vendue dans le commerce sous le nom de *quercitron*, et provenant d'une espèce américaine le *Q. tinctoria*, ou chêne quercitron. L'introduction de cette matière colorante dans les fabriques anglaises fut jugée d'une telle importance, que le Parlement anglais concéda à Bancroof le privilége exclusif de préparer et de vendre cette substance tinctoriale.

D'après M. Persoz, cette écorce se compose de trois parties : 1° l'épiderme qui doit sa couleur noire à l'infiltration de la sève au travers de ses pores, et qui, ne renfermant qu'une petite quantité de matière colorante altérée, en est soigneusement enlevée ; 2° un tissu cellulaire, où réside la matière colorante ; 3° l'aubier.

Le quercitron, dont la valeur commerciale est assez élevée, est l'objet de nombreuses falsifications, avec des bois dont la teinte jaune se rapproche plus ou moins de la sienne. Malheureusement, cette substance se vendant en poudre, il faut avoir recours à un essai chimique pour en reconnaître la pureté.

On peut, suivant le procédé de Houton-Labillardière, essayer au colorimètre une décoction de quercitron suspect, et les comparer avec une décoction de quercitron normale.

Une décoction de 1 gr. de quercitron dans 10 gr. d'eau filtrée à chaud, offre une teinte jaune orangé brun, qui ne se trouble que par le refroidissement, mais qui, après un certain nombre de jours de repos, laisse déposer une substance cristalline nommée *quercitrin* ou *quercitrine*.

L'odeur de la décoction de quercitron ressemble à celle de notre chêne ordinaire et sa saveur est astringente et amère. Elle rougit le tournesol et précipite la gélatine. Les oxydes alcalins et terreux rendent sa nuance plus foncée, les derniers la précipitent en jaune roux. Cette réaction distingue essentiellement le quercitron du bois jaune.

Une solution d'alun servira encore à distinguer le quercitron du bois jaune. Dans la décoction du premier, elle ne produit qu'un léger précipité jaune sale et un précipité très abondant dans la décoction du second. Les sels de chaux, enfin, caractérisent la matière colorante du quercitron, ils sont décomposés par elle et donnent naissance à de véritables laques.

MM. Chevreul, Bolley et Rigaud, ont étudié la matière

colorante du quercitron, que le premier de ces chimistes nomma quercitrin et le dernier quercitrine.

Cette quercitrine paraît exister dans l'écorce du *quercus tinctoria*, à l'état de combinaison avec un acide tannique particulier. On peut enlever la matière colorante à l'écorce et l'obtenir sous forme de petits cristaux microscopiques solubles dans 5 à 6 p. d'alcool et dans 422 p. d'eau bouillante.

Sa composition est exprimée par la formule $C^{36}\ H^{20}\ O^{21}$.

Le quercitron est utile, non-seulement comme matière colorante, mais comme réactif. Souvent les fabricants éprouvent de sérieuses difficultés à cause des sels de chaux contenus dans les eaux qu'ils emploient. Ces sels de chaux modifient les couleurs. Le quercitron, dont la matière colorante a pour la chaux une grande affinité, est fréquemment employé pour sauver de l'action de cet alcali les teintes délicates, celle de la garance par exemple.

M. H. Schlumberger a montré que la poudre de quercitron, ajoutée dans un bain de garance dans la proportion de un trentième du poids de la matière colorante, équivaut à un poids de garance même égal à 27. Cette dernière nuance est ainsi modifiée par le quercitron qui lui communique une teinte jaune orangé. A Rouen, où l'on fabrique beaucoup de mouchoirs genre foulard, ces deux matières colorantes sont fréquemment combinées.

Le jaune est la teinte propre au quercitron. Il sert à communiquer aux tissus des teintes aussi variées que peuvent l'être les mordants qu'on lui associe.

Avec les mordants d'alumine, il donne une couleur jaune serin pur. Avec les mordants de fer, des gris, des verts olivâtres, des noirs particuliers; avec l'oxide chromique, un jaune olivâtre : avec des mordants mélangés d'alumine et de fer, des couleurs olive et réséda. Pour le réséda clair, le réséda moyen, le réséda foncé, la proportion de quercitron par pièce est de 750 grammes, 1,500 gr., 1,650 gr.

L'emploi du quercitron en teinture demande des précautions spéciales, tenant à la nature de son principe colorant, et à la forte proportion de tannin à laquelle il est associé. Il est nécessaire de ne pas dépasser une température de 20 à 25° et de neutraliser le tannin à l'aide de la colle forte.

La teinture de quercitron est préparée à l'aide d'une décoction de cette écorce de chêne, à laquelle on ajoute un peu de carbonate potassique, sodique ou calcique, dans le but d'arriver à des teintes d'un jaune plus pur.

On ne peut se faire une idée de la variété des effets qui peuvent sortir de l'union du quercitron et de la garance, et surtout du quercitron et de la cochenille. Avec les bois rouges, il donne les nuances bois, puce, etc. Avec le cachou, le fernambouc, le fustet et la noix de galle, il permet de réaliser toutes les nuances allant du marron à l'olive. Les teintes pistache, cannelle, acajou, tourterelle, etc., sont encore dues au quercitron associé avec diverses substances.

Le quercitron a été une des premières couleurs appliquées à la vapeur. Bancroof, vers 1797, « voulant produire sur le drap une impression jaune, imprima une décoction concentrée de quercitron à laquelle il avait ajouté une certaine quantité de nitro-sulfate d'étain. Après avoir couvert de papier la surface imprimée pour éviter les réapplicages, il enroula le drap sur lui-même, et l'introduisit dans un sac en coutil d'un tissu très serré. Il exposa ce sac, hermétiquement fermé, à l'action de la vapeur d'eau durant 15 à 20 minutes, et parvint ainsi à appliquer à l'étoffe un jaune aussi solide que si on l'eût fixé à la manière ordinaire. » Les applications du quercitron par cette méthode perfectionnée sont aujourd'hui nombreuses et diverses.

S'il fallait indiquer toutes les combinaisons infiniment variées de nuances sur toile, coton, laine, soie, velours, etc., dans lesquelles le quercitron est employé, nous serions obligé d'entrer dans des détails qui ne seraient pas en rapport avec le but de cet ouvrage. Il nous suffit d'avoir montré, dans une grande industrie, le rôle important de cette écorce de chêne (1).

NOIX DE GALLES.

Les noix de galle ont une grande importance en teinture ; nous allons résumer leur utilité dans l'art de l'impression des tissus.

Ces excroissances, variables de formes et de couleurs, possèdent aussi des valeurs différentes, au point de vue des usages auxquels on les destine.

Dans le commerce, on distingue deux sortes de noix de galle : les blanches et les noires. Les blanches ont été

(1) C'est en Amérique même qu'on dépouille l'écorce du quercitron de son épiderme, qui contient beaucoup de matière colorante fauve, puis on pulvérise avec des meules la 2ᵉ écorce et on l'expédie. Il se forme, par cette pulvérisation grossière, une poudre fine et des fibres courtes : celles-ci contiennent deux fois moins de principe colorant que la poudre. De quelque contrée des Etats de l'Union que soit expédié le quercitron, il arrive en boucauts de 500 à 700 kilogrammes, en demi-tierçons et quarts, de poids proportionné. Les fûts sont frappés sur le fond d'une marque à feu qui indique le poids de la marchandise. On distingue dans le quercitron les espèces suivantes :

Q. DE PHILADELPHIE. — Brins menus, légers, couleur blonde.

Q. DE NEW-YORK. — Brins légers, effilés, un peu plus gros et plus longs.

Q. DE BALTIMORE. — Brins encore plus gros, accompagnés de morceaux d'écorce.

recueillies après la sortie de l'insecte, elles sont légères. Souvent, pour les faire passer, on bouche le trou par lequel le cynips a pris son essor, on les colore, et on leur communique ainsi, sauf la densité, les caractères des galles noires. Celles-ci, récoltées avant la sortie de l'insecte, sont dures et pesantes.

Les noix de galle portent différents noms dans le commerce :

Noix de galle d'Alep ou galle verte d'Alep, ou galle noire. *Petite galle couronnée d'Alep*, mêlée à la précédente. *Galle de Smyrne*, peu différente de la première. *Galle marmorine. Galle d'Istrie. Galle de Chine, de Sorian, de Roumanie*, etc. La première est la plus estimée. Le mélange des espéces constitue les galles dites *en sorte*. Toutes croissent sur les chênes.

La noix de galle renferme les principes suivants qui varient avec les qualités :

Acide tannique	65 %
— gallique	2
— ellagique . . . . ⎱	
— luteogallique . . . . , ⎰	2
Sels, ligneux, gomme, etc	31
	100

Un fait considérable, au point de vue des applications de la noix de galle à la teinture, c'est la transformation lente de l'acide tannique en acide gallique, dans les solutions aqueuses, placées dans certaines conditions

Quelle que soit l'idée que l'on se forme de la cause qui produit de semblables effets, il est à désirer, dit M. Persoz, dans l'intérêt du fabricant, que l'on puisse savoir positivement si c'est l'acide tannique ou l'acide gallique qui joue le rôle le plus important dans les applications de la noix de galle, ou bien si le concours de ces deux acides est nécessaire pour réaliser les résultats les plus favorables. Fixé sur cette question, le fabricant se réglant sur les besoins de sa production, traiterait la solution de noix de galle de manière à n'en retirer que de l'acide gallique ou de l'acide tannique. Il est constaté que dans la teinture en garance, par exemple, l'acide gallique ne peut pas remplacer le tannin.

Comme le quercitron, la noix de galle est employée à neutraliser la chaux des eaux destinées à la teinture : comme lui, également, d'après H. Schlumberger, la poudre de noix de galle ajoutée dans un bain de garance, dans la proportion de 1/30 et même de 1/15 du poids de la matière colorante, équivaut à 24 ou 34 de garance en plus ; cela réalise une économie considérable sur une substance chère.

Si l'utilité de la noix de galle dans le garançage peut être discuté, il n'en est pas de même dans le mordançage des étoffes qui doivent recevoir cette matière colorante.

Tout le monde connaît ces belles nuances désignées jadis sous le nom de rouge d'Andrinople, rouge turc ou mérinos, et dont la garance est la matière colorante. Les couleurs, pour adhérer aux tissus et devenir insolubles, doivent entrer dans des combinaisons particulières, souvent fort complexes. Ainsi, pour teindre une pièce de toile en rouge turc, il faut : 1° la huiler ; 2° l'engaller ; 3° la teindre ; 4° l'aviver.

Au sortir du huilage, on recouvre uniformément la pièce d'un mordant inorganique, c'est l'alun ou l'acétate d'alumine dont on se sert pour teindre en rouge, et 'e nitrosulfate de fer pour teindre en violet.

L'engallage se produit en deux fois, l'une avant le premier garançage, l'autre après le second. On épuise par l'eau 10 kilogr. de noix de galle en sorte concassée, on ajoute à cette décoction la quantité de liquide nécessaire pour former 300 litres, dans lesquels on dissout à chaud 16 kilogr. d'alun. On introduit cette liqueur chaude dans l'appareil à foularder en la maintenant à la température de 70°. Cette quantité de liquide gallo-aluminique suffit pour mordancer 500 livres de coton. Après séchage et premier garançage, on replonge de nouveau la pièce dans le bain de noix de galle, on termine par un dernier garançage suivi d'un certain nombre d'avivages.

La teinture en cochenille emploie la noix de galle, 40 à 60 grammes par kilogramme de matière colorante. Les noirs au campèche en demandent aussi.

M. Debeaux, pharmacien-major de l'armée, dans son *Mémoire sur les matières tinctoriales des Chinois*, cite les galles recueillies sur les branches du *O. castaneifolia*, ainsi que les écorces sèches de ce même chêne. On en fait, pour la teinture, des liqueurs astringentes qu'on mêle à des solutions ferrugineuses.

L'écorce de notre chêne commun est elle-même quelquefois employée en teinture. On obtient avec elle une teinte désignée sous le nom de gris au tan, qui sert dans les genres soubassements. On produit ce gris en foulardant les pièces dans un bain renfermant : tan, mordant rouge et pyrolignite de fer, parties égales.

Après deux ou trois jours de repos, on fixe à l'eau bouillante, ou avec de la bouse de vache : on lave et l'on teint à la température de 35 à 45° dans un bain contenant un kilogr. de tan par pièce.

D'après M. H. Schlumberger, la poudre d'écorce de chêne, ajoutée dans un bain de garance, dans la proportion de 1/30° de cette matière colorante, équivaut à un poids de garance même égal à 25.

La sciure de bois de chêne ne saurait remplacer la poudre de tan : dans les mêmes circonstances, au lieu de valoir une certaine quantité de garance, elle neutraliserait, au contraire, une quantité de cette matière colorante égale à 14.

KERMES DU CHÊNE.

On connaît depuis longtemps les propriétés tinctoriales d'une autre substance qui, comme la noix de galle, se rencontre sur les chênes, y vit et s'y développe. C'est le kermes dont nous avons déjà parlé.

La belle couleur de ces animalcules, dit M. G. Planchon, a dû frapper de bonne heure, et le moyen de la fixer sur les étoffes tenta les populations qui l'avaient sous la main. Théophraste ne dit rien du κοκκοσ φοινικοσ des yeuse. Le *coccus baphica* était employé dans la teinture au temps de Dioscoride, car, un peu plus tard, Pline vante la graine d'écarlate, dont la pourpre était réservée aux généraux et aux empereurs.

La teinture par le kermes devint au moyen-âge une branche importante d'industrie, à Marseille, Lucques, Gênes, Montpellier, etc. ; l'usage de la graine d'écarlate était entourée de formalités : les étrangers ne pouvaient, à Montpellier, en faire usage, et l'ouvrier prêtait serment d'employer cette précieuse matière dans des conditions déterminées.

En vain, les règlements prescrivirent l'emploi du kermes, pour la couleur rouge nommée écarlate de Venise, et tolérèrent-ils l'addition de la garance aux kermes pour les demi-écarlates de Venise ; cela suffit peut-être pour empêcher la substitution des bois du Brésil à la graine, mais non la cochenille.

La récolte du kermes du chêne n'était pas localisée sur

un seul point de la région méditérranéenne : la Galatie, l'Arménie, la Cilicie, la Sardaigne, l'Espagne et le Portugal, etc., avaient assez de *Quercus coccifera* ou de chênes verts pour que le kermes y fût recherché. L'Afrique même en fournissait une certaine quantité, mais peu estimée.

La récolte, dit M. Planchon, était l'occupation des femmes et des enfants dans le Languedoc et la Provence. Ils profitaient des premiers moments de la journée, alors que les feuilles imprégnées de rosée étaient moins piquantes. Leurs outils habituels, dans cette chasse singulière, étaient des ongles très-longs, avec lesquels ils séparaient la graine de la branche où elle adhérait. Ils pouvaient, dans une matinée, ramasser jusqu'à deux livres de kermes.

Il fallait que le kermes fût très-abondant pour qu'une récolte pareille pût être faite en aussi peu de temps. Le produit d'une seule année dans les garrigues d'Arles était estimé à 11,000 sous d'or par Quiquéran ; et l'année 1774 en aurait donné, dit M. Tricou, cent quintaux au moins, aux environs de Montpellier.

D'après les observations de M. Planchon, les localités les plus riches autrefois en graine d'écarlate, en possèdent peu aujourd'hui, l'insecte a diminué parallèlement à son emploi. Cela tient, sans doute, au peu de soin que l'on prend des chênes qui le portent.

Au siècle dernier, le kermes du chêne se vendait 30 à 40 sous la livre prête à être employée.

LE CHÊNE ET LA PHOTOGRAPHIE.

Au nombre des services que nous devons aux chênes, nous ne pouvons oublier qu'un certain nombre des substances qu'ils renferment, ou dont ils sont l'origine, sont employées par cet art merveilleux, source de tant de jouissances, la photographie.

Les premières images sur plaques étaient développées au moyen des vapeurs de mercure, mais celles que doivent recevoir les glaces ou les papiers ne peuvent apparaître que sous l'influence des acides gallique et pyrogallique combinés à d'autres réactifs.

Si l'on verse de l'azotate d'argent dans deux verres placés dans l'obscurité, quelques gouttes d'iodure de potassium y produisent un précipité jaune.

Si l'on expose pendant quelques secondes l'un de ces verres à la lumière, on constate, quand on replace ce verre près de celui qui est resté dans l'obscurité , qu'aucun changement ne s'est manifesté. Quant on verse ensuite dans ces verres quelques gouttes d'acide gallique, celui qui a vu la lumière noircit tandis que l'autre reste jaune. La lumière avait commencé la modification de l'iodure d'argent, l'acide gallique la continue, en vertu de ses propriétés réductives.

Voyons dans quelles circonstances cette action précieuse se produit.

Les glaces, bien nettoyées, sont revêtues d'une couche de collodion humide, à l'iodobromure de cadmium. La sensibilisation du collodion ioduré se fait en plongeant la glace dans un bain d'azotate d'argent, à l'abri de la lumière blanche. On peut dès lors livrer cette plaque de verre à l'action mystérieuse de la lumière dans la chambre noire de l'appareil. Comme dans l'expérience relatée plus haut, l'exposition à la lumière ne semble avoir apporté aucun changement ; il faut, pour faire apparaître l'image, verser sur la surface collodionnée ce que les photographes appellent le réductif négatif au sulfate de fer, dans lequel l'acide gallique entre pour une part.

L'action du réductif doit être rapide ; prolongée elle aménerait un dépôt qui masquerait l'image. Lorsque le temps de pose a été bien mesuré, l'image apparaît en quelques secondes avec de grandes variétés de tons ; le linge blanc est noir, la figure brune.

Pour donner plus de fini à l'image, en harmonisant la transition des clairs aux ombres, on verse à la surface du cliché une nouvelle préparation dont l'agent principal, l'acide pyrogallique, dérive de l'acide gallique par l'action de la chaleur.

L'acide pyrogallique harmonise les tons et ne saurait les renforcer lorsque le cyanure de potassium a produit son action ; si l'on voulait lui demander ce service, il faudrait lui soumettre l'épreuve immédiatement après l'emploi du réductif négatif à l'acide gallique.

Une solution pyrogallique argentique est employée pour produire les images positives et négatives sur glaces préparées au collodion sec sensibilisé.

Lorsqu'on remplace le collodion par l'albumine, les services de l'acide gallique sont les mêmes et à la même place dans la série des opérations pour l'obtention des épreuves positives ou négatives.

L'acide gallique et l'acide pyrogallique jouent donc un rôle analogue en photographie ; ce sont des agents réducteurs qui continuent et développent l'action de la lumière.

C'est de la noix de galle que l'on retire l'acide gallique, et celle-là, nous le savons, n'est autre chose qu'un bourgeon de chêne transformé par la piqûre d'un insecte.

En 1786, Schècle, constata la formation de l'acide gallique, lorsqu'on laissait les noix de galle humectées et concassées pourrir à l'air libre. Il pensait que la décomposition amenait simplement la mise en liberté de cet acide. En 1833, M. Pelouse prouva que l'acide gallique n'était pas tout formé dans la noix de galle.

Liébig, en 1840, émit l'opinion qu'un ferment pourrait bien intervenir.

Les choses en étaient là, lorsque M. Ph. Van Tieghem, en 1867, pénétré des idées de M. Pasteur, sur la nature vivante des fermentations, reprit l'étude de la fermentation gallique.

Voici ce qu'il a découvert : « Pour que le tannin se transforme, il faut et il suffit qu'un mycelium de mucédinée se développe dans sa dissolution. »

Toutes les fois qu'il se forme de l'acide gallique dans une infusion de noix de galle, deux champignons apparaissent isolément ou simultanément; ce sont les *penicillum glaucum* et *aspergillus niger*.

Lorsque dans les ballons, où depuis plusieurs années les liqueurs galliques restent inaltérées, on sème les spores de l'un de ces champignons, rien ne se produit; mais si en même temps l'air peut avoir accès dans ces vases, aussitôt des flocons de mycelium apparaissent et les cristaux d'acide gallique se forment.

Comme tous les champignons, les penicillum dont nous venons de parler ont besoin, pour leur développement, de principes minéraux et azotés. Voilà pourquoi la transformation du tannin de la noix de galle est très rapide, tandis que celle de la dissolution de tannin pur est lente.

Pour transformer 1,000 gr. de tannin, il suffit d'un gramme de mycelium. Ces 1,000 gr. produisent, sous l'influence de la vie, 802 d'acide gallique et 282 de glycose.

Quand l'action des aspergillus, au lieu de se produire dans la profondeur des dissolutions, s'exerce à leur surface, le tannin est alors totalement brûlé, et le peu de glycose et d'acide gallique formés disparaît. Il faut donc, dans la transformation industrielle du tannin de la noix de galle en acide gallique, avoir soin de remuer chaque jour la masse. La noix de galle contient 40 à 66 p. 0/0 de tannin, qui doivent donner, si on évite la combustion, 32 à 53 p. 0/0 d'acide gallique cristallisé.

Ces faits expliquent comment les feuilles de chênes riches en tannin, et qui, en pourrissant à terre, se couvrent de penicillum et d'aspergillus, retournent si promptement à la nature minérale. La décomposition des écorces et des fruits est également hâtée par la végétation comburante des mycodermes.

Tout ce qui tue le mycoderme arrête la fermentation : c'est donc la vie, et la vie seule, qui agit ici ; jamais la force n'avait paru plus indépendante de la matière.

Ce n'est pas un des faits les moins intéressants de l'histoire du chêne que ces transformations successives d'un bourgeon en noix de galle, et de la substance de celle-ci en acide gallique par le travail inconscient d'un insecte d'abord, d'un champignon ensuite.

LE CHÊNE ET L'ENCRE.

Pouvons-nous oublier, en écrivant cette histoire, que l'encre doit quelque chose au chêne. Le mot encre, qui vient de l'italien *inchiostro*, lequel dérive du latin *encaustum* ou de l'espagnol *encina* (chêne), désigne la liqueur colorée qui sert à tracer les caractères sur le papier.

L'encre des anciens était faite de substances bien diverses : lie de vin, pourpre des murex, vermillon, etc. L'action du fer sur la noix de galle était connue du temps de Pline : ce n'est cependant que depuis l'époque où Tachenius, chimiste westphalien du milieu du XVIIe siècle, généralisa l'application de la noix de galle à la distinction des dissolutions métalliques, que la théorie de la formation de l'encre a été précisée et que l'on sait ce que c'est que ce liquide, dont on se servait déjà trois à quatre cents ans avant l'ère chrétienne. Elle se compose essentiellement de gallate et de tannate de peroxyde de fer en suspension dans l'eau, à laquelle on ajoute ensuite quelques autres substances gommeuses pour donner une certaine consistance au liquide, afin qu'il ne s'étende pas sur le papier, et aussi pour maintenir la suspension des sels de fer qui le colorent.

Les fabricants, dit Girardin, ont l'habitude de laisser l'encre se couvrir d'une moisissure avant de la soutirer, et ils prétendent que cette pratique leur procure une encre plus claire et moins sujette à se moisir dans les bouteilles et les encriers.

Nous savons maintenant par M. Van Thieghem, que ces moisissures sont dues à des champignons qui ont la propriété de transformer le tannin des écorces de chêne et de la noix de galle en acide gallique. De même que la production des aspergillus à la surface du liquide seulement brûle et fait disparaître le tannin des solutions galliques, la présence du fer pourrait fort bien, après sa suroxidation surtout, ne pas empêcher cette action de se produire dans l'encre. En agitant ce liquide de manière à porter dans l'intérieur les myceliums superficiels, l'acide tannique passe seulement à l'état d'acide gallique.

La noix de galle étant d'un prix élevé, on la remplace, ou l'on a essayé de la remplacer par l'écorce de chêne : mais l'encre obtenue est moins belle, moins fluide, plus altérable.

CHAPITRE XXII

—

Le Chêne et le Cuir.

—

La disparution des chênes est aussi menaçante pour la grande industrie des cuirs que pour les autres branches de l'activité humaine. La rage des déboisements a satisfait, dans une certaine mesure, les besoins de la tannerie : tous les taillis, toutes les futaies qui tombaient donnaient une certaine quantité d'écorces. Mais le chêne cultivé en taillis, en taillis sous futaie et en futaie, est d'un rendement très inférieur en écorces. A un certain âge, celle du chêne a perdu la plus grande partie de ses propriétés astringentes ; puis, l'époque convenable pour l'abattage des bois de construction est différente de celle des arbres à écorce. L'enveloppe des chênes abattus l'hiver est difficile à lever et a perdu une partie de ses propriétés. Il en résulte qu'une superficie sous chênes, ne peut à la fois réunir les maximums de rendements en bois d'œuvre et en écorces.

Cette situation fit naître, au commencement du xviie siècle, une singulière réglementation en Angleterre, et montra combien les gouvernements sont malhabiles quand ils veulent, en industrie comme en commerce, mettre des entraves à la liberté.

En 1603, la préparation des cuirs à l'aide des écorces de

chêne avait pris un grand essor, et les propriétaires abattaient leurs arbres en hiver pour profiter à la fois des écorces et du bois dont la valeur est plus grande quand il a été coupé à cette époque.

Jacques Ier défendit, sous peine de confiscation des arbres ou d'une amende montant au double de leur valeur, l'abattage en hiver, excepté pour les bois marqués pour les constructions navales, les moulins, ou les bâtiments de la couronne.

Eh bien, l'édit royal eut peu d'effet. On préféra couper en hiver. A cette époque de l'année, en effet, on utilise hommes et bêtes dans les fermes, les autres travaux étant interrompus. De plus, les routes durcies sont favorables aux charrois. Donc, malgré le prix de 2 schelling la charrette des écorces du printemps, on ne cessa pas de couper en hiver.

Mais le prix des écorces croissant toujours, il vint un moment où l'intérêt renversa les usages ; on se mit à raser les chênes au printemps ; aussi l'amirauté, dans l'intérêt des constructions navales, fut obligée d'offrir une prime de 5, 6 et 7 livres sterling pour cent, sur les chênes abattus en hiver avec leur écorce.

Ce fut en 1686 que Plott découvrit un terme moyen, en proposant d'écorcer au printemps et d'abattre en hiver. Cette manière de faire fut accréditée par l'idée courante que les arbres, longtemps écorcés avant leur coupe, étaient excellents pour les constructions. Ce système ne pouvait satisfaire entièrement l'industrie des cuirs, puisque l'écorce des chênes propres aux constructions était de peu de valeur comme substance astringente.

La consommation croissante des peaux préparées, la diminution de la quantité des écorces fournies par l'exploitation des taillis ou l'érodement des forêts, amena la culture spéciale du chêne à écorces. Dans nos départements du Nord, la Belgique, les provinces rhénanes, on créa ce que l'on appelait les haies à écorces.

Nos deux espèces principales conviennent à la production des écorces ; aussi, les trouve-t-on mêlées dans les cultures du département des Ardennes et de la Belgique. Il faut dire cependant que l'on préfère le chêne à fleurs sessiles qui, plus rustique, résiste aux gelées et donne des écorces plus riches en tannin.

Les sols marécageux ou épuisés, les sables secs ne lui conviennent pas : il réussit, au contraire, parfaitement, dans les sols profonds, bien divisés, argilo-sablonneux, un peu humides, mais perméables et privés de calcaire.

La cépée, fréquemment répétée des chênaies à écorces, permet de les établir sur des sols moins profonds que ceux qui seraient nécessaires aux futaies. Les racines ne pénètrent pas à de grandes profondeurs ; aussi les troupeaux qui piétinent le sol sont-ils très-préjudiciables à ces cultures.

Quand un taillis n'est pas formé d'arbres trop âgés, il est facile de le convertir en chênaie à écorces. Le chêne a la propriété, quand il est coupé ras, de reproduire des jets d'autant plus vigoureux qu'il se trouve en meilleur terrain ; dans les sols épuisés ou médiocres, il serait inutile de couper des chênes de 40 à 50 ans, ils ne donneraient pas de souches suffisamment fécondes.

Quant à la création de taillis à écorces, nous renvoyons à ce que nous avons dit de la culture du chêne ; toutes les règles que nous avons décrites peuvent s'appliquer à ce cas spécial.

Lorsque les taillis ou haies à écorces sont créées, il faut savoir les conserver, sans quoi leur rendement s'affaiblirait. Plusieurs souches s'éteignent chaque année et forment des vides que le couvert protége encore trop pour permettre le réensemencement naturel.

Une remarque fort importante a été faite, c'est que le chêne seul ne pouvait former de taillis bien productifs ; quand il est mélangé de hêtre, de charme ou d'autres essences, le rendement en écorces est plus considérable. Ainsi, un taillis de chêne, exploité à 20 ans dans une plaine fertile, a produit 4,278 kilogr. d'écorces par hectare ; un autre taillis, où le chêne était mélangé à un tiers de charme, a fourni 4,563 kilogr.; enfin, dans un troisième taillis, où le bouleau remplaçait le charme dans la même proportion, le rendement a été de 3,554 kilogr. d'écorces de tiges.

Les forestiers expliquent ces différences par l'appauvrissement du sol par le chêne seul, appauvrissement qui tient en partie à ce que les feuilles et les fruits riches en tannin empêchent la croissance des graminées, livrent le sous-bois aux mousses et autres végétations cryptogamiques.

Lorsque le taillis à écorces est fait, il faut régler pour une ou plusieurs révolutions son mode de culture, la marche et le nombre de ses exploitations ; c'est ce qu'on appelle l'aménagement.

Il est d'observation que la valeur des écorces de chêne, au point de vue de la richesse en matière astringente, croît pendant un certain nombre d'années, devient stationnaire et diminue ensuite sans disparaître entièrement, même chez les vieilles écorces.

Un caractère physiologique permet de reconnaître le moment où le maximum de richesse est atteint : c'est quand l'écorce perd sa surface unie et commence à se crevasser. C'est au bout de 12 ans que les écorces se modifient ainsi chez les chênes replantés ; un peu plus tard, vers 18 ans, chez les chênes de semis, qui croissent plus lentement.

C'est donc entre 12 et 18 ans qu'il faut couper les taillis. On divisera donc la chênaie en quinze parties égales. La révolution sera de 14 ans, c'est-à-dire que tous les 15 ans la coupe ramènera sur la même parcelle de l'exploitation.

Deux raisons déterminent à couper les taillis aussitôt que la poussée du printemps se fait sentir : la première, c'est que les rejets profiteront encore d'une partie de la sève du printemps et seront aoûtés quand l'hiver viendra ; la seconde, c'est que c'est à ce moment que les écorces présentent leur maximum en tannin. Plus tard, en hiver surtout, elles auraient perdu de leur valeur. Biggen a trouvé que. dans le chêne coupé en hiver, si la proportion du tannin est représentée par 0,1, elle sera de 9,6 chez celui qu'on coupera au printemps ; l'acide gallique sera comme 8 à la première saison, comme 10 à la seconde.

Les vieux chênes sont abattus avant l'écorcement. Des incisions annulaires, espacées d'un mètre, divisent l'écorce en cylindres. Des incisions dans le sens de la longueur forment ensuite sur ces cylindres des lanières plus ou moins larges. A l'aide de l'écorceur, on soulève et on détache ces lambeaux. Il est parfois nécessaire de battre les écorces avec un marteau en bois pour pouvoir vaincre la résistance qu'elles offrent. Les vents humides, ainsi que les pluies fines et tièdes, favorisent l'opération.

Les écorces sont ensuite disposées de façon à se dessécher. On les dresse contre les arbres restés debout ou contre des perches supportées horizontalement. Lorsque la pluie menace, on couvre le faîte des sortes de toits ainsi formés avec de plus larges écorces.

Les chênes déjà vieux fournissent des écorces de médiocres qualités : celles-ci ont une partie intérieure crevassée, couverte de lichens, qui ne contient plus de tannin. Si à l'aide d'une doloire on les racle avant l'écorcement, le déchet produit par cette opération peut s'élever de 20 à 40 pour cent, suivant l'épaisseur de la superficie enlevée et suivant l'âge des arbres.

L'écorcement des jeunes chênes se fait très-facilement : il ne faut cependant abattre le matin que ce qui peut être dépouillé dans la journée.

Quelquefois l'écorcement des jeunes chênes se fait sur pied. On soulève alors les lanières d'écorces de bas en haut, et on les détache par une incision annulaire, ou bien on les laisse sécher suspendues encore à l'arbre par leur extrémité supérieure.

L'abattage des chênes est une des parties les plus délicates de l'exploitation. Il faut qu'il se fasse de manière à assurer la reproduction du taillis par rejet. On laisse sur les souches vigoureuses quelques centimètres seulement de vieux bois ; mais si la vieille souche ne semble pas devoir produire de nouveaux jets, on coupe dans le bois vert.

Il faut que la surface de section soit inclinée pour faciliter l'écoulement des eaux, et qu'elle soit unie, sans fentes ni mâchures ; l'usage de la scie doit être proscrit.

Quand les écorces ont été desséchées à l'air libre ou sous des hangars, on les met en bottes ou en fagots de un mètre à deux mètres de long, sur un mètre de circonférence. Les écorces des branches, et toutes celles qui n'ont pas les dimensions précédentes, sont réunies sous forme de nœuds.

Les écorces prennent alors le nom de tan ; elles peuvent être livrées directement aux tanneurs ou entreposées dans des magasins bien secs ; humides, elles perdraient rapidement une partie de leur valeur.

Le bois des chênes écorcés a une valeur qu'il ne faut pas négliger ; ces bois pelés sont très-recherchés, leur surface, ayant pris de la consistance, résiste mieux aux agents atmosphériques. Certaines tiges longues et minces pourront être utilisées pour tuteurs, échalas, clôtures, etc. Le gros bois sera cordé, le menu mis en fagot ou en tas, pour débarrasser le taillis de tous ces débris qui pourraient nuire aux rejets des souches.

Le rendement, en matière, d'un taillis de chênes à écorces, sera très-variable, suivant la nature du sol et l'aménagement.

Scheider-Pfeil apprécie de la façon suivante le revenu de l'hectare de taillis de chêne convenablement denses :

Dans un taillis de 24 ans, 145 stères de bois récoltés dans un bon sol donneront 18 stères d'écorces sèches.

120 stères de bois, récoltés à 23 ans, dans un sol de 2e qualité, donneront 15 stères d'écorces, etc.

L'exploitation de vieux chênes ne donne pas les mêmes produits ni en qualité, ni en quantité. Ainsi, par 6 stères de bois de chênes couronnés, de 100 à 200 ans, il faut compter, d'après Koltz, un stère d'écorce raclée, ce qui constitue une perte de 14 p. cent du produit total.

4 stères de bois de chênes, de 50 à 100 ans, donnent un stère d'écorce raclée ; perte, 20 p. cent du produit total.

Le revenu d'un hectare de taillis à écorces dépendra des circonstances que nous avons énumérées et de la valeur locale des écorces et du bois.

Koltz estime de la manière suivante le produit en argent d'un hectare de taillis ; la botte coûte 1 fr. 50, ou 6 fr. les 100 kilogr. L'hectare des meilleurs terrains du taillis de 20 ans produit 600 bottes, à 1 fr. 50, soit 900 fr. de revenu net ; les frais d'écorcement, qui sont à la charge de l'acquéreur, s'élèvent de 40 à 60 centimes par botte.

Pour que les écorces aient cette valeur, il faut qu'elles soient lisses, argentées, sans végétation cryptogamique et à liber épais ; il faut encore que leur cassure soit blanche, nette et que la dessiccation soit parfaite. La meilleure écorce est celle du milieu du tronc ; au-dessus et au-dessous, le tannin diminue.

La quantité des écorces nécessaires à la fabrication des cuirs, représente, en France, par exemple, une valeur considérable. Supposons la population de quarante millions d'habitants, et que chaque individu consomme 1 kil. 1/2 de cuir par an, il faudra, pour chausser cette masse, 60,000,000 de kilogr. de cuir. Comme il faut au moins 10 kilogr. de bonnes écorces pour tanner un kilogr. de cuir, la préparation des peaux exigera 600,000,000 de kilogr. de tan, à raison de 6 fr. les 100 kilogr. ; la France dépensera donc, pour ses tanneries, 6,000,000 de francs d'écorces.

Comme chaque hectare de taillis donne en moyenne 2,000 kilog. d'écorces par an : pour produire les 600,000,000 de kilogr. de tan nécessaires, il faudra donc une superficie de 300,000 hectares de taillis de chênes pour préparer nos cuirs.

Nous ferons observer que nous n'avons pas compris dans ces évaluations la quantité très-considérable de cuirs demandés par diverses industries importantes : la sellerie et la carrosserie, etc.

Dans les pays où existent des taillis aménagés pour la production spéciale des écorces, dans les Ardennes françaises et belges, dans le Luxembourg belge, dans le Grand-Duché et dans l'Eifel prussienne, des cultures accessoires, entre les rejets de souches, donnent plus de valeur à ces exploitations.

APPLICATION DES ÉCORCES DE CHÊNE
A LA PRÉPARATION DES PEAUX.

Le luxe et la médiocrité, l'agriculture et l'industrie consomment des quantités de cuir considérables : le salaire des ouvriers seuls qui transforment le cuir en chaussures s'élève en France à plus de 300,000,000 de francs par an : que serait-ce, si nous ajoutions à cette somme considérable le salaire des ouvriers carrossiers, selliers et tanneurs.

La préparation et la mise en œuvre des peaux est donc une grande industrie, ses produits sont d'indispensable utilité, elle remue des milliers de bras et des millions de francs.

Que deviendrait cette source de richesse et de travail sans le chêne, sans l'écorce de chêne, ce précieux agent de la conservation des peaux que nous pouvons produire à peu de frais sur toute la surface de notre territoire.

Assurément, il y a d'autres matières tannantes que le tan, on les met parfois en usage ; mais serait-il possible de remplacer par elles l'énorme quantité d'écorces de chêne consacrées annuellement à la confection du cuir ? et leur prix ne deviendrait-il pas alors inabordable.

L'application des propriétés astringentes de l'écorce des chênes, à la conservation des peaux, date de la plus haute antiquité ; mais c'est dans ce siècle que les progrès de cet art ont marché le plus rapidement.

Nous n'entrerons pas dans les procédés de cette grande industrie, nous terminerons en disant comment les écorces de chêne agissent sur les peaux.

Voici comment, en 1856, M. Payen expliquait l'action de l'écorce de chêne :

« Le tannin se combine avec les parties moins agrégées du derme, et avec les parties les plus résistantes ; la saturation arrive longtemps avant le terme assigné à un bon tannage ; elle exige, pour chacune de ces deux parties, des quantités de tannin moindres que la gélatine.

» Les parties les moins agrégées du derme forment, avec le

tannin, un composé dissoluble dans l'ammoniaque altéré par cette dissolution et qui éprouve une déperdition considérable d'azote pendant son évaporation à siccité.

« Les effets d'un tannage prolongé déterminent la dissolution des parties faiblement agrégées unies au tannin, et, par suite, l'augmentation relative des quantités de matière fibreuse résistante. Le produit, dans ce cas, doit donc être plus souple et plus tenace.

« La portion soluble friable, qui reste interposée dans les cuirs tannés est instable. Dans sa dissolution, elle peut entraîner des portions notables de la substance azotée ; c'est ainsi, sans doute, que la portion peu agrégée du derme est enlevée pendant le tannage. »

D'après M. Knapp, les principes astringents de l'écorce des chênes ne se combineraient pas avec le cuir, pour former du tannate de gélatine, car ce tannate ne peut jamais être comparé au cuir. Différentes substances, parmi lesquelles figure le tannin pur, peuvent produire du cuir par leur action sur les peaux, mais ce cuir est bien différent de celui que produit l'écorce de chêne. On peut le ramener par des solutions alcalines à l'état de peau, tandis que celui qui a subi le contact des écorces de chêne peut bien perdre un peu de tannin excédant, mais ne cesse pas d'être cuir ; il conserve une matière tannante spéciale au tan et que rien ne pourrait remplacer.

Un cuir tanné, d'après M. Knapp, est une peau dont les fibres se trouvent simplement enveloppées d'une matière tannante qui empêche le collage des fibres en les maintenant à distance et en permettant ainsi leur glissement l'une sur l'autre, la souplesse des cuirs en résulte. Il n'y a pas, à proprement parler, d'union chimique entre la fibre et la matière tannante.

Le tan, quand il a cédé son principe actif aux cuirs, reste à l'état de tannée ; cette matière, riche en détritus animaux, peut subir une fermentation qui élève sa température. Cette action est utilisée en horticulture pour établir dans les serres des couches qui, par leur chaleur, hâtent la végétation.

Enfin, la tannée, au sortir des fosses, peut, sous la forme de mottes, constituer un combustible dont le bas prix est à la portée des classes déshéritées et dont la fabrication est le travail de beaucoup de femmes et d'enfants.

Les mottes brûlent sans flamme, mais associées à du bois, elles peuvent encore illuminer le foyer et répandre, dans les pauvres demeures, un peu de chaleur et de lumière. C'est finir utilemènt !

CHAPITRE XXIII

—

Chêne liége.

—

Quercus suber. (LINNÉ, *Species*, 14-13).

Ce chêne appartient au sous-genre *Lepidobalanus*. Il fait partie du groupe où les ovules avortés sont à la base de la semence et la maturation des fruits annuelle.

Avant d'avoir été bien spécifié, le *Q. suber* a été confondu avec le *Q. ilex*. On le considérait soit comme une variété sous le nom de *Q. ilex suberosa*, soit comme identique.

Le *Q. latifolium de Clusius* doit se rapporter au *Q. suber*.

Pendant longtemps on a confondu avec le chêne liége le chêne occidental des mêmes régions et qui n'en diffère surtout que par la maturation bisannuelle de ses fruits. Ce fut J. Gay qui appela l'attention des botanistes sur ce fait. Beaucoup d'échantillons d'herbiers, étiquetés *Q. suber*, sont des *Q. occidentalis*.

Les caractères du *Q. suber* sont les suivants :

Ecorce subéreuse, dernières ramifications et face inférieure des feuilles, couverte d'un duvet blanc, cotonneux, étoilé.

Feuilles variables de forme et de dentelure, persistantes.

Feuilles ovales oblongues, à dents aiguës ; plus rarement entières, glabres supérieurement.

Fleurs molles accompagnées de bractées, étroites, lancéo-lées ou ovales, égales au périgone.

Périgone à six lobes obtus, anthères velues, mutiques.

Fruits, le plus souvent sessiles, pédonculés ou solitaires.

Cupule obovée hémisphérique, obconique à sa base, squammes velues, ovées-lancéolées ou linéaires-lancéolées.

Gland à moitié renfermé dans la cupule.

Les fleurs paraissent vers la fin de mai ou au commencement de juin, suivant l'exposition. Les mêmes conditions hâtent ou retardent la maturité des fruits. Les glands mûrissent et tombent depuis le mois de septembre jusqu'en décembre.

Les glands, tantôt doux, tantôt amers, sont en somme d'un goût médiocre ; l'exposition et la nature du sol ont sur ces fruits la même influence que sur ceux de l'yeuse.

Le chêne liége croît spontanément dans les parties méridionales de l'Europe et le nord de l'Afrique. En France on le trouve en grande quantité dans les pays de Condom, de Nérac, les Landes de Bazas jusqu'à Bayonne, et quelques cantons du Languedoc. En Provence, il est très multiplié depuis Hyères jusqu'à Grasse, dans la région des Maures. L'Espagne, la Sardaigne, la Corse, la Sicile, l'Italie maritime et l'Istrie sont également habitées par ce chêne. En Algérie, il est surtout abondant dans les environs de Philippeville.

Le chêne liége ne saurait supporter le climat de Paris ; ses jeunes pieds ont besoin d'être abrités ; le prétendu chêne liége de Trianon appartient à l'espéce dite *Q. occidentalis*.

Le chêne liége réussit dans la région des montagnes des pays tempérés, jusqu'à une altitude de 400 mètres, c'est même sur les pentes méridionales abritées que son bois et son écorce acquièrent la plus grande valeur.

Cet arbre préfère les sols feldspathiques. Cependant il pourrait prospérer dans des terres légères d'une autre nature. Dans le Var, il pousse dans le calcaire, ainsi qu'en Catalogne ; il est pourvu d'un pivot qui lui fait rechercher les sols profonds ; cependant on en voit sur les montagnes des Pyrénées-Orientales et du Var, qui, grâce à leurs racines traçantes, se contentent d'un sol peu profond, ou s'implantent solidement dans les fissures des rochers. L'écorce des chênes liéges, dans ces conditions, est très-fine. Les racines drageonnent beaucoup, ce qui facilite sa propagation en Provence.

Il devient fertile dès l'âge de 15 à 20 ans, et porte fruit presque tous les ans ; sa croissance est active, et sa durée de plusieurs siècles. Ses dimensions sont souvent remarquables. M. Lorentz en cite un qui avait 6 mètres de circonférence et qui fournit 55 stères de bois façonné, bien qu'ayant été exploité longtemps. Le terme de l'exploitabilité du liége peut être dans quelques circonstances de 200 ans et fréquemment il est de 150 ans.

Le chêne liége est tortueux et branchu, mais la courbure des branches étant rarement dans le même plan que celle de la tige, on ne saurait en tirer des courbes utiles aux constructions navales.

Les Grecs désignaient le chêne liége sous le nom de φελλοσ. D'après Mathiole, Théophraste le nommait φελλοδρυσ: mais ce dernier que Pline appelait *Cerro-sugaro*, n'est pas le chêne-liége, puisque Théophraste le présentait comme un arbre à feuilles caduques.

LE LIÉGE.

Parmi les produits que nous devons aux chênes, le liége est l'un des plus importants. Pour les autres services, nous trouverions peut-être d'autres bois de construction, d'autres essences à merrains, d'autres écorces riches en tannin ; mais nous pouvons affirmer que nulle part ailleurs nous ne trouverions le liége ou quelque substance qui puisse le remplacer.

Légèreté, élasticité, imperméabilité, inaltérabilité, le liége joint ces qualités à beaucoup d'autres ; mais lui seul les possède au même degré, lui seul convient à la confection des bouchons.

Je connais beaucoup d'histoires qui n'ont pas l'intérêt de celle d'un bouchon, cet objet vulgaire que nous rejetons quand il a servi. Ingratitude humaine, depuis 20 ans, 40 ans, depuis la comète peut-être, cet humble morceau d'écorce de chêne, violemment introduit dans un étroit passage, pressé, comprimé, mal à l'aise, et pourtant incorruptible gardien des plus fugaces trésors, le bouquet d'un Château-Lafitte ou d'un Pomard, est demeuré là résistant aux séductions du dedans, aux influences du dehors, et ne se laissant arracher à son poste que par la force et le fer.

La production, la récolte, l'utilisation du liége constituent une partie importante de l'étude des chênes, et nous allons montrer combien la France y est intéressée.

Les auteurs ne sont pas d'accord sur l'étymologie du mot *Suber*. Pour quelques-uns, il viendrait du mot latin *sub* (*dessous*), en raison de l'usage que faisaient anciennement les femmes de l'écorce de ce chêne pour garnir le dessous de leurs chaussures. D'après Pline (livre 16, chap. 8), cet emploi était destiné à maintenir la chaleur des pieds, ou suivant d'autres pour élever la taille. Cet usage était tellement général, qu'Aristophane, pour désigner les femmes, les appelait *écorces d'arbres*. Cette appellation était pour l'irrévérencieux comique, synonyme de *superficie* et *légèreté*.

Selon Vossius, *suber* vient du grec συφαρ (écorce).

Suivant Furetières et autres, le mot liége vient du latin *levis*, dont les Italiens ont fait *lieve* et les Français liége, dans le midi l'arbre est désigné sous le nom de *surier*, en Portugal, sous celui d'*afense*, par les Arabes *fesnán*.

Lemery fait dériver *suber* de *sucre* (coudre), parce que l'on coud cette écorce sous les souliers, ou bien encore de *sue* (porc), parce que ces derniers se nourrissent des glands du chêne-liége.

PHYSIOLOGIÉ DE LA FORMATION DU LIÉGE.

A la fin de la première année, les chênes-liéges présentent un épiderme entier. Sous cet épiderme, se montre une couche subéreuse puissante, formée de 3 à 5 assises de cellules privées de toute coloration.

Cette couche recouvre l'enveloppe cellulaire, dont les cellules sont remplies de chlorophylle, et auxquelles viennent se mêler de petits amas de cellules incolores, sans granules.

La deuxième et la troisième année, l'enveloppe cellulaire seule croît en épaisseur : les cellules sans chlorophylie encroûtant leurs parois deviennent plus compactes, pendant que le tissu intermédiaire sèche et brunit.

Pendant une troisième période, de 3 à 5 ans, des déchirures se produisent dans l'épiderme : l'épaisseur de la couche de liége s'accroît par formation de cellules nouvelles sur sa paroi interne. Les cellules extérieures ont perdu leur activité et se sont transformées en véritable liége, tandis que les internes, encore bien vivantes, ont conservé toutes les aptitudes à la multiplication.

Ce n'est que vers la septième ou la huitième année que la zone subéreuse devient d'une épaisseur notable. Ce n'est que de dix à quinze ans qu'on l'enléve, pour en faire la première récolte, par l'opération du démasclage.

DÉMASCLAGE.

L'opération du démasclage consiste à tracer sur le tronc du chêne des incisions longitudinales réunies en haut et en bas par des incisions transversales et à soulever ensuite graduellement, avec une petite hâche, les plaques de liége circonscrites par les entailles.

Le démasclage et l'écorcement sont des opérations différentes au point de vue des époques de la vie du chêne auxquelles on les pratique, et surtout au point de vue du produit, le premier donnant le liége mâle, le deuxième le liége femelle; mais comme pratique manuelle, c'est la même chose.

Il importe de ne laisser aucune portion de l'ancienne écorce sur la mère, attendu qu'à cette place le liége ne pourrait plus se reproduire ; d'avoir un grand soin de ne pas déchirer le liber. Ces blessures nuisent à la vitalité comme à la production des arbres : elles déterminent ce que les liégeurs nomment des *croissances*, constituées par un liége très-fin, quand les lésions sont étendues, mais se recouvrant avec difficulté et causant des lacunes incurables.

Lorsque l'ouvrier a dépouillé un chêne pour enlever le liége, il fend longitudinalement le liber en le sillonnant de la pointe de sa hache. Cet usage a pour but de permettre à l'écorce de reproduction, cédant à sa propre expansion latérale et à celle de l'arbre, de s'ouvrir sur ces fentes pour opérer son mouvement naturel de dilatation. Par là les crevasses, préjudiciables à la valeur du liége, deviennent moins profondes. En même temps ces incisions, après avoir servi à régulariser le jeu de l'écorce, épargneront la plus grande partie du travail nécessaire pour lever le liége en planches.

EXPLOITATION DES CHÊNES-LIÉGES.

Le liége est un produit naturel qui peut être modifié en quantité et en qualité par l'industrie de l'homme.

L'exploitation et la culture des chênes-liéges empruntent donc une grande importance à la valeur même de l'objet qui en est le résultat.

Il y a autant de différence entre le liége des chênes abandonnés au cours naturel de leur végétation et la fine écorce dont on pourra tirer de bons bouchons, qu'entre une poire sauvage et l'un des fruits exquis que la culture a multipliés.

La couche subéreuse externe des chênes non exploités se durcissant à l'air, apporte par sa résistance un obstacle insurmontable à l'expansion de nouvelles couches. On a prétendu, bien à tort, que les arbres se débarrassaient eux-mêmes de cette enveloppe externe, et pouvaient ainsi, d'année en année, accroître la couche de liége, c'est une erreur : le liége des chênes reste limité dans sa quantité et vicié dans sa qualité.

Au contraire, si l'on enlève ce premier manchon subéreux, pourvu qu'on n'ait pas lésé les zones-mères de l'écorce, celle-ci sera reproduite par la végétation avec des qualités toutes particulières.

Voilà en quoi consiste l'exploitation des chênes subéreux. La première écorce se nomme liége mâle, l'enlever c'est l'opération du démasculage ou démasclage. Cette opération, qui met à nu, quand elle est convenablement faite, la zone corticale génératrice, détermine la formation, sur cette dernière, d'un nouveau liége qui porte le nom de liége femelle. Ce liége femelle, à son tour, pourra être de nouveau levé avant qu'il n'ait pris les qualités du liége mâle, et le chêne, devenu une véritable matière subéreuse, en fournira ainsi pendant de longues années.

On le voit donc, l'exploitation s'ouvre par l'opération du démasclage. Deux questions se présentent ici :

1° A quel âge du chêne doit être fait le premier démasclage? — 2° Quel doit être son étendue ?

D'après M. Jaubert de Passa, le chêne-liége n'est démasclé, en Espagne, qu'après 20 ans, et son liége n'acquiert sa valeur maximum qu'à 40. C'est aussi l'usage en France : le cahier des charges de l'administration rend ce démasclage obligatoire sur les arbres ayant plus de $0^m,30$ de tour, et ne le permet qu'à partir de $0^m,30$ de tour et sur une petite hauteur. Si le démasclage n'avait pour objet que de raviver la surface corticale, il conviendrait de le faire beaucoup plus tôt ; mais il ne faut pas oublier que le liége femelle, obtenu après le démasclage de très-jeunes arbres, serait très-difficile à redresser en planches ; de plus, en appelant par un démasclage précoce la vitalité dans l'enveloppe subéreuse, on détournerait à son profit la sève qui doit tout d'abord être utilisée pour le développement normal des tiges.

L'étendue des démasclages peut occuper une partie ou la totalité du tronc et même comprendre les branches. Généralement on ne dépasse pas les premières branches, lorsque celles-ci ont moins de $0^m,30$ de tour. Quelques forestiers pensent que le démasclage peut être poussé aussi haut que l'écorce se laisse enlever. Il est certain qu'il ne faut pas beaucoup plus de temps et de main-d'œuvre pour un démasclage très-étendu que pour un enlèvement partiel du premier liége, et si l'épaisseur du premier liége femelle, réparti sur une grande surface, est moins considérable, l'étendue même de cette surface vient en compensation.

34

Lorsque le liége mâle a disparu, le liége femelle se forme par couches annuelles ; il arrive un moment où cette écorce réunit en qualité et en épaisseur une plus-value qu'elle ne dépasse pas et qui suit une marche décroissante : c'est l'époque de l'exploitation. Combien d'années doit-elle se faire après le démasclage ?

L'emploi principal du liége est la fabrication des bouchons, c'est donc le diamètre de ceux-ci qui détermine celui de l'écorce subéreuse, dans l'épaisseur de laquelle on les découpe. Il importe donc à la fabrication de ne pas dépasser beaucoup cette limite, puisque cela augmenterait les déchets ; d'autre part, le liége doit réunir des conditions de souplesse, d'homogénéité, qui permettent de le faire servir à la confection des bouchons les plus fins, ceux à champagne, par exemple. Ainsi, faire produire aux chênes des liéges assez épais et assez fins pour qu'on puisse les transformer en bouchons à champagne, ce serait réaliser la perfection.

De ces deux choses, épaisseur et qualité, la première seule est au pouvoir de l'industrie ; la qualité variant avec le climat, le sol, l'exposition, etc. : un climat chaud, un sol sec donnent d'excellents liéges. La qualité des liéges se développant avec l'âge correspond toujours avec une certaine épaisseur d'écorce ; en prenant donc celle-ci pour base unique de l'exploitabilité, on serait sûr, en atteignant une des conditions commerciales du liége, le diamètre, d'atteindre les autres qualités du liége, celles-ci ayant pour facteurs l'âge et les conditions physiologiques de la végétation.

Cherchons donc quelle est l'épaisseur que doit présenter le liége pour qu'on puisse en tirer toutes sortes de bouchons, et à quel âge les chênes démasclés peuvent offrir des écorces de ce diamètre : ce sera là l'âge de l'exploitabilité.

Il résulte d'observations nombreuses que le diamètre supérieur des écorces, à 8 ans, ne dépasse pas 0ᵐ0275. Avec ce liége on pourra donc fabriquer la plupart des bouchons, sauf les champagnes, dont la longueur est de 27 à 33 millimètres.

A 10 ans, le liége acquiert une épaisseur de 0ᵐ0325 et peut dès lors convenir à la fabrication de toutes les sortes de bouchons.

Il s'agit de savoir si l'intérêt du producteur est d'obtenir des liéges de 8 ans ou des liéges de 10 ans. Pour y arriver il faut connaître : 1° Le rendement en liége à ces deux époques. 2° La valeur des produits dans l'une ou l'autre circonstance. Le problème est complexe et demande une longue expérience. M. E. Lambert l'a résolu pour les grandes exploitations de l'Algérie, et ses calculs peuvent s'appliquer aux liéges de toutes provenances :

En tenant compte du nombre des chênes par hectare, de l'étendue moyenne des démasclages, on reconnaît qu'à 8 ans, 1 hectare produit par année 227 kilogr. 462 de liége, et à 10 ans 268 kilogr.

L'exploitation à 10 ans est donc plus avantageuse au point de vue du rendement en quantité; voyons s'il en est ainsi pour le rendement en qualité et en valeur.

Nous avons dit que les liéges de 10 ans conviennent comme épaisseur à la fabrication des bouchons surfins. Mais à l'épaisseur doit se joindre la finesse et l'absence de défauts : ces qualités ne se rencontreront que dans 30 0/0 du produit total ; 70 0/0 conviendront à la fabrication des bouchons fins (Bordeaux) ; mais comme l'épaisseur de ceux-ci est moindre que celle du liége de 10 ans, il y aura un déchet qui réduira à 56 0/0 de la récolte ce liége de 10 ans de 2ᵉ qualité. Mais la plus-value du liége surfin (champagne) suffira pour assurer au liége de 10 ans une valeur de 79 fr. environ au quintal métrique, tandis que le liége de 8 ans, propre à la confection des bouchons inférieurs, ne vaut que 50 fr.

Dans les forêts de liéges de l'Espagne, on suit les préceptes de Jaubert de Passa, on fait la levée du liége femelle pendant le mois d'août pour deux raisons : 1° Parce qu'au printemps le liber ou mère du liége étant très gorgé de sève pourrait être lésé pendant l'opération. 2° Pour donner le temps à cette zone génératrice du liége de s'entourer de couches naissantes qui puissent la protéger contre les premiers froids.

Cette manière de faire, avantageuse en un sens, présente des inconvénients. En écorçant en août, on enlève le liége qui s'est formé depuis le printemps. Ce liége, très-celluleux, se réduit à peu de chose par dessiccation, il forme une bonne part du déchet de la récolte. C'est donc une couche annuelle que l'on perd ainsi.

Dans les régions sèches et dans les années chaudes, l'écorçage en août, exposant les tissus profonds à une insolation directe, détermine la mort des chênes. Le fait a été constaté en 1854, dans une forêt du district de la Calle en Algérie.

La levée du liége au mois d'août n'est donc pas profitable et sans danger pour les arbres. Cette opération, pratiquée dès la première sève printannière et faite avec soin, pourrait, sans lever les couches mères, supprimer les inconvénients que nous venons d'énumérer. Toutes les formations de l'année seraient favorisées dans leur essor, le liége ancien ne s'opposant plus à leur expansion. Au mois d'août, les couches-mères seraient déjà à l'abri de l'insolation, et l'arrivée des froids les trouverait vêtues par une formation annuelle tout entière. Enfin le liége enlevé perdrait beaucoup moins à la dessiccation.

L'écorçage rencontre des difficultés auxquelles les démascleurs doivent être habitués. Ainsi la gelée, l'insolation, des blessures amènent sur l'arbre des parties mortes que les liégeurs nomment *sèches*. L'écorce, à ces endroits, se soulève difficilement, et l'ouvrier doit contourner ces parties afin de pouvoir les attaquer.

La levée du liége se fait, comme la coupe des bois, à époques fixes, suivant des révolutions. Une forêt de liéges pourra donc être aménagée comme une forêt ordinaire : si l'on adopte la révolution de 10 ans, on la subdivisera en dix sections, sur lesquelles l'exploitation reviendra tous les 10 ans. La science forestière peut ici introduire toutes les modifications que son expérience lui signale. Elle divise la forêt, non-seulement en parts égales en étendue, mais encore en parts semblables au point de vue du rendement annuel qu'elle cherche à égaliser.

Les conditions de la végétation ont une telle influence sur le développement du liége, que, dans telle localité privilégiée, ce produit peut atteindre son épaisseur maxima en 9 années, tandis que plus loin il lui en faudra 12. La révolution pourra être modifiée sur ces indications. Le propriétaire peut même avoir intérêt à produire annuellement les différentes épaisseurs d'écorces ; il y arrivera en exploitant à révolutions différentes les séries en lesquelles la forêt est partagée. Enfin, si les circonstances du commerce du liége et des industries dont il est la base, rendaient plus avantageuse telle ou telle épaisseur d'écorce, il serait toujours facile de diminuer la révolution d'un certain nombre de sections.

Une exploitation réglée est surtout indispensable dans les grandes forêts. En France et en Espagne, où le plus souvent les surfaces sous chênes-liéges sont très-morcelées, cette méthode n'est pas suivie. On écorce çà et là les chênes dont le liége a l'épaisseur réglementaire : c'est ce qu'on appelle du jardinage. Mais lorsque les chênes couvrent, comme en Algérie, d'immenses étendues, ce système n'est pas praticable. En admettant une exploitation à la révolution de 10 ans, il faudrait donc que les liégeurs parcourussent chaque année toute l'étendue de la forêt pour inspecter tous les arbres qu'elle contient et opérer sur le dixième d'entre eux. Quelle augmentation dans les frais de transport, de surveillance, etc ! M. E. Lambert estime que le jardinage ainsi pratiqué décuplerait ces frais.

Le prélèvement du liége à époques régulières est une cause de dépérissement pour les chênes. Comme le liége est d'une valeur supérieure à celle du bois, il faut aller jusqu'au terme de la production en écorces. Ce terme arrive plus ou moins vite pour les différents pieds ; aussi le renouvellement ne peut être simultané, et cette fois c'est par un véritable jardinage que l'on remplace les chênes épuisés. C'est d'ailleurs une circonstance heureuse que ce dépérissement des arbres n'ait pas lieu au bout de la même durée pour tous, car il permet d'assurer aux jeunes pieds l'abri nécessaire des plus âgés, et rend l'exploitation continue.

Le liége est un produit d'une haute valeur industrielle, et notre consommation dépasse notre production. L'Algérie commençait déjà à nous expédier ces précieuses écorces : pendant les années 1866, 1867 et 1868, 10,000 quintaux métriques de liége brut ont été introduits dans nos fabriques et sont venus s'ajouter aux liéges récoltés dans le Var et les Pyrénées-Orientales. Malheureusement les incendies ont fait pendant la dernière insurrection d'immenses brèches dans ce domaine, et longtemps encore nous serons obligés de demander à l'Espagne le complément de notre consommation, c'est-à-dire 200,000 kilogr. de liége ouvré.

L'exploitation du liége en Provence est récente ; il y a 40 ans, les chênes-liéges du Var n'avaient d'autre valeur que celle de bois à feu. Il n'en est pas de même aujourd'hui : des routes ont été ouvertes, et le *Q. suber* devient de plus en plus l'essence importante. « Si l'on réfléchit, écrivait en 1870 M. Charles de Kirwan , si l'on réfléchit que le sol des Maures et de l'Esterel est merveilleusement favorable à la croissance des chênes-liéges , à tel point qu'il suffit souvent de faire disparaître les broussailles pour voir surgir tout un peuplement de cette essence , on appréciera sans peine les destinées réservées à la culture du chêne-liége. »

Malheureusement, en Provence comme en Agérie, le chêne-liége a un ennemi, c'est l'incendie. Il résulte des renseignements recueillis par le directeur général des forêts, que la valeur de l'hectare de bois exposé aux chances d'incendie est de 50 pour cent inférieure au prix de l'hectare qui s'en trouve affranchi : l'un vaut 400 francs, l'autre 800. La même enquête a constaté que les forêts de liéges se trouvaient dans un état d'entretien supérieur à celles des autres essences et soustraites en partie aux dangers du feu par l'enlèvement de la végétation parasite et du bois mort.

Une loi présentée le 9 avril 1870 devait assurer, par de sages mesures, la sécurité et l'avenir de nos exploitations de liéges, qu'un réseau de routes aurait garanties de la propagation de l'incendie ; mais, quelques mois plus tard, il s'agissait de bien autre chose que de préserver quelques milliers d'hectares de bois !

Dans un travail de 1860, M. E. Lambert, inspecteur des forêts en Algérie, a estimé la richesse de cette contrée au point de vue de la production du liége. D'après lui, notre colonie possède environ 300,000 hectares, qui peuvent produire annuellement pour plus de 45 millions de francs d'écorces. Cette exploitation suffirait à faire vivre 150,000 personnes : plus de la moitié de la population européenne de l'Algérie. Il faut en effet en France 500 ouvriers, femmes ou enfants, pour la récolte et la fabrication de 1,000 hectares de chênes.

C'est en 1858 et en 1859 seulement que les premières récoltes régulières de liége ont été réalisées, sous la surveillance de l'administration, dans la forêt de l'Edough, 8 ans après le démasclage.

M. Lambert estime que l'hectare de chênes-liéges produirait, en Algérie, un revenu bien supérieur à celui de l'hectare des forêts, en France. Ce revenu pourrait s'élever jusqu'à 158 fr. à l'exploitabilité de 10 ans, tandis que l'hectare de forêts domaniales rend environ 35 fr.

Une valeur encore négligée pourrait s'ajouter au liége femelle, ce serait le liége mâle. Jusqu'ici cette écorce, abandonnée sur le plancher de la forêt, y devenait un embarras et un danger en propageant l'incendie. Ce liége mâle pourrait être utilisé pour la fabrication des conserves et des bondes, malgré ses fissures profondes et son peu d'élasticité. On pourrait même y tailler des bouchons en en prenant la longueur dans l'épaisseur de l'écorce.

L'opération qui avait pour but d'amollir les liéges de démasclages par des dissolvants des matières incrustantes, présenterait, je crois, peu de chances de succès et coûterait cher.

En Angleterre et en Russie, on a tenté d'utiliser les liéges de démasclage pour préserver de l'humidité les planchers et les tentures en étoffe ou en papier. Le liége ne charge pas les constructions, est mauvais conducteur du son et diminue la sonorité des maisons.

En Algérie, ce liége, coupé en petits morceaux et mélangé avec du mortier, a pu servir à la construction de murs que le soleil et la gelée ne pouvaient lézarder. Le facile transport de ces écorces les rendrait précieuses pour de légères constructions là où la pierre manque. Cet emploi n'est pas nouveau, puisque Dioscoride rapporte que l'on bâtissait avec les écorces de φελλος aux environs de Lacedemone et d'Ellis.

Le liége n'est pas le seul produit du Q. Suber. Le bois du chêne-liége a sa valeur comme combustible et comme bois d'œuvre. Il est serré et présente une remarquable résistance aux frottements. Il convient à la confection de moyeux de roues, de poulies, de vis de pressoirs, et trouve son emploi dans les constructions navales et l'artillerie. Il est moins propre à la fente et à la résistance perpendiculaire, à la direction des cellules fibreuses. L'abondance des rayons médullaires lui donne un aspect agréable quand il est en œuvre.

On lui a reproché sa résistance à l'outil, la rapidité avec laquelle le fer est corrodé par les acides de son bois, enfin de jouer et de se fendre en séchant.

Les écorces du chêne-liége sont chargées de tannin. La proportion de principe astringent dans les jeunes écorces d'Algérie (Edough) a été trouvée égale à 7,18 0/0. On pourrait donc les utiliser pour la préparation des peaux.

CHAPITRE XXIV

Le Chêne et la Soie.

> C'est alors que, grâce au merveilleux *yama-maï*, les terres augmenteront de valeur, que la fortune publique s'accroîtra considérablement dans les campagnes, et que le chêne redeviendra bientôt, à d'autres titres, ce qu'il était il y a des siècles, l'arbre sacré !!
>
> C. PERSONNAT. — 1868.

Ce ne serait pas une des moindres gloires du chêne, si après avoir, par son bois, assuré la conservation de nos vins, et par ses racines propagé la truffe, ses feuilles pouvaient chez nous, à l'aide d'un organisme vivant intermédiaire, se transformer en soie. Quelle trilogie épicurienne, la truffe, le vin et la soie ! et voyez en quel ordre naturel l'arbre nous les présente, en bas la truffe, plus haut le vin, au sommet la soie. Oh ! vieux chêne rébarbatif et solennel, tu es vraiment plus gaulois qu'on ne pense.

Il y a quelques années, lors de la maladie du ver à soie du mûrier, l'introduction de nouvelles espèces de bombyx pouvant faire de la soie avec les feuilles de nos chênes, fut une espérance dans un grand désastre.

Quelle heureuse fortune, en effet, s'il était possible d'acclimater chez nous un bombyx séricigène plus rustique

que celui du mûrier et pouvant vivre au Midi sur nos chênes verts, au nord et au centre sur nos rouvres et nos pédonculés.

Deux espèces du genre bombyx vivent en Chine et au Japon, sur les feuilles des chênes. La première désignée sous le nom de *bombyx-pernyi*, la seconde sous celui de *bombyx-yama-maï*. Nous parlerons d'abord de la première.

VERS A SOIE DES CHÊNES DE LA CHINE.

Depuis longtemps on sait que, dans les provinces occidentales de la Chine, on obtient une soie différente de celle du mûrier, et que cette soie est filée par des vers qui se nourrissent de feuilles de chênes.

M. Eug. Simon, chargé d'une mission en Chine, a retrouvé dans un passage des écrits du P. d'Incarville, missionnaire à Pékin, un passage relatif aux vers à soie du chêne, et aux précautions que l'on prend pour l'éducation de ce bombyx. « Ceux qui croient qu'il est dangereux de ne pas accoutumer les vers tout d'abord au grand air, plantent des branches de chêne sur les bords d'une rivière, mais pour ne pas les exposer ainsi à l'impression funeste du vent, ils élèvent un petit mur de nattes du côté ou il vient. »

Le ver à soie du chêne de Chine, ou ver sauvage, a été désigné par les entomologistes, sous le nom de *bombyx-pernyi*, en raison des services rendus par Mgr Perny, missionnaire, dans tout ce qui se rattache à la production de ce ver.

Les premiers essais d'introduction en France datent de 1850, époque à laquelle M. Forth-Rouen fit une expédition de cocons qui arrivèrent en mauvais état. En 1851, un envoi du P. Perny à M. Roux, fabricant à Lyon, n'eut pas plus de succès. En mars 1854, M. Guérin-Méneville et

Tastet, appelèrent l'attention de la Société d'acclimatation sur le bombyx-pernyi, et provoquèrent la formation d'une commission chargée de rédiger un questionnaire destiné à nos missionnaires. En 1855, il fut possible de constater que le ver sauvage de Chine mangeait les feuilles de nos chênes. On avait obtenu quelques bombyx d'un envoi de Mgr Vérolles et de M. de Montigny. En 1857, deuxième envoi de Mgr Vérolles, pas de résultat. En 1858, la question fit un grand pas, le P. Bertrand répondit aux questions posées, et Mgr Perny, de retour en France, vint lui-même communiquer à la Société d'acclimatation une note sur le ver à soie du chêne.

Le mode d'éducation de ce bombyx était dès-lors connu ; il ne restait plus qu'à savoir s'il pouvait vivre sur nos chênes. Mgr Perny retournait en Chine, mais cet empire était alors bouleversé par la grande insurrection, il ne put se procurer de cocons, et les tentatives faites pour en obtenir, par l'intermédiaire des courriers russes, ne réussirent pas. Ce ne fut qu'en 1863 qu'un envoi de Mgr Perny fut fait, mais se perdit en route. Le 8 avril de la même année arriva un lot de cocons, récolté dans le Kouy-Tchéou, par Mgr Fauric.

Quelques éclosions eurent lieu chez M. Guérin-Méneville.

Telles sont, d'après M. Fréd. Jacquemart, les péripéties de l'introduction des vers sauvages du chêne de Chine en Europe. Grâce à la Société d'acclimatation de France, de nombreux essais ont été tentés chez nous, mais ils n'ont pas donné de résultats très satisfaisants ; avec plus de persévérance on eût peut-être réussi, mais l'attention des sériciculteurs fut tout-à-coup détournée, en 1861, sur un autre ver à soie du chêne, celui du Japon.

Si les feuilles de nos chênes ne se sont pas encore transformées en soie, par le bombyx-pernyi, il n'en est pas de même en Chine, où la soie du chêne a une importance considérable.

C'est principalement dans les provinces du Kouy-Tchéou, du Su-Tchuen, de Chantong, de Chan-Si et de Ho-Nan, que l'on élève les vers à soie du chêne.

La première de ces provinces jouit seule du privilége d'avoir deux récoltes du ver quercien.

Cette double génération du *bombyx* donne au Kouy-Tchéou le monopole des semences de vers sauvages ; tous les ans, les sériciculteurs des autres provinces y vont faire leurs achats. Ce n'est, en effet, que la deuxième génération qui assure la conservation du ver quercien. En avril, les papillons sortent des cocons formés au mois de septembre précédent Ils pondent, et leurs œufs éclosent. Les chenilles d'avril entrent en cocon au mois de juin, mais en sortent papillons 20 jours après : ces seconds papillons pondent et meurent. Leurs œufs ne sauraient se conserver plus d'un mois ; ils ne pourraient donc servir aux éducations de l'année suivante. On les fait éclore, on met leurs larves sur les chênes, et en septembre la deuxième production de cocons de l'année a lieu. Ce sont ces cocons qui seront, en avril suivant, le point de départ des éducations nouvelles.

Cette circonstance explique tous les insuccès de l'expédition en Europe des œufs du *bombyx pernyi*.

Dans les provinces de Kouy-Tchéou et de Chantong, d'après M. Eug. Simon, on a simplifié le mode d'alimentation décrit par le P. d'Incarville. Au lieu de branches de chênes, on plante, en ligne, à 1^{m}50 cent. les uns des autres en un sens, et à 1^m dans l'autre, des chênes que l'on tient à basses tiges. Après avoir placé une certaine quantité de vers sur les premiers plants de chaque ligne, on les rattache aux seconds en liant leurs branches, et ainsi de suite des seconds aux troisièmes. Les cultures de chênes sont sillonnées de petits canaux qui en interdisent l'accès aux fourmis. Des filets les protégent contre les oiseaux. Au Su-Tchuen, on ne donne pas, au chêne, de culture. Dans cette contrée, qu'une exploitation imprévoyante a déboisée, les chênes n'existent que sur les montagnes. A l'âge de 7 à 8 ans, on les coupe rez du sol : les souches produisent des rejetons : ce sont ces rameaux de jeunes chênes qui servent à l'éducation des vers.

Dans les essais d'acclimatation du bombyx pernyi en France, les feuilles de plusieurs espèces de nos chênes ont été présentées aux chenilles. D'après M André Leroy, ce sont celles du *quercus cerris*, chêne chevelu, qu'elles préfèrent. Mais on peut aussi leur donner les feuilles du chêne tauzin et du chêne à fleurs sessiles ; parmi les espèces américaines, elles préfèrent le chêne des marais *(Q. Palustris)*. Le même observateur a remarqué que les chenilles du ver à soie de Chine préfèrent les feuilles de chêne lisses à celles qui sont cotonneuses.

Ce chêne à feuilles lisses sur lequel le bombyx pernyi vit en Chine a un caractère qui le distingue des autres espèces du genre, il a le port et les feuilles du châtaignier. C'est le *Tsin-Kang*, du Su-Tchuen, d'après le P. Bertrand, ou *Kin-Tsin-Kan*, de l'abbé Mihières, qui n'est autre que le *Quercus sinensis* de Bunge.

M. Taylor Meadows, consul anglais à New-Chwang, rapporte que dans le nord de la Chine trois sortes de chênes servent à la nourriture du ver, deux *Tsin-Kang leu*, grand et petit, et le *Hon-polo* ; l'un des deux premiers ou les deux premiers sont sans doute encore le chêne à feuilles de châtaignier.

La Chine possède un très grand nombre d'espèces de chênes. Ces espèces changent avec les climats si variables des différentes parties de ce vaste empire. Dans le district de New-Chwang, où l'on cultive aussi le bombyx pernyi, M. H. T. Hance a retrouvé les *Quercus mongolica*, de Fischer, et *dentata*, de Thunberg.

La soie des vers du chêne n'est pas un produit de mince importance en Chine où elle sert à vêtir plus de 100,000,000 d'hommes. La seule province du Kouy-Tchéou en livre plus de 40,000 balles à elle seule. Dans toutes les grandes villes du Su-Tchuen elle est l'objet d'un grand commerce. On en fabrique de belles étoffes solides et brillantes. C'est avec elle que les bourgeois et les prétoriens font leurs toges, et les dames leurs robes d'été. On en tisse des ceintures remarquables par leur durée. Souvent on mélange la soie du chêne avec celle du mûrier, moitié par moitié, ou pour un tiers de l'une, deux tiers de l'autre. Les étoffes de soie du chêne se vendent le double du prix de la meilleure toile de coton, et pour la durée une robe de cette soie vaut deux robes de coton.

Nous trouvons dans le bulletin du mois de novembre de la société d'acclimatation, un mémoire sur l'éducation en grand du bombyx pernyi, tentée en Italie dans le parc royal de Mandria par M. B. Comba, au commencement de l'année 1871. La récolte de cocons fut assez abondante pour que l'on ait pu filer et tisser leur soie. Une maison de Turin, la maison Barbaroux, est arrivée à des résultats importants ; elle a constaté que 100 kilogr. de cocons rendaient 6 kilogr. 36 de soie fine.

VERS A SOIE DU CHÊNE DU JAPON.

En 1861, l'attention fut détournée sur un autre bombyx sericigène, vivant aussi sur les feuilles des chênes, mais originaire du Japon.

La soie des chênes du Japon y était en telle estime,

qu'elle était réservée aux chefs de l'empire, qui en retiraient un grand profit et avaient défendu, sous peine de mort, la livraison des semences aux étrangers.

En 1861, M. Duchêne de Bellecourt, consul de France au Japon, parvint à se procurer quelques œufs qui furent expédiés au gouvernement français.

Ces semences furent confiées à M. Vallée, au muséum ; leur éclosion ayant eu lieu vers le 15 mars, époque à laquelle les chênes ne sont pas encore en feuilles à Paris, l'embarras fut grand pour nourrir les chenilles. Heureusement qu'un *Q. cuspidata* bourgeonnait dans les serres, ce fut une ressource en attendant des rameaux de chêne pédonculé, qu'on fit venir d'Hyères. Les feuilles du *Q. castaneœfolia*, plus précoce, servirent aussi.

Malgré les plus grands soins, toutes les chenilles périrent. Un seul ver, provenant de quelques œufs donnés à M. Guérin-Méneville, fit un cocon, d'où sortit un papillon femelle. Ainsi s'éteignit ce premier envoi de vers de chêne du Japon. Il en resta la certitude que l'espèce pourrait vivre sur nos chênes.

En 1862, M. Eug. Simon, chargé d'une mission en Chine et au Japon par le gouvernement français, fut invité à tenter l'introduction en Europe du précieux ver à soie du chêne du Japon. Les difficultés qu'il rencontra, de la part des autorités, ne lui permirent pas d'accomplir cette tâche. Mais avant son départ, il attira, sur cette importante question, l'attention d'un officier médical néerlandais, directeur de l'école impériale de médecine de Nagasaki.

M. Pompe van Meerdervoort rencontra dans la législation japonaise les mêmes difficultés ; le passage suivant en donnera une idée : « Je m'adressai à des négociants japonais, aux sériciculteurs, à plusieurs naturalistes, et enfin au gouvernement lui-même ; mais, en vain, on me répondait toujours que l'exportation était défendue sous peine de mort. C'est alors que me vint l'idée de m'adresser à un de mes élèves. Un de ces jeunes gens, qui m'avait déjà donné des preuves d'un dévouement extraordinaire, fut choisi pour cette expédition. Je lui proposai de faire le voyage de Vigo, à mes frais, d'y récolter autant de graines qu'il le pourrait, et de me les transmettre. Ce brave jeune homme, auquel j'ai promis de ne jamais dire son nom, se mit en voyage, et, après une absence de quinze jours, il me remit, avec le plus grand secret, les graines du Bombyx-Yama-Maï qu'il avait récoltées avec beaucoup de peine et de danger. »

Ce fut M. Pompe qui rapporta lui-même ces œufs en Europe, en janvier 1863 ; pendant la traversée de la Mer-Rouge, il dut les placer dans les glacières du bord pour éviter leur éclosion.

Une partie de ces œufs fut donné au gouvernement et à quelques sériciculteurs néerlandais ; mais la plus grande quantité fut adressée au gouvernement français, à la société d'acclimatation et à M. Guérin-Méneville.

Parmi les sériciculteurs chargés de cette éducation, il faut citer en première ligne M. Camille Personnat, qui a fait une étude toute particulière de l'acclimatation du bombyx-yama-maï en France. Nous lui emprunterons beaucoup des détails que nous allons donner sur cette culture, qui, par sa réussite sur nos chênes, est destinée à rehausser encore dans notre estime le beau genre dont nous faisons l'histoire.

Les tentatives d'introduction des vers du chêne en Europe ont démontré que ce bombyx pouvait se nourrir, non-seulement de la feuille des chênes indigènes, mais

encore de celles d'un très grand nombre d'espèces intro-
dui'es. En voici la liste :

Q. Pedonculata	France, Madrid.
Sessiliflora	Loir-et-Cher.
Pubescens...........	Ardèche, Trieste.
Cerris...............	Madrid.
Tozza...............	Madrid, Landes.
Pyramidata...........	Turin et Garonne.
Ilex	Gard.
Suber.	Nîmes.
Lusitanica............	Madrid.
Cuspidata	Paris.
Castaneœfolia.........	Paris.
Alba...............	Toulon.
Apennina	Metz.
Mucrocarpa	Metz.

Cette dernière espèce a surtout été recommandée par
MM. Belhomme et Saulcy. Le yama-maï est plus commo-
dément, pour faire son cocon, sur les feuilles de ce chêne,
qui ont jusqu'à 20 cent. de long sur 8 de large. Elles sont
aussi plus tendres que celles de nos chênes indigènes.
Cette précocité naturelle est à considérer, lorsque, par des
circonstances particulières, les éclosions se trouvent hâtées.

Au Japon, les espèces suivantes nourrissent le *yama-
maï* :

1° *Quercus-dentata*. Thunb. *kunn-gi* ou *fotsi-maki;*
2° » *sirokasi.* Siebold. *siro-kasi.*

Les chenilles alimentées avec les feuilles de ces deux
chênes font des cocons qui donnent beaucoup de soie.
Viennent ensuite les :

3° *Quercus-serrata*. Thunberg, *kasi-va* ou *favasso.*

D'après M. de Montebello, cette espèce très précoce est

préférée par les très jeunes vers. Elle est très commune dans les provinces de Oshiou et Sui-Shïou

4° *Quercus-serrata*, Var., Thunb. *nava-no-ki*.

5° Une espèce nommée au Japon *mitsu-nava*.

Les chenilles, nourries avec les feuilles de ces espèces, grandissent rapidement et forment des cocons d'un fil supérieur.

6° *Q. cuspidata* ; 7° *Q. glandulifera* ; 8° *Q. glauca*.

Ces trois espèces sont indiquées par M. le comte de Montebello, comme servant aussi, au Japon, à l'alimentation des vers. La dernière espèce est un chêne vert, aux feuilles duquel les bombyx préfèrent toujours celles des chênes à feuilles caduques.

M. de Montebello nous apprend qu'au Japon, où l'on a plusieurs espèces de chênes pour l'alimentation des vers, on se garde bien dans le cours d'une éducation, de passer des feuilles d'un chêne à un autre ; semblable pratique, dit-il, amènerait le dépérissement et la mort des yama-maï.

Quant à chercher à ces vers à soie, en France, un autre aliment que le chêne, ce serait une faute : « Il ne faut pas perdre de vue, dit M. C. Personnat, que le chêne est l'arbre par excellence pour l'avenir du yama-maï, parce qu'il existe déjà partout, et qu'on n'aura pas, en conséquence, à lutter dans les campagnes contre le mauvais vouloir des propriétaires à introduire un végétal étranger ou inconnu. »

Si le chêne réunit le plus grand nombre des qualités nécessaires à la nourriture des vers, il offre un inconvénient, c'est que sa foliation est tardive, et que souvent l'éclosion des vers précède d'un certain nombre de jours le moment de l'épanouissement des feuilles.

Des observations, faites en 1863, établirent l'ordre suivant de feuillaison des chênes :

Uzes	7 mars.	Bois de Boulogne	15 avril.
Barcelone	7 —	Mad id	15 —
Alger	16 —	Tarn-et-Garonne	19 —
Maine-et-Loire	6 avril.	Aussonce (Ardennes).	20 —
Bouches-du-Rhône	7 —	Lausanne	22 —
Turin	11 —	Eure	25 —
Trieste	11 —	Teschen (Silésie)	27 —
Indre-et-Loire	12 —		

Ce tableau nous montre qu'elle influence les circonstances locales et orographiques peuvent exercer sur l'apparition des feuilles des chênes. Bien que l'on puisse être à peu près fixé dans chaque localité sur l'époque moyenne de la feuillaison, il n'en est pas moins très-nécessaire de surveiller l'éclosion des vers, et de ne pas trop la hâter. Il n'y a, en effet, que deux moyens de remédier à cet inconvénient résultant de l'écart entre l'éclosion et la feuillaison, retarder l'une ou hâter l'autre.

Il ne faut pas croire qu'il soit indifférent que les œufs éclosent longtemps après la feuillaison. Aux jeunes vers, il faut des feuilles naissantes. Les larves fraîchement écloses auxquelles on présenterait des feuilles déjà bien formées, périraient. Il peut donc arriver qu'il soit nécessaire de hâter l'éclosion.

L'éducation des bombyx peut se faire de deux manières différentes bien tranchées : sur rameaux détachés, ou sur chênes libres, végétant en plein air. Au Japon, ces deux systèmes sont employés, bien que les sériciculteurs expérimentés préfèrent l'éducation à l'air sur chênes libres.

Le premier mode d'éducation, dit en chambre, se fait soit avec des chênes forcés en serre ou sous châssis, lorsque les éclosions sont précoces, soit avec des branches de chênes coupées dans la campagne ; les deux modes se succèdent ordinairement, mais il est toujours préférable de retarder l'éclosion que de hâter les chênes.

Il a fallu l'introduction du bombyx yama-maï en Europe pour voir dans nos serres de jeunes chênes, objets des mêmes soins que ceux que l'on donne à un caféier, et mêlant leur feuillage à celui des palmiers ou des fougères arborescentes, ainsi qu'aux premiers âges du monde. Mais le chêne, ce robuste enfant des grands bois, change difficilement ses habitudes, et la température d'une serre ne suffit pas toujours pour le faire sortir de son engourdissement hibernal. Il faut avoir recours à des moyens plus violents : on place sous châssis, sur une couche de fumier chaud, de jeunes chênes mis en pots ; ces pots sont enfouis dans une couche de tan répandue sur le fumier : on arrose, et l'on tient la bache hermétiquement close.

L'éducation des bombyx avec des chênes forcés, ou avec des branches, peut se faire à l'intérieur ou à l'extérieur. Ce dernier système convient surtout pour les grandes exploitations, à l'aide de rameaux pris au chêne en plein vent.

Les larves du yama-maï préfèrent les feuilles des chênes venus à air libre, à celles des chênes forcés sous châssis et celles-ci à celles des chênes forcés en serre chaude ; ces dernières produisent quelquefois une grande mortalité parmi les vers.

Des baquets pleins d'eau sont munis de couvercles en bois percés de trous. Les branches de chênes sont introduites dans ces orifices, de façon à ce que leurs pieds plongent dans le liquide. Des boîtes en carton contenant les jeunes larves ou les œufs, sont disposées dans le feuillage, de façon que les chenilles puissent passer facilement sur les branches. A mesure que celles-ci sont dépouillées par les vers de leurs feuilles, et abandonnées par eux, on les remplace par de nouveaux rameaux ; d'un autre côté, l'eau des baquets est renouvelée tous les jours.

Quand on arrive à l'époque du coconnage, il faut augmenter la quantité de substance alimentaire, c'est-à-dire renouveler plus souvent les branches de chêne. Ce système ne convient que pour la production industrielle de la soie ; les éducations, pour graines, devront toujours être faites sur chênes vivants.

Nous allons parler maintenant de l'élevage en plein air sur chênes libres.

Il semble que le chêne, en raison de sa rusticité et de son abondance, en France, n'aura pas besoin d'être l'objet d'une culture spéciale ; il n'en est rien, et l'industrie séricigène devra s'occuper : 1° d'augmenter la production des feuilles ; 2° d'aménager les arbres en vue des éducations.

Le chêne ne produit guère que 12 quintaux de feuilles par hectare, tandis que le mûrier en donne 25 et 26 quintaux. Les chênes isolés portent une quantité de feuilles bien moins considérable que celle des mûriers de même taille. Tandis que le mûrier développe une sphère feuillée de $0^m,50$ à $0^m,80$ d'épaisseur, la sphère feuillée du chêne est tout au plus de $0^m,10$ à $0^m,20$; à l'intérieur, les feuilles sont rares.

Ces différences tiennent encore à ce que la feuille du mûrier est plus charnue, plus aqueuse que celle du chêne. La production quercienne deviendrait plus considérable si l'on greffait sur nos espèces le *Q. dentata* du Japon, dont les feuilles larges servent, dans ce pays, à la nourriture des bombyx.

Le chêne, taillé périodiquement après la première sève, pousserait en été de longues baguettes qui, s'aoûtant avant l'hiver, développeraient, au printemps suivant, à l'aisselle des anciennes feuilles, de gros bouquets feuillus, dont la récolte serait facile, ou que les vers préféreraient aux feuilles éparses.

Pour former une plantation de chênes destinés à une éducation en plein air, on prend des chênes de semis de trois ans, et on les met en place en novembre. Les jeunes pieds forment des racines pendant l'hiver et des pousses au printemps suivant.

Le taillis sera divisé en planches de 2 mètres de largeur, séparées par des sentiers nécessaires à l'aération et la récolte. Les pieds seront distants de 0ᵐ30 environ, afin que les cimes feuillées se touchant, les vers puissent passer d'un pied à l'autre ; il sera toujours facile de supprimer des plans si le taillis devenait trop dense. On évite cet arrachage en éloignant davantage les pieds, mais en inclinant les jeunes chênes les uns sur les autres, dans le même sens. Ce système remédie à la lenteur de croissance des chênes, qui sont rarement branchus, même à trois ans, et permet de les utiliser dès la deuxième année.

On s'est demandé si les chênes pourraient supporter chaque année la perte des feuilles de leurs premières pousses et l'on a craint que les chenilles ne compromissent le bourgeon et la pousse qui en sortiraient. Nulle inquiétude à cet égard ; le chêne ne souffre pas de la perte de toutes ses feuilles à une certaine époque de l'année, la pousse d'automne à laquelle le yama-maï ne touche plus, répare le dommage ; d'une autre part, le ver laisse intact l'œil de l'aisselle foliaire.

Si l'éducation en plein air donne des résultats avantageux au point de vue de la facilité de l'élevage, si elle est indispensable à la production des semences, elle expose les chenilles à toutes sortes d'ennemis. Ce sont les variations atmosphériques, puis les fourmis, les arachnides, les forficules, les guêpes, qui s'attaquent aux larves, les hannetons, qui leur disputent leur subsistance, et enfin, les oiseaux.

Ces inconvénients, graves quant il s'agit de petites éducations, seraient nuls dans les grandes, qu'importe, lorsque plusieurs centaines d'hectares de chênes seront livrés à des millions de bombyx, que les oiseaux en enlèvent quelques milliers.

Les résultats obtenus jusqu'ici permettent de porter un jugement sur l'industrie de la soie du chêne. Le cocon du yama-maï est celui qui se rapproche le plus de celui du *bombyx-mori*. Il lui est supérieur en poids, puisque le cocon femelle du yama-maï pèse 7 à 8 grammes, tandis que celui du ver à soie du mûrier ne dépasse pas 3 grammes. En revanche, l'enveloppe soyeuse, non dévidable, du cocon de chêne, pèse 70 à 80 centigrammes, tandis que celle du ver du mûrier ne pèse que 25 à 35 centigr.; cette circonstance égalise les rendements en soie des cocons des deux provenances. Cependant M. C. Personnat entrevoit pour l'avenir, lorsque les éducations se feront en grand et en plein air, un avantage pour le yama-maï.

La soie du chêne soumise aux mêmes préparations que celle du mûrier, offrira un brillant presque égal et la même souplesse. On compensera, dans le tissage, son brin un peu moins fin que celui du mûrier, en le dévidant à un nombre de brins moins considérable.

La teinte verte, naturelle au cocon du chêne, disparaît au décreusage, et la soie peut alors prendre toutes les teintes.

Au Japon, pays d'origine et de production de la soie du chêne, elle est très-estimée et très-recherchée : on l'emploie surtout pour les parties blanches des crêpes japonais.

Pour faire la preuve de l'importance de cette industrie, nous empruntons à M. C. Personnat le bilan des rendements et bénéfices de la soie du chêne : « Soit un hectare de taillis de chêne parfaitement aménagé ; on peut bien placer sur ce bois, par mètre carré, de 20 à 25 chenilles ; supposons, par suite des causes de déchet, qu'on ne récolte que 10 cocons par mètre carré : on aurait donc 100,000 cocons à l'hectare. Admettons le chiffre le plus bas, 5 gr. par cocon, 200 cocons pleins, ouverts, pèseront donc un kilogr.; ce serait, en conséquence, un total de 500 kilogr. de cocons que l'on obtiendrait par hectare ; mais tous les bois ne sont pas convenablement appropriés à cette culture, il faut en déduire les chemins d'exploitation et de surveillance ; réduisons des 3/5 pour fixer le minimum aussi bas que possible, il resterait encore une récolte de 300 kilogr. par hectare.

Il faudra de 10 à 12 kilogr. de cocons pleins pour obtenir un kilogr. de soie grège. Si le kilogr. de soie se vend au Japon 75 à 83 fr., le même poids de cocons pleins doit valoir 5 à 7 fr. Admettons que les cocons du yama-maï se vendent au cours inférieur de 4 ou 5 fr. le kilogr., ce sera un revenu annuel de 1,200 à 1,500 fr. par hectare.

Pour arriver à un aussi beau résultat, les dépenses auront été peu importantes ; une première main-d'œuvre pour le nettoyage du sol, un filet destiné à couvrir le bois, les frais d'un garde pendant 50 ou 60 jours, enfin la main-d'œuvre pour la récolte. »

Si quelqu'un peut avoir foi dans l'avenir de l'industrie de la soie du chêne en France, c'est assurément M. Personnat, qui seul a pu reproduire, d'année en année, les vers obtenus des graines de M. Pompe Van Meerdervoort, et arriver à posséder à Laval, plus de 20,000 vers, sur 3,000 jeunes chênes plantés dans son enclos.

A la grande exposition de 1867, on a pu voir au Champ-de-Mars, une gracieuse installation, où les vers du chêne du Japon, vivant sur des branches de chênes indigènes, y suspendaient leurs magnifiques cocons.

Quelle fortune pour nos provinces de l'ouest et du centre de la France, où le chêne abonde, où le climat est à l'abri des grands froids et des grandes chaleurs, si le précieux yama-maï y trouvait une nouvelle patrie !

En mai 1872, M. Vote, de Romorantin, a rendu compte à la Société d'acclimatation de ses succès dans l'éducation du vers du Japon. En 1871, il obtenait 12,000 cocons, et ce beau résultat se fût élevé à 40,000 si le local avait été plus vaste. La soie d'une partie de ces cocons a du figurer à l'Exposition de Lyon.

Voici ce que la Société horticole de Bamberg écrivait, en 1869, à la Société d'acclimatation. « L'acclimatation des vers japonais du chêne est un fait accompli. Ces succès doivent engager à propager l'élevage de ce ver en plein air. Grâce à ce système, chaque pousse, chaque buisson de chêne pourraient être animés par cet utile insecte. Les plans de chêne exploités pour le tan, pourraient être utilisés pour la nourriture des vers à soie, sans nuire au profit qu'on en retire d'ailleurs. »

La Société d'acclimatation a cru devoir encourager l'introduction des espèces japonaises sur lequel se développe le bombyx du chêne, les *Q. serrata* et *glandulifera* et autres. Elle a fondé, en 1870, un prix de 500 fr. et un concours qui demeurera ouvert jusqu'en 1880.

« Le prix sera décerné à la personne qui pourra justifier de la plantation d'un millier de chênes japonais, hauts de 1 mètre au moins, et qui aura pu faire, avec les feuilles de ces arbres, une éducation de vers à soie yama-maï. »

Cette mesure, il faut l'espérer, portera ses fruits.

Déjà, en 1872, M. Mazel, a transmis à la Société d'acclimatation, une note sur les essais de culture de chênes exotiques. Les uns ont été importés directement du Japon, les autres proviennent de chez le docteur Von Siébold, de Liége ou de chez Van Houtte. Les espèces *glabra*, *glauca*, *owakaki*, *salicifolia*, *dentata*, ont fructifié depuis 3 ou 4 ans et ont produit 1,000 à 1,500 jeunes sujets de semis. Le *Q. salicifolia* a déjà 6 mètres de hauteur ; le *Q. acuta-roseo-nervis* a près de 5 mètres d'élévation ; le *Q. cooki* a résisté à 20 degrés centigrades, qui ont tué près de lui le *Q. ilex* ; la même température a gelé, jusqu'à 50 centimètres du sol, les *Q. glabra, cuspidata, glauca*, mais ils ont repoussé.

Nous terminons ici cette longue histoire ; puissions-nous avoir montré le rôle important de l'arbre de nos pères dans la civilisation moderne et préservé quelques vieux chênes d'une ruine menaçante.

Que le bruit de la hache ne trouble plus les solitudes des antiques futaies. C'est dans leur solennel silence que nous pouvons encore entendre les voix du passé, songer à la France des anciens jours, oublier un instant les tristesses présentes si lourdes à porter.

J'ai payé ma dette, car c'est aux vieux chênes de ma province, aux souvenirs, aux idées dont ils sont le symbole, que je dois de pouvoir dire avec un de nos poètes :

> Ce vieil amour du sol, cet honneur qu'on abdique,
> Ce culte des aïeux et de leurs saintes lois,
> Ils coulent dans ta veine, ô muse druidique !
> Je les ai respirés sous les chênes gaulois.
>
> (Dᴇ Lᴘ.)

FIN.

TABLE DES CHAPITRES

Troisième Partie.

LIVRE TROISIÈME.

LE CHÊNE ET LA MARINE.

LIVRE QUATRIÈME.

Brest. — Typ-Lith. J.-P. Gadreau, rue de la Rampe, 55.